Vollendung des EU-Energiebinnenmarktes vs. nationale Marktabschottungen

Veröffentlichungen des Instituts für deutsches und europäisches Wirtschafts-, Wettbewerbs- und Regulierungsrecht der Freien Universität Berlin

Herausgegeben von Franz Jürgen Säcker

Band 44

PL ACADEMIC RESEARCH

Martin Gerig

Vollendung des EU-Energiebinnenmarktes vs. nationale Marktabschottungen

Europarechtskonformität mitgliedstaatlicher Fördermaßnahmen und Kapazitätsmärkte am Beispiel Deutschlands

PL ACADEMIC RESEARCH

Bibliografische Information der Deutschen Nationalbibliothek
Die Deutsche Nationalbibliothek verzeichnet diese Publikation in der Deutschen Nationalbibliografie; detaillierte bibliografische Daten sind im Internet über http://dnb.d-nb.de abrufbar.

Zugl.: Berlin, Freie Univ., Diss., 2014

Gedruckt auf alterungsbeständigem,
säurefreiem Papier.

D 188
ISSN 1863-494X
ISBN 978-3-631-65482-8 (Print)
E-ISBN 978-3-653-04720-2 (E-Book)
DOI 10.3726/ 978-3-653-04720-2

PL Academic Research ist ein Imprint der Peter Lang GmbH.

Peter Lang – Frankfurt am Main · Bern · Bruxelles · New York ·
Oxford · Warszawa · Wien

Diese Publikation wurde begutachtet.

www.peterlang.com

Vorwort

Die vorliegende Arbeit wurde im Wintersemester 2013/2014 vom Fachbereich Rechtswissenschaft der Freien Universität Berlin als Dissertation angenommen.

Die Arbeit wurde bei Geltung des Erneuerbare-Energien-Gesetzes (EEG) 2012 fertiggestellt. Nach der formellen Einreichung der Arbeit intensivierte sich die Diskussion um die Novellierung des EEG 2012. Dem gegenwärtigen Stand zufolge dürften die in der Arbeit aufgezeigten Thesen auch auf das dem EEG 2012 folgende EEG 2014 übertragen werden können. Um die Aktualität der Arbeit zu gewährleisten, wurden relevante, nach der Einreichung der Arbeit veröffentlichte Mitteilungen der Unionsorgane in diese Veröffentlichung aufgenommen.

Ich bedanke mich bei meinem Doktorvater Prof. Dr. iur. Dr. rer. pol. Dres. h.c. Franz Jürgen Säcker für die freundliche Betreuung und die Anregungen bei der Erstellung der Arbeit.

Besonderer Dank gilt meinem Freund und Kollegen Dr. Eike Helbig für die zahlreichen intensiven Diskussionen, aber vor allem für seine bedingungslose und tatkräftige Unterstützung. Ebenfalls danke ich meinem Leidensgenossen Malte Helbig für seine konstruktiven Anmerkungen.

Schließlich möchte ich mich ganz besonders bei Ceren Sentürk bedanken, die mich stets liebevoll unterstützt und mir ein schier grenzenloses Verständnis entgegengebracht hat. Meinen Geschwistern danke ich herzlich für ihren konsequenten Zuspruch.

Diese Arbeit ist meinen Eltern gewidmet, die so oft einen Schritt zurück gemacht haben, damit ich einen nach vorne machen konnte.

Berlin, 30. April 2014

Inhaltsverzeichnis

Abkürzungsverzeichnis

a.A.	andere Ansicht
a.a.O.	am angegebenen Ort
Abl.	Amtsblatt
Abs.	Absatz
AEUV	Vertrag über die Arbeitsweise der Europäischen Union
Alt.	Alternative
Anm.	Anmerkung
Art.	Artikel
Aufl.	Auflage
Beschl.	Beschluss
BGBl.	Bundesgesetzblatt
BGH	Bundesgerichtshof
BR-Drs.	Bundesratsdrucksache
BT-Drs.	Bundestagsdrucksache
bzw.	bzw.
CO_2	Kohlendioxid
d.h.	das heißt
ders.	derselbe
dies.	dieselbe(n)
ebd.	ebenda
EEG	Erneuerbare-Energien-Gesetz
EGV	Vertrag zur Gründung der Europäischen Gemeinschaft
EP	Europäisches Parlament
etc.	et cetera
EU	Europäische Union
EuG	Europäisches Gericht erster Instanz

EuGH	Europäischer Gerichtshof
EUV	Vertrag über die Europäische Union
f.	folgende (Einzahl)
ff.	folgende (Mehrzahl)
Fn.	Fußnote
FS	Festschrift
GG	Grundgesetz
ggf.	gegebenenfalls
ggü.	gegenüber
Hrsg.	Herausgeber
Hs.	Halbsatz
i.d.F.	in der Form bzw. Fassung
i.H.v.	in Höhe von
i.S.d. / i.S.v.	im Sinne des bzw. der / im Sinne von
i.Ü.	im Übrigen
i.V.m.	in Verbindung mit
KOM	Kommission der Europäischen Union
krit.	kritisch
KW	Kilowatt
KWh	Kilowattstunde
Lit.	Literatur
m.w.N.	mit weiteren Nachweisen
MW	Megawatt
MWh	Megawattstunde
Nr.	Nummer
OLG	Oberlandesgericht
Rn.	Randnummer(n)
RL / RiLi	Richtlinie der Europäischen Union i.S.v. Art. 288 AEUV
Rs.	Rechtssache
Rspr.	Rechtsprechung
s.	siehe

S.	Seite bzw. Satz
s.o.	siehe oben
sog.	sogenannte(n/r/s)
s.u.	siehe unten
Slg.	Amtliche Sammlung des Europäischen Gerichtshofs und des Gerichts erster Instanz
TWh	Terawattstunden
u.	und
u.a.	unter anderem
u.U.	unter Umständen
UAbs.	Unterabsatz
Urt.	Urteil
v.	vom bzw. von
Var.	Variante
vgl.	vergleiche
VO	Verordnung
VoLL	Value of Lost Load
z.B.	zum Beispiel

Kapitel 1. Einleitung

Die europäischen Großhandelspreise für Energie rangieren gegenwärtig vor allem aufgrund umweltschutzorientierter Regulierungsmaßnahmen im Energiesektor im weltweiten Vergleich an erster Stelle – mit beträchtlichen Folgen für Europas volkswirtschaftliche Wettbewerbsfähigkeit. Um diesem Zustand unter Vermeidung negativer Folgen für den Umweltschutz abzuhelfen, versucht die Europäische Union, die Integration der europäischen Energiemärkte mit Nachdruck voranzutreiben. Ihr Ziel ist es, die einzelnen europäischen Energieversorgungssysteme durch einen gemeinsamen Energiebinnenmarkt nachhaltig in die Zukunft zu führen, bei wettbewerbsfähigen Preisen für Industrie und Verbraucher und unter Aufrechterhaltung der Versorgungssicherheit.

Durch die Verpflichtung zur Umsetzung ambitionierter, umweltschutzorientierter Zielvorgaben seitens der EU verändern sich die Energiemärkte in den einzelnen Mitgliedsstaaten in signifikanter Weise. Dies betrifft insbesondere die verschiedenen mitgliedsstaatlichen Energiemixe, die zur Erreichung des jeweiligen nationalen Zieles zunehmend sogenannte erneuerbare Energien integrieren müssen. Da die meisten erneuerbaren Energieträger allerdings in wirtschaftlicher Hinsicht noch nicht mit den konventionellen Technologien konkurrieren können, bedarf es zur Sicherung der erwünschten Investitionen umfassender staatlicher Förderungen. Hierzu haben die Mitgliedsstaaten teilweise komplexe Fördermechanismen etabliert, die aufgrund ihrer unterschiedlichen nationalen Ausgestaltung zur Heterogenität der europäischen Energiemärkte beitragen. Darüber hinaus erfordert die evidente Zunahme der Nutzung erneuerbarer und in der Regel fluktuierender Energien eine stärkere Auseinandersetzung mit der Frage der Versorgungssicherheit. Da die Sicherung einer stabilen Energieversorgung und adäquater Erzeugungskapazitäten vielerorts mit Hilfe staatlicher Interventionen gewährleistet wird, trägt auch dieser Umstand zur Verschiedenartigkeit der einzelnen Märkte bei. Diese mitgliedsstaatlichen Interventionen stellen dabei die von der EU verfolgte Vollendung des europäischen Energiebinnenmarktes zunehmend auf die Probe; denn zur Etablierung eines funktionierenden Energiebinnenmarktes müssten die Mitgliedsstaaten dafür Sorge tragen, dass ihre nationalen Energiepolitiken weitestgehend mit der übergeordneten, europäischen Zielformulierung vereinbar sind und nur in Ausnahmefällen nicht abgestimmte Maßnahmen vollzogen werden.

Ob jedoch alle Mitgliedsstaaten dieser Verpflichtung in angemessener Weise nachkommen, ist derzeit ungewiss. Ein Blick auf die energiepolitische Neuausrichtung und die diesbezüglichen Diskussionen in vielen europäischen Mitgliedsstaaten zeigt, dass staatliche Markteingriffe vielfach aus isolierter, nationaler Perspektive heraus erfolgen. Dies führt zu Marktabschottungen und beträchtlichen Wettbewerbsstörungen. Als logische Konsequenz wird immer häufiger gefordert, mitgliedsstaatliche Markteingriffe stärker auf und von europäischer Ebene aus zu koordinieren. Die gesamte Problematik wirft daher zum einen weitreichende politische Fragen im Zusammenhang mit der Neuausrichtung der Energieversorgung in der EU auf. Zum anderen bestehen und ergeben sich vermehrt handfeste rechtliche Fragen, denen im Rahmen dieser Arbeit vertieft nachgegangen werden soll. Kollidierende Maßnahmen mitgliedsstaatlicher Energiepolitiken mit der europäischen Energiepolitik lassen sich gegenwärtig besonders deutlich am Beispiel der deutschen Energiewende, der dieser Energiewende geschuldeten staatlichen Förderregelungen und konkret am Beispiel der Debatte um die Einführung eines deutschen Kapazitätsmarktes belegen. Dieser Vergleich bildet daher den Schwerpunkt der Arbeit. Darüber hinaus sind die Ergebnisse und Schlussfolgerungen möglicherweise auch auf Entwicklungen in anderen Mitgliedsstaaten übertragbar.

A. Anlass und Relevanz der Untersuchung

In seiner Tagung vom 22. Mai 2013[1] bekräftigte der Europäische Rat sein bereits im Jahr 2011[2] beschlossenes Ziel, den gemeinsamen europäischen Energiebinnenmarkt bis 2014 vollenden zu wollen. Dies soll zu einer sicheren, nachhaltigen und erschwinglichen Energieversorgung in der Union beitragen. Verschiedene integrative Maßnahmen und Instrumente stützen dieses Anliegen; hierzu zählen insbesondere eine wirksame und kohärente Umsetzung der Binnenmarktvorschriften und die Durchsetzung des europäischen Wettbewerbsrechts, die beschleunigte Annahme und Umsetzung von Netzkodizes sowie die Erstellung von Vorgaben über Mechanismen zur Kapazitätssicherung. Seitens der Kommission wird die Vollendung des Energiebinnenmarktes insbesondere durch die im „Energiefahrplan 2050“[3] und die in der Mitteilung „Ein funktionierender

1 Europäischer Rat – Schlussfolgerungen zur Tagung des Europäischen Rates am 22. Mai 2013, EUCO 75/1/13 REV 1, S. 2 f.

2 Europäischer Rat – Schlussfolgerungen zur Tagung des Europäischen Rates am 4. Februar 2011, EUCO 2/1/11 REV 1, S. 2.

3 Mitteilung der Kommission – Energiefahrplan 2050, KOM (2011) 885 endg.

Binnenmarkt“[4] konkretisierten Maßnahmen flankiert. Viele dieser Maßnahmen richten sich unmittelbar an die Mitgliedsstaaten, die diese in dem jeweils vorgegebenen Rahmen umsetzen müssen.

Hingegen zeichnet sich die deutsche Energiepolitik nicht nur durch das der unionalen Strategie entsprechende Ziel einer umweltschonenden, zuverlässigen und bezahlbaren Energieversorgung aus, sondern auch durch den Wunsch, dieses Ziel weitestgehend im Wege nationaler Autarkie zu erreichen. Diese nationale Sichtweise prägt dabei nicht nur bestehende Regulierungsvorgaben wie etwa die auf den nationalen Raum beschränkten Förderregelungen des Erneuerbare-Energie-Gesetzes (EEG 2012), auch Überlegungen und Pläne für künftige Förder- und Sicherungsmaßnahmen im Energiebereich werden von dieser nationalen Ausrichtung bestimmt. So lässt insbesondere die auf nationaler Ebene geführte Diskussion um die Weiterentwicklung des deutschen Strommarktes zur Sicherstellung von ausreichenden Kapazitäten (sog. Kapazitätsmarkt) erkennen, dass auch hier eine Begrenzung des damit verbundenen Anreizsystems auf im deutschen Raum produzierende Erzeuger beabsichtigt ist. Die diesen Maßnahmen inhärente nationale Ausrichtung steht mithin der europäischen Strategie zur Vollendung des Energiebinnenmarktes im Jahr 2014 entgegen, da durch sie eine potentielle Abschottung des deutschen Energiemarktes bewirkt wird. Ein funktionierender Energiebinnenmarkt, so wie ihn die europäischen Institutionen fordern, kann letztlich nicht erreicht werden, wenn die Mitgliedsstaaten ihre Förder- und Sicherungssysteme lediglich mit Blick auf ihre eigenen, nationalen Gegebenheiten ausgestalten und sich ihrer Verantwortung, auch für verbesserte binnenmarktliche Strukturen Sorge zu tragen, entziehen.

Die vorliegende Arbeit zielt in erster Linie darauf ab, diejenigen im deutschen Energiekonzept niedergelegten Maßnahmen zu untersuchen, die bereits wegen ihrer Konzentration auf den nationalen Raum – und ihrer daraus resultierenden marktabschottenden Wirkung – dem Ziel eines vollendeten Energiebinnenmarktes entgegenstehen. Die relevanten Maßnahmen werden daher im Folgenden anhand eines Vergleiches der auf europäischer Ebene verfolgten Strategie zur Vollendung des Energiebinnenmarktes mit dem deutschen Energiekonzept herausgearbeitet und erläutert (siehe unter B.). Auf dieser Grundlage wird im Anschluss der Gang der Untersuchung unter Darstellung der zu analysierenden Rechtsfragen skizziert (siehe unter C.). In rechtlicher Hinsicht wird insbesondere der Frage nachgegangen, ob die Maßnahmen mit dem europäischen Primär- und

---

4 Mitteilung der Kommission – Ein funktionierender Energiebinnenmarkt, KOM (2012) 663 endg.

Sekundärrecht zu vereinbaren sind. Es ist darauf hinzuweisen, dass diese Frage nicht nur für die Vollendung des gemeinsamen europäischen Energiebinnenmarktes eine hohe Relevanz hat, sondern auch für das Gelingen der deutschen Energiewende. Beurteilte nämlich der Europäische Gerichtshof (EuGH) nationale energiepolitische Vorschriften in Zukunft als europarechtswidrig, müssten diese Vorschriften nicht nur neu ausgestaltet werden; auch die bereits implementierten Systeme wären kurzfristig anzupassen – mit möglicherweise erheblichen Auswirkungen für betroffene Wirtschaftsteilnehmer. Dies würde insbesondere auf Investitionsseite Unsicherheiten nach sich ziehen, die den Erfolg der Energiewende gefährden könnten. Bereits die gegenwärtige Novellierung des EEG zeigt, dass sich die rechtlichen Diskussionen dazu nicht lediglich auf den akademischen Bereich beschränkt haben, sondern auch in der Praxis genau verfolgt, und einzelne Aspekte ebenfalls im Rahmen von gerichtlichen Maßnahmen vertieft untersucht wurden.[5]

B. Vergleich der Energiestrategie der EU mit dem deutschen Energiekonzept

Wie oben bereits angedeutet, werden im Folgenden zunächst die von der Europäischen Union vorgesehenen Konzepte und Maßnahmen zur Vollendung eines funktionierenden Energiebinnenmarktes (siehe unter I.) sowie die im Energiekonzept der Bundesregierung dargestellten Regelungen auf nationaler Ebene skizziert und erläutert (siehe unter II.). Sodann werden die Parallelen der Strategien und insbesondere jene Unstimmigkeiten zwischen den Strategien herausgearbeitet, die die Grundlage für die nachfolgende rechtliche Prüfung darstellen (siehe unter III.).

I. EU-Strategie zur Vollendung des Energiebinnenmarktes

Die EU-Strategie zur Vollendung des Energiebinnenmarktes bis 2014 ist Gegenstand verschiedener Mitteilungen und Erklärungen der europäischen Institutionen. Hierzu zählen insbesondere die Schlussfolgerungen des Europäischen Rates zu Tagungen in den Jahren 2011 und 2013 (siehe unter 1.) sowie die beiden

---

5 Insbesondere die Beiträge im Kontext des Beihilfeprüfverfahrens der Kommission gegen Deutschland (SA.33995 (2013/C)) wegen der EEG-Förderregelungen und der besonderen Ausgleichsregeln für stromintensive Unternehmen haben gezeigt, wie sensibel die Wirtschaft und Investoren auf Veränderungen der Rahmenbedingungen reagieren; vgl. ebenso das auf verfassungsrechtliche Fragen bezogene Urteil des OLG Hamm, Urteil vom 14.5.2013, Az. 19 U 180/12.

Mitteilungen der Kommission „Energiefahrplan 2050“ aus dem Jahre 2011 und „Ein funktionierender Binnenmarkt“ aus dem Jahre 2012 (siehe unter 2.).

1. Schlussfolgerungen des Europäischen Rates

Wie aus den Schlussfolgerung des Europäischen Rates zu seiner Tagung am 22. Mai 2013[6] ersichtlich, zeichnet sich die EU-Strategie zur Vollendung des Energiebinnenmarktes bis 2014 insbesondere durch eine wirksame und kohärente Umsetzung des dritten „Energiebinnenmarktpaketes“ aus. Dieses am 3. März 2011 in Kraft getretene Gesetzespaket zielt unter anderem darauf ab, die Liberalisierung des Binnenmarkts für Strom und Gas voranzutreiben, Investitionen in die – auch grenzüberschreitende – Infrastruktur zu fördern und die Wettbewerbsfähigkeit zu steigern.[7] Dies soll mit Hilfe von zwei Richtlinien zu Elektrizität[8] und Gas[9] sowie drei EU-Verordnungen[10] erreicht werden. Neben dem Ziel der Trennung des Netzbetriebs von Versorgung und Erzeugung wurde die Bildung einer unionalen Agentur für die Zusammenarbeit der nationalen Energieregulierungsbehörden (ACER[11]) und die Etablierung eines Netzwerks der Übertragungsnetzbetreiber für Strom (ENTSO-E[12]) und Gas (ENTSOG[13])

---

6 Europäischer Rat – Schlussfolgerungen zur Tagung des Europäischen Rates am 22. Mai 2013, EUCO 75/1/13 REV 1, S. 2 f.

7 Europäisches Parlament – Energiebinnenmarkt, 2012, S. 1 f.

8 RiLi 2009/72/EG des Europäischen Parlaments und des Rates vom 13. Juli 2009 über gemeinsame Vorschriften für den Elektrizitätsbinnenmarkt und zur Aufhebung der Richtlinie 2003/54/EG (im Folgenden: EltRL 2009), ABl. EG Nr. L 211 vom 14.8.2009, S. 55 ff.

9 RiLi 2009/73/EG des Europäischen Parlaments und des Rates vom 13. Juli 2009 über gemeinsame Vorschriften für den Erdgasbinnenmarkt und zur Aufhebung der Richtlinie 2003/55/EG, ABl. EG Nr. L 211 vom 14.8.2009, S. 94 ff.

10 Verordnung (EG) Nr. 713/2009 des europäischen Parlaments und des Rates vom 13. Juli 2009 zur Gründung einer Agentur für die Zusammenarbeit der Energieregulierungsbehörden, ABl. L 211 vom 14.8.2009, S. 1 ff.; Verordnung (EG) Nr. 714/2009 des europäischen Parlaments und des Rates vom 13. Juli 2009 über die Netzzugangsbedingungen für den grenzüberschreitenden Stromhandel und zur Aufhebung der Verordnung (EG) Nr. 1228/2003, ABl. L 211 vom 14.8.2009, S. 15 ff.; Verordnung (EG) Nr. 715/2009 des europäischen Parlaments und des Rates vom 13. Juli 2009 über die Bedingungen für den Zugang zu den Erdgasfernleitungsnetzen und zur Aufhebung der Verordnung (EG) Nr. 1775/2005, ABl. L 211 vom 14.8.2009, S. 36 ff.

11 Europäische Agentur für die Zusammenarbeit der Energieregulierungsbehörden – ACER.

12 Verband Europäischer Übertragungsnetzbetreiber für Elektrizität.

13 Verband Europäischer Fernleitungsnetzbetreiber für Gas.

vorgesehen. Gemäß der Stromhandelsverordnung[14] sollen diese Institutionen gemeinsam technische Kodizes entwickeln, um europaweit gleiche Regeln für etwa die Netzsicherheit und -zuverlässigkeit, den Netzzugang Dritter oder auch das Engpassmanagement zu kodifizieren.[15] Bei Bedarf kann den Kodizes durch die Durchführung eines Komitologie-Verfahrens der Charakter eines europäischen Gesetzes und mithin bindende Wirkung verliehen werden.[16] Mit Hilfe dieses Verfahrens kommen der Kommission weitreichende Kompetenzen zur Rechtsetzung zu, wobei gegenwärtig kaum absehbar ist, in welchen Bereichen Regelungen im Wege des Verfahrens über Netzkodizes erlassen werden. Dass der Schaffung dieser Kodizes ein besonderer Stellenwert zur Vollendung des Energiebinnenmarktes zukommt, lässt sich auch an der im Mai 2013 gestellten Forderung des Europäischen Rates erkennen, unter anderem der beschleunigten Annahme und Umsetzung der Netzkodizes Vorrang einzuräumen.[17]

Für die vorliegende Arbeit ist des Weiteren von Bedeutung, dass der Europäische Rat die Kommission dazu aufgefordert hat, Vorgaben über Mechanismen zur Kapazitätssicherung in den Mitgliedsstaaten zu erstellen.[18] Diesem Begehren ist die Kommission mittlerweile mit einer Mitteilung nachgekommen, in der sie grundlegende Überlegungen zur Schaffung nationaler Kapazitätsmärkte formuliert.[19]

2. *Maßgebliche Mitteilungen der Kommission*

Für die Vollendung des europäischen Binnenmarktes sind neben den oben genannten Vorgaben auch eine Reihe von Mitteilungen an die Mitgliedsstaaten

14 Vgl. Art. 8 der Verordnung (EG) Nr. 714/2009 des europäischen Parlaments und des Rates vom 13. Juli 2009 über die Netzzugangsbedingungen für den grenzüberschreitenden Stromhandel und zur Aufhebung der Verordnung (EG) Nr. 1228/2003, ABl. L 211 vom 14.8.2009, S. 15 ff.

15 Hierzu soll zunächst die Kommission ACER auffordern, präzise und objektive Grundsätze für die Netzkodizes, sog. nicht bindende Framework Guidelines, zu entwickeln. Im Anschluss werden die Framework Guidelines an die Netzbetreiberverbände ENTSO-E und ENTSOG übermittelt, damit diese die sog. Network Codes erstellt.

16 Europäisches Parlament – Energiebinnenmarkt, 2012, S. 3; derzeit sind etwa ein Dutzend Network Codes im Entwicklungsprozess, die ersten Kodizes sollen voraussichtlich gegen Ende 2013 im Komitologieverfahren verabschiedet werden.

17 Europäischer Rat – Schlussfolgerungen zur Tagung des Europäischen Rates am 22. Mai 2013, EUCO 75/1/13 REV 1, S. 2 f.

18 Europäischer Rat – Schlussfolgerungen zur Tagung des Europäischen Rates am 22. Mai 2013, EUCO 75/1/13 REV 1, S. 3.

19 Kommission – Generation Adequacy: guidance on public interventions, swd (2013) 438.

maßgeblich, mit denen die Kommission versucht, eine Abstimmung verschiedener nationaler Maßnahmen zu gewährleisten. So erließ die Kommission zum einen den „Energiefahrplan 2050“[20], mit dem sie die mit dem EU-Dekarbonisierungsziel verbundenen Herausforderungen untersucht,[21] sowie die Mitteilung „Ein funktionierender Binnenmarkt“[22], in der unter anderem die Vorteile integrierter europäischer Energiemärkte hervorgehoben werden.[23] Die für die vorliegende Arbeit relevanten Maßnahmen und Ziele dieser Mitteilungen werden im Folgenden skizziert.

Der „Energiefahrplan 2050“ soll die Energieinfrastruktur für die Versorgung der privaten Haushalte, der Industrie und des Dienstleistungssektors sowie die Struktur für die Energieerzeugung und -nutzung mit Blick auf das Jahr 2050 festlegen. Aus Gründen des Klimaschutzes sollen die Treibhausgasemissionen bis zum Jahre 2050 mit Hilfe notwendiger Reduktionen der Industrieländer um 80–95 Prozent unter den Stand von 1990 sinken.[24] Bereits 2030 soll der Anteil der erneuerbaren Energien auf ca. 30 Prozent des Bruttoendenergieverbrauchs gestiegen sein. Da somit die erneuerbaren Energien ins Zentrum des Energiemixes rückten, sei ihr Ausbau entscheidend und müsse durch Anreize flankiert werden.[25] Windenergie gelte dabei als effizienteste Quelle regenerativer Energie und soll von den nördlichen Meeren und dem atlantischen Meeresbecken erhebliche Strommengen zu sinkenden Kosten liefern.[26] In Kombination mit einer besseren Infrastruktur sollen Verbindungskapazitäten und intelligentere Netze[27] Schwankungen der Wind- und der Solarstromerzeugung auch durch erneuerbare Energien in anderen Gegenden Europas ausgleichen, was den Bedarf an Speicher-, Reserve- und Grundlastkapazität verringern könnte. Hierfür müsse auch eine stärkere Interaktion zwischen Dezentralisierung und zentralisierten Systemen stattfinden.[28]

Da letztlich nationale Bedingungen für den jeweiligen Energiemix entscheidend seien, will die Union dafür Sorge tragen, dass sich nationale Entscheidungen

20 Mitteilung der Kommission – Energiefahrplan 2050, KOM (2011) 885 endg.

21 Mitteilung der Kommission – ebd., S. 2.

22 Mitteilung der Kommission – Ein funktionierender Energiebinnenmarkt, KOM (2012) 663 endg.

23 Mitteilung der Kommission – ebd., S. 3.

24 Dies bestätigte die Kommission zuletzt in ihrem Grünbuch – Ein Rahmen für die Klima- und Energiepolitik bis 2030, KOM (2013) 169 endg., S. 3.

25 Mitteilung der Kommission – Energiefahrplan 2050, KOM (2011) 885 endg., S. 11 f.

26 Mitteilung der Kommission – ebd., S. 12.

27 Mitteilung der Kommission – ebd., S. 17.

28 Mitteilung der Kommission – ebd., S. 9.

gegenseitig unterstützen und negative Übertragungseffekte vermieden werden. Die gemeinsame Nutzung von erzeugungs- und netzseitigen Ressourcen durch die europäischen Länder sei nicht nur kommerziell und physikalisch möglich, sondern auch erwünscht.[29] Denn die volle Nutzung des Binnenmarktes unter Berücksichtigung der Herausforderungen, die sich bei grenzüberschreitenden Sachverhalten für die Mitgliedsstaaten ergeben, sei die beste Antwort auf die mit der Dekarbonisierung verbundenen Anforderungen.[30] Um diese Nutzung sicherzustellen, müsse allerdings auch bei jeder Art der flexiblen Energielieferung, der flexiblen Energiespeicherung und Erzeugung der Marktzugang gewährleistet sein.[31] Insoweit müsse insbesondere dafür Sorge getragen werden, dass politische Entwicklungen in den Mitgliedsstaaten nicht neue Hindernisse für die Strom- bzw. Gasmarktintegration hervorbringen. Bei allen energiebezogenen nationalen Entscheidungen sollen die Auswirkungen auf den Binnenmarkt berücksichtigt werden. Schließlich soll die vollständige Marktintegration bis 2014 gemäß dem Beschluss des Europäischen Rates vom 4. Februar 2011 mit Hilfe des Infrastrukturausbaus und technischer Arbeiten zu Rahmenleitlinien und Netzkodizes herbeigeführt werden.[32] Die Zusammenarbeit der Mitgliedsstaaten durch die Nutzung des Binnenmarktes, von dem zunehmend alle Mitgliedsstaaten abhängig sind, soll sich kostendämpfend auswirken und die erforderliche Versorgungssicherheit gewährleisten.[33] Der Energiefahrplan sei dabei kein Ersatz für nationale Anstrengungen, sondern vielmehr ein langfristiger, technologieneutraler europäischer Rahmen, der die Sicherheit und Solidarität verbessern und die Kosten gegenüber parallelen nationalen Systemen durch die Schaffung eines umfassenderen und flexibleren Marktes für neue Produkte und Dienstleistungen senken soll.[34]

Mit der Mitteilung „Ein funktionierender Binnenmarkt" bekräftigt die Kommission die drei Ziele Wettbewerb, Versorgungssicherheit und Klimaschutz, wobei sie Verzögerungen bei der Vollendung des Binnenmarktes sieht, denen zu begegnen sei. Grund hierfür sei insbesondere die langsame Anpassung der nationalen Vorschriften durch die Mitgliedsstaaten.[35] Daher fordert sie, dem

29 Siehe Pressemitteilung der Kommission vom 6. Juni 2012, IP/12/571.
30 Mitteilung der Kommission – Energiefahrplan 2050, KOM (2011) 885 endg., S. 16.
31 Mitteilung der Kommission – ebd., S. 17.
32 Mitteilung der Kommission – ebd., S. 17.
33 Mitteilung der Kommission – ebd., S. 17.
34 Mitteilung der Kommission – Energiefahrplan 2050, KOM (2011) 885 endg., S. 4.
35 Mitteilung der Kommission – Ein funktionierender Energiebinnenmarkt, KOM (2012) 663 endg., S. 3.

Begehren des Europäischen Rates entsprechend, eine Beschleunigung der Umsetzung des dritten Energiepaketes, welches sie mit der Einleitung von Vertragsverletzungsverfahren gegen die Mitgliedsstaaten stärker vorantreiben möchte.[36] Des Weiteren ist sie der Auffassung, dass die verfrühte Einführung schlecht konzipierter und nicht EU-weit koordinierter Kapazitätsmechanismen kontraproduktiv sei.[37] Da sie der europäischen Beihilfekontrolle unterlägen, müssten die Mitgliedsstaaten dafür Sorge tragen, dass nationale Kapazitätsmärkte notwendig seien und gegenüber anderen Lösungen, wie etwa Stromimporten, Vorzug haben sollten.[38] Im Hinblick auf die Förderung erneuerbarer Energien führt sie aus, dass diese, einschließlich der Pflicht zur vorrangigen Netzeinspeisung, anfänglich gerechtfertigt sein könne; solange nämlich Diskrepanzen hinsichtlich der Öffnung nationaler Märkte bestünden, die externen Kosten konventioneller Energie nicht vollständig in den Preisen berücksichtigt seien und sich die meisten erneuerbaren Energien in einem frühen Entwicklungsstadium befänden. Die Kommission will 2013 Leitlinien zu empfehlenswerten Verfahren für die Förderung erneuerbarer Energien und zur Reform dieser veröffentlichen, wodurch sie eine größere Kohärenz der nationalen Fördermaßnahmen erreichen und so eine Fragmentierung des Energiebinnenmarktes verhindern will.[39]

Letztlich sei noch auf das Arbeitsdokument der Kommissionsdienststellen zur Frage der Gewährleistung adäquater Energie im Binnenmarkt[40] hingewiesen. In diesem Arbeitsdokument werden die Überlegungen der Kommission zu nationalen Kapazitätsmärkten konkretisiert. So führt die Kommission aus, dass inkompatible oder schlecht ausgestaltete Kapazitätsmechanismen Handelsmaßnahmen, die Produktion und Investorenentscheidungen im Binnenmarkt verzerren und innovative Lösungen vereiteln können. Mit steigender Anzahl mitgliedsstaatlicher Mechanismen stiegen die potentiellen marktverzerrenden Effekte, was insbesondere die benachbarten Mitgliedsstaaten beträfe. Dementsprechend müssten die Mitgliedsstaaten dafür Sorge tragen, dass der jeweilige Kapazitätsmechanismus notwendig und verhältnismäßig sei und lediglich vorübergehend angewandt werde.[41] Zum Schutze des Binnenmarktes vor einem zu

---

36 Mitteilung der Kommission – ebd., S. 8.

37 Mitteilung der Kommission – ebd., S. 17.

38 Mitteilung der Kommission – ebd., S. 18.

39 Mitteilung der Kommission – ebd., S. 16.

40 Arbeitsdokument der Kommission – Generation Adequacy: guidance on public interventions, swd (2013) 438.

41 Arbeitsdokument der Kommission – Generation Adequacy: guidance on public interventions, swd (2013) 438, S. 21, 26.

starken wettbewerbsverzerrenden Einfluss dürften einerseits nur zeitlich limitierte Maßnahmen implementiert werden, andererseits seien auch Unternehmen in anderen Mitgliedsstaaten mit einzubeziehen, sofern diese fähig sind, zur Kapazitätssicherung beizutragen. Kein mitgliedsstaatlicher Kapazitätsmechanismus dürfte ein Hindernis für den grenzüberschreitenden Handel oder Wettbewerb im Binnenmarkt setzen. Um eine diskriminierende Wirkung der Kapazitätsmechanismen auszuschließen, müssten die Teilnehmer eines solchen Marktes im Rahmen eines offenen Ausschreibungsverfahrens ermittelt werden.[42]

II. Das Energiekonzept Deutschlands

Im September 2010 legte die Bundesregierung das Energiekonzept für eine umweltschonende, zuverlässige und bezahlbare Energieversorgung vor. Dieses Konzept soll als Teil einer langfristigen, bis 2050 reichenden Gesamtstrategie verstanden werden. Ein hohes Maß an Versorgungssicherheit, ein wirksamer Klima- und Umweltschutz sowie eine wirtschaftlich tragfähige Energieversorgung seien zentrale Voraussetzungen dafür, dass Deutschland auch langfristig ein wettbewerbsfähiger Industriestandort bleibe.[43]

Derzeit sichern die fossilen Energieträger, insbesondere Kohle (Braun- und Steinkohle), und Kernenergie den Großteil der Stromerzeugung in Deutschland. Nach Auffassung der Bundesregierung bedingt aber der notwendige Umbau der Stromversorgung hin zum erneuerbaren Zeitalter eine deutliche Änderung dieses traditionellen Energiemixes. Eine entscheidende Rolle soll dabei der Windenergie zukommen. So soll einerseits der Ausbau der Offshore-Windenergie deutlich beschleunigt werden.[44] Andererseits sollen mit Hilfe einer Weiterentwicklung der Raumordnungspläne ausreichende Flächen für neue Onshore-Windenergie ausgewiesen werden.[45] Ebenso sieht sie die Bioenergie wegen ihres breiten Einsatzspektrums und ihrer guten Speicherfähigkeit als einen an Bedeutung gewinnenden Energieträger an.[46]

Um einen kontinuierlichen Ausbau dieser Energieträger zu gewährleisten, weist die Bundesregierung insbesondere der Netzinfrastruktur eine Schlüsselrolle zu,[47]

---

42 Arbeitsdokument der Kommission – Generation Adequacy: guidance on public interventions, swd (2013) 438, S. 27 ff.

43 Bundesregierung – Konzept für eine umweltschonende, zuverlässige und bezahlbare Energieversorgung, 2010, S. 3.

44 Bundesregierung – ebd., S. 9.

45 Bundesregierung – ebd., S. 10.

46 Bundesregierung – ebd., S. 10 f.

47 Bundesregierung – ebd., S. 21.

da vor allem die Stromerzeugung auf See sowie in den Küstenregionen und der Zuwachs von dezentralen Erzeugungsanlagen das Bild des Energiemarktes immer stärker prägen würden. Zugleich müsse der Kraftwerkspark deutlich flexibler werden,[48] um das erforderliche Maß an Versorgungssicherheit zu gewährleisten.[49] Stochastische Schwankungen von Wind und Sonne müssten jederzeit ausgeglichen werden, damit genügend Ausgleichs- und Reservekapazitäten bereit stehen.[50] In diesem Kontext ist für die vorliegende Untersuchung von besonderer Relevanz, dass die Bundesregierung analysieren möchte, wie der deutsche Strommarkt weiterentwickelt werden muss, damit zu jedem Zeitpunkt die Bereitstellung ausreichender Kapazitäten gesichert ist. Denn nach Auffassung der Bundesregierung ist derzeit nicht sicher, dass im jetzigen Marktdesign die Strompreise künftig genügend Anreize zum Bau von Anlagen zur Leistungsabsicherung, wie den Bau von flexiblen Gas- oder Kohlekraftwerken oder Energiespeichern, geben werden.[51]

Systemisch will die Bundesregierung darüber hinaus den unbegrenzten Einspeisevorrang der erneuerbaren Energien beibehalten, vor allem um den Druck auf Innovationen und Kostensenkungen zu stärken und den Prozess des Ausbaus der erneuerbaren Energien auch künftig zu stützen.[52] Der Einspeisevorrang und die Frage nach den Folgen dieses Instrumentes wird im Rahmen der vorliegenden Arbeit eine zentrale Rolle spielen.

Das Energiekonzept der Bundesregierung enthält auch eine europäische Perspektive. So soll für Wirtschaft und Verbraucher die Liberalisierung der Strom- und Gasmärkte fortgesetzt und der Wettbewerb weiter gestärkt werden.[53] Die Integration der Strom- und Gasmärkte in der EU sei ein wichtiger Erfolgsfaktor für die Gewährleistung der geforderten Versorgungssicherheit, Wirtschaftlichkeit und Umweltverträglichkeit. Diese sei insbesondere durch die konsequente Umsetzung der beschlossenen Vorhaben des dritten Energiebinnenmarktpaketes[54] und die Verbesserung der rechtlichen Rahmenbedingungen für einen solchen europäischen Energieverbund der Mitgliedsstaaten,[55] an dem auch Deutschland aufgrund seiner geographischen Lage zunehmend partizipiere,[56] zu erreichen.

48 Bundesregierung – ebd., S. 16.
49 Bundesregierung – ebd., S. 19.
50 Bundesregierung – ebd., S. 26.
51 Bundesregierung – ebd., S. 25 f.
52 Bundesregierung – ebd., S. 8.
53 Bundesregierung – ebd., S. 17.
54 Bundesregierung – ebd., S. 37.
55 Bundesregierung – ebd., S. 17.
56 Bundesregierung – ebd., S. 21.

Im Ergebnis will sie mit Blick auf die durch den Vertrag von Lissabon gegebenen EU-Kompetenzen in der Energiepolitik (Art. 194 AEUV[57]) die Möglichkeiten zu europäischer Zusammenarbeit unter Beachtung des Subsidiaritätsprinzips gemeinsam mit den anderen Mitgliedsstaaten und der Europäischen Kommission nutzen.[58]

Die soeben skizzierte europäische Perspektive darf allerdings nicht davon ablenken, dass es sich bei dem Energiekonzept der Bundesregierung um eine Strategie handelt, die an erster Stelle die mit der Energiewende verbundenen Ziele im Wege nationaler Autarkie, also ohne Berücksichtigung von im Ausland produzierenden Stromerzeugern, zu erreichen sucht. Inwieweit diese gegenläufigen Sichtweisen Konflikte nach sich ziehen, wird im Folgenden anhand des Vergleiches der beiden Strategien erläutert.

III. Vergleich der beiden Strategien und kritische Würdigung

Sowohl das Energiekonzept der Bundesregierung als auch die energiepolitische Strategie der Union basieren auf drei Kernforderungen für ein funktionierendes und erfolgreiches Energiesystem. Danach soll das Energiesystem auch im Jahr 2050 sicher, wettbewerbsfähig und dekarbonisiert sein.[59]

1. Gleichgerichtete Ziele

Aufgrund dieser sich auf nationaler und europäischer Ebene entsprechenden Zielbestimmungen weisen beide Strategien an vielen Punkten Parallelen auf. So setzen beide Konzepte künftig auf die Schaffung eines flexibleren Energiemarktes, damit Schwankungen von Wind und Sonne bei der Erzeugung aus fluktuierenden erneuerbaren Energien jederzeit ausgeglichen werden können.[60] Ebenso verfolgen sie eine stärkere Interaktion zwischen Dezentralisierung und zentralisierten Systemen sowie den Ausbau der Verbindungskapazität, der Netze und

---

57 Vertrag über die Arbeitsweise der Europäischen Union, ABl. EG Nr. C 115 vom 9.5.2008, S. 47 ff.

58 Bundesregierung – Konzept für eine umweltschonende, zuverlässige und bezahlbare Energieversorgung, 2010, S. 35.

59 Bundesregierung – Konzept für eine umweltschonende, zuverlässige und bezahlbare Energieversorgung, 2010, S. 3; Mitteilung der Kommission – Energiefahrplan 2050, KOM (2011) 885 endg., S. 2.

60 Bundesregierung – Konzept für eine umweltschonende, zuverlässige und bezahlbare Energieversorgung, 2010, S. 19; Mitteilung der Kommission – Energiefahrplan 2050, KOM (2011) 885 endg., S. 16.

die Schaffung intelligenter Netze.[61] Ferner herrscht weitestgehend Einigkeit über die Aufgabenverteilung zwischen der Union und Deutschland; denn gemäß den Ausführungen der Union in ihrem Energiefahrplan soll der unionale Fahrplan kein Ersatz für nationale Maßnahmen sein, sondern lediglich einen langfristigen, technologieneutralen europäischen Rahmen fördern, innerhalb dessen die nationalen Politikansätze eine größere Wirkung entfalten können sollen.[62]

Sowohl die Kommission als auch die Bundesregierung sehen darüber hinaus den EU-Binnenmarkt als die beste Antwort auf die mit der Dekarbonisierung verbundenen Fragen[63] und als Lösung für den Übergang zu einer modernen, CO2-armen und sicheren Energieversorgung. Mit Blick auf die durch den Vertrag von Lissabon gegebenen EU-Kompetenzen in der Energiepolitik (Art. 194 AEUV) will die Bundesregierung die Möglichkeiten zu europäischer Zusammenarbeit unter Beachtung des Subsidiaritätsprinzips gemeinsam mit den anderen EU-Mitgliedsstaaten und der Europäischen Kommission aktiv nutzen.[64] Damit macht sie ihre Bereitschaft zu einer verstärkten Zusammenarbeit im Binnenmarkt deutlich, wie sie auch von der Union angestrebt wird. Mithin sind in beiden Strategien einige Parallelen hinsichtlich der Zielsetzungen und der darauf basierenden Strategien zu finden, die keiner konkreteren Untersuchung bedürfen.

2. *Zielkonflikte*

Ein Zielkonflikt der Konzepte ist hingegen bei der Frage nach der Erforderlichkeit von Kernenergie festzustellen. Während der Union zufolge diese Energiequelle weiter für den Umbau benötigt und neben den bedeutsamen erneuerbaren Energien ihren Platz im Stromerzeugungsmix behalten werde,[65] will die Bundesregierung die Kernenergie nicht bis 2050 mittragen, weil deren Nutzung nur zeitlich befristet notwendig sei.[66] Da die Union jedoch

61 Bundesregierung – Konzept für eine umweltschonende, zuverlässige und bezahlbare Energieversorgung, 2010, S. 21; Mitteilung der Kommission – Energiefahrplan 2050, KOM (2011) 885 endg., S. 9.

62 Mitteilung der Kommission – Energiefahrplan 2050, KOM (2011) 885 endg., S. 4.

63 Bundesregierung – Konzept für eine umweltschonende, zuverlässige und bezahlbare Energieversorgung, 2010, S. 35; Mitteilung der Kommission – Energiefahrplan 2050, KOM (2011) 885 endg., S. 16.

64 Bundesregierung – Konzept für eine umweltschonende, zuverlässige und bezahlbare Energieversorgung, 2010, S. 35.

65 Mitteilung der Kommission – Energiefahrplan 2050, KOM (2011) 885 endg., S. 9, 15.

66 Bundesregierung – Konzept für eine umweltschonende, zuverlässige und bezahlbare Energieversorgung, 2010, S. 18.

keine Einschränkungen im Hinblick auf den Gebrauch von Kernenergie macht, sondern die Entscheidung über die Anwendung dieser Technologie zur Stromproduktion vielmehr den Mitgliedsstaaten überlässt, kann die Bundesregierung von dieser Möglichkeit Abstand nehmen, ohne dass dies unmittelbare rechtliche Konsequenzen hat. Eine Wirkung auf europarechtliche Fragestellungen entfaltet diese politische Grundsatzentscheidung lediglich dann, wenn auf ihr basierend nationale Entscheidungen getroffen werden, die im Hinblick auf ihre Europarechtskonformität Zweifel mit sich bringen. Dies wird im Rahmen der vorliegenden Arbeit bei dem jeweils untersuchten Prüfungsgegenstand berücksichtigt.

3. Energiepolitische Aspekte mit Klärungsbedarf

Des Weiteren gibt es verschiedene Maßnahmen und Pläne, die lediglich in einer der beiden energiepolitischen Strategien angeführt werden. Dies beruht regelmäßig auf dem Umstand, dass diese kraft Sachzusammenhanges entweder der unionalen oder der nationalen Kompetenz zuzuordnen sind.

Hierzu zählen etwa die von der Bundesregierung aufgeworfenen Überlegungen hinsichtlich der Weiterentwicklung des deutschen Marktdesigns zur Sicherung erforderlicher Kapazitäten zum Schwankungsausgleich.[67] Dieser Aspekt muss aus nationaler Perspektive betrachtet werden, da es sich um die Frage der Ergänzung des bestehenden nationalen Marktdesigns handelt. Zwar macht die Kommission in ihrem Arbeitsdokument darauf aufmerksam, dass verschiedene Vorgaben zur Schaffung europarechtskonformer mitgliedsstaatlicher Kapazitätsmärkte beachtet werden müssten.[68] Doch handelt es sich dabei weder um verbindliche Vorgaben noch kann sich aus europäischen Vorgaben eine verbindliche Ausgestaltung für einen einzelnen nationalen Kapazitätsmarkt ergeben. Die Überlegungen zur Schaffung eines deutschen Kapazitätsmarktes sind allerdings bereits so weit fortgeschritten, dass anhand diverser Eckdaten erörtert werden kann, ob dieser in der gegenwärtig beabsichtigten Ausgestaltung mit höherrangigem, europäischen Recht vereinbar wäre. Diese Untersuchung ist Gegenstand der vorliegenden Arbeit. Ebenso wird der Frage nachgegangen, ob bereits europäische Vorschriften einen Rechtsrahmen für nationale Kapazitätsmärkte bieten und ob dieser bei den derzeitigen Überlegungen zu einem deutschen Kapazitätsmarkt berücksichtigt wäre.

---

67 Bundesregierung – ebd., S. 25 f., 38 f.

68 Arbeitsdokument der Kommission – Generation Adequacy: guidance on public interventions, swd (2013) 438, S. 26 ff.

Darüber hinaus bedarf es der Klärung, ob der unbegrenzte Einspeisevorrang, der gemäß dem Energiekonzept der Bundesregierung als solcher beibehalten werden soll,[69] nach dem deutlichen Zuwachs erneuerbarer Energien in den letzten Jahren und mit Blick auf die fortschreitende Entwicklung auch weiterhin als europarechtskonform zu beurteilen ist. Der europarechtliche Maßstab, an dem diese Aspekte zu messen sind, ist bereits durch das Ziel der Vollendung des Binnenmarktes bestimmt und wird partiell im Energiefahrplan der Kommission konkretisiert. So stellt die Kommission ausdrücklich fest, dass bei jeder Art der flexiblen Energielieferung, Energiespeicherung und Erzeugung der Marktzugang gewährleistet sein müsse.[70] Es müsse dafür Sorge getragen werden, dass politische Entwicklungen in den Mitgliedsstaaten keine neuen Hindernisse für die Strommarktintegration nach sich zögen.[71] Im Rahmen eines im November 2013 veröffentlichten Arbeitsdokumentes ergänzt die Kommission diese Ausführungen und schlägt vor, dass die Mitgliedsstaaten ihre mitgliedsstaatlichen Fördersysteme auch für Marktteilnehmer, die nicht im jeweiligen Inland produzieren, öffnen könnten. Sie sollen langfristig gemeinsame, grenzüberschreitende Fördersysteme unterstützen, um erneuerbare Energien besser am Ort der effizientesten Produktion zu fördern.[72] Zwar will auch die Bundesregierung prüfen, inwieweit sich die Fördersysteme der Mitgliedsstaaten weiter koordinieren und harmonisieren lassen,[73] doch bleibt sie mit diesem Anliegen hinter den Forderungen der Union zurück. Denn diese will nicht nur die weitere Harmonisierung der Fördersysteme, sondern auch die Vereinbarkeit bestehender Systeme mit den europarechtlichen Rahmenbedingungen gewährleistet wissen. Ob und welche der in Deutschland bestehenden und geplanten Regelungen als europarechtskonform zu beurteilen sind, soll jedoch gerade nicht im Rahmen des Prüfauftrages der Bundesregierung untersucht werden. Dieser Frage wird daher im Rahmen der vorliegenden Arbeit nachgegangen, denn deren Beantwortung kann und sollte maßgeblich das weitere regulatorische und legislative Vorgehen der Bundesregierung prägen.

Im Ergebnis benennt die Bundesregierung in ihrem Energiekonzept verschiedene Maßnahmen, die in ihrer individuellen Ausgestaltung allesamt dem

---

69 Bundesregierung – Konzept für eine umweltschonende, zuverlässige und bezahlbare Energieversorgung, 2010, S. 8.

70 Bundesregierung – ebd., S. 16 f.

71 Mitteilung der Kommission – Energiefahrplan 2050, KOM (2011) 885 endg., S. 17.

72 Arbeitsdokument der Kommission – Generation Adequacy: guidance on public interventions, swd (2013) 438, S. 28 ff.

73 Bundesregierung – Konzept für eine umweltschonende, zuverlässige und bezahlbare Energieversorgung, 2010, S. 39.

Gelingen der Energiewende dienen und eine Energieversorgung ohne die Nutzung von Kernenergie bei möglichst geringem Rückgriff auf konventionelle Energien ermöglichen sollen. Doch darf in diesem Zusammenhang nicht außer Acht gelassen werden, dass sie aus unterschiedlichen, insbesondere ökonomischen, Gründen danach strebt, dies mit Hilfe einer möglichst autarken Energieversorgung zu erreichen. Dies führt unweigerlich dazu, dass die weitere Vertiefung des europäischen Energiebinnenmarkts nicht prioritär behandelt wird. Mit der vorliegenden Arbeit soll geklärt werden, welche rechtlichen Problemkreise sich daraus ergeben, ob die Zweifel an der Vereinbarkeit verschiedener nationaler Maßnahmen mit dem unionalen Ziel eines funktionierenden Energiebinnenmarktes zur Europarechtswidrigkeit dieser Regelungen führen und wie möglichen Rechtsverstößen begegnet werden könnte.

C. Gang der Untersuchung

Im folgenden zweiten Kapitel werden einzelne Elemente des Energiekonzeptes der Bundesregierung, insbesondere auf ihre Konformität mit dem unionalen Ziel der Vollendung des Energiebinnenmarktes und den dieses Ziel schützenden sekundär- sowie primärrechtlichen Vorschriften, untersucht. Hierzu zählt zunächst die Schaffung eines nationalen Anreizmechanismus, der Investitionen in konventionelle Kraftwerksbauten sicherstellen soll. Nach einer kurzen Darstellung der derzeit diskutierten Modelle für eine Ausgestaltung eines solchen nationalen Kapazitätsmarktes wird diskutiert, welche Gründe für das Erfordernis eines solchen, den jetzigen Energiemarkt ergänzenden, Instrumentes sprechen. Darauf aufbauend werden vor allem die Vorgaben der Elektrizitäts-Richtlinie 2009/72/EG[74] für mitgliedsstaatliche Kapazitätsmechanismen diskutiert und bewertet (siehe Kapitel 2 Abschnitt A.). Im Anschluss wird erörtert, inwieweit die Einführung eines Kapazitätsmarktes unter Heranziehung des Art. 107 AEUV beihilferechtlich fragwürdig sein könnte (siehe Kapitel 2 Abschnitt B. II.). Darüber hinaus konzentriert sich die Prüfung auf die Frage der Vereinbarkeit des vom Energiekonzept bestätigten unbegrenzten Einspeisevorrangs und der normierten Abnahme- und Vergütungspflicht unter Ausschluss der im Ausland niedergelassenen Stromerzeuger mit der Warenverkehrsfreiheit gemäß Art. 34 AEUV (siehe Kapitel 2 Abschnitt B. III.). Denn die spürbare Erhöhung des Anteils erneuerbarer Energien in Verbindung mit einer territorialgebundenen

74 RiLi 2009/72/EG des Europäischen Parlaments und des Rates vom 13. Juli 2009 über gemeinsame Vorschriften für den Elektrizitätsbinnenmarkt und zur Aufhebung der Richtlinie 2003/54/EG (EltRL 2009), ABl. EG Nr. L 211 vom 14.8.2009, S. 55 ff.

Förderung kann dazu führen, dass ein immer größerer Anteil des nationalen Stromverbrauchs für die inländische Produktion „reserviert" wird.[75] Dabei erstreckt sich die vorliegende Prüfung auch auf die Suche nach realisierbaren Lösungsansätzen, mit deren Hilfe den Zweifeln an der Europarechtskonformität einzelner Elemente des Energiekonzeptes begegnet werden könnte.

Ziel der Arbeit soll jedoch nicht nur sein, Lösungen für offengelegte Zweifel an der Vereinbarkeit nationaler energiepolitischer Maßnahmen mit europäischem Primärrecht zu präsentieren. Vielmehr soll ebenso untersucht werden, welche Institution die notwendigen Kompetenzen zur Umsetzung dieser Lösungsansätze innehat und in welcher Rechtsform diese Ansätze implementiert werden könnten. Unter Berücksichtigung des Wunsches der Bundesregierung nach einer autarken nationalen Energieversorgung wird daher der Frage nachgegangen, ob die Union die erforderlichen gesetzgeberischen Befugnisse hat, um gegen nationale, mit dem europäischen Primärrecht unvereinbare Elemente des Energiekonzeptes vorzugehen. In diesem Zusammenhang wird primär auf die durch den Lissabon-Vertrag eingeführte unionale Energiekompetenz des Art. 194 AEUV abgestellt (siehe Kapitel 3). In diesem Zusammenhang wird ebenfalls erörtert, ob aus der erforderlichen unionalen Kompetenz – sofern diese gegeben ist – ebenso eine Handlungsverpflichtung der Union zur Umsetzung der dargestellten Lösungsansätze resultiert, um europarechtswidrige Maßnahmen der Mitgliedsstaaten zu unterbinden. Zudem werden verschiedene formelle Bedingungen untersucht, die bei einem Tätigwerden der Union zu beachten wären. Hierzu zählt insbesondere die Frage, welche Rechtsform für das in Rede stehende unionale Vorgehen zu wählen wäre.

Zuletzt werden die Ergebnisse der einzelnen Untersuchungsschritte der Arbeit zusammengefasst und erläutert. Auf Grundlage dieser Erkenntnisse wird ein Ausblick darüber gegeben, welche Konsequenzen hieraus für die angestrebte Vollendung des Energiebinnenmarktes im Jahr 2014 folgen (siehe Kapitel 4).

75 Vgl. dazu bereits Gundel – Nachhaltigkeit und Energieversorgung, in: Kahl – Nachhaltigkeit als Verbundbegriff, 2008, S. 443 (467).

Kapitel 2. Europarechtskonformität des deutschen Energiekonzeptes unter Einbeziehung der Schaffung von Kapazitätsmärkten

Die Gegenüberstellung der EU-Energiestrategie und des deutschen Energiekonzeptes hat gezeigt, dass die weitere Vertiefung des europäischen Energiebinnenmarkts nicht zu den Prioritäten der energiepolitischen Strategie der Bundesregierung zählt. Im Mittelpunkt ihrer Erwägungen steht vielmehr der Wunsch nach nationaler Autarkie.

Zu solchen Bestrebungen, auch wenn sie zu nationalen Alleingängen führen können, sind die Mitgliedsstaaten grundsätzlich befugt. Sie können gesetzgeberisch tätig werden und verbindliche Rechtsakte erlassen, solange der Union keine ausschließliche Kompetenz zukommt (Art. 2 Abs. 1 AEUV) oder sofern und soweit die Union ihre Zuständigkeit noch nicht ausgeübt hat (Art. 2 Abs. 2 S. 2 AEUV). Gemäß Art. 4 Abs. 2 lit. i AEUV gehört der Energiebereich zu den geteilten Zuständigkeiten.[76] Da der Union somit keine ausschließliche Kompetenz zukommt und die Europäisierung des Energierechts noch nicht abgeschlossen ist, können die Mitgliedsstaaten weiterhin im Energiebereich gesetzgeberisch tätig werden. Wenn jedoch die Mitgliedsstaaten bei ihren national ausgerichteten Bestrebungen versäumen, das höherrangige EU-Recht zu beachten, können einzelne Aspekte europarechtlich fragwürdig sein. Strukturelle Entwicklungen dieser Art sind bereits im Energiekonzept der Bundesregierung zu erkennen. Daher werden im Folgenden einzelne Elemente des Energiekonzeptes der Bundesregierung auf ihre Konformität mit europäischem Sekundär- sowie Primärrecht untersucht.

Im ersten Teil konzentriert sich die Prüfung auf Elemente des Energiekonzeptes mit sekundärrechtlicher Relevanz. Die Untersuchung des Sekundärrechts hat an erster Stelle zu erfolgen, da es als sachnächste Quelle vorrangig zu prüfen ist. Dies entspricht der Prüfungsreihenfolge des EuGH, der im Bereich des harmonisierten Rechts regelmäßig nur auf das Primärrecht zurückgreift, wenn das

76 Vgl. hierzu die Ausführungen auf S. 229.

Sekundärrecht keine Regelungen enthält.[77] Zu den sekundärrechtlich relevanten Elementen des Energiekonzeptes gehört vor allem die Frage nach den europarechtlichen Vorgaben für die Schaffung eines Anreizmechanismus, der Investitionen in Kraftwerksbauten sicherstellen soll (sog. Kapazitätsmarkt). Nach einer kurzen Einleitung zur Notwendigkeit eines Kapazitätsmarktes in Deutschland, werden insbesondere die Vorgaben der Elektrizitäts-Richtlinie 2009/72/EG[78] (im Folgenden: EltRL) diskutiert und bewertet (siehe unter A.).

Im zweiten Teil dieses Kapitels werden verschiedene Elemente des Energiekonzepts mit primärrechtlicher Relevanz untersucht (siehe unter B. II.). Es stellt sich zunächst die Frage, inwieweit die Einführung eines Kapazitätsmarktes beihilferechtlich problematisch sein könnte. Schließlich erhalten in allen gängigen und diskutierten Kapazitätsmodellen nur ein Teil der im Markt tätigen Kraftwerksbetreiber Kapazitätszahlungen.[79] Daher wird geprüft, ob der Tatbestand des Art. 107 AEUV erfüllt wäre. Ferner ist zu klären, ob der unbegrenzte Einspeisevorrang sowie die Abnahme- und Vergütungspflicht erneuerbarer Energien unter Ausschluss der in anderen Mitgliedsstaaten produzierenden Stromerzeuger (§ 2 Nr. 1 EEG 2012) mit der Warenverkehrsfreiheit gemäß Art. 34 AEUV vereinbar ist (siehe unter B. III.). Zwar ist die diesbezügliche rechtliche Diskussion weit fortgeschritten,[80] doch ergeben sich aus dem Energiekonzept der Bundesregierung zwei Thesen, die über die bisher geführten rechtlichen Erörterungen hinausgehen. Einerseits ist die Rechtfertigung im Rahmen des PreußenElektra-Urteils[81] vor dem Hintergrund, dass bis 2050 der Anteil der erneuerbaren Energien in Deutschland auf 80 Prozent des Bruttostromverbrauches ansteigen soll, erneut zu analysieren.[82] Andererseits bleibt die Überlegung, Kapazitätsmärkte

77 EuGH, Urteil vom 20.02.1979 – Rs. C-120/78, Slg. 1979, Rewe/Bundesmonopolverwaltung, I-649, Rn. 8; EuGH, Urteil vom 12.10.1993 – Rs. C-37/92, Slg. 1993, Vanacker und Lesage, I-4947, Rn. 9; Ehlers – Grundfreiheiten, § 7, Rn. 7.

78 RiLi 2009/72/EG des Europäischen Parlaments und des Rates vom 13. Juli 2009 über gemeinsame Vorschriften für den Elektrizitätsbinnenmarkt und zur Aufhebung der Richtlinie 2003/54/EG (EltRL 2009), ABl. EG Nr. L 211 vom 14.8.2009, S. 55 ff.

79 Bloch, N&R 1/12, S. 19 (23).

80 Vgl. Apfelstedt, ZNER 2001, S. 2 ff.; Ekardt/Schmeichel, ZEuS 2009, S. 171 ff.; Erk – Die künftige Vereinbarkeit des EEG mit Verfassungs- und Europarecht, 2008; Karpenstein/Schneller, RdE 2005, S. 6 ff.; Klinski, EEG und Binnenmarkt, Stellungnahme, 2005; Oschmann – EEG 2009; Säcker – Europäisierung des Energie-Umweltschutzrechts, EWeRK 2011, S. 27 ff.

81 EuGH, Urteil vom 13.3.2001 – Rs. C-379/98, Slg. 2001, I-2099, PreußenElektra.

82 Gundel – Nachhaltigkeit und Energieversorgung, in: Kahl – Nachhaltigkeit als Verbundbegriff, 2008, S. 443 (467): Der Autor ging 2008 bereits davon aus, dass mit einer

zur Absicherung der Versorgungssicherheit in Deutschland einzuführen, bei der bisherigen Diskussion unbeachtet. Kapazitätsmärkte können einen erheblichen Einfluss auf die warenverkehrsrechtliche Würdigung haben, da die Schaffung eines solchen nationalen Kapazitätsmarktes die Abschottung des nationalen Strommarktes evident verstärken kann.

A. Rechtliche Zulässigkeit anhand europäischen Sekundärrechts

In ihrem Energiekonzept wirft die Bundesregierung die Frage auf, inwieweit auch der deutsche Strommarkt weiterentwickelt werden soll, da „im derzeitigen Marktdesign künftig möglicherweise die Strompreise nicht genügend Anreize zum Bau von Anlagen zur Leistungsabsicherung in der Zukunft geben".[83] Nach Ansicht der Bundesregierung sei zu prüfen, ob und wie in Zukunft die Bereitstellung von Stromerzeugungskapazitäten behandelt wird. Im Folgenden soll diese Frage aufgegriffen werden. Dabei ist insbesondere zu problematisieren, welche europarechtlichen Vorgaben Deutschland bei der Schaffung eines nationalen Kapazitätsmarktes berücksichtigen müsste.

Es bedarf jedoch vorab einer energiepolitischen Grundsatzentscheidung, ob die Sicherstellung der Versorgungssicherheit in Deutschland lediglich durch national verfügbare Kapazitäten erreicht werden soll (nationale Sichtweise) oder ob zur Befriedigung des nationalen Bedarfs auch verfügbare Kapazitäten anderer Mitgliedsstaaten berücksichtigt werden können (europäische Sichtweise).[84] Diese Entscheidung hat große Bedeutung hinsichtlich der Erforderlichkeit eines deutschen Kapazitätsmarktes. So kann der Bedarf nach zusätzlichen Kapazitäten je nach Alternative stark divergieren. Bei der europäischen Sichtweise müsste eine ganzheitliche Betrachtung des europäischen Energiemarktes und damit des gesamten europäischen Stromverbunds erfolgen.[85] Bei Zugrundelegung der

---

Erhöhung des Anteils erneuerbarer Energien in Verbindung mit einer territorialgebundenen Förderung ein immer größerer Anteil des nationalen Stromverbrauchs für die inländische Produktion „reserviert" wird.

83 Bundesregierung – Konzept für eine umweltschonende, zuverlässige und bezahlbare Energieversorgung, 2010, S. 25.

84 Consentec – Versorgungssicherheit effizient gestalten, Abschlussbericht 2012, Einleitung iv.

85 Bei einer solchen Sichtweise wäre insbesondere zu beachten, dass im Ausland bestehende Kapazitäten zugleich auch zur dortigen Lastdeckung gebraucht werden und daher regelmäßig nur in einem beschränkten Umfang exportiert werden können. Ebenso müssten klare Verantwortlichkeiten auf europäischer Ebene definiert und

nationalen Sichtweise wäre hingegen lediglich der deutsche Erzeugermarkt bei der Bedarfsermittlung zu berücksichtigen. Sollte in beiden Fällen das Erfordernis nach zusätzlichen Kapazitäten zur Sicherstellung der Versorgungssicherheit zu bejahen sein, würde sich ferner die Frage stellen, ob ein europäischer Kapazitätsmarkt nicht geeigneter und mit Blick auf die weitere Europäisierung des Energierechts erstrebenswerter wäre als eine nationale Lösung.

Diese Entscheidung wurde jedoch bereits von den politischen Entscheidungsträgern in Deutschland getroffen. Sie favorisieren die Idee eines deutschen Kapazitätsmarktes. Dies wird nicht nur durch die Ausführungen im Energiekonzept der Bundesregierung indiziert, sondern spiegelt sich auch in unterschiedlichen Mitteilungen und Veröffentlichungen verschiedener nationaler Institutionen wider. So ist nach Auffassung des Bundesministeriums für Wirtschaft und Technologie die Energieversorgung sichergestellt, wenn die im Inland gesicherte Erzeugungsleistung jederzeit größer ist als die Jahreshöchstlast.[86] Ebenso zeigt das Gutachten des Sachverständigenrates für Umweltfragen, der 1972 von der Bundesregierung eingerichtet wurde, um diese in Umweltfragen zu beraten, dass eine auf Deutschland begrenzte Vollversorgung primäres Ziel ist.[87] Demzufolge wird der folgenden Prüfung die nationale Sichtweise zugrunde gelegt, nach welcher die Versorgungssicherheit in Deutschland lediglich durch national verfügbare Kapazitäten erreicht werden soll. Die Frage, inwieweit ein europäischer Kapazitätsmarkt geeigneter und mit Blick auf die weitere Europäisierung des Energierechts erstrebenswerter wäre als eine nationale Lösung, muss daher an dieser Stelle nicht weiter erörtert werden. Die Problemanalyse hinsichtlich der Versorgungssicherheit beschränkt sich mithin auf den deutschen Energiemarkt.

Um zu klären, ob ein Kapazitätsmarkt in Deutschland erforderlich ist und unter welchen Voraussetzungen dieser geschaffen werden könnte, wird zunächst

---

geeignete Koordinierungsinstanzen und -prozesse institutionalisiert werden – siehe hierzu: Consentec – Versorgungssicherheit effizient gestalten, Abschlussbericht 2012, S. 35, 50 f.; des Weiteren müsste untersucht werden, wie bei diesem Vorgehen bereits implementierte Kapazitätsmechanismen (etwa in Spanien oder England) integriert werden können – siehe hierzu: Süßenbacher/Schwaiger/Stigler – Kapazitätsmärkte und -mechanismen, 2011, S. 4 f. Ob bei einem Paradigmenwechsel der Bundesregierung, bei dem auf den gesamten europäischen Energiebinnenmarkt abgestellt würde, tatsächlich Kapazitätsmechanismen entbehrlich wären, dürfte allerdings nur im Rahmen einer ökonomisch-technischen Betrachtung festzustellen sein. Daher ist diese Frage nicht Teil der vorliegenden Arbeit.

86 BMWi – Monitoring-Bericht nach § 51 EnWG, 2011, S. 9.

87 SRU – Sondergutachten 2011: Wege zur 100 Prozent erneuerbaren Stromversorgung, S. 1 ff.

dargestellt, wie der Strommarkt in Deutschland gegenwärtig ausgestaltet ist. Des Weiteren wird erörtert, welche konkreten Probleme künftig aufgrund einer Änderung des deutschen Kraftwerksparks, insbesondere durch die zunehmende Integration erneuerbarer Energien, entstehen können (siehe unter I.). Derzeit wird in ökonomischer Hinsicht intensiv diskutiert, ob die heutige Ausgestaltung des Energiemarktes ausreichende Anreize für Kraftwerksinvestitionen zur Gewährleistung der Versorgungssicherheit bietet. In diesem Falle wäre ein zusätzlicher Anreizmechanismus bei einem Strommarkt, der auf spezifische Vergütungen zur Gewährleistung einer adäquaten Erzeugungskapazität verzichtet und bei welchem nur der Verkauf von Energie zu Erlösen führt, in Deutschland nicht erforderlich. Diese Diskussion, die auch im Energiekonzept der Bundesregierung[88] aufgeworfen wird, wird im Folgenden in gebotener Kürze dargestellt (siehe unter II.). Anschließend wird skizziert, ob und in welcher Ausgestaltung ein Kapazitätsmarkt in Deutschland implementiert werden kann. Kernelement der Untersuchung ist dabei die Frage, ob bereits ein (europa-)rechtlicher Rahmen für einen solchen Mechanismus besteht. Des Weiteren wird dargestellt, welche strukturellen, insbesondere räumlichen, Besonderheiten bei Schaffung eines deutschen Modells zu berücksichtigen wären (siehe unter III.).

I. Das Design des Energiemarktes in Deutschland

Im Folgenden soll untersucht werden, welcher tatsächliche und rechtliche Anpassungsbedarf hinsichtlich der Ausgestaltung des Energiemarktes gegeben ist. Diese Ausgestaltung wird als Strommarktdesign bezeichnet und umfasst grundlegende Entscheidungen hinsichtlich des ordnungspolitischen Gesamtkonzepts.[89] Um den Anpassungsbedarf zu bestimmen, muss insbesondere der Frage nachgegangen werden, welche Bedeutung konventionellen Kraftwerken bei einem immer stärker von erneuerbaren Energien geprägten Strommarktkonzept zukommt und welche Rolle sie für die Gewährleistung der Versorgungssicherheit spielen.

Zunächst wird die Entwicklung des deutschen Strommarkts seit den ersten Liberalisierungsbestrebungen aufgezeigt, da insbesondere die Liberalisierung

88 Bundesregierung – Konzept für eine umweltschonende, zuverlässige und bezahlbare Energieversorgung, 2010, S. 25.

89 Schlemmermeier/Diermann – Anforderungen an ein zukünftiges Marktdesign, in: bne (Hrsg.) – Welches Marktdesign braucht die Energiewende?, 2011, S. 12; Umweltministerium Baden-Württemberg – Ausgestaltung des Marktdesigns für einen Kapazitätsmarkt, Abschlussbericht 2011, S. 7.

des Marktes die derzeitige Ausgestaltung des deutschen Energiemarkts geprägt hat (siehe unter 1.). Danach wird die Gefahr potentieller Kapazitätsengpässe und deren Bedeutung für die Versorgungssicherheit erörtert (siehe unter 2.). Abschließend wird diskutiert, welche Änderungen des Marktdesigns in Deutschland erforderlich sind, um diesen Gefahren zu begegnen (siehe unter 3.).

1. Entwicklung

Verschiedene politische Entscheidungen haben die Entwicklung des Energiemarktes in Deutschland geprägt. Hierzu zählen insbesondere die Marktliberalisierung, erhöhte Anforderungen an den Klimaschutz und die Entscheidung über den Atomenergieausstieg.

Der Anstoß zu einer Liberalisierung des Energiemarktes erfolgte auf europäischer Ebene. Ziel der Liberalisierung sollte mehr Wettbewerb in der Energiewirtschaft sein, wobei die Lenkung von Angebot und Nachfrage über den Markt dazu beitragen sollte, die Effizienz der Energieversorgung insgesamt zu verbessern, Kosten zu senken und Überkapazitäten abzubauen. Dabei sollte eine nachfrageorientierte Versorgung aufgebaut werden.[90] Während bislang die Versorgungsunternehmen in ihren jeweiligen Versorgungsgebieten eine rechtlich abgesicherte Monopolstellung innehatten,[91] sollten mit der Liberalisierung Marktzugangsbarrieren beseitigt werden, um auf der Nachfrageseite einen Wechsel des Stromversorgers zu ermöglichen und auf der Angebotsseite Markteinsteigern und dynamischen Anbietern neue Chancen auf dem Energiemarkt zu eröffnen.[92]

Die ersten Änderungen der damaligen Rahmenbedingungen für die Energieversorgung wurden durch die Liberalisierungsrichtlinien für Strom[93] und Gas[94] eingeleitet. Beide Richtlinien sollten einen „wettbewerbsorientierten

---

90 Ziesing – Liberalisierung der Energiewirtschaft, 2001, S. 144; Pohlig – Kraftwerksinvestitionen – rechtliche und ökonomische Anforderungen aus Unternehmenssicht, in: Säcker (Hrsg.) – Investitionen in Kraftwerke zur Versorgungssicherheit, 2012, S. 15 (17).

91 Pohlig – Kraftwerksinvestitionen – rechtliche und ökonomische Anforderungen aus Unternehmenssicht, in: Säcker (Hrsg.) – Investitionen in Kraftwerke zur Versorgungssicherheit, 2012, S. 15 (17).

92 Ziesing – Liberalisierung der Energiewirtschaft, 2001, S. 144 (145).

93 RiLi 96/92/EG des Europäischen Parlaments und des Rates vom 19. Dezember 1996 betreffend gemeinsame Vorschriften für den Elektrizitätsbinnenmarkt (EltRL 1996), ABl. EG Nr. L 27 vom 30.1.1997, S. 20 ff.

94 RiLi 98/30/EG des Europäischen Parlaments und des Rates vom 22. Juni 1998 betreffend gemeinsame Vorschriften für den Erdgasbinnenmarkt (GasRL 1998), ABl. EG Nr. L 204 vom 21.7.1998, S. 1 ff.

Elektrizitätsmarkt" als „wichtigen Schritt zur Vollendung des Energiebinnenmarkts" fördern.[95] Die Liberalisierungsrichtlinie für Strom wurde mit dem novellierten Energiewirtschaftsgesetz des Jahres 1998 in nationales Recht umgesetzt. Damit wurden die staatlich eingerichteten Gebietsmonopole abgeschafft und die Öffnung des Marktes für leitungsgebundene Energie eingeleitet. Mit einer Neuregelung des Energiewirtschaftsgesetzes erfolgte schließlich 2003 die Umsetzung der Liberalisierungsrichtlinie zum Erdgasbinnenmarkt. Noch im selben Jahr beschloss der europäische Gesetzgeber die Beschleunigungsrichtlinien[96], mit denen er die Liberalisierung im Energiebereich und die Schaffung von einheitlichen Wettbewerbsbedingungen auf dem Energiebinnenmarkt weiter voranzutreiben beabsichtigte. Die Umsetzung in nationales Recht erfolgte durch die Novellierung des Energiewirtschaftsgesetzes am 7. Juli 2005.[97]

Doch stellte die Kommission bereits 2007 fest, dass die rechtliche und die funktionale Entflechtung, wie sie mittlerweile in den Rechtsvorschriften gefordert wird, nicht ausreicht, um sicherzustellen, dass sich ein echter europäischer Wettbewerbsmarkt für Strom und Gas entwickeln kann.[98] Um die eigentumsrechtliche Entflechtung der Strom- und Gasnetze von Erzeugung und Vertrieb und die gesamte Liberalisierung des europäischen Binnenmarktes für Strom und Gas weiter voranzutreiben, verabschiedete schließlich der europäische Gesetzgeber 2009 ein drittes Energiebinnenmarktpaket.[99] Neben gas- und

95 Vgl. Erwägungsgrundgrund 2 der EltRL 2009 und Erwägungsgrund 3 der GasRL.

96 RiLi 2003/54/EG des Europäischen Parlaments und des Rates vom 26. Juni 2003 über gemeinsame Vorschriften für den Elektrizitätsbinnenmarkt und zur Aufhebung der Richtlinie 96/92/EG (EltRL 2003), ABl. EG Nr. L 176 vom 15.7.2003, S. 37 ff.; RiLi 2003/55/EG des Europäischen Parlaments und des Rates vom 26. Juni 2003 über gemeinsame Vorschriften für den Erdgasbinnenmarkt und zur Aufhebung der Richtlinie 98/30/EG (GasRL 2003), ABl. EG Nr. L 176 vom 15.7.2003, S. 57 ff.

97 Energiewirtschaftsgesetz vom 7. Juli 2005 (BGBl. I S. 1970, 3621).

98 Mitteilung der Kommission – Aussichten für den Erdgas- und Elektrizitätsbinnenmarkt, KOM (2006) 841 endg., S. 11.

99 RiLi 2009/72/EG des Europäischen Parlaments und des Rates vom 13. Juli 2009 über gemeinsame Vorschriften für den Elektrizitätsbinnenmarkt und zur Aufhebung der Richtlinie 2003/54/EG (EltRL 2009), ABl. EG Nr. L 211 vom 14.8.2009, S. 55 ff.; RiLi 2009/73/EG des Europäischen Parlaments und des Rates vom 13. Juli 2009 über gemeinsame Vorschriften für den Erdgasbinnenmarkt und zur Aufhebung der Richtlinie 2003/55/EG (GasRL 2009), ABl. EG Nr. L 211 vom 14.8.2009, S. 94 ff.; Verordnung (EG) Nr. 713/2009 des Europäischen Parlaments und des Rates vom 13. Juli 2009 zur Gründung einer Agentur für die Zusammenarbeit der Energieregulierungsbehörden (ACERVO 2009), ABl. EG Nr. L 211 vom 14.8.2009, S. 1 ff.;

stromspezifischen Themen beinhaltet das dritte Binnenmarktpaket umfangreiche Regelungen zum Verbraucherschutz, zur Versorgungsqualität und -sicherheit sowie zu den Aufgaben der nationalen Regulierungsbehörden und der neu zu gründenden Agentur für die Zusammenarbeit der europäischen Energieregulierungsbehörden (ACER).[100]

Das Resultat dieser legislativen Initiativen der EU ist ein bislang begrenzt regulierter, aber stetig an Bedeutung gewinnender EU-Binnenmarkt für Elektrizität. Durch die Umsetzung der unionalen Regeln konnte sich in Deutschland ein Großhandelsmarkt etablieren, der eine hohe Liquidität und wachsenden Wettbewerb aufweist.[101] Doch darf die Bildung dieses Großhandelsmarktes für Elektrizität nicht unkritisch betrachtet werden; denn als Folge der in Deutschland angewandten nationalen Sichtweise standen grundsätzlich der heimische Energiemarkt und nationale Anliegen im Vordergrund. Diese nationale Sichtweise und nicht die Betrachtung des deutschen Marktes als Teil eines europäischen Energiebinnenmarktes war mithin das prägende Element bei den vorgenommenen Änderungen des deutschen Strommarktdesigns.

Ein anderer wichtiger Faktor, der gerade in jüngster Zeit bedeutende Auswirkungen auf die Entwicklungen des Marktes mit sich brachte, sind die erhöhten Anforderungen an klimaschonende Techniken und die zunehmende Bedeutung des Umweltschutzes im Allgemeinen.[102] Die Weichen für eine Umstrukturierung von der bekannten Elektrizitätsversorgung zu einem neu ausgerichteten Versorgungssystem wurden bereits vor der Liberalisierung gelegt, und zwar mit dem 1991 in Kraft getretenen Stromeinspeisungsgesetz.[103] Dieses sollte für geringe

---

Verordnung (EG) Nr. 714/2009 des Europäischen Parlaments und des Rates vom 13. Juli 2009 über die Netzzugangsbedingungen für den grenzüberschreitenden Stromhandel und zur Aufhebung der Verordnung (EG) Nr. 1228/2003 (StromhandelVO 2009), ABl. EG Nr. L 211 vom 14.8.2009, S. 15 ff.; Verordnung (EG) Nr. 715/2009 des Europäischen Parlaments und des Rates vom 13. Juli 2009 über die Bedingungen für den Zugang zu den Erdgasfernleitungsnetzen und zur Aufhebung der Verordnung (EG) Nr. 1775/2005 (ErdgasZVO 2009), ABl. EG Nr. L 211 vom 14.8.2009, S. 36 ff.

100 Siehe zu ACER die Ausführungen der Europäischen Kommission unter: http://ec.europa.eu/energy/gas_electricity/acer/acer_en.htm.

101 Müsgens/Peek, ZNER 2011, S. 576.

102 BMZ – Entwicklung braucht nachhaltige Energie, 2008.

103 Das Gesetz über die Einspeisung von Strom aus erneuerbaren Energien in das öffentliche Netz (StromEinspG) vom 7. Dezember 1990 (BGBl. S. 2633), das am 1. Januar 1991 in Kraft trat und Vorläufer des EEG war, regelte erstmals die Verpflichtung der Versorgungsunternehmen, Energie aus regenerativen Umwandlungsprozessen abnehmen und vergüten zu müssen.

Treibhausemissionen und einen höheren Anteil erneuerbarer Energien sorgen und damit den Fokus der Energiewirtschaft auf ressourcenschonende Techniken lenken. Zahlreiche europäische und nationale Vorhaben flankierten diese Entwicklung, zu denen auch die Einführung eines Treibhausgasemissionshandels gehörte.[104]

Nach über zwei Jahrzehnten mündete der Prozess schließlich im Energiekonzept der Bundesregierung, dessen Ziel unter anderem die Sicherstellung einer umweltverträglichen Energieversorgung ist.[105] Dies soll insbesondere dadurch garantiert werden, dass erneuerbare Energien eine tragende Säule zukünftiger Energieversorgung werden.[106] Der Erreichung dieses Zieles soll auch der im EEG geregelte Einspeisevorrang erneuerbarer Energien, § 2 Nr. 1 EEG, dienen. Dass diese Regelung hierzu auch geeignet war, zeigt der in den vergangenen Jahren zu verzeichnende stetige Zuwachs erneuerbarer Energien in Deutschland. Innerhalb von 10 Jahren hat sich der prozentuale Anteil erneuerbarer Energien bei der Stromerzeugung verdreifacht.[107]

Während bislang die Atomenergie eine bedeutende Rolle für die Energieversorgung in Deutschland gespielt hat, sieht das Energiekonzept nunmehr einen Energiemix vor, bei dem langfristig der Ausstieg aus der Atomenergie verfolgt wird.[108] Dabei handelt es sich jedoch um kein Novum. Bereits im April 2002 wurde auf Grundlage der „Vereinbarung zwischen der Bundesregierung und den Energieversorgungsunternehmen vom 14. Juni 2000“[109] der Ausstieg aus der Kernenergie erstmals durch das Gesetz zur geordneten Beendigung der Kernenergienutzung zur gewerblichen Erzeugung von Elektrizität[110] rechtlich bestätigt. Dieses zielte darauf ab, die Nutzung der Kernenergie zur gewerblichen Erzeugung von Elektrizität sukzessive zu beenden. Mit dem

104 Müsgens/Peek, ZNER 2011, S. 576.

105 Bundesregierung – Konzept für eine umweltschonende, zuverlässige und bezahlbare Energieversorgung, 2010, S. 3.

106 Bundesregierung – Konzept für eine umweltschonende, zuverlässige und bezahlbare Energieversorgung, 2010, S. 7.

107 BMU – Entwicklung der Erneuerbaren Energien im Jahr 2011, S. 11: 2001 lag der Anteil der erneuerbaren Energien am Bruttostromverbrauch in Deutschland noch bei 6,7 Prozent, 2011 hatte er bereits 20 Prozent erreicht.

108 Bundesregierung – Konzept für eine umweltschonende, zuverlässige und bezahlbare Energieversorgung, 2010, S. 18.

109 Online erhältlich unter: http://www.bmu.de/files/pdfs/allgemein/application/pdf/atomkonsens.pdf.

110 Das Gesetz zur geordneten Beendigung der Kernenergienutzung zur gewerblichen Erzeugung von Elektrizität vom 22. April 2002 (BGBl. S. 1351).

Regierungswechsel im Jahre 2009 wurde der geplante Ausstieg in der vereinbarten Form jedoch nicht aufrechterhalten. Am 28. Oktober 2010[111] setzte sich die damalige Bundesregierung erfolgreich dafür ein, die deutschen Atomkraftwerke im Durchschnitt zwölf Jahre länger, als im 2002 verabschiedeten Gesetz zur gewerblichen Nutzung von Kernenergie vorgesehen, am Netz zu lassen.[112] Doch auch diese Regelung hatte nicht lange Bestand. Bereits am 6. Juni 2011 beschloss das Bundeskabinett das sofortige Aus für acht Atomkraftwerke und den stufenweisen Ausstieg aus der Kernenergie bis 2022.[113] Zurückzuführen war diese Kehrtwende auf die Katastrophe von Fukushima, die zahlreiche Opfer forderte und einen kaum messbaren Schaden mit sich brachte. So verabschiedeten Bundestag und Bundesrat kurze Zeit später diesen neuen Kurs. Aus energiepolitischer Sicht wurde damit der Prozess der Umstrukturierung des deutschen Strommarktdesigns beschleunigt. Als deutlichste Folge muss nunmehr die Nachfrage nach Energie durch ein umfassendes Angebot alternativer Energiequellen und nicht mehr durch den bislang favorisierten Energiemix befriedigt werden.

Welche Auswirkungen diese Entwicklung konkret auf das Design des deutschen Strommarktes haben wird und ob der von der Bundesregierung kalkulierte prozentuale Zuwachs an erneuerbaren Energiequellen eingehalten wird, kann derzeit nur antizipiert werden und wird sich in den kommenden Jahren zeigen.

2. *Potentielle Kapazitätsengpässe bedrohen Versorgungssicherheit*

Auf Grundlage des Energiekonzepts der Bundesregierung verschieben sich die Anteile der einzelnen Energiequellen am Energiemix. Von den etwa 80 Gigawatt (GW) Kraftwerksleistung, die derzeit an das deutsche Übertragungsnetz angeschlossen sind, ist ein großer Teil veraltet und erfüllt nicht die Anforderungen der Energiewende und des Klimaschutzes.[114] Kernkraftwerke decken zwar weiterhin durch ihre kontinuierliche Einspeisung einen wesentlichen Teil des Gesamtstrombedarfs ab. Diese Einspeisung wird jedoch durch den Atomausstieg sukzessive wegfallen. Die Stromerzeugung durch Kern- und andere

111 BT-Plenarprotokoll 17/68, vom 28. Oktober 2010.

112 Elftes Gesetz zur Änderung des Atomgesetzes vom 8. Dezember 2010 (BGBl. S. 1814).

113 Siehe hierzu BR-Drs. 340/11.

114 Umweltministerium Baden-Württemberg – Ausgestaltung des Marktdesigns für einen Kapazitätsmarkt, Abschlussbericht 2011, S. 31.

konventionelle Kraftwerke wird daher zunehmend von der Erzeugung aus regenerativer Energie abgelöst werden. Dies wird zusätzlich durch die auf dem EEG basierende intensive Förderung von Erzeugungskapazitäten aus erneuerbaren Energien bewirkt.[115]

Diese Wandelung des Strommarktdesigns durch die starke Zunahme erneuerbarer Energien bringt nicht nur strukturelle Änderungen mit sich, auf die sich die Energieversorgungsunternehmen einstellen müssen, sondern birgt auch Gefahren für die Sicherheit der Energieversorgung in Deutschland. Eine Gefährdung dieses hohen und wertvollen Gutes einer Industriegesellschaft kann weitreichende Folgen für Industrie und Menschen in Deutschland und der Union haben. Die Vermeidung von Versorgungsausfällen gehört daher zu den obersten Prioritäten der deutschen und europäischen Energiepolitik.[116] Um wirkungsvoll Gefahren für die Versorgungssicherheit abwenden zu können, müssen zunächst die Ursachen erkannt und analysiert werden. Nur auf Grundlage einer solchen Analyse lassen sich durch tatsächliche oder rechtliche Änderungen der bestehenden energiepolitischen Rahmenbedingungen Gefahrenpotentiale für die Versorgungssicherheit vermeiden. Im Folgenden werden daher die beiden bedeutsamsten, im Zuge der Wandelung des Strommarktdesigns entstehenden Gefahrenquellen in Kürze dargestellt.

a) Gefahr bei der Umstellung auf erneuerbare Energien

Zunächst besteht das Risiko, dass die Umstellung von konventionellen auf erneuerbare Energien negative Auswirkungen auf die Versorgungssicherheit hat. Es muss sichergestellt werden, dass bei dieser Umstellung der Zuwachs der regenerativen Stromerzeugung zu jedem Zeitpunkt mindestens der wegfallenden Strommenge konventioneller Kraftwerke entspricht, damit eine Gefahr für die Sicherheit der Energieversorgung ausgeschlossen ist. Nur ein strategisch ausgereiftes Konzept, welches eine Vielzahl von Eventualitäten berücksichtigt, kann diese Umstellung in den nächsten Jahren ohne Einbußen für die

---

115 Pohlig – Kraftwerksinvestitionen – rechtliche und ökonomische Anforderungen aus Unternehmenssicht, in: Säcker (Hrsg.) – Investitionen in Kraftwerke zur Versorgungssicherheit, 2012, S. 15 (53).

116 Börkey – Plädoyer für ein sicheres und technologieoffenes System, in: bne (Hrsg.) – Welches Marktdesign braucht die Energiewende?, 2011, S. 7; vgl. auch Schlemmermeier/Diermann – Anforderungen an ein zukünftiges Marktdesign, in: bne (Hrsg.) – Welches Marktdesign braucht die Energiewende?, 2011, S. 12; Umweltministerium Baden-Württemberg – Ausgestaltung des Marktdesigns für einen Kapazitätsmarkt, Abschlussbericht 2011, S. 8.

Versorgungssicherheit ermöglichen. Dafür muss auch ein Zubau an neuen Kapazitäten erfolgen. Erste Studien weisen bereits jetzt darauf hin, dass schon ab dem Jahr 2018 Kapazitätsengpässe auftreten können, wenn keine neuen Kapazitäten bereitgestellt werden.[117] Es sei schon jetzt absehbar, dass nur mit einer bestimmten Anzahl an Kraftwerksneubauten die beabsichtigte Umstellung auf regenerative Energien möglich ist.[118]

b) Gefahr aufgrund von Fluktuation der erneuerbaren Energien

Die Gefährdung der Versorgungssicherheit steigt zudem durch eine Besonderheit der Stromerzeugung aus regenerativen Energiequellen. Im Gegensatz zur konventionellen Stromerzeugung tritt bei der Energieerzeugung aus regenerativen Quellen das Phänomen wetterbedingter Produktionsschwankungen auf. Die Erzeugung von Energie kann gerade bei Wind- und Solarenergie, die den weitaus größten Anteil der erneuerbaren Energien ausmachen, je nach den gegebenen Witterungsbedingungen variieren.[119] In diesem Falle spricht man von der Fluktuation der erneuerbaren Energien.

Diese Fluktuation beeinflusst die Stromeinspeisung und damit den Lastverlauf. Unter dem Lastverlauf versteht man den Zyklus unterschiedlichen Leistungsbedarfs, der sich in Grund-, Mittel- und Spitzenlast aufteilen lässt. Grundlast bezeichnet die Belastung eines Stromnetzes, die während eines Tages nicht unterschritten wird. Mit anderen Worten ist diejenige Leistung gemeint,

---

117 Achner et al. – Ausgestaltung eines Kapazitätsmarkts, 2011, S. 29.

118 Umweltministerium Baden-Württemberg – Ausgestaltung des Marktdesigns für einen Kapazitätsmarkt, Abschlussbericht 2011, S. 47: Ohne Berücksichtigung von Netzengpässen führe der Atomausstieg wegen des aktuellen Zubaus neuer Kraftwerke nicht unmittelbar zu Versorgungsengpässen. Allerdings müsse, um die Emissionsminderungsziele bis 2020 erfüllen zu können, eine Verdrängung der Steinkohlekraftwerke durch Gas- und Dampf-Kraftwerke (GuD) stattfinden, wofür eine zusätzliche GuD-Stromerzeugungskapazität von 10 GW erforderlich sei.

119 Düsseldorfer Institut für Wettbewerbsökonomie – Braucht Deutschland einen Kapazitätsmarkt?, 2012, S. 9: Obwohl im Jahr 2010 Wind- und Solarkraft 34,4 Prozent der Nettoengpassleistung stellten, betrug die tatsächlich erzeugte Leistung trotz garantiertem Einspeisevorrangs nur 9 Prozent. Während an den erzeugungsstärksten Tagen bereits 2011 mehr als ein Drittel der gesamten Tageslast durch Wind- und Solarenergie abgedeckt werden konnte, betrug der Anteil an erzeugungsschwachen Tagen geringe einstellige Prozentwerte; vgl. auch Pohlig – Kraftwerksinvestitionen – rechtliche und ökonomische Anforderungen aus Unternehmenssicht, in: Säcker (Hrsg.) – Investitionen in Kraftwerke zur Versorgungssicherheit, 2012, S. 15 (48 f.).

die zu jeder Zeit des Tages abgefragt wird.[120] Sie wird bislang von Kernkraftwerken, Braunkohlekraftwerken und Laufwasserkraftwerken abgedeckt. Zur Mittellast zählen prognostizierbare, geschlossene Bedarfsmengen, die den größten Teil des zur Grundlast zusätzlichen Tagesbedarfs abdecken. Sie wird regelmäßig durch Steinkohlekraftwerke und mit Methan betriebenen Gas- und Dampf-Kraftwerke (GuD) gesichert. Der verbleibende Leistungsbedarf wird von der Spitzenlast abgedeckt. Zu den gängigen Spitzenlastkraftwerken gehören Gasturbinen- und Pumpspeicherkraftwerke. Innerhalb kürzester Zeit können diese auf Nennleistung gefahren werden und so Lastschwankungen ausgleichen sowie Lastspitzen abdecken.[121]

Durch den Zuwachs an erneuerbaren Energien wird sich der Lastverlauf grundlegend ändern. Bislang besteht im Wesentlichen eine vertikal orientierte Struktur von Grund-, Mittel- und Spitzenlastkraftwerken. Dies bedeutet, dass ein hoher Anteil an Grundlast einem geringeren Anteil Mittellast gegenübersteht. Spitzenlastproduktionen werden dabei nur selten benötigt. In Zukunft wird sich jedoch eine horizontale Struktur ausprägen. Zu den Eckpunkten dieser Struktur zählen dann die variable Stärke der Sonneneinstrahlung und des Windaufkommens sowie die Frage nach dem Anteil fossiler Ausgleichserzeugung.[122] Die verstärkte Stromerzeugung aus erneuerbaren Energien wirkt sich ebenso auf die Struktur der Grundlast aus. Zum einen wird der Bedarf an Grundlast aus konventionellen Kraftwerken tendenziell sinken, zum anderen wird ein erhöhter Bedarf an Kraftwerken mit flexibler Fahrweise auch im Rahmen der Grundlast entstehen.[123]

Der Umstand, dass die Fluktuation die Stromeinspeisung beeinflusst, spiegelt sich auch in einer erhöhten Volatilität der Residuallast wider.[124] Volatilität ist ein Synonym für Schwankungsbreite.[125] Der Begriff Residuallast bezeichnet die in einem Elektrizitätsnetz nachgefragte Leistung, die nicht durch (nicht steuerbare) erneuerbare Energien abgedeckt wird. Folglich stellt sie die Restnachfrage

120 Agentur für Erneuerbare Energien – Grundlastkraftwerke und Erneuerbare Energien, 2009, S. 1.

121 Fraunhofer Institut (ISI) – Fakten zur Photovoltaik, 2012, S. 42 f.

122 Matthes – Internationale Erfahrungen bei Kapazitätsmechanismen, in: bne (Hrsg.) – Welches Marktdesign braucht die Energiewende?, 2011, S. 16.

123 Däuper/Voß, ZNER 2012, S. 119.

124 Däuper/Voß, ZNER 2012, S. 119.

125 Vgl. die Verwendung bei: SRU – Sondergutachten 2011: Wege zur 100 Prozent erneuerbaren Stromversorgung, S. 244.

dar, welche von steuerbaren Kraftwerken gedeckt werden muss.[126] Die Volatilität dieser Leistung wird steigen, da konventionelle Erzeuger nur noch eine flexible Ergänzung darstellen werden. Das bestehende Marktdesign wurde allerdings für ein solches Modell nicht entwickelt, so dass es nach Ansicht einiger Experten einer Anpassung des gegenwärtigen Designs bedarf.[127]

Bei dem von der Bundesregierung beabsichtigten Zuwachs regenerativer Energien bis zu einem bedeutenden Anteil von 80 Prozent des Bruttostromverbrauchs ist die Aufrechterhaltung der Versorgungssicherheit nur möglich, wenn die beschriebenen stochastischen Schwankungen bei der Erzeugung von Energie aus erneuerbaren Quellen durch flexible Kraftwerke, wie Gas- und Kohlekraftwerke, oder Energiespeicher ausgeglichen werden.[128] Spätestens im Jahr 2022 dürften etwa zehn Gigawatt an kurzfristig zu- und abschaltbarer Leistung fehlen.[129] Nur mit Hilfe von Spitzenlastkraftwerken, die innerhalb kurzer Zeit große Mengen an Energie liefern können, könnten dann Perioden mit hohen Erzeugungsdefiziten überwunden werden. Dieses Erfordernis grenzt die Nutzung regenerativer Energiequellen grundlegend von der Nutzung fossiler Energiequellen ab.

Welche Bedeutung die Fluktuation für die Versorgungssicherheit im Extremfall haben kann, zeigt das folgende Szenario. Die erneuerbaren Energien umfassen mehrere Techniken, wie beispielweise die Geothermie oder die Wasserkraft. Mit Abstand ist jedoch die Windkraft die vielversprechendste Energiequelle. In Deutschland leistet sie gegenwärtig einen Beitrag von knapp 40 Prozent zur Energiebereitstellung aus erneuerbaren Quellen.[130] In bestimmten Jahreszeiten, insbesondere im Herbst und Frühjahr, werden bedeutende Erzeugungsbeträge erwirtschaftet, während in anderen Jahreszeiten nur deutlich geringe Mengen erzeugt werden.[131] Auf die Windkraft folgen Wasserkraft, Biogas und Photovoltaik,

---

126 Siehe hierzu: Umweltministerium Baden-Württemberg – Ausgestaltung des Marktdesigns für einen Kapazitätsmarkt, Abschlussbericht 2011, S. 13.

127 Umweltministerium Baden-Württemberg – Ausgestaltung des Marktdesigns für einen Kapazitätsmarkt, Abschlussbericht 2011, S. 8; vgl. zu den veränderten Rahmenbedingungen für konventionelle Kraftwerke: Consentec – Versorgungssicherheit effizient gestalten, Abschlussbericht 2012, S. 2 ff.

128 Schlemmermeier/Diermann – Anforderungen an ein zukünftiges Marktdesign, in: bne (Hrsg.) – Welches Marktdesign braucht die Energiewende?, 2011, S. 12.

129 Rippel – Kapazitäten voll ausgeschöpft, in: bne (Hrsg.) – Welches Marktdesign braucht die Energiewende?, 2011, S. 18.

130 BMU – Entwicklung der Erneuerbaren Energien im Jahr 2011, S. 14.

131 Matthes – Internationale Erfahrungen bei Kapazitätsmechanismen, in: bne (Hrsg.) – Welches Marktdesign braucht die Energiewende?, 2011, S. 16.

wobei sich der wachsende Anteil erneuerbarer Energien in Europa neben der Windenergie auch aus der Solarenergie ergeben wird.[132] Wenn man nunmehr annimmt, dass in einer Winternacht keine Energie aus Photovoltaik erwirtschaftet wird und zudem der Wind deutschlandweit auf ein absolutes Minimum (beispielsweise 10 Prozent) reduziert ist, muss dieser Ausfall ausgeglichen werden. Für dieses Szenario müssten somit ca. 50 Prozent erneuerbarer Energien mit Hilfe anderweitiger Energiequellen ausgeglichen werden. Ansonsten wäre die Versorgungssicherheit im gesamten deutschen Raum gefährdet.

3. Anforderungen an das künftige Marktdesign

Um potentielle Kapazitätsengpässe zu vermeiden, ist das gegenwärtige Marktdesign wegen der Gefahren bei der Umstellung von konventionellen auf regenerative Energien und der durch die Fluktuation der erneuerbaren Energien entstehenden Risiken neu zu gestalten. Diese Umgestaltung ist die logische Folge der Einhaltung ordnungspolitischer Zielsetzungen in der Energiepolitik; denn diese bestehen nicht nur darin, den energiepolitischen Wettbewerb beizubehalten und die vereinbarten Klimaschutzziele zu erreichen, sondern zielen ebenso darauf ab, die Versorgungssicherheit bei den notwendigen Maßnahmen der Energiewende zu erhalten.[133]

Für den Prozess der Umstellung auf ein neues Strommarktdesign und dessen gesicherte Aufrechterhaltung müssen genügend neue Kapazitäten geschaffen werden und ausreichend kurzfristig zu- und abschaltbare Leistung geliefert werden, um Fluktuationen bei der Nutzung regenerativer Energien auszugleichen. Wie zuvor dargestellt, ist dabei zu berücksichtigen, dass die Struktur des Strommarktdesigns sich mittel- bis langfristig insbesondere hinsichtlich der Residual- und der Grundlast ändern wird.

Die Umstellung auf erneuerbare Energien wird allerdings nicht zwingend dazu führen, dass die von fossilen Kraftwerken bereitgestellte Kapazität insgesamt erheblich sinken wird. Dies wäre grundsätzlich anzunehmen, wenn man berücksichtigt, dass aufgrund des auf dem Atomausstieg beruhenden Wegfalls der Kernkraftwerke und der künftigen Stilllegung alter Kraftwerke, die nicht mehr

---

132 BMU – Entwicklung der Erneuerbaren Energien im Jahr 2011, S. 14: 2011 betrug der Beitrag der Wasserkraft zur Strombereitstellung der erneuerbaren Energien in Deutschland 16 Prozent, der Beitrag der Photovoltaik 15,6 Prozent und der des Biogas 14,6 Prozent; Matthes/Ziesing – Verzicht auf Kernenergie, 2011, S. 19.

133 Umweltministerium Baden-Württemberg – Ausgestaltung des Marktdesigns für einen Kapazitätsmarkt, Abschlussbericht 2011, S. 8.

den Flexibilitäts- und Effizienzanforderungen eines durch erneuerbare Energien geprägten Strommarktes genügen,[134] erhebliche Kapazitäten verloren gehen. Diese sollen nach Möglichkeit durch zusätzliche Kapazitäten aus erneuerbaren Energiequellen ersetzt werden. Doch mangels geeigneter und technisch ausgereifter Energiespeicher[135] und der hohen Volatilität der Residuallast bei erneuerbaren Energien werden konventionelle Kraftwerke auch in Zukunft notwendig sein, um hohe und lang andauernde Erzeugungsdefizite auszugleichen. So wird davon ausgegangen, dass die installierte Nettoleistung konventioneller Kraftwerke bis zum Jahr 2032 lediglich um 14 Prozent bis 20 Prozent zurückgehen wird.[136] Als aussichtsreiche konventionelle Kraftwerke gelten in diesem Zusammenhang vor allem hocheffiziente, schadstoffarme und flexible Gaskraftwerke, die am besten innerhalb der Region stillzulegender Atomkraftwerke zu errichten sind.[137]

Neubauten von solchen Kraftwerken sind jedoch kostenintensiv und bedürfen ausreichender Investitionsanreize für Anlagenbetreiber und potentielle Investoren. Zudem wird der Bedarf nach Spitzenlastkraftwerken durch den starken Zubau von Kraftwerken zur Integration erneuerbarer Energien weiter ansteigen. Für die Investoren ist dabei entscheidend, dass die erforderlichen Investitionen unter dem Aspekt der Wirtschaftlichkeit lukrativ bleiben. Infolgedessen stellt sich die Frage, ob das derzeitige Marktdesign ausreichende Investitionsanreize für den Neubau von Kraftwerkskapazitäten bietet oder ob weitere Anreize geschaffen werden müssen.

II. Erfordernis eines Anreizmechanismus im deutschen „Energy only"-Markt

Der deutsche Energiemarkt stellt einen charakteristischen „Energy only"-Markt dar.[138] Bei einem „Energy only"-Markt wird auf spezifische Vergütungen zur Gewährleistung einer adäquaten Erzeugungskapazität verzichtet. Nur der Verkauf von Energie führt zu Erlösen. Das vorhandene bzw. das erwartete

134 Däuper/Voß, ZNER 2012, S. 119 (120).

135 Zu den Energiespeichern gehören mechanische, thermische, chemische und elektrische/elektromagnetische Speicher; siehe die ausführliche Darstellung zu Stromspeichern bei: Oertel – Energiespeicher, Sachstandsbericht 2008.

136 Ausgehend von 107 GW im Jahr 2009, siehe hierzu Prognos – Szenariorahmen für den Netzentwicklungsplan 2012 für Gas, 2011, Tabelle 5, S. 16.

137 Umweltministerium Baden-Württemberg – Ausgestaltung des Marktdesigns für einen Kapazitätsmarkt, Abschlussbericht 2011, S. 56.

138 Däuper/Voß, ZNER 2012, S. 119.

Preisniveau ist der einzige Treiber für Investitionen in Kapazitäten.[139] Darüber hinaus muss der Markt selbst die nötigen Anreize für Investitionen in Kraftwerke setzen.[140]

Das auf dem deutschen Energiemarkt eingesetzte Wettbewerbsmodell funktioniert auf Grundlage einer sog. „Merit-Order"-Kurve. Als Merit-Order bezeichnet man die Einsatzreihenfolge der Kraftwerke, die wiederum Grundlage für die Preisbildung am Strommarkt ist.[141] Die Aufeinanderfolge richtet sich nach den variablen Kosten der Stromerzeugung. Zunächst werden die Kraftwerke mit den niedrigsten Grenzkosten bestimmt. Unter Grenzkosten versteht man die Erhöhung der Kosten, die sich ergibt, wenn eine weitere Kosteneinheit produziert wird. Die Kosten, die unabhängig von der Produktionsmenge entstehen, wie beispielsweise geleistete Arbeitsstunden, sind die sog. Fixkosten. Diese ändern sich nicht, wenn sich das Produktionsniveau des Unternehmens ändert. Daher entsprechen die Grenzkosten den Kosten, die beispielsweise für die erhöhte Menge an Material für das Produkt entstehen (sog. variable Kosten).[142] Auf die Kraftwerke mit den niedrigsten Grenzkosten folgen die Kraftwerke mit den nächst höheren Kosten. Diese werden solange zugeschaltet, bis die Nachfrage gedeckt ist. Das letzte Gebot, das noch einen Zuschlag erhält und zur Deckung der Stromnachfrage benötigt wird, bestimmt den Strompreis für alle. Dieser wird als „Market Clearing Price" bezeichnet.[143] In der Theorie soll damit die angebotene Kraftwerksleistung so kostengünstig wie möglich abgerufen werden.[144] Der Preis für Strom wird also durch das jeweils teuerste Kraftwerk bestimmt, das noch benötigt wird, um die Stromnachfrage zu decken.

---

139 Düsseldorfer Institut für Wettbewerbsökonomie – Braucht Deutschland einen Kapazitätsmarkt?, 2012, S. 6; Tietjen – Kapazitätsmärkte: Hintergründe und Varianten, 2012, S. 8; Fritz – capacity mechanisms, NEPP 2011, S. 1; Pohlig – Kraftwerksinvestitionen – rechtliche und ökonomische Anforderungen aus Unternehmenssicht, in: Säcker (Hrsg.) – Investitionen in Kraftwerke zur Versorgungssicherheit, 2012, S. 15; Willemsen – Auswirkungen des EE-Ausbaus auf konventionelle Kraftwerksportfolios, 2011, S. 14.

140 Vgl. Pressemitteilung der Zeit-Online – In der Energiewende fehlt es an Ideen, abzurufen unter: http://www.zeit.de/wirtschaft/2012-01/kapazitaetsmarkt/seite-2.

141 Matthes/Ziesing – Verzicht auf Kernenergie, 2011, S. 18; Umweltministerium Baden-Württemberg – Ausgestaltung des Marktdesigns für einen Kapazitätsmarkt, Abschlussbericht 2011, S. 42.

142 Baumann – Finanzielles und betriebliches Rechnungswesen, 2011, S. 102 f.; Pindyck/Rubinfeld – Mikroökonomie, 2005, S. 302.

143 Nailis/Schuffelen, ET 2011, S. 32.

144 Däuper/Voß, ZNER 2012, S. 119 (120).

Es stellt sich die Frage, ob ein Marktdesign auf Basis einer Vergütung ausschließlich für erzeugte und eingespeiste Energie auch bei einem Wechsel zu einem stark erhöhten Anteil erneuerbarer Energien die Versorgungssicherheit gewährleisten kann. Ein reiner „Energy only“-Markt dürfte ausreichende Anreize zum Bau von Ausgleichskraftwerken in dem geforderten Umfang setzen, wenn die auf diesem Markt erzielbaren Erlöse neben den kurzfristigen Erzeugungskosten auch die anfallenden Fixkosten dieser Kraftwerke decken.[145] Ist dies nicht der Fall, müsste der „Energy only“-Markt durch einen geeigneten Mechanismus ergänzt werden. Im Folgenden wird der diesbezügliche Streit- und Sachstand dargestellt.

Ausgangspunkt ist zunächst die Preisbildung auf Elektrizitätsmärkten. Gegenüber anderen Märkten weisen diese einige Besonderheiten auf, die im Folgenden in Kürze dargestellt werden (siehe unter 1.). Ein zusätzlicher Kapazitätsmechanismus ist ferner nur dann nicht erforderlich, wenn einerseits auf Grundlage des bestehenden Preisbildungsmechanismus die benötigten Investitionen in neue Kapazitäten generiert werden können, andererseits ein inhärentes Marktversagen ausgeschlossen werden kann. Ob dies in Deutschland der Fall ist, wird unter besonderer Berücksichtigung möglicher Gründe für ein Marktversagen untersucht (siehe unter 2.). Zuletzt wird der in der Literatur vertretene Vorschlag bewertet, Kapazitätsbedarf allein mit einer Modifikation des Regelenergiemarktes zu erreichen (siehe unter 3.).

1. *Preisbildung auf Elektrizitätsmärkten*

Um die Theorie der Preisbildung auf Elektrizitätsmärkten zu erfassen, ist zunächst die Preisbildung auf einem idealisierten Wettbewerbsmarkt zu betrachten. Im Gegensatz zu einer monopolistischen Marktstruktur gilt in einem liberalisierten Marktdesign die ökonomische Gesetzmäßigkeit, wonach der Preis des Produktes von Angebot und Nachfrage abhängt.[146] Bei vollkommenem Wettbewerb entspricht der jeweilige Angebotspreis den Grenzkosten der Erzeugung für die entsprechende Angebotsmenge. Die Nachfrage stellt

145 Consentec – Versorgungssicherheit effizient gestalten, Abschlussbericht 2012, S. 8.

146 Pohlig – Kraftwerksinvestitionen – rechtliche und ökonomische Anforderungen aus Unternehmenssicht, in: Säcker (Hrsg.) – Investitionen in Kraftwerke zur Versorgungssicherheit, 2012, S. 15 (18); Umweltministerium Baden-Württemberg – Ausgestaltung des Marktdesigns für einen Kapazitätsmarkt, Abschlussbericht 2011, S. 12.

wiederum die Zahlungsbereitschaft der Verbraucher für den Bezug einer zusätzlichen Einheit dar.[147]

Auch wenn die ökonomische Gesetzmäßigkeit ebenfalls auf Elektrizitätsmärkten gilt, sind bei der Erzeugung und dem Handel von Strom eine Reihe von Spezifika zu beachten,[148] die dazu führen, dass der „Energy only"-Markt von dem idealisierten Wettbewerbsmarkt der ökonomischen Theorie abweicht. Zunächst ist zu berücksichtigen, dass bei Elektrizitätsmärkten lediglich errichtete, intakte Kraftwerke kurzfristig Energie anbieten können. Die Planungs-, Bau- und Anlaufphase beträgt je nach Technologie bzw. Kraftwerkstyp etwa zwei bis fünf Jahre,[149] bevor die Anlage mit der Energieproduktion beginnen kann. Darüber hinaus bedingt der physikalische Zustand von Strom, dass sich Angebot und Nachfrage zu jeder Zeit exakt entsprechen müssen; denn ein zeitliches Auseinanderfallen von Erzeugung und Verbrauch kann eine Netzinstabilität nach sich ziehen, da die Netzspannung nicht aufrechterhalten werden kann.[150] Da Strom zudem aktuell nur in sehr eingeschränktem Umfang lager- und speicherbar ist,[151] kann der kurzfristige Bedarf nach großen Mengen elektrischer Energie auch nicht auf diese Weise befriedigt werden.

Solange sich die Abnahmemenge aus bestehenden Anlagen erwirtschaften lässt, bestimmen die kurzfristigen Grenzkosten der Erzeugung den Angebotspreis zu jeder Angebotsmenge.[152] Sobald die Nachfrage jedoch innerhalb einer kurzen Frist über dieses Kontingent steigt, ist die Angebotsfunktion absolut preisunelastisch.[153] Intertemporale Preisschwankungen, etwa durch eine Produktion im Vorfeld von Nachfragespitzen, können nur in sehr begrenztem Umfang ausgenutzt werden.[154] Preissignale aus dem Großhandel können regelmäßig wegen längerfristig laufender Verträge mit Festpreisen nicht kurzfristig

---

147 Müsgens/Peek, ZNER 2011, S. 576 (577).

148 Ockenfels, ET 2007, S. 44.

149 Nailis/Baumgart/Hinüber, ET 2011, S. 4; Nailis/Schuffelen, ET 2011, S. 31: Den Autoren zufolge dauert ein Neubau max. 5 Jahre.

150 Bundeskartellamt – Sektoruntersuchung Stromerzeugung Stromgroßhandel, 2011, S. 38.

151 Düsseldorfer Institut für Wettbewerbsökonomie – Braucht Deutschland einen Kapazitätsmarkt?, 2012, S. 4; Pohlig – Kraftwerksinvestitionen – rechtliche und ökonomische Anforderungen aus Unternehmenssicht, in: Säcker (Hrsg.) – Investitionen in Kraftwerke zur Versorgungssicherheit, 2012, S. 15 (21).

152 Siehe zu den Grenzkosten S. 34 f.

153 Siehe zur Problematik der Preiselastizität S. 44 f.

154 Bundeskartellamt – Sektoruntersuchung Stromerzeugung Stromgroßhandel, 2011, S. 39.

an den Endkunden weitergegeben werden. Deshalb ist für die Endkunden die Preisentwicklung am Großhandelsmarkt für die Stromwahl entscheidend.

Auf Verbraucherseite ist zudem die unterschiedliche Nachfrage nach Strom zu beachten. Es existieren tägliche, wöchentliche und saisonale Zyklen, die den Grenznutzen des Verbrauchs verändern.[155] Der Grenznutzen gibt die zusätzliche Befriedigung an, die aus dem Konsum einer zusätzlichen Einheit eines Gutes erwächst. Gemäß dem Prinzip des abnehmenden Grenznutzens nimmt mit zunehmendem Verbrauch der Nutzen eines Gutes für das konsumierende Individuum ab.[156] In der Regel erreicht die Nachfrage an Werktagen zu Arbeitszeiten sehr viel höhere Werte als nachts an Feiertagen.[157] Folge dessen ist, dass ein Teil der Erzeugungskapazitäten in Schwachlastzeiten brach liegt, was wiederum die Systemkosten der Stromerzeugung insgesamt erhöht. Die Laststeuerung erfolgt damit hauptsächlich angebotsseitig über den gezielten, individuellen Einsatz von Kraftwerkskapazitäten.[158]

Aus diesen Besonderheiten ergibt sich, dass bei der Preisbildung auf „Energy only"-Märkten zwei Szenarien zu unterscheiden sind. Im ersten Szenario entwickelt sich ein Strompreis am Großhandelsmarkt, der sowohl den kurzfristigen Grenzkosten der Erzeugung als auch dem Grenznutzen der Nachfrage jener Verbraucher entspricht, die diesen auf dem Großhandelsmarkt offenbaren. Während Kraftwerksbetreiber, deren Grenzkosten unterhalb des Strompreises liegen, die erwirtschafteten Beträge zur Deckung von Investitionen heranziehen können, gilt dies nicht für den Betreiber des eingesetzten teuersten Kraftwerks.[159] Da sich der Einsatz der Kraftwerke nach der Höhe der kurzfristigen Grenzkosten richtet, sind die Preissignale des Großhandelsmarkts in diesem Szenario geeignet, Anreize zur

155 Müsgens/Peek, ZNER 2011, S. 576 (577).

156 Pindyck/Rubinfeld – Mikroökonomie, 2005, S. 139.

157 Pohlig – Kraftwerksinvestitionen – rechtliche und ökonomische Anforderungen aus Unternehmenssicht, in: Säcker (Hrsg.) – Investitionen in Kraftwerke zur Versorgungssicherheit, 2012, S. 15 (28).

158 Bundeskartellamt – Sektoruntersuchung Stromerzeugung Stromgroßhandel, 2011, S. 39.

159 Grundsätzlich gilt, dass ältere Kohlekraftwerke vollständig abgeschrieben und amortisiert sind. Diese generieren im Gegensatz zu neueren Kohlekraftwerken, deren Margen zur Deckung der Fixkostenanteile nicht ausreichen, Gewinne. Bei GuD-Kraftwerken können regelmäßig die Umsätze nicht die vollen Kosten decken. Allerdings gibt es auch Situationen, in denen Investitionen, Fremdkapitaldienste und Eigenkapitalrendite bedient werden können – vgl. Umweltministerium Baden-Württemberg – Ausgestaltung des Marktdesigns für einen Kapazitätsmarkt, Abschlussbericht 2011, S. 18.

Effizienzsteigerung der Kraftwerke zu setzen. Damit wird eine kostenminimale Erzeugung aus einem existierenden Kraftwerkspark zur Deckung der Nachfrage garantiert.[160] Im zweiten Szenario entwickelt sich ein Strompreis am Großhandelsmarkt, der über den kurzfristigen Grenzkosten der Erzeugung liegt und der ausschließlich von dem Grenznutzen der Nachfrage jener Verbraucher bestimmt wird, die ihre Präferenzen am Großhandelsmarkt offenbaren. In diesem Fall können alle Kraftwerksbetreiber Rücklagen zur Deckung neuer Investitionen bilden.[161] Ein Gleichgewicht besteht, wenn die Differenz aus Grenzkosten und Strompreis so groß ist, dass die Kraftwerke ihre Vollkosten verdienen. Sind einerseits die Deckungsbeiträge zu gering, werden Kapazitäten stillgelegt und der Preis steigt. Fehlt es andererseits an Kapazitäten, sind Investitionen für Betreiber lukrativ.[162]

Folglich können in der Theorie der Preisbildung die Strompreise am Großhandelsmarkt mit Hilfe von Preissignalen Anreize für Investitionen in Kraftwerksneubauten setzen.[163]

2. *Gründe für ein mögliches Marktversagen auf „Energy only"-Märkten*

Obgleich Preissignale auf dem Elektrizitätsmarkt Anreize für Investitionen setzen, kann damit noch keine abschließende Aussage über die Befähigung des „Energy only"-Elekrizitätsmarktes zur langfristigen Wahrung der Versorgungssicherheit getroffen werden. Nur wenn ein inhärentes Marktversagen (unter Berücksichtigung der Restunsicherheit bei Prognosen) ausgeschlossen werden kann, sind die Überlegungen über einen das derzeitige Marktdesign ergänzenden Mechanismus bei der Suche nach einer geeigneten Lösung maßgeblich. In der Literatur werden daher mögliche Ursachen und Auslöser für ein Marktversagen bzw. ein Ausbleiben der benötigten Investitionen diskutiert. Der diesbezügliche Sachstand wird im Folgenden dargestellt.

a) „Missing money"-Problem

Zum jetzigen Zeitpunkt decken vor allem Betreiber von Spitzenlastkraftwerken auf dem deutschen „Energy only"-Markt nur ihre kurzfristigen Betriebskosten. Ihnen bleibt regelmäßig nur ein geringer Betrag zur Deckung ihrer

---

160 Müsgens/Peek, ZNER 2011, S. 576 (578).

161 Umweltministerium Baden-Württemberg – Ausgestaltung des Marktdesigns für einen Kapazitätsmarkt, Abschlussbericht 2011, S. 42; Müsgens/Peek, ZNER 2011, S. 576 (578).

162 Müsgens/Peek, ZNER 2011, S. 576 (578).

163 So auch Süßenbacher/Schwaiger/Stigler – Kapazitätsmärkte und -mechanismen, 2011, S. 1.

Kapitalkosten.[164] Zu den Kapitalkosten zählen langfristige Kosten, wie die Ausgaben für den Kraftwerksbau, die regelmäßig auf die geplante Lebensdauer umgelegt werden.[165] Rentabel ist der Betrieb der Anlagen nur, wenn die Einnahmen langfristig die Kosten übersteigen und damit die Bedienung des Fremdkapitals sowie eine angemessene Rendite des eingesetzten Eigenkapitals gesichert sind.[166] Dies ist jedoch nur für wenige Kraftwerksbetreiber der Fall. Die missliche Lage der ausbleibenden Deckungsbeträge wird in der Literatur als sog. „Missing money"-Problem bezeichnet.[167]

Für die Betreiber von Grundlastkraftwerken ist das Problem grundsätzlich nicht evident. Sie erzielen ihre Deckungsbeiträge, wenn die Nachfrage hoch ist und entsprechend ein teureres Kraftwerk den Preis bestimmt. In diesem Falle erlangen sie über ihre kurzfristigen Kosten hinaus Deckungsbeiträge, mit denen sie auch die festen Kosten decken können.[168]

Etwas anderes gilt für die Betreiber von Mittellastkraftwerken wie Steinkohle- und Erdgaskraftwerken. Diese sind vom „Missing money"-Problem betroffen. Sie erzielen keine erheblichen Deckungsbeiträge für die Kapitalkosten.[169] Eine Ursache ist das ordnungspolitische Ziel der Aufrechterhaltung des Wettbewerbs bei der Liberalisierung der Energiemärkte, das bei ausgeglichener Marktmacht zu einer hohen Wettbewerbsintensität am Stromgroßhandelsmarkt

---

164 Schlemmermeier/Diermann – Anforderungen an ein zukünftiges Marktdesign, in: bne (Hrsg.) – Welches Marktdesign braucht die Energiewende?, 2011, S. 12; Tietjen – Studie zu Kapazitätsmärkten, S. 13; Umweltministerium Baden-Württemberg – Ausgestaltung des Marktdesigns für einen Kapazitätsmarkt, Abschlussbericht 2011, S. 8.

165 Tietjen – Kapazitätsmärkte: Hintergründe und Varianten, 2012, S. 7; so auch der Vorschlag von Trittin/Untersteller/Krischer – Die Energiewende braucht einen neuen Energiemarkt, Positionspapier, 2012, S. 5.

166 Nailis/Baumgart/Hinüber, ET 2011, S. 2 (3).

167 Müsgens/Peek – Kritische Analyse zu Kapazitätsmärkten, 2011, S. 19; Däuper/Voß, ZNER 2012, S. 119 (120); Crampton/Stoft – Convergence of Market Designs for Adequate Generating Capacity, 2006, S. 1 ff.; Joskow – Competitive Electricity Markets and Investment in New Generating Capacity, 2012, S. 1 ff.; Tietjen – Kapazitätsmärkte: Hintergründe und Varianten, 2012, S. 8; Konsultationspapier der Kommission – Generation adequacy, capacity mechanisms and the internal market in electricity, vom 15.11.2012, S. 4, wobei die Komission der Auffassung ist, dass ein „Missing money"-Problem auf diversen Ursachen basieren kann.

168 Teile der Literatur beziehen diese Annahme auch auf Mittellastkraftwerke: Tietjen – Kapazitätsmärkte: Hintergründe und Varianten, 2012, S. 8.

169 Schlemmermeier/Diermann – Anforderungen an ein zukünftiges Marktdesign, in: bne (Hrsg.) – Welches Marktdesign braucht die Energiewende?, 2011, S. 12.

führt.[170] Darüber hinaus unterliegen Betreiber von Steinkohlekraftwerken den Regelungen des europäischen Emissionshandels. Ziel des Emissionshandels ist, emissionsintensive Steinkohlekraftwerke mit Hilfe hoher Preise für CO_2-Emissions-Zertifikate zu verdrängen. Je höher der Preis, umso weniger Steinkohlekraftwerke können den Betrieb fortsetzen. An ihre Stelle treten regelmäßig Erdgaskraftwerke. Dieser „Fuel-Switch"-Wettbewerb führt ferner zu einer sehr flachen Merit-Order-Kurve, da Steinkohle und Erdgaskraftwerke aufgrund des im Vergleich zu den Beschaffungskosten für Steinkohle hohen Gaspreises beinahe gleiche Grenzkosten haben.[171] Damit können ausreichende Margen für diese Kraftwerke nur durch Knappheitspreise generiert werden.[172]

Im Vergleich zu Steinkohle- und Erdgaskraftwerken ist der Verlauf der Merit-Order-Kurve bei Spitzenlastkraftwerken wie Pumpspeicher- sowie Gas- und Dampfturbinen-Anlagen (GuD) jedoch bedeutend attraktiver und kann zu Deckungsbeiträgen für Kapitalkosten führen. Allerdings werden diese Anlagen nur für die kurzfristige Deckung von Lastspitzen eingesetzt. Für die Erwirtschaftung ausreichender Deckungsbeiträge muss eine hohe Vollbenutzungsstundenzahl gegeben sein.[173] Die Vollbenutzungsstunden sind eine Kennzahl, welche angibt, in wie vielen Stunden pro Jahr das Kraftwerk mit seiner vollen Leistung eine bestimmte Strommenge erzeugt.[174] Auch zu Zeiten eines liberalisierten Energiemarktes haben Spitzenlastkraftwerke jedoch nur etwa die Hälfte der Vollbenutzungsstundenzahl von Kernkraftwerken.[175] Darüber hinaus werden sie von den erneuerbaren Energien verdrängt. Dies ist unter anderem darin begründet, dass die attraktive EEG-Einspeisevergütung und der vorrangig eingespeiste EEG-Strom den Beitrag erneuerbarer Energien zur Nachfragedeckung stetig wachsen

170 Umweltministerium Baden-Württemberg – Ausgestaltung des Marktdesigns für einen Kapazitätsmarkt, Abschlussbericht 2011, S. 14.

171 Däuper/Voß, ZNER 2012, S. 119 (120); siehe auch Schlemmermeier/Diermann – Anforderungen an ein zukünftiges Marktdesign, in: bne (Hrsg.) – Welches Marktdesign braucht die Energiewende?, 2011, S. 12.

172 Vgl. Schlemmermeier/Diermann – Anforderungen an ein zukünftiges Marktdesign, in: bne (Hrsg.) – Welches Marktdesign braucht die Energiewende?, 2011, S. 12; a.A. Umweltministerium Baden-Württemberg – Ausgestaltung des Marktdesigns für einen Kapazitätsmarkt, Abschlussbericht 2011, S. 22, 48: Es wird argumentiert, dass höhere Margen nicht fundamental durch Knappheitspreissignale begründet werden können, sondern auf Ungleichgewichten in der Marktmacht zwischen Anbietern und Nachfragern beruhen.

173 Däuper/Voß, ZNER 2012, S. 119 (120).

174 Konstantin – Praxisbuch Energiewirtschaft, 2009, S. 273.

175 Däuper/Voß, ZNER 2012, S. 119 (120).

lässt.[176] Die Anzahl der Vollbenutzungsstunden dieser Kraftwerke wird damit weiter sinken,[177] so dass ihnen lediglich eine Reservefunktion zukommen wird. So verbleiben auch beim künftigen Marktdesign nur wenige Vollbenutzungsstunden für diese Anlagen, wodurch die Wirtschaftlichkeit der benötigten Spitzenlastkraftwerke weiter absinkt.[178] Eine signifikant höhere Einsatzzeit würde zudem den Strompreis erheblich steigern und ist auch vor diesem Hintergrund wenig erstrebenswert.[179] Es wird deshalb als grundsätzliche Design-Schwäche eines „Energy only"-Marktes verstanden, dass diese Kraftwerke in einem grenzkostenbasierten Markt ihre Vollkosten nicht erwirtschaften können.[180] Zumindest auch mit Blick auf die zunehmende Integration erneuerbarer Energien gilt damit ebenfalls für Spitzenlastkraftwerke, dass nur Knappheitspreise ausreichende Margen generieren können.[181]

Fraglich ist jedoch, ob und wann diese Knappheitspreise erzielt werden. Der Theorie zufolge sollen Betreiber von Spitzenlastkraftwerken ihre Fixkosten in den Zeiten erwirtschaften, in denen das Angebot nahezu ausgeschöpft ist. In diesen Fällen sollte ein Strompreis auf Basis des sog. „Value of Lost Load" (VoLL) zustande kommen, der über den variablen Kosten des Grenzkraftwerks liegt. Unter dem VoLL versteht man den maximalen Preis, den die Verbraucher zur Vermeidung eines Stromausfalls zu zahlen bereit sind und der über dem Grenzkostenniveau

---

176 Pohlig – Kraftwerksinvestitionen – rechtliche und ökonomische Anforderungen aus Unternehmenssicht, in: Säcker (Hrsg.) – Investitionen in Kraftwerke zur Versorgungssicherheit, 2012, S. 15 (53).

177 Trittin/Untersteller/Krischer – Die Energiewende braucht einen neuen Energiemarkt, Positionspapier, 2012, S. 1, 3.

178 Umweltministerium Baden-Württemberg – Ausgestaltung des Marktdesigns für einen Kapazitätsmarkt, Abschlussbericht 2011, S. 33; Däuper/Voß, ZNER 2012, S. 119 (123); Pohlig – Kraftwerksinvestitionen – rechtliche und ökonomische Anforderungen aus Unternehmenssicht, in: Säcker (Hrsg.) – Investitionen in Kraftwerke zur Versorgungssicherheit, 2012, S. 15 (49).

179 Düsseldorfer Institut für Wettbewerbsökonomie – Braucht Deutschland einen Kapazitätsmarkt?, 2012, S. 10.

180 Börkey – Plädoyer für ein sicheres und technologieoffenes System, in: bne (Hrsg.) – Welches Marktdesign braucht die Energiewende?, 2011, S. 7; Schlemmermeier/Diermann – Anforderungen an ein zukünftiges Marktdesign, in: bne (Hrsg.) – Welches Marktdesign braucht die Energiewende?, 2011, S. 12.

181 Siehe hierzu Schlemmermeier/Diermann – Anforderungen an ein zukünftiges Marktdesign, in: bne (Hrsg.) – Welches Marktdesign braucht die Energiewende?, 2011, S. 12; Fritz – capacity mechanisms, NEPP, S. 1; a.A. Umweltministerium Baden-Württemberg – Ausgestaltung des Marktdesigns für einen Kapazitätsmarkt, Abschlussbericht 2011, S. 22, 48.

liegt. In diesem Fall könnten die Fixkosten der Kraftwerke gedeckt werden, die normalerweise wegen der flachen Merit-Order-Kurve keine Deckung erlangen können.[182] Knappheitspreise werden gegenwärtig jedoch nicht erzielt, weil die Nachfrage nach disponibler Erzeugungskapazität nur zwei Drittel der tatsächlich verfügbaren Energie ausmacht[183] und somit erhebliche Überkapazitäten bestehen.[184] Anders würde sich die Situation gestalten, wenn die Strompreise nicht mehr wettbewerblich bestimmt, sondern in ausreichender Höhe festgelegt würden.[185] Ein solcher Ansatz ist jedoch auf einem liberalisierten Markt nicht vorgesehen. Eine Erhöhung der Margen ist folglich in naher Zukunft nicht zu erwarten.[186] Zudem erkennen die Nachfrager häufig nicht die Preissignale bei Knappheit der Kapazität.[187] In Folge dessen steigen die Knappheitspreise in den Zeiten mit großer Nachfrage nicht in dem benötigten Ausmaß an.

Eine Mindermeinung in der Literatur[188] schätzt die Problematik fehlender Deckungsbeiträge anders ein. Das „Missing money"-Problem bestünde nicht darin, dass die Investitionskosten für den Bau neuer Kraftwerke zur Spitzenlastdeckung im „Energy only"-Markt nicht gedeckt werden könnten. Ganz im Gegenteil erzielten sämtliche konventionelle Kraftwerke die zur Deckung der Investitionskosten erforderlichen Beiträge. Methodisches Vorgehen in aktuellen Studien unterstelle allerdings irrtümlich eine kurzfristige

---

182 Tietjen - Kapazitätsmärkte: Hintergründe und Varianten, 2012, S. 8; Pohlig - Kraftwerksinvestitionen - rechtliche und ökonomische Anforderungen aus Unternehmenssicht, in: Säcker (Hrsg.) - Investitionen in Kraftwerke zur Versorgungssicherheit, 2012, S. 15 (22).

183 Schlemmermeier/Diermann - Anforderungen an ein zukünftiges Marktdesign, in: bne (Hrsg.) - Welches Marktdesign braucht die Energiewende?, 2011, S. 12.

184 Umweltministerium Baden-Württemberg - Ausgestaltung des Marktdesigns für einen Kapazitätsmarkt, Abschlussbericht 2011, S. 19, 31: Derzeit sind noch ca. 14 GW Kraftwerkskapazitäten im Bau. In den nächsten Jahren werden somit 94 GW installierter Kraftwerkskapazitäten zunächst einer Nachfrage von 55–60 GW gegenüber stehen. Reduziert wird diese Summe durch den Atomausstieg, bei welchem bereits 8 GW entfallen sind und noch weitere 12 GW folgen werden; vgl. auch die Werte bei Bruckner/Kondziella/Bode - Auswirkungen einer Laufzeitverlängerung der KWKs, 2011, S. 14.

185 Achner et al. - Ausgestaltung eines Kapazitätsmarkts, 2011, S. 30; Tietjen - Kapazitätsmärkte: Hintergründe und Varianten, 2012, S. 8, 9.

186 Umweltministerium Baden-Württemberg - Ausgestaltung des Marktdesigns für einen Kapazitätsmarkt, Abschlussbericht 2011, S. 8, 45.

187 Zu der Problematik ausbleibender und nicht erkannter Preissignale siehe nachfolgend auf S. 44 f.

188 Müsgens/Peek - Kritische Analyse zu Kapazitätsmärkten, 2011, S. 19.

Grenzkostenpreissetzung auf Basis der variablen Erzeugungskosten des teuersten eingesetzten Kraftwerks. Das „Missing money"-Problem ergäbe sich vielmehr dann, wenn bei „Energy only"-Märkten zu wenig Anreize für den Aufbau von „effizienten" Zusatzkapazitäten gesetzt werden. Wenn die vermutete „effiziente" Zusatzkapazität zugebaut würde, gäbe es zu selten Situationen, in denen die Nachfrage den Preis setzt, um die Investitionskosten des Spitzenlastkraftwerks mit den höchsten variablen Erzeugungskosten zu decken.[189] Dem Argument, dass das „Missing money"-Problem in der dargestellten Form in vielen liberalisierten Strommärkten bestünde,[190] wird wiederum entgegnet, dass eines der Hauptgründe des „Missing money"-Problems regulierte Preisobergrenzen seien, die dazu dienen sollen, eine missbräuchliche Ausübung von Marktmacht zu verhindern (z.b. durch Kapazitätszurückhaltung). Da eine solche Preisobergrenze in Deutschland jedoch nicht existiere, sei das Problem nicht gegeben.[191]

Im Ergebnis muss dieser Streit nicht entschieden werden. Beide Ansichten erkennen jeweils zu einem unterschiedlichen Zeitpunkt die Gefahr zu geringer Anreize für benötigte Kraftwerksinvestitionen im deutschen „Energy only"-Markt. Resultat dessen kann ein mangelnder Zubau benötigter Kapazitäten sein, was wiederum zu einer Gefährdung der Versorgungssicherheit führen und schlussendlich ein Marktversagen zur Folge haben kann.

b) Geringe Preiselastizität der Nachfrage

Ein weiteres Problem betrifft die oftmals schwache Reaktion der Nachfrage auf Preissignale am Großhandelsmarkt.[192] Dieser Umstand wird als geringe Preiselastizität bezeichnet. Die Preiselastizität ist ein Maß dafür, welche relative Änderung sich bei der Angebots- bzw. Nachfragemenge ergibt, wenn eine relative Preisänderung eintritt.[193] Je höher die Preiselastizität ist, desto stärker reagieren die Verbraucher auf den geänderten Preis. Eine geringe Preiselastizität führt dazu, dass stets die Grenzkosten der Anbieter und nicht die Grenznutzen der Nachfrage preissetzendes Kriterium in der Markträumung ist.[194] Dies kann gewichtige Auswirkungen auf eine mögliche Knappheitssituation in einem „Energy only"-Markt haben.

---

189 Müsgens/Peek – Kritische Analyse zu Kapazitätsmärkten, 2011, S. 20.

190 Tietjen – Kapazitätsmärkte: Hintergründe und Varianten, 2012, S. 9.

191 Müsgens/Peek – Kritische Analyse zu Kapazitätsmärkten, 2011, S. 20.

192 Consentec – Versorgungssicherheit effizient gestalten, Abschlussbericht 2012, S. 10, 36; Düsseldorfer Institut für Wettbewerbsökonomie – Braucht Deutschland einen Kapazitätsmarkt?, 2012, S. 4.

193 Wilke – Grundlagen Wirtschaft, 2011, S. 3.

194 Consentec – Versorgungssicherheit effizient gestalten, Abschlussbericht 2012, S. 10.

Zunächst haben Kunden in Deutschland eine hohe Zahlungsbereitschaft für elektrische Energie und sind auch in Knappheitszeiten bereit, sehr hohe Preise zu zahlen. Einschränkungen des Verbrauchs treten häufig erst bei extrem hohen Preisen auf, so dass nur bedingt Knappheitssituationen über einen Preisanstieg beseitigt werden.[195] Der Theorie zufolge sollte die Nachfrage aber eigentlich aufgrund höherer Strompreise fallen. Ansonsten bestünde die Gefahr, dass zu wenig Strom in das Netz eingespeist und die zu geringe Spannung zu einem Stromausfall führen würde.[196] Daher könnte die hohe Zahlungsbereitschaft der Kunden in Deutschland einen Versorgungsausfall bedingen.

Damit verknüpft ist das Problem, dass Kunden in Deutschland die Preissignale des Großhandelsmarkts oftmals nicht bemerken können und daher eine Reaktion auf mögliche Kapazitätsengpässe ausbleibt. Eine Folge könnte wiederum ein Stromausfall sein. Jedoch sind nicht alle Kunden verhindert, die Preissignale des Großhandelsmarkts zu erkennen. In diesem Kontext muss zwischen Standardlastverbrauchern und leistungsgemessenen Verbrauchern unterschieden werden.

Als Standardlastverbraucher oder sog. nicht-leistungsgemessene Verbraucher werden solche Abnehmer bezeichnet, bei denen grundsätzlich die Bezugskosten auf einem durchschnittlichen Preis und dem Gesamtverbrauch in einem bestimmten Zeitraum beruhen. Bei diesen Kunden kann der aktuelle Strompreis am Großhandelsmarkt nicht in Rechnung gestellt werden, da ein benötigter Nachweis über den tatsächlichen Verbrauch nicht erbracht werden kann. Die Nachfragefunktion gibt insoweit nicht den Grenznutzen der Nachfrage wieder. Der Grenznutzen gibt den zusätzlichen Nutzen an, den der Konsum einer zusätzlichen marginal kleinen Einheit eines Gutes dem Konsumenten bringt.[197] Die Preissignale des Großhandelsmarkts erreichen die Standardlastverbraucher in diesem Falle nicht.[198]

Leistungsgemessene Verbraucher hingegen haben meist einen höheren Jahresstromverbrauch und stellen regelmäßig Großkunden dar. Bei ihnen werden *ex post* die tatsächlichen Kosten ihres Stromverbrauchs in Rechnung gestellt. Der jährliche Anteil von leistungsgemessenen Verbrauchern liegt in Deutschland

195 Müsgens/Peek, ZNER 2011, S. 576 (578).

196 Tietjen – Kapazitätsmärkte: Hintergründe und Varianten, 2012, S. 8.

197 Mit anderen Worten: Wenn ein Konsument bereits ein Exemplar eines Gutes X besitzt, so sinkt sein zusätzlicher Wohlfahrtsgewinn mit jeder weiteren Einheit desselben Gutes.

198 Müsgens/Peek, ZNER 2011, S. 576 (579).

bei etwa 60 Prozent.[199] Die leistungsgemessenen Verbraucher, die zugleich über eigene Handelsaktivitäten verfügen, offenbaren regelmäßig ihre Zahlungsbereitschaft am Großhandelsmarkt. Sie bemerken die Preissignale des Großhandelsmarkts, solange eine zeitbezogene Differenzierung des Strompreises unter Bezugnahme der Strompreise des Großhandelsmarkts vereinbart ist. Ist der Absprache zufolge eine größere Abrechnungseinheit vorgesehen, wird auch für diese Kunden nicht der Grenznutzen erreicht. Bei denjenigen leistungsgemessenen Verbrauchern, die aufgrund der Ausgestaltung des Strombezugvertrages ihre Grenznutzen nicht offenbaren, wird die Preiselastizität bei Kapazitätsknappheit am Großhandelsmarkt gewahrt, indem mit einer geringen Vorlaufzeit Anpassungen des Bezugsvertrages erfolgen. Sie schränken regelmäßig ihren Stromverbrauch in Abhängigkeit von den Preisen am Großhandelsmarkt gemäß ihren Präferenzen ein.[200]

Folglich kann eine Preisbildung auf Grundlage der Informationen über den Grenznutzen der Nachfrager am Großhandelsmarkt in Situationen mit Kapazitätsengpässen unabhängig von den kurzfristigen Grenzkosten der Erzeugung erfolgen,[201] auch wenn die nicht-leistungsgemessenen Verbraucher die Preissignale des Großhandelsmarktes nicht wahrnehmen können. Es bedarf daher noch nicht einmal der Annahme, dass Stromverbraucher die Elastizität der Nachfrage vermutlich kurzfristig aktivieren würden.[202] Infolgedessen ist davon auszugehen, dass die Preissignale des Marktes trotz einer schwachen Nachfragereaktion erkannt werden und Versorgungsausfälle verhindert werden können.

c) Unsicherheiten im Elektrizitätsmarkt als Investitionshindernis

Eine weitere Gefahr, aus der ein Marktversagen resultieren kann, sind die Unsicherheiten im Elektrizitätsmarkt. So bringen Investitionen in Kraftwerksneubauten lange Realisierungszeiten mit sich.[203] Potentielle Investoren müssen

---

199 Wenigstens 30 GW der deutschen Nachfrage sind leistungsgemessen – siehe hierzu: Consentec – Versorgungssicherheit effizient gestalten, Abschlussbericht 2012, S. 36.

200 Müsgens/Peek, ZNER 2011, S. 576 (579); a.A. Consentec – Versorgungssicherheit effizient gestalten, Abschlussbericht 2012, S. 36: Danach stellt das derzeitige Marktpreisniveau keine ausreichenden Anreize zur Anpassung des Verbrauchsverhaltens oder der Bezugsverträge dar.

201 Müsgens/Peek, ZNER 2011, S. 576 (579).

202 So Consentec – Versorgungssicherheit effizient gestalten, Abschlussbericht 2012, S. 36.

203 Umweltministerium Baden-Württemberg – Ausgestaltung des Marktdesigns für einen Kapazitätsmarkt, Abschlussbericht 2011, S. 71: Die Mindestrefinanzierungszeit beträgt 15 Jahre; Pohlig – Kraftwerksinvestitionen – rechtliche und ökonomische

davon überzeugt werden, dass sich ihr finanzielles Engagement auszahlt.[204] Zur Berechnung des Kapitalwertes müssen die Einnahmen und Ausgaben des Kraftwerkbetriebs für die volle technische Nutzungsdauer prognostiziert werden. Diese liegt in der Regel zwischen 30 und 40 Jahren. Eine Investition wird daher regelmäßig nur dann vorgenommen, wenn die mit solchen Investitionen verbundenen Unsicherheiten und Erwartungen der Investoren erkannt und die damit einhergehenden Risiken minimiert werden.

Die bei Elektrizitätsmärkten bestehenden Unsicherheiten über die Entwicklung der technischen, rechtlichen und wirtschaftlichen Rahmenbedingungen können lediglich mit Hilfe der Annahme einer rationalen Erwartungsbildung erfasst werden. Nach dieser Annahme legen die Investoren ihrer Erwartungsbildung bezüglich des Investitionsobjekts nicht nur die gegenwärtige Situation, sondern auch Erwartungen über künftige Ereignisse zugrunde. Die Erwartungen sind rational, wenn die subjektiven Erwartungen der Marktteilnehmer über die künftige Entwicklung mit dem objektiven Erwartungswert übereinstimmen.[205] Im Mittel sind die Erwartungen über die zukünftigen Preis- und Kostenentwicklungen zwar richtig, aber aufgrund der unterschiedlichen möglichen Entwicklungspfade nie identisch mit den tatsächlichen Entwicklungen. Problematisch ist insoweit, dass Investitionsentscheidungen nur dann getroffen werden, wenn sich die erforderlichen Preissignale zur Refinanzierung von Investitionen realisiert haben oder abzeichnen.[206] Des Weiteren steigt das Risiko unvorhergesehener Änderungen tatsächlicher und rechtlicher Bedingungen proportional mit der Betriebsdauer. Solche Änderungen bei Kraftwerksinvestitionen, die eigentlich als fehlerfrei beurteilt wurden, können *ex post* das Projekt fehlerhaft erscheinen lassen und dieses als Ganzes gefährden.[207] Dies ist eine weitere Belastung für Investoren bei Neubauprojekten ohne Ergänzung des derzeitigen „Energy only"-Markts.

Diese Belastung ist zunehmend von staatlichen Markteingriffen geprägt. Eingriffe, wie sie durch das EEG, den europaweiten Emissionszertifikatehandel, die

---

Anforderungen aus Unternehmenssicht, in: Säcker (Hrsg.) – Investitionen in Kraftwerke zur Versorgungssicherheit, 2012, S. 15 (16).

204 Arbeitsdokument der Kommission – Generation Adequacy: guidance on public interventions, swd (2013) 438, S. 13.

205 Scherzer – Der monetäre Ansatz zur Wechselkursbestimmung, 2002, S. 17.

206 Müsgens/Peek, ZNER 2011, S. 576 (581).

207 Pohlig – Kraftwerksinvestitionen – rechtliche und ökonomische Anforderungen aus Unternehmenssicht, in: Säcker (Hrsg.) – Investitionen in Kraftwerke zur Versorgungssicherheit, 2012, S. 15 (43).

Ökosteuer, das Kraft-Wärme-Kopplungsgesetz (KWK) oder das Erneuerbare-Energien-Wärme-Gesetz (EEWärmeG) vorgenommen wurden, haben dazu geführt, dass potentielle Investoren aufgrund schnell wechselnder Rahmenbedingungen mit höheren Risiken bei Investitionen rechnen und daher nur zögerlich finanzielle Einlagen erbringen. Dabei wurde Deutschland jahrelang wegen seiner stabilen politischen Rahmenbedingungen, die eine erhöhte Investitionsbereitschaft zur Folge haben, als Standort für Industrieunternehmen geschätzt.[208]

Die langen Realisierungszeiten von Investitionen in Kraftwerksbauten in Verbindung mit der Problematik instabiler Rahmenbedingungen führen zu Unsicherheiten, die sich bei Investitionen in neue Kapazitäten und Kraftwerke anreizmindernd auswirken können.

3. *Zwischenergebnis*

Nach der Theorie der Preisbildung können die Strompreise am Großhandelsmarkt mit Hilfe von Preissignalen die notwendigen Anreize für Investitionen in Spitzenlastkraftwerke und andere neue Kapazitäten setzen.[209] Umstritten ist jedoch, ob darüber hinaus auch der Preisbildungsmechanismus eines „Energy only"-Elektrizitätsmarktes die benötigten Anreize für Investitionen in diese Kraftwerke setzt.

Der überwiegende Teil der Wissenschaft ist der Ansicht, dass trotz der schwachen Nachfragereaktion am deutschen Großhandelsmarkt wichtige Preissignale wahrgenommen werden können. Damit ist die geringe Preiselastizität nicht investitionshemmend, so dass es insoweit keiner Marktergänzung bedarf. Doch kann die Diskussion über eine Marktergänzung lediglich unberücksichtigt bleiben, wenn ein inhärentes Marktversagen in jedem Falle ausgeschlossen werden kann. Gleich mehrere Ursachen können jedoch ein solches Marktversagen zur Folge haben. Wegen bestehender Überkapazitäten und ausbleibender Knappheitspreise beim gegenwärtigen „Energy only"-Markt kann eine Deckung der Vollkosten von Mittel- und Spitzenlastkraftwerken nicht immer gewährleistet werden. Des Weiteren kann die hohe Zahlungsbereitschaft der Kunden in Deutschland bei Auftreten eines Kapazitätsengpasses zu einem Stromausfall führen. Auch die langen Realisierungszeiten von Investitionen in Kraftwerksbauten in Verbindung mit Unsicherheiten aufgrund

---

208 Weber – Betriebliche Investitionsentscheidungen und energiepolitische Weichenstellungen, in: Säcker (Hrsg.) – Investitionen in Kraftwerke zur Versorgungssicherheit, 2012, S. 63 (72 f.).

209 So auch Süßenbacher/Schwaiger/Stigler – Kapazitätsmärkte und -mechanismen, 2011, S. 1.

vermehrter politischer Markteingriffe mindern die Anreize, in diese Kraftwerke zu investieren. Damit kann ein Marktversagen nicht ausgeschlossen werden.

In der Literatur wird teilweise angenommen, dass eine Modifikation im Regelenergiemarkt für Strom bereits das zu erwartende Kapazitätsproblem lösen könne.[210] Bei einem Regelenergiemarkt wird die Versorgung bei unvorhergesehenen Ereignissen im Stromnetz im Zeitbereich bis zu einer Stunde durch die sog. Regelenergie gewährleistet.[211] Sie soll einen Zusammenbruch des Stromnetzes innerhalb kürzester Zeit verhindern, in dem Schwankungen im Stromnetz ausgeglichen werden. Dies ist notwendig, da sich elektrische Energie nur in geringem Umfang speichern lässt und zu jeder Zeit die erzeugte Leistung gleich der verbrauchten Leistung sein muss.[212] Regelenergiemärkte sollen daher den Einsatz vorhandener Kapazitäten anreizen und dabei vorhandene Kapazitäten in einer bestimmten Weise einsetzen.[213] Es wird vorgeschlagen, dass die Bundesnetzagentur zusätzliche Vorgaben für den Regelenergiemarkt erlassen könne, die zu einer Steigerung und Flexibilisierung der positiven Regelleistung führen sollen. Unter positiver Regelleistung wird der Ausgleich von plötzlich erhöhter Nachfrage bei nicht ausreichendem Angebot verstanden. Die Attraktivität dieses Ansatzes besteht darin, dass der Markteingriff in Form einer solchen Modifikation geringfügiger ist als bei einer eigenständigen Ergänzung. Doch dürfte diesem Vorschlag nicht zu folgen sein; denn gegen eine solche Modifikation spricht bereits der Umstand, dass der Regelenergiemarkt zum Schwankungsausgleich nur begrenzt belastbar ist und künftig Kapazitätsprobleme entstehen können, die nicht durch eine Steuerung der bestehenden Kapazitäten bewältigt werden könnten. Deswegen werden Kapazitätsmärkte auch als eine Weiterentwicklung der Regelenergiemärkte für Sekunden-, Minuten- oder Stundenreserven auf Jahre bezeichnet.[214] Somit muss auch die Frage, ob solche Regelungen überhaupt auf Grundlage der bestehenden Ermächtigungsgrundlagen erlassen werden könnten,[215] nicht beantwortet werden. Im Ergebnis wird daher der Ansicht gefolgt, dass eine Modifikation des Regelenergiemarktes nicht die Aufgaben eines Kapazitätsmarktes hinreichend erfüllen kann.[216]

---

210 Auf diese Problematik verweisen: Däuper/Voß, ZNER 2012, S. 119 (123); Nailis/Baumgart/Hinüber, ET 2011, S. 2 (4).

211 Sauer – Bestimmung der Regelenergie zum Ausgleich der Windenergie, 2008, S. 10.

212 Swider/Ellersdorfer, ET 2005, S. 802 f.

213 Nailis/Baumgart/Hinüber, ET 2011, S. 2 (4).

214 Trittin/Untersteller/Krischer – Die Energiewende braucht einen neuen Energiemarkt, Positionspapier, 2012, S. 3.

215 Siehe hierzu Däuper/Voß, ZNER 2012, S. 119 (123).

216 Nailis/Baumgart/Hinüber, ET 2011, S. 2 (4).

Der überwiegende Teil der Literatur kommt zu dem Ergebnis, dass die bestehenden Marktanreize und damit die grenzkostenbasierten Marktpreise des Merit-Order-Verfahrens keine ausreichenden Anreize für Investitionen in neue Kraftwerke ohne die Einrichtung eines ergänzenden Marktbestandteils hergeben.[217] Kapazitätsengpässe und der durch einen starken Zuwachs fluktuierender Energien erforderliche Ausgleich bei Erzeugungsdefiziten können auf dieser Grundlage nicht verhindert werden.

Ein gesonderter Ausgleich durch anderweitige Instrumente zur Erhaltung der Versorgungssicherheit ist somit notwendig. Ab welchem Zeitpunkt dies der Fall ist, wird unterschiedlich prognostiziert. Die Mehrheit der Studien erkennt allerdings die Gefahr, dass ohne einen ergänzenden Mechanismus in absehbarer Zeit knappheitsbedingte Extrempreise und Versorgungsausfälle drohen.[218]

---

217 Achner et al. – Ausgestaltung eines Kapazitätsmarkts, 2011, S. 1 ff.; so auch Consentec – Versorgungssicherheit effizient gestalten, Abschlussbericht 2012, S. 31; Däuper/Voß, ZNER 2012, S. 119 (120); Nailis/Baumgart/ Hinüber, ET 2011, S. 2 (5); Nailis/Schuffelen, ET 2011, S. 31; Schlemmermeier/Diermann – Anforderungen an ein zukünftiges Marktdesign, in: bne (Hrsg.) – Welches Marktdesign braucht die Energiewende?, 2011, S. 12; Umweltministerium Baden-Württemberg – Ausgestaltung des Marktdesigns für einen Kapazitätsmarkt, Abschlussbericht 2011, S. 14; zu diesem Ergebnis kommen auch: Trittin/ Untersteller/Krischer – Die Energiewende braucht einen neuen Energiemarkt, Positionspapier, 2012, S. 2; FVEE – Positionspapier zu einem neuen Stromsystemdesign, 2013, S. 2; auch die Bundesregierung hat in ihrem Koalitionsvertrag für die 18. Legislaturperiode festgestellt, dass Deutschland zwar landesweit noch über ausreichende Kraftwerke verfügt, sich diese Situation aber auch bis zum Ende des Jahrzehntes ändern könne. Daher sei mittelfristig ein Kapazitätsmechanismus zu entwickeln; siehe Deutschlands Zukunft gestalten – Koalitionsvertrag von CDU, CSU und SPD, 2013, S. 41.

218 Achner et al. – Ausgestaltung eines Kapazitätsmarkts, 2011, S. 29: in dieser Studie werden Versorgungsengpässe ab 2018 erwartet; ohne einen konkreten Zeitpunkt zu bestimmen: Köhler – Gas im System der Erneuerbaren, in: bne (Hrsg.) – Welches Marktdesign braucht die Energiewende?, 2011, S. 3; Tietjen – Kapazitätsmärkte: Hintergründe und Varianten, 2012, S. 13; Nailis – Ein Kapazitätsmarkt für Deutschland: Erste Modellüberlegungen, in: bne (Hrsg.) – Welches Marktdesign braucht die Energiewende?, 2011, S. 5 (6); Umweltministerium Baden-Württemberg – Ausgestaltung des Marktdesigns für einen Kapazitätsmarkt, Abschlussbericht 2011, S. 83; a.A. Siegmeier/Hirschhauen – Kapazitätsmärkte für konventionelle Kraftwerke, 2011, S. 108 ff.: Eine Stromlücke vor 2020 sei nicht zu erkennen und für den folgenden Zeitraum sei mit einer verbesserten Rentabilität von Gaskraftwerken zu rechnen, so dass sie sich gegen eine baldige Einführung eines Kapazitätsmechanismus aussprechen.

III. Nationale Kapazitätsmärkte als Lösung

Seit geraumer Zeit wird die Möglichkeit eines Kapazitätsmarktes zur Sicherstellung der Versorgungssicherheit in Deutschland erwogen. Dieser soll die benötigten Anreize zur Schaffung von Ausgleichskraftwerken und zum Erhalt der Versorgungssicherheit setzen und dabei sicherstellen, dass für genügend Erzeugungskapazität im Voraus gesorgt wird, um diese bei Bedarf einspeisen zu können.[219]

Da die weltweit angewandten Kapazitätsmarktmodelle grundlegend verschieden funktionieren,[220] wird im Folgenden der Begriff des Kapazitätsmarkts definiert und die möglichen Varianten kurz dargestellt (siehe unter 1.). Anschließend wird untersucht, welcher Rechtsrahmen für die Schaffung eines deutschen Kapazitätsmarktes zu berücksichtigen ist (siehe unter 2.).

1. Definition Kapazitätsmarkt

Kapazitätsmärkte sind wettbewerbliche Mechanismen,[221] bei deren Anwendung im Gegensatz zu reinen „Energy only"-Märkten die bloße Vorhaltung von Kapazitäten vergütet wird.[222] Sie stellen folglich eine Ergänzung des „Energy only"-

---

219 In der folgenden Untersuchung werden Nachfrageressourcen (negative Kapazität) nicht berücksichtigt. Diese können auch Teile eines Kapazitätsmechanismus ausmachen. Dabei gibt es drei Hauptkategorien: die Energieeffizienz, das Lastmanagement und die dezentrale Erzeugung in Spitzenlast; vgl. hierzu die Ausführungen bei Tietjen – Kapazitätsmärkte: Hintergründe und Varianten, 2012, S. 23 f.

220 Siehe zu den verschiedenen Modellen: Matthes – Internationale Erfahrungen bei Kapazitätsmechanismen, in: bne (Hrsg.) – Welches Marktdesign braucht die Energiewende?, 2011, S. 16 f.; Süßenbacher/Schwaiger/ Stigler – Kapazitätsmärkte und -mechanismen, 2011, S. 1 ff.; Umweltministerium Baden-Württemberg – Ausgestaltung des Marktdesigns für einen Kapazitätsmarkt, Abschlussbericht 2011, S. 65 ff.; Kapazitätsmärkte gibt es danach beispielsweise in Brasilien, Chile, Irland, Kolumbien, Spanien und den USA.

221 Siegmund – Kapazitätsmärkte im Ausland: Ein Erfahrungsbericht, in: bne (Hrsg.) – Welches Marktdesign braucht die Energiewende?, 2011, S. 10.

222 Consentec – Versorgungssicherheit effizient gestalten, Abschlussbericht 2012, S. 49; Matthes – Internationale Erfahrungen bei Kapazitätsmechanismen, in: bne (Hrsg.) – Welches Marktdesign braucht die Energiewende?, 2011, S. 16; Tietjen – Kapazitätsmärkte: Hintergründe und Varianten, 2012, S. 15; Trittin/Untersteller/ Krischer – Die Energiewende braucht einen neuen Energiemarkt, Positionspapier, 2012, S. 3.

Marktes dar.[223] Die Attraktivität dieses Ansatzes besteht darin, dass durch die Einführung eines solchen ergänzenden Instruments das Bestehen und die Funktion des heutigen Marktdesigns nicht beeinträchtigt wird.[224]

Zu den Kapazitäten zählt nicht nur die reine Erzeugungsmenge, sondern auch die Einbeziehung von Stromspeichern und Vereinbarungen über steuerbare Lasten, die bei der Mindestkapazitätsplanung berücksichtigt werden können.[225] Diese Kapazitäten können die Erzeuger als verfügbare Leistung anbieten. Bei einem Zuschlag erhalten sie einen entsprechenden Preis, der regelmäßig in Form einer Prämie für jedes bereitgestellte Kilowatt Leistung ausgezahlt wird. Zusätzlich zu dem grenzkostenbasierten Verkaufspreis für Energie kann auch für eine vorab festgelegte Zeitspanne die Vorhaltung entsprechender Erzeugungs- und Speicherkapazität vergütet werden.[226] Die entstehenden Kosten werden regelmäßig in Form einer Umlage auf die Endkunden übertragen und damit über die Netznutzungsentgelte refinanziert.[227]

Da es eine Vielzahl verschiedener Ausgestaltungen von Kapazitätsmärkten gibt,[228] werden im Folgenden die Hauptkategorien erläutert, denen sich die unterschiedlichen Kapazitätsmechanismen zuordnen lassen. Die jeweilige Ausgestaltung des implementierten Kapazitätsmechanismus prägt die gesamte Entwicklung des Strommarktdesigns und hat folglich eine tragende Bedeutung.

---

223 In der Literatur wird darauf hingewiesen, dass die Liberalisierung der Stromerzeugung in Deutschland noch jung sei und es wegen des geringen Erfahrungshorizonts zwingend erforderlich sei, die heutigen Bestandteile des Marktes zu erhalten und lediglich zu ergänzen. Das Konstrukt der Kapazitätsmärkte sei geeignet, die noch junge Entwicklung möglichst wenig zu tangieren – siehe hierzu: Nailis/Schuffelen, ET 2011, S. 31.

224 Nailis – Ein Kapazitätsmarkt für Deutschland: Erste Modellüberlegungen, in: bne (Hrsg.) – Welches Marktdesign braucht die Energiewende?, 2011, S. 5.

225 Schlemmermeier/Diermann – Anforderungen an ein zukünftiges Marktdesign, in: bne (Hrsg.) – Welches Marktdesign braucht die Energiewende?, 2011, S. 12 (13); Umweltministerium Baden-Württemberg – Ausgestaltung des Marktdesigns für einen Kapazitätsmarkt, Abschlussbericht 2011, S. 9, 56: Letzteres erstreckt den Begriff der Kapazitäten auch auf Leitungen, Kupplungen und andere Netzsystembestandteile in Übertragungsnetzen (Strominfrastruktur).

226 Bloch, N&R 1/12, S. 19 (23).

227 Mengewein/Lochner – Kapazitätsmärkte in Europa und den USA im Überblick, EW 2011, S. 8; Tietjen – Kapazitätsmärkte: Hintergründe und Varianten, 2012, S. 15; Däuper/Voß, ZNER 2012, S. 119 (123).

228 Konsultationspapier der Kommission – Generation adequacy, capacity mechanisms and the internal market in electricity, vom 15.11.2012, S. 8.

a) Preis- vs. mengenbasierter Kapazitätsmechanismus

Die verschiedenen in Verwendung befindlichen Kapazitätsmechanismen können zunächst in preis- und mengenbasierte Mechanismen unterteilt werden.

aa) Preisbasierter Mechanismus

Bei einem preisbasierten bzw. preisgesteuerten Kapazitätsmechanismus bestimmt der Transportnetzbetreiber[229] oder Regulator einen Preis, welcher einen Anreiz für Investoren setzen soll. Administrativ bestimmte Kapazitätszahlungen und Konzepte mit operativer oder strategischer Reserve gelten als typische preisbasierte Mechanismen.[230] Dabei wird ein ermittelter und festgelegter Kapazitätspreis vom Regulator produktionsunabhängig an Betreiber von Neuanlagen sowie von umgerüsteten Bestandsanlagen für einen bestimmten Zeitraum ausgezahlt. So wird in Spanien ein preisbasierter Mechanismus angewandt, bei welchem Zahlungen für einen Zeitraum von zehn Jahren an sämtliche Kraftwerke vorgenommen werden, die nach Oktober 2007 gebaut wurden. Die Höhe der Vergütung richtet sich nach der landesweit bestehenden Kapazität. Je größer diese ist, umso geringer ist die Vergütung pro Megawatt.[231] Ähnliche preisbasierte Mechanismen existieren in Irland und Chile.[232]

bb) Mengenbasierter Mechanismus

Bei mengenbasierten bzw. mengengesteuerten Mechanismen wird die notwendige Erzeugungskapazität im System (Spitzenlast plus Reserve) vorgeschrieben und deren Preis durch den Markt ermittelt. Sie werden regelmäßig in Form von Kapazitätsbörsen und Kapazitätsoptionen umgesetzt.[233] Bei diesem System

---

229 Gemäß § 3 Nr. 31c EnWG ist jeder Betreiber eines Übertragungs- oder Fernleitungsnetzes Transportnetzbetreiber.

230 Süßenbacher/Schwaiger/Stigler – Kapazitätsmärkte und -mechanismen, 2011, S. 3; Tietjen – Kapazitätsmärkte: Hintergründe und Varianten, 2012, S. 16; Umweltministerium Baden-Württemberg – Ausgestaltung des Marktdesigns für einen Kapazitätsmarkt, Abschlussbericht 2011, S. 66; Matthes/Ziesing – Verzicht auf Kernenergie, 2011, S. 19.

231 Vergütungsstufen in Spanien: max. 28.000 €/MW pro Jahr bei einer landesweiten Kapazitätsreserve von 10 Prozent oder weniger, oder max. 26.500 €/MW pro Jahr bei einer landesweiten Kapazitätsreserve von 10 Prozent oder mehr. Die Vergütungsgrenze liegt bei einer landesweiten Kapazitätsgrenze von 29 Prozent.

232 Matthes – Internationale Erfahrungen bei Kapazitätsmechanismen, in: bne (Hrsg.) – Welches Marktdesign braucht die Energiewende?, 2011, S. 16 (17); Süßenbacher/Schwaiger/Stigler – Kapazitätsmärkte und mechanismen, 2011, S. 3.

233 Süßenbacher/Schwaiger/Stigler – Kapazitätsmärkte und -mechanismen, 2011, S. 3; Tietjen – Kapazitätsmärkte: Hintergründe und Varianten, 2012, S. 17 ff.;

sind die Energielieferanten verpflichtet, Optionsverträge über Strom von den Erzeugern zu erwerben, d.h. Versorgungsunternehmen und Großverbraucher müssen sicher verfügbare Leistung einkaufen. Dabei muss der Umfang der veräußerten Kapazitäten die maximale Nachfrage übersteigen.[234]

Angewandt wird diese Form des Kapazitätsmechanismus beispielsweise in den USA (New York ISO), Kolumbien und Brasilien.[235] Da aber auf diesen Märkten gegenwärtig kein Kapazitätsmangel besteht, fehlt der Beleg dafür, dass dieser Mechanismus zu ausreichenden Investitionsanreizen führt.[236]

cc) Bewertung

Preisbasierte Kapazitätsmechanismen zeichnen sich insbesondere durch eine hohe Attraktivität aufgrund ihrer Einfachheit und Planbarkeit aus. Nachteilig ist hingegen zu bewerten, dass bei Kraftwerksneubauten die feste Prämie teilweise nicht dem fehlenden Deckungsbeitrag entspricht.[237] Ferner ist unklar, wie hoch der Regulator den Preis setzen soll und in welchen Situationen dieser zu zahlen ist. Eine dauerhaft effiziente Preissetzung ist annähernd unmöglich.[238] Ebenso stellt sich die Frage, ob und in welchem Umfang dieser festgelegte Preis zu Investitionen führen wird. Zuletzt ist der Eingriff bei preisbasierten Mechanismen größer, so dass nach der ökonomischen Theorie ineffizientere Ergebnisse zu erwarten sind.[239] Mengenbasierte Modelle sind zwar grundsätzlich anfälliger für Marktmachtausübungen als preisbasierte Modelle. Allerdings können letztere durch strategisches Handeln der Erzeuger auch negative Auswirkungen haben.[240]

Umweltministerium Baden-Württemberg – Ausgestaltung des Marktdesigns für einen Kapazitätsmarkt, Abschlussbericht 2011, S. 66.

234 Siegmund – Kapazitätsmärkte im Ausland: Ein Erfahrungsbericht, in: bne (Hrsg.) – Welches Marktdesign braucht die Energiewende?, 2011, S. 10; Tietjen – Kapazitätsmärkte: Hintergründe und Varianten, 2012, S. 15.

235 Matthes – Internationale Erfahrungen bei Kapazitätsmechanismen, in: bne (Hrsg.) – Welches Marktdesign braucht die Energiewende?, 2011, S. 16 (17); Süßenbacher/Schwaiger/Stigler – Kapazitätsmärkte und mechanismen, 2011, S. 3.

236 Siegmund – Kapazitätsmärkte im Ausland: Ein Erfahrungsbericht, in: bne (Hrsg.) – Welches Marktdesign braucht die Energiewende?, 2011, S. 10.

237 Siegmund – Kapazitätsmärkte im Ausland: Ein Erfahrungsbericht, in: bne (Hrsg.) – Welches Marktdesign braucht die Energiewende?, 2011, S. 10 (11).

238 Tietjen – Kapazitätsmärkte: Hintergründe und Varianten, 2012, S. 32.

239 Siegmeier – Kapazitätsinstrumente, Electricity Markets Working Papers, 2011, S. 11; Tietjen – Kapazitätsmärkte: Hintergründe und Varianten, 2012, S. 33.

240 Siehe hierzu das Beispiel bei Tietjen – Kapazitätsmärkte: Hintergründe und Varianten, 2012, S. 25.

Der große Vorteil des mengenbasierten Ansatzes besteht letztlich darin, dass die Zielmenge relativ sicher und zu einem effizienten Preis erreicht werden kann. Daher dürfte grundsätzlich das mengenbasierte Konstrukt vorzuziehen sein.[241]

b) Umfassender vs. selektiver Kapazitätsmechanismus

Problematisch ist, ob bei der Einführung eines Kapazitätsmechanismus alle Energieerzeuger oder nur ein ausgewählter Teil von Kapazitätszahlungen profitieren sollen. Dies richtet sich nach der jeweiligen Ausgestaltung des Mechanismus. Unterschieden werden insoweit sog. umfassende und selektive Kapazitätsmechanismen.

aa) Umfassender Mechanismus

Bei einem umfassenden bzw. vollständigen Mechanismus erhalten alle im Markt befindlichen Teilnehmer Kapazitätszahlungen. Dadurch soll eine ausgeglichene Leistungsbilanz bei Starklast sichergestellt werden.[242] Umfassende Kapazitätsmechanismen sind beispielsweise bei der PJM in Neuengland, der New York ISO, der SWIS in Südwest-Australien sowie in Kolumbien und Brasilien zu finden.[243]

bb) Selektiver Mechanismus

Bei einem selektiven bzw. zielgerichteten Mechanismus erhalten nur die Marktteilnehmer Kapazitätszahlungen, deren Kapazitäten die Vorgaben an die Effizienz und die Flexibilität erfüllen. Diese Mechanismen verfolgen überwiegend die Errichtung von Neuanlagen und beruhen auf Abschätzungen der für die Sicherung der Versorgungssicherheit notwendigen zusätzlichen Kraftwerkskapazitäten.[244] Hohe Zahlungsströme an Betreiber von Bestandsanlagen sollen ausbleiben, damit der gewünschte Effekt des Kapazitätsmarktes nicht gefährdet wird.[245] Während die Förderung nachfrageseitiger Maßnahmen bei beiden

241 So auch das Umweltministerium Baden-Württemberg – Ausgestaltung des Marktdesigns für einen Kapazitätsmarkt, Abschlussbericht 2011, S. 67.

242 Consentec – Versorgungssicherheit effizient gestalten, Abschlussbericht 2012, S. 17; Mengewein/Lochner – Kapazitätsmärkte in Europa und den USA im Überblick, EW 2011, S. 8; Tietjen – Kapazitätsmärkte: Hintergründe und Varianten, 2012, S. 15; Umweltministerium Baden-Württemberg – Ausgestaltung des Marktdesigns für einen Kapazitätsmarkt, Abschlussbericht 2011, S. 68.

243 Matthes – Internationale Erfahrungen bei Kapazitätsmechanismen, in: bne (Hrsg.) – Welches Marktdesign braucht die Energiewende?, 2011, S. 16 (17).

244 Matthes/Ziesing – Verzicht auf Kernenergie, 2011, S. 21.

245 Nailis – Ein Kapazitätsmarkt für Deutschland: Erste Modellüberlegungen, in: bne (Hrsg.) – Welches Marktdesign braucht die Energiewende?, 2011, S. 5 (6); Nailis/

Mechanismen möglich ist, kann bei einem selektiven Mechanismus auch eine bestimmte Technologie gezielt gefördert werden.[246]

cc) Bewertung

Zunächst ist festzustellen, dass sowohl umfassende als auch selektive Kapazitätsmechanismen definitionsgemäß das „Missing money"-Problem[247] lösen und ausreichende Investitionen zur Spitzenlastdeckung und Gewährleistung der notwendigen Reservekapazitäten sichern können.[248] Trotzdem weisen sie verschiedene Vor- und Nachteile auf, die es bei einer Entscheidung zu beachten gilt.

Der Nachteil eines umfassenden Mechanismus besteht darin, dass ein System, das sich auf alte Anlagen stützt, mittel- bis langfristig eigene Probleme bezüglich der Zuverlässigkeit aufwerfen kann.[249] Ferner können aufgrund mangelnder Nachfrageflexibilität Potentiale zur Gewährleistung der Versorgungssicherheit nicht erschlossen werden. Eine tatsächliche Erhöhung der Versorgungssicherheit kann trotz gesteigerter Leistung des Kraftwerksparks ausbleiben.[250] Vorteilhaft hingegen ist, dass die Verpflichtung aller durch eine vertragliche Bindung die Planungssicherheit der koordinierenden Stelle erhöht.[251]

Bei selektiven Mechanismen ist problematisch, dass die Strompreise auf dem Großhandelsmarkt unter dem bisher gesetzten Preis liegen können, da die Bezugsgröße des Grenznutzens der Nachfrage wegfällt und die kurzfristigen Erzeugungskosten der neuen Kraftwerke den Preis bestimmen. Darüber hinaus können die Anreize für andere Optionen ausbleiben und Betreiber demotivieren, weil diese nur geringe Erlöse erwarten dürfen. Somit können sie zur Folge haben, dass Neuinvestitionen ohne Erträge aus dem Kapazitätsmechanismus kaum noch erfolgen (sog. „Slippery slope"-Effekt)[252] und Stilllegungen aufgrund

---

Schuffelen, ET 2011, S. 33; Tietjen – Kapazitätsmärkte: Hintergründe und Varianten, 2012, S. 15.

246 Matthes – Internationale Erfahrungen bei Kapazitätsmechanismen, in: bne (Hrsg.) – Welches Marktdesign braucht die Energiewende?, 2011, S. 16 (17); Mengewein/Lochner – Kapazitätsmärkte in Europa und den USA im Überblick, EW 2011, S. 8; Tietjen – Kapazitätsmärkte: Hintergründe und Varianten, 2012, S. 29; Umweltministerium Baden-Württemberg – Ausgestaltung des Marktdesigns für einen Kapazitätsmarkt, Abschlussbericht 2011, S. 68.

247 Siehe hierzu S. 39 ff.

248 Matthes/Ziesing – Verzicht auf Kernenergie, 2011, S. 22.

249 Tietjen – Kapazitätsmärkte: Hintergründe und Varianten, 2012, S. 31.

250 Müsgens/Peek, ZNER 2011, S. 582.

251 Nailis/Schuffelen, ET 2011, S. 32.

252 Matthes/Ziesing – Verzicht auf Kernenergie, 2011, S. 22.

mangelnder Wirtschaftlichkeit ausgelöst werden. Es wäre also nicht sichergestellt, dass die installierte Leistung tatsächlich zunimmt.[253] Ein bedeutender Vorteil dieses Mechanismus ist allerdings der geringere finanzielle Aufwand.[254] Durch einen selektiven Mechanismus kann zudem das Problem der „Windfall Profits"[255] für Betreiber alter Anlagen vermieden werden.[256]

Beide Mechanismen weisen Risiken auf, die es im Zuge einer detaillierten Ausgestaltung zu beachten gilt. Ansonsten könnte der Nutzen des Mechanismus, die Versorgungssicherheit herzustellen, gefährdet sein.

Kernelement ist jedoch die Frage, ob die (teilweise) Erneuerung des konventionellen Kraftwerksparks und damit alter, unflexibler, emissionsintensiver Kapazitäten der Errichtung neuer Anlagen politisch und aus Umweltschutzgründen gewollt ist. Denn bei einem selektiven Ansatz werden ältere Bestandsanlagen verstärkt an den Rand der Merit-Order gedrängt, wodurch sich geringere Einsatzzeiten ergeben. Dies wiederum wirkt sich unmittelbar auf die Rentabilität dieser Anlagen aus.[257] Gegen die Einbindung von Bestandsanlagen spricht die mit dem CO_2-Handelssystem beabsichtigte marktgetriebene Entwicklung des Kraftwerksparks hin zur CO_2-armen Stromerzeugung. Diese könnte durch eine Einbeziehung von Kraftwerken mit besonders hohen CO_2-Emissionen in bedenklicher Weise verlangsamt werden. Es besteht zudem die Gefahr, dass der Mechanismus durch Mitnahmeeffekte deutlich verteuert würde.[258] Der Erhalt von Bestandskapazitäten sollte daher aus ökonomischer Sicht nur selektiv über ein kurzfristiges Entgelt aus Gründen der Versorgungssicherheit entlohnt werden.[259]

---

253 Müsgens/Peek, ZNER 2011, S. 582.

254 Matthes/Ziesing – Verzicht auf Kernenergie, 2011, S. 23.

255 Siehe zur Problematik der Windfall Profits: Helbig – Windfall Profits, 2010.

256 Achner et al. – Ausgestaltung eines Kapazitätsmarkts, 2011, S. 36, 40; Nailis/Schuffelen, ET 2011, S. 33; Tietjen – Kapazitätsmärkte: Hintergründe und Varianten, 2012, S. 34.

257 Nailis/Schuffelen, ET 2011, S. 33.

258 Börkey – Plädoyer für ein sicheres und technologieoffenes System, in: bne (Hrsg.) – Welches Marktdesign braucht die Energiewende?, 2011, S. 7 (8); Nailis/Schuffelen, ET 2011, S. 32; Siegmund – Kapazitätsmärkte im Ausland: Ein Erfahrungsbericht, in: bne (Hrsg.) – Welches Marktdesign braucht die Energiewende?, 2011, S. 10; FVEE – Positionspapier zu einem neuen Stromsystemdesign, 2013, S. 2.

259 Umweltministerium Baden-Württemberg – Ausgestaltung des Marktdesigns für einen Kapazitätsmarkt, Abschlussbericht 2011, S. 67; a.A. Consentec – Versorgungssicherheit effizient gestalten, Abschlussbericht 2012, S. 17 f.; dem Forschungskoordinator für Energie- und Klimapolitik am Öko-Institut e.V. zufolge wäre ein

c) Zwischenergebnis

Nicht nur die Schaffung von Kapazitätsmärkten wird diskutiert, auch zu der Ausgestaltung möglicher Kapazitätsmechanismen gibt es einen regen Meinungsaustausch.[260] Die Sensibilität des Erzeugungsmarktes und die Komplexität von Eingriffen in diesen erfordern eine detaillierte Prüfung möglicher Modelle, bevor eine Implementierung in Deutschland erwogen werden kann.[261] Da der Strommarkt kein natürlicher, sondern ein gestalteter Markt ist, handelt es sich bei der Ergänzung nicht um einen Markt-, sondern einen Gestaltungseingriff.[262]

Angesichts einer hohen Prognoseunsicherheit über die Ausformung und das Resultat der Ausgleichsmechanismen muss der gewählte Mechanismus nicht nur sicherstellen, dass die benötigten Kapazitäten zur Verfügung gestellt werden. Er muss vielmehr gewährleisten, dass die kurzfristigen Preissignale im „Energy only"-Markt nicht verwässern.[263] Darüber hinaus muss der gewählte Mechanismus so flexibel sein, dass er auch auf künftige Entwicklungen reagieren kann. Ziel muss letztendlich sein, den Kapazitätsbedarf zu steuern und das Kapazitätsangebot in den Innovations- und Effizienzwettbewerb zu stellen.[264]

Im Ergebnis sprechen gute Argumente für einen mengenbasierten, selektiven Kapazitätsmarkt.[265] Nach Feststellung des Kapazitätsbedarfs sollte dieser im Rahmen einer Auktion beschafft werden, wobei der günstigste Preis den

---

Präqualifizierungskriterium für eine Bestandsanlagenauktion sinnvoll, nach dem lediglich eine Höchstauslastung von 2000 Stunden in einer rollierenden Basisperiode vorgesehen sein sollte – Interview mit Dr. Felix Christian Matthes und Prof. Dr. Uwe Leprich – System- oder Marktdesign – was braucht die Energiewende?, in: bne (Hrsg.) – Kompass 01/13, 2013, S. 16.

260 Siehe exemplarisch Achner et al. – Ausgestaltung eines Kapazitätsmarkts, 2011; Consentec – Versorgungssicherheit effizient gestalten, Abschlussbericht 2012; Nailis/Schuffelen, ET 2011.

261 Däuper/Voß, ZNER 2012, S. 119.

262 Umweltministerium Baden-Württemberg – Ausgestaltung des Marktdesigns für einen Kapazitätsmarkt, Abschlussbericht 2011, S. 9.

263 Börkey – Plädoyer für ein sicheres und technologieoffenes System, 2011, in: bne (Hrsg.) – Welches Marktdesign braucht die Energiewende?, S. 7 (9).

264 Schlemmermeier/Diermann – Anforderungen an ein zukünftiges Marktdesign, in: bne (Hrsg.) – Welches Marktdesign braucht die Energiewende?, 2011, S. 12 (13).

265 So auch Umweltministerium Baden-Württemberg – Ausgestaltung des Marktdesigns für einen Kapazitätsmarkt, Abschlussbericht 2011, S. 83; Matthes/Ziesing – Verzicht auf Kernenergie, 2011, S. 24: sie präferieren zumindest den selektiven Mechanismus; a.A. Consentec – Versorgungssicherheit effizient gestalten, Abschlussbericht 2012, S. 17 f.

Zuschlag erhält. Fraglich ist jedoch, ob dieser Ansatz auch mit geltendem Recht in Einklang steht. Dies wird im Folgenden untersucht.

2. *Europäischer Rechtsrahmen für einen Kapazitätsmarkt in Deutschland*

Die Diskussion über die genaue Ausgestaltung solcher Kapazitätsmärkte einschließlich ihrer rechtlichen Einordnung ist Inhalt einer ständig wachsenden Diskussion.[266] Nur bei Beachtung des entsprechenden Rechtsrahmens kann ein Kapazitätsmechanismus in Deutschland erfolgreich eingerichtet werden.

Im folgendem Abschnitt wird daher zunächst erörtert, inwieweit sich die Europäische Kommission als Initiativorgan bereits mit den durch die Einführung nationaler Kapazitätsmechanismen verbundenen Rechtsfragen beschäftigt hat (siehe unter a). Im Anschluss wird untersucht, ob und welche rechtlichen Zulässigkeitsvoraussetzungen für die Schaffung eines deutschen Kapazitätsmarkts bereits im europäischen Recht kodifiziert sind (siehe unter b). Dabei werden die infrage kommenden Verfahren der Elektrizitäts-Richtlinie zur Schaffung neuer Erzeugungskapazitäten analysiert (siehe unter aa). Aus Klarstellungsgründen wird im Anschluss die Bedeutung der nationalen Umsetzungsvorschrift im Energiewirtschaftsgesetz erläutert (siehe unter bb). Anschließend werden die einzelnen Voraussetzungen des einschlägigen Verfahrens sowie dessen Besonderheiten erläutert und bewertet (siehe unter cc). Ferner wird untersucht, ob diese Voraussetzungen bei jeder Art von Kapazitätsmechanismus zu beachten sind (siehe unter c). Zum Schluss werden die Anforderungen an die Ausgestaltung eines Kapazitätsmarktes in Deutschland und das mögliche Verfahren im Rahmen eines solchen Kapazitätsmechanismus skizziert (siehe unter d) und e)).

a) Erwägungen der Europäischen Kommission

Zur Frage, ob bei der Schaffung und dem Betrieb nationaler Kapazitätsmechanismen ein europäischer Rechtsrahmen zu beachten ist und welcher dies sein könnte, hat sich bislang lediglich die Kommission geäußert. Ihre Erwägungen

266 Siehe auf deutscher Ebene: Bloch, N&R 2012, S. 19 ff.; Mengewein/Lochner – Kapazitätsmärkte in Europa und den USA im Überblick, DJEW 2011, S. 8 f.; Nailis/Baumgart/Hinüber, ET 2011, S. 2 ff.; Nailis/Schuffelen, ET 2011, S. 31 ff.; Süßenbacher/Schwaiger/Stigler – Kapazitätsmärkte und -mechanismen, 2011; Umweltministerium Baden-Württemberg – Ausgestaltung des Marktdesigns für einen Kapazitätsmarkt, Abschlussbericht 2011; Fraunhofer Institut (ISI) – Erfahrungsbericht 2011 gemäß § 65 EEG, S. 164 ff.; siehe auch auf EU-Ebene: Konsultationspapier der Kommission – Generation adequacy, capacity mechanisms and the internal market in electricity, vom 15.11.2012, S. 1.

geben einen ersten Ausblick auf die künftige, durch die Kommission zu initiierende Rechtssetzung für nationale Kapazitätsmärkte.

Nachdem bereits Mitte 2012 immer mehr Mitgliedsstaaten, unter anderem Frankreich, Großbritannien, Italien und Deutschland, die Planung nationaler Kapazitätsmechanismen vorangetrieben hatten, stellte die Kommission in ihrem im November 2012 veröffentlichten „Konsultationspapier zur Angemessenheit der Stromerzeugung, Kapazitätsmechanismen und dem Elektrizitätsbinnenmarkt“[267] klar, dass auch sie sich nunmehr mit den Fragen um die Schaffung mitgliedsstaatlicher Kapazitätsmechanismen befassen werde. In der zur gleichen Zeit ergangenen Mitteilung “Ein funktionierender Energiebinnenmarkt“[268] beschränkten sich jedoch die Ausführungen auf den Appell, bei der Implementierung solcher Mechanismen vor allem die negativen Auswirkungen einer verfrühten Einführung schlecht konzipierter und EU-weit nicht koordinierter Mechanismen zu berücksichtigen.[269] Nachdem die Kommission von weiteren Erklärungen und Initiativmaßnahmen im ersten Quartal 2013 absah, forderte schließlich im Mai 2013 der Europäische Rat diese dazu auf, Vorgaben über Mechanismen zur Kapazitätssicherung in den Mitgliedsstaaten zu erstellen.[270] Diesem Begehren ist sie mittlerweile nachgekommen und hat begleitend zu ihrer Mitteilung zur „Vollendung des Elektrizitätsbinnenmarktes und optimale Nutzung staatlicher Interventionen“[271] im November 2013 ein Arbeitsdokument veröffentlicht, in dem sie ihre Erwägungen zu staatlichen Interventionen in Form von Kapazitätsmärkten darlegt.[272] Hierbei beschränkt sie sich jedoch auf allgemeine Kriterien zur Anwendung von Kapazitätsmechanismen, ohne weitere Ausführungen zu den zugrundeliegenden Rechtsfragen zu machen. Daher stehen die in

---

267 Konsultationspapier der Kommission – Generation adequacy, capacity mechanisms and the internal market in electricity, vom 15.11.2012.

268 Siehe hierzu Fn. 4.

269 Eine solche verfrühte Einführung sei „kontraproduktiv“, siehe die Mitteilung der Kommission – Ein funktionierender Energiebinnenmarkt, KOM (2012) 663 endg., S. 17; diese Überlegung führt die Kommission in ihrem Konsultationspapier konkreter aus: Mit anderen Mechanismen unvereinbare oder schlecht ausgestaltete Kapazitätmechanismen gefährdeten Handel, Produktion und Investorenentscheidungen im Binnenmarkt, Konsultationspapier der Kommission – Generation adequacy, capacity mechanisms and the internal market in electricity, vom 15.11.2012, S. 10.

270 Europäischer Rat – Schlussfolgerungen zur Tagung des Europäischen Rates am 22. Mai 2013, EUCO 75/1/13 REV 1, S. 3.

271 Mitteilung der Kommission – Vollendung des Elektrizitätsbinnenmarktes und optimale Nutzung staatlicher Interventionen, C(2013)7243.

272 Arbeitsdokument der Kommission – Generation Adequacy: guidance on public interventions, swd (2013) 438.

diesem Dokument angestellten Erwägungen der nachfolgenden Untersuchung, ob möglicherweise bereits ein Rechtsrahmen für Kapazitätsmärkte im europäischen (Sekundär-)Recht kodifiziert ist, nicht entgegen. Die Erwägungen der Kommission sind jedoch an verschiedenen Stellen der vorliegenden Arbeit ergiebig; denn sie geben Aufschluss über die von der Kommission als relevant eingestuften Aspekte. Zu diesen Aspekten gehört etwa die Dauer der Anwendung oder die Vermeidung von Hindernissen für den Energiebinnenmarkt.[273] Die diesbezüglichen Ausführungen der Kommission werden im Folgenden an gegebener Stelle berücksichtigt und fließen mit in die jeweilige Bewertung ein.

b) Rechtliche Zulässigkeit anhand der Elektrizitäts-Richtlinie von 2009

Den Hauptanknüpfungspunkt bei der Diskussion um einen rechtlichen Rahmen bietet das europäische Sekundärrecht.[274]

Mit der Elektrizitäts-Richtlinie von 2009 (EltRL)[275] hat der europäische Gesetzgeber Regeln für die Schaffung neuer Kapazitäten geschaffen.[276] Gemäß Art. 1 EltRL dient die Richtlinie dem Erlass gemeinsamer Vorschriften für die Elektrizitätserzeugung, -übertragung, -verteilung und -versorgung, um in der Gemeinschaft für die Verbesserung und Integration von durch Wettbewerb geprägten Strommärkten zu sorgen. Neben der Regelung der Organisation und Funktionsweise des Elektrizitätssektors erfasst der Regelungsbereich auch den freien Marktzugang, die Kriterien und Verfahren für Ausschreibungen sowie die Vergabe von Genehmigungen. Darüber hinaus werden in der Richtlinie die Verpflichtungen zur Gewährleistung der Grundversorgung und die Rechte der Stromverbraucher festgelegt und die wettbewerbsrechtlichen Vorschriften klargestellt, Art. 1 letzter Satz EltRL.[277]

---

273 Arbeitsdokument der Kommission – Generation Adequacy: guidance on public interventions, swd (2013) 438, S. 27 f.; Konsultationspapier der Kommission – Generation adequacy, capacity mechanisms and the internal market in electricity, vom 15.11.2012, S. 12 f.

274 Däuper/Voß, ZNER 2012, S. 119 (120); Hammerstein – EU-Vorgaben für einen Kapazitätsmarkt in Deutschland, in: bne (Hrsg.) – Welches Marktdesign braucht die Energiewende?, 2011, S. 14; Umweltministerium Baden-Württemberg – Ausgestaltung des Marktdesigns für einen Kapazitätsmarkt, Abschlussbericht 2011, S. 48.

275 RiLi 2009/72/EG des Europäischen Parlaments und des Rates vom 13. Juli 2009 über gemeinsame Vorschriften für den Elektrizitätsbinnenmarkt und zur Aufhebung der Richtlinie 2003/54/EG (EltRL 2009), ABl. EG Nr. L 211 vom 14.8.2009, S. 55 ff.

276 Däuper/Voß, ZNER 2012, S. 119 (120).

277 Grund für die Aufnahme von die Erzeugung betreffenden Vorschriften in die Richtlinie ist die Gewährleistung der Versorgungssicherheit. Dies zeigt sich einerseits in

Damit bietet das europäische Sekundärrecht einen Rechtsrahmen für die Schaffung neuer Kapazitäten. Fraglich ist jedoch, ob der EltRL konkrete Rahmenbedingungen für die Schaffung nationaler Kapazitätsmärkte entnommen werden können. Dies wird im Folgenden untersucht.

aa) Verfahren zur Schaffung neuer Erzeugungskapazitäten

Zur Regulierung des Bestands ihrer Erzeugungsanlagen, einschließlich dem Bau neuer Erzeugungsanlagen, können die Mitgliedsstaaten entweder das Genehmigungsverfahren nach Art. 7 EltRL oder das Ausschreibungsverfahren nach Art. 8 EltRL nutzen. Zu Beantwortung der Frage, welches der beiden Verfahren möglicherweise im Rahmen eines nationalen Kapazitätsmarktes Anwendung finden müsste, werden diese im Folgenden erläutert.

(1) Das Genehmigungsverfahren nach Art. 7 EltRL

Für den Bau neuer Erzeugungsanlagen sind zunächst das Genehmigungsverfahren des Art. 7 EltRL und dessen spezifische Eigenschaften zu beachten.

Gemäß Art. 7 Abs. 1 EltRL müssen die Mitgliedsstaaten für den Bau neuer Erzeugungsanlagen ein Genehmigungsverfahren beschließen, das nach objektiven, transparenten und nichtdiskriminierenden Kriterien anzuwenden ist. Zweck dieser Verpflichtung ist die Verbesserung des Wettbewerbs bei der Elektrizitätserzeugung.[278]

Art. 7 Abs. 2 EltRL legt Kriterien für die Erteilung von Genehmigungen zum Bau von Erzeugungsanlagen im Hoheitsgebiet der Mitgliedsstaaten fest. Diese sollen eine transparente und diskriminierungsfreie Teilhabe am Erzeugungsmarkt sichern und im Rahmen eines objektiven Genehmigungsverfahrens angelegt werden. Dem Wortlaut zufolge sollen die Mitgliedsstaaten bei der Festlegung geeigneter Kriterien den in Art. 7 Abs. 2 EltRL genannten Aspekten Rechnung tragen. Diese Aspekte gilt es bei der Wahl der Kriterien zu berücksichtigen, ohne jeden Einzelnen in den Kriterienkatalog mit einbinden zu müssen. Dies ergibt sich einerseits aus dem Wortlaut, nach welchem nur die Festlegung „geeigneter" Kriterien verlangt wird. Andererseits spricht auch

---

Erwägungsgrund (25), nach welchem die Versorgungssicherheit „Kernelement der öffentlichen Sicherheit" ist und damit direkt mit dem „effizienten Funktionieren" des Marktes verbunden ist. Andererseits zeigt sich die Bedeutung in Art. 4 EltRL, in welchem den Mitgliedsstaaten die „Beobachtung der Versorgungssicherheit" aufgetragen wird.

278 Heinlein, in: Rosin/Pohlmann/Gentzsch/Metzenthin/Böwing – Praxiskommentar zum EnWG, § 53, Rn. 1.

der Sinn und Zweck der Vorschrift für diese Auslegung, da die Regelung garantieren soll, dass alle erheblichen Faktoren und Umstände berücksichtigt werden. Neben Aspekten des Umweltschutzes (lit. c) können etwa die Art des Primärenergieträgers[279] (lit. g) oder die technische, wirtschaftliche und finanzielle Leistungsfähigkeit des Antragstellers (lit. h) durch die ausschreibende Stelle bestimmt werden.

Gemäß Erwägungsgrund Nr. 43 EltRL haben sich fast alle Mitgliedsstaaten dafür entschieden, den Wettbewerb im Elektrizitätserzeugungsmarkt durch ein transparentes Genehmigungsverfahren zu gewährleisten. Das im Bundesimmissionenschutzgesetz (BImschG) vorgesehene Genehmigungsverfahren wird insoweit als zulässige Umsetzung der Vorgaben der Richtlinie eingestuft.[280] Insbesondere die in § 4 BImSchG normierte Genehmigungspflicht in Form eines präventiven Erlaubnisverbots mit Befreiungsvorbehalt sichert natürlichen und juristischen Personen ein subjektives Recht auf Errichtung und Betrieb der Anlage, sofern die Voraussetzungen des § 4 BImSchG erfüllt sind. Das Genehmigungsverfahren des BImSchG stellt somit die grundlegenden Voraussetzungen für die Errichtung und den Betrieb eines Kraftwerkes auf, ohne jedoch Vorgaben für die mögliche Schaffung von Kapazitätsmärkten zu machen. Allerdings zeigt der Kriterienkatalog des Art. 7 Abs. 2 EltRL, dass dem nationalen Gesetzgeber ein weiter Gestaltungsspielraum zukommt, um gegebenenfalls das bisherige Genehmigungsverfahren zu ändern oder zu ergänzen.[281] Der nationale Gesetzgeber könnte somit klare Regelungen für die Standortwahl, die Effizienzanforderungen oder die Art des Kraftwerks verlangen.

(2) Das Ausschreibungsverfahren nach Art. 8 EltRL

Neben den Anforderungen des Art. 7 EltRL an die Gestaltung der nationalen Genehmigungsverfahren gibt es das Verfahren zur Ausschreibung neuer Kapazitäten nach Art. 8 EltRL.

Gemäß Art. 8 Abs. 1 S. 1 EltRL müssen die Mitgliedsstaaten gewährleisten, dass neue Kapazitäten und/oder Energieeffizienz- und Nachfragesteuerungsmaßnahmen im Interesse der Versorgungssicherheit über ein Ausschreibungsverfahren oder ein hinsichtlich Transparenz und Nichtdiskriminierung gleichwertiges

279 Zu den Primärenergieträgern zählen Kohle, Öl und Gas (fossile Energieträger), erneuerbare Energieträger wie Wind, Wasser, Sonne und Gezeiten sowie die Kernenergie.

280 Däuper/Voß, ZNER 2012, S. 119 (121).

281 Heinlein, in: Rosin/Pohlmann/Gentzsch/Metzenthin/Böwing – Praxiskommentar EnWG, § 53, Rn. 14; Däuper/Voß, ZNER 2012, S. 119 (121).

Verfahren auf der Grundlage veröffentlicher Kriterien bereitgestellt bzw. getroffen werden können.

Eine Ausschreibung ist eine öffentlich gemachte Aufforderung an eine unbeschränkte Anzahl von Unternehmen, ein Angebot für eine Lieferung oder Leistung einzureichen.[282] Den Zuschlag erhalten in der Regel die günstigsten Angebote.[283] In der Literatur wird das Ausschreibungsverfahren des Art. 8 EltRL als Rechtsrahmen für ein mögliches Ausschreibungsverfahren bei der Ausgestaltung von Kapazitätsmechanismen verstanden.[284] Dies überzeugt, da nur mit Hilfe eines Ausschreibungsverfahrens die notwendigen Anreize für Investitionen gesetzt werden können.[285] Von großer Relevanz ist vorliegend, dass Art. 8 EltRL ein transparentes, nichtdiskriminierendes Verfahren beschreibt; denn dieser Maßstab wird auch von der Kommission im Rahmen ihrer bislang kommunizierten Kriterien angelegt.[286]

Ein Verfahren nach Art. 8 Abs. 1 S. 1 EltRL kann jedoch nur durchgeführt werden, wenn die Versorgungssicherheit durch die im Wege des Genehmigungsverfahrens geschaffenen Erzeugungskapazitäten bzw. die getroffenen Energieeffizienz- und Nachfragesteuerungsmaßnahmen allein nicht gewährleistet ist, vgl. Art. 8 Abs. 1 S. 2 EltRL. Damit hat der europäische Gesetzgeber eine klare Subsidiarität des Ausschreibungsverfahrens des Art. 8 EltRL zugunsten des Genehmigungsverfahrens nach Art. 7 EltRL normiert.[287] Ersteres darf damit nur bei einer Gefährdung der Versorgungssicherheit angewandt werden. Diese Situation muss aufgrund der jeweiligen Marktsituation und des Investitionsverhaltens von einer staatlichen Institution festgestellt werden. Ist dies der Fall, sind die Mitgliedsstaaten sogar verpflichtet, ein Ausschreibungsverfahren nach Art. 8 Abs. 1 EltrRL durchzuführen.[288]

---

282 Dreher, in: Immenga/Metmäcker – Wettbewerbsrecht, § 101, Rn. 15.

283 Consentec – Versorgungssicherheit effizient gestalten, Abschlussbericht 2012, S. 18.

284 Däuper/Voß, ZNER 2012, S. 119 (121); Hammerstein – EU-Vorgaben für einen Kapazitätsmarkt in Deutschland, in: bne (Hrsg.) – Welches Marktdesign braucht die Energiewende?, 2011, S. 14 f.

285 Siehe hierzu Hartmann, in: Danner/Theobald – Energierecht, § 7 (KraftNAV), Rn. 44: Es wird festgestellt, dass die Förderung neuer Erzeugungskapazitäten nur durch spezielle Ausschreibungsverfahren sichergestellt werden kann.

286 Arbeitsdokument der Kommission – Generation Adequacy: guidance on public interventions, swd (2013) 438, S. 21.

287 Däuper/Voß, ZNER 2012, S. 119 (121); Hammerstein – EU-Vorgaben für einen Kapazitätsmarkt in Deutschland, in: bne (Hrsg.) – Welches Marktdesign braucht die Energiewende?, 2011, S. 14; Salje – Energiewirtschaftsgesetz, § 53, Rn. 9.

288 Hammerstein – EU-Vorgaben für einen Kapazitätsmarkt in Deutschland, in: bne (Hrsg.) – Welches Marktdesign braucht die Energiewende?, 2011, S. 14.

Gemäß Art. 8 Abs. 2 S. 1 EltRL können die Mitgliedsstaaten auch im Interesse des Umweltschutzes und der Förderung neuer Technologien, die sich in einem frühen Entwicklungsstadium befinden, die Möglichkeit schaffen, dass neue Kapazitäten auf der Grundlage veröffentlichter Kriterien ausgeschrieben werden. Dieses Ausschreibungsverfahren kann sich darüber hinaus auch auf Energie-Effizienz-Maßnahmen beziehen.[289] Doch gilt auch für diese Ausschreibungen, dass sie nur in Betracht kommen, wenn die Erreichung der betreffenden Ziele durch die im Wege des Genehmigungsverfahrens geschaffenen Erzeugungskapazitäten bzw. die getroffenen Maßnahmen[290] allein nicht gewährleistet ist, vgl. Art. 8 Abs. 2 S. 2 EltRL.

Für sämtliche in Art. 8 Abs. 1 und 2 EltRL vorgesehenen Verfahren gilt ferner, dass mindestens sechs Monate vor Ablauf der Ausschreibungsfrist das Verfahren im Amtsblatt der Europäischen Union veröffentlicht werden muss und der Zugang zu sämtlichen relevanten Informationen für die Interessenten sichergestellt ist, vgl. Art. 8 Abs. 3 UAbs. 1 S. 1 EltRL.

Art. 8 Abs. 3 UAbs. 3 S. 2 EltRL stellt des Weiteren klar, dass sich die Spezifikationen bei einem Ausschreibungsverfahren für neue Kraftwerkskapazitäten auch auf die in Art. 7 Abs. 2 EltRL genannten Aspekte erstrecken können.

Der ausschreibenden Stelle steht es dabei frei, ob sie sämtliche Kriterien voraussetzt oder nur einzelne kombiniert. Dies folgt aus dem Wortlaut, nach welchem sie von den Kriterien Gebrauch machen kann, aber nicht muss. Durch die Nennung der Kriterien wird lediglich der Rahmen abgesteckt, innerhalb dessen sich das Ausschreibungsverfahren bewegen darf.[291] Die Absätze des Art. 8 EltRL sprechen insoweit nur davon, dass neue Kapazitäten über ein Ausschreibungsverfahren „auf der Grundlage veröffentlichter Kriterien" bereitgestellt werden. Dieser Hinweis ist rein deklaratorischer Natur; denn der europäische Gesetzgeber verlangt, dass es sich um ein Ausschreibungsverfahren oder ein „hinsichtlich Transparenz und Nichtdiskriminierung gleichwertiges Verfahren" handelt. Transparenz erreicht man bei einem Ausschreibungsverfahren, sei es auf europäischer oder nationaler Ebene, lediglich bei einer Erkennbarkeit sämtlicher Kriterien für alle Interessenten und potentiellen Bieter.

Der ausschreibenden Stelle kann somit auch im Rahmen des Art. 8 EltRL ein hohes Maß an Gestaltung zugesprochen werden, auf welches sie je nach Bedarf zurückgreifen kann.

289 Däuper/Voß, ZNER 2012, S. 119 (121).
290 Hierunter sind die Energieeffizienz- und Nachfragesteuerungsmaßnahmen gemäß Art. 8 Abs. 2 S. 1 EltRL zu verstehen.
291 Däuper/Voß, ZNER 2012, S. 119 (121).

(3) Zwischenergebnis

Da die Einführung eines Kapazitätsmarktes gerade darauf abzielt, die Versorgungssicherheit in dem Fall zu gewährleisten, dass sie nicht durch die im Wege des Genehmigungsverfahrens geschaffenen Erzeugungskapazitäten bzw. die getroffenen Energieeffizienz- und Nachfragesteuerungsmaßnahmen garantiert sind, dürften mithin die Vorgaben des Art. 8 EltRL, welcher die Ausschreibung neuer Erzeugungskapazitäten regelt, auch für die Schaffung eines deutschen Kapazitätsmarktes heranzuziehen sein. Denn es ist ebenso Ziel eines Kapazitätsmechanismus, fehlende Kapazitäten durch ein funktionierendes Anreizsystem zu generieren. Dies lässt sich nur mit Hilfe einer Ausschreibung erreichen.[292] Den für einen nationalen Kapazitätsmarkt geltenden Rechtsrahmen dürfte somit Art. 8 EltRL stellen.

bb) Die Umsetzungsvorschrift des § 53 EnWG

Der deutsche Gesetzgeber hat Art. 7 und 8 EltRL durch eine bloße Verordnungsermächtigung in § 53 des Energiewirtschaftsgesetzes (EnWG) formal umgesetzt[293] und sich dabei streng am Wortlaut der Richtlinie orientiert.

Gemäß § 53 EnWG kann die Bundesregierung durch Rechtsverordnung mit Zustimmung des Bundesrates ein Ausschreibungsverfahren oder ein diesem hinsichtlich Transparenz und Nichtdiskriminierung gleichwertiges Verfahren auf der Grundlage von Kriterien für neue Kapazitäten oder Energieeffizienz- und Nachfragesteuerungsmaßnahmen vorsehen, sofern die Sicherung eines langfristig angelegten leistungsfähigen und zuverlässigen Betriebs von Energieversorgungsnetzen[294] durch vorhandene Erzeugungskapazitäten oder getroffene Energieeffizienz- und Nachfragesteuerungsmaßnahmen allein nicht gewährleistet ist. Zuständig für die Veröffentlichung im Bundesanzeiger oder im elektronischen Bundesanzeiger ist das Bundesministerium für Wirtschaft und Technologie.

Normadressat der Regelung ist wegen des regulierenden Eingriffs die Bundesregierung selbst, die mit Zustimmung des Bundesrates bei Vorliegen der

---

292 So auch Däuper/Voß, ZNER 2012, S. 119 (121); Hammerstein – EU-Vorgaben für einen Kapazitätsmarkt in Deutschland, in: bne (Hrsg.) – Welches Marktdesign braucht die Energiewende?, 2011, S. 14 f.

293 Siehe hierzu BT-Drs. 15/3917, S. 46: damals noch mit Verweis auf die vorhergegangene Elektrizitätsrichtlinie 2003/54/EG; Britz/Hellermann/Hermes, Kommentar zum EnWG, § 53, Rn. 2; Heinlein, in: Rosin/Pohlmann/ Gentzsch/Metzenthin/ Böwing – Praxiskommentar zum EnWG, § 53, Rn. 1.

294 Siehe die Bezugnahme des § 53 EnWG auf § 1 EnWG.

weiteren Voraussetzungen tätig werden darf.[295] In Deutschland ist die Besonderheit gegeben, dass eine gesonderte energiewirtschaftsrechtliche Genehmigung nicht vorgesehen ist und insofern ein freier Zugang zum Stromerzeugungsmarkt besteht.[296] Dabei entscheiden gemäß § 111 EnWG i.V.m. § 130 Abs. 3 GWB die Kartellbehörden und nicht die Regulierungsbehörden über etwaige Verstöße gegen die Wettbewerbsverordnungen im Erzeugungsbereich.

Im Ergebnis dient § 53 EnWG insbesondere zur Umsetzung des Art. 8 EltRL und somit der Einrichtung des dieser Vorschrift unterliegenden Ausschreibungsverfahrens.[297] Es wird teilweise angenommen, dass § 53 EnWG insofern als Ermächtigungsgrundlage für die Einrichtung eines Kapazitätsmarktes in Deutschland dienen kann.[298] Mangels einer diesbezüglichen Verordnung ist diese Regelung jedoch bislang ohne jede praktische Relevanz geblieben.[299]

§ 53 EnWG dürfte jedoch nur als Ermächtigungsgrundlage für die Einrichtung eines Kapazitätsmarktes infrage kommen, wenn eine auf § 53 EnWG basierende Verordnung zur Schaffung eines Kapazitätsmarktes einer verfassungsrechtlichen Prüfung anhand der rechtlichen Vorgaben des Art. 80 GG standhielte. Obwohl sich der vorliegende Teil der Arbeit mit den europarechtlichen Implikationen des Energiekonzepts der Bundesregierung beschäftigt, soll gleichwohl dieser Frage nachfolgend – in einem Exkurs – nachgegangen werden.

(1) Exkurs: Verfassungsrechtliche Prüfung einer Verordnung gemäß § 53 EnWG zur Schaffung eines deutschen Kapazitätsmarktes

Fraglich ist, ob auf Grundlage von § 53 EnWG eine Verordnung zur Schaffung eines deutschen Kapazitätsmarktes erlassen werden könnte und ob diese den

---

295 Salje – Energiewirtschaftsgesetz, § 53, Rn. 3.

296 Heinlein, in: Rosin/Pohlmann/Gentzsch/Metzenthin/Böwing – Praxiskommentar EnWG, § 53, Rn. 1.

297 Hammerstein – EU-Vorgaben für einen Kapazitätsmarkt in Deutschland, in: bne (Hrsg.) – Welches Marktdesign braucht die Energiewende?, 2011, S. 14; Heinlein, in: Rosin/Pohlmann/Gentzsch/Metzenthin/Böwing – Praxiskommentar EnWG, § 53, Rn. 2; so auch Salje – Energiewirtschaftsgesetz, § 53, Rn. 1: Den Voraussetzungen von Art. 7 EltRL werde auch ohne besondere Umsetzung Rechnung getragen, da Märkte ohnehin auf der Basis objektiver, transparenter und grundsätzlich auch nicht diskriminierender Kriterien gesteuert werden.

298 Siehe hierzu die Rede des Präsidenten der Bundesnetzagentur Matthias Kurth auf der Veranstaltung „Eineinhalb Jahre EEG-Strom an der Börse" am 12. Juli 2011 in Berlin, der allerdings nur auf „eine Regelung des Energiewirtschaftgesetzes" verweist.

299 Hammerstein – EU-Vorgaben für einen Kapazitätsmarkt in Deutschland, in: bne (Hrsg.) – Welches Marktdesign braucht die Energiewende?, 2011, S. 14.

Anforderungen des Art. 80 GG genügen würde. Letzteres ist immer dann der Fall, wenn die Voraussetzungen des Art. 80 GG erfüllt sind. Hierfür muss eine gesetzliche Ermächtigungsgrundlage gemäß Art. 80 Abs. 1 S. 1 GG, das Erfordernis der Bestimmtheit gemäß Art. 80 Abs. 1 S. 2 GG, die Einhaltung des Zitiergebots gemäß Art. 80 Abs. 1 S. 3 GG sowie die Zustimmungsbedürftigkeit des Bundesrates gemäß Art. 80 Abs. 2 GG gegeben sein.

Zweifel ergeben sich zunächst im Hinblick auf das Bestimmtheitsgebot des Art. 80 Abs. 1 S. 2 GG. Gemäß dem Bestimmtheitsgebot müssen Inhalt, Zweck und Ausmaß der Ermächtigung zum Erlass einer Rechtsverordnung im Gesetz hinreichend bestimmt sein. Der Gesetzgeber ist von Verfassungs wegen gezwungen, zu entscheiden, welche Fragen durch Rechtsverordnung geregelt werden sollen (Inhalt), welche Grenzen bestehen sollen (Ausmaß) und welchem Ziel die Regelung dienen soll (Zweck).[300] Die Regelung soll gewährleisten, dass den Risiken, die durch einen Kompetenzzuwachs der Exekutive für Parlamentsgesetzgeber und Bürger entstehen, durch diesen sog. dreifachen Delegationsfilter entgegengetreten wird.

Bei Abgrenzungsfragen werden regelmäßig drei Formeln angewandt. Nach der sog. Selbstentscheidungsformel muss der Gesetzgeber selbst die Entscheidung treffen, „dass bestimmte Fragen geregelt werden sollen, er muss die Grenzen einer solchen Regelung festsetzen und angeben, welchem Ziel die Regelung dienen soll".[301] Die Programmformel verlangt, dass aus der Ermächtigungsgrundlage zu erkennen ist, „welches vom Gesetzgeber gesetzte ‚Programm' durch die Verordnung erreicht werden soll".[302] Nach der sog. Vorhersehbarkeitsformel fehlt es an der notwendigen Beschränkung der Ermächtigung, wenn diese so unbestimmt ist, dass nicht mehr vorausgesehen werden kann, welchen Inhalt die aufgrund der Ermächtigung erlassene Verordnung haben kann.[303] Alle diese Formeln sollen sicherstellen, dass es dem Gesetzgeber jedenfalls grundsätzlich verwehrt sein soll, Pauschal- oder Blankoermächtigungen zu benutzen.[304]

---

300 BVerfGE 23, S. 62 (72); Haratsch, in: Sodan – Grundgesetz, Art. 80, Rn.14.

301 BVerfGE 2, S. 307 (334).

302 BVerfGE 5, S. 71 (77); VerfGE 8, BVerfGE 8, S. 274 (307); BVerfGE 41, S. 246 (266); BVerfGE 58, S. 257 (277).

303 BVerfGE 1, S. 14 (60); BVerfGE 2, S. 307 (334); BVerfGE 41, S. 246 (266); Bauer, in: Dreier – Grundgesetz, Art. 80, Rn. 33.

304 Mann, in: Sachs – Kommentar zum Grundgesetz, Art. 80, Rn. 24, 26; Weihrauch, NVwZ 2001, S. 267: vergleiche die konkreten Ausführungen zum Thema „Pauschale Verordnungsermächtigung zur Umsetzung von EG-Recht".

Die Frage, ob der Grad der Bestimmtheit hinreichend ist, ist zudem abhängig von der Bedeutsamkeit der normativen Regelung, zu denen die Exekutive ermächtigt wird. Je stärker die Auswirkungen für die Betroffenen sind, desto klarer muss die Bestimmtheit der Ermächtigung sein. Auch bei der Umsetzung von Unionsrechtsakten ist der deutsche Gesetzgeber an die Vorgaben des Art. 80 Abs. 1 S. 2 GG uneingeschränkt gebunden.[305]

Zunächst ist festzustellen, dass der durch § 53 EnWG verfolgte Zweck mit dem der Schaffung eines Kapazitätsmarktes übereinstimmt. Denn der Zweck von § 53 EnWG besteht darin, erforderliche Kapazitäten im Interesse der Versorgungssicherheit durch ein Ausschreibungsverfahren zu initiieren.[306] Dieses Ziel wird auch bei der Schaffung eines Kapazitätsmarktes zur Leistungsabsicherung verfolgt. Insoweit sind alleine mit Blick auf den Zweck der Verordnung keine Bedenken gegeben.

Zweifel bestehen jedoch im Hinblick auf den Inhalt und das Ausmaß der Regelung. Der deutsche Gesetzgeber setzte mit der zweiten Novelle des Energiewirtschaftsgesetzes im Jahr 2005 auf Basis der Beschleunigungsrichtlinien Strom und Gas das Unionsrecht für die leitungsgebundene Energieversorgung in nationales Recht um.[307] Im Hinblick auf die Einführung des § 53 EnWG zeigt schon die knappe Begründung der Bundesregierung, dass eine tatsächliche Anwendung der Vorschrift zu diesem Zeitpunkt nicht in Betracht gezogen wurde. In der Begründung wurde lediglich klargestellt, dass die Vorschrift der Umsetzung von Art. 7 und 8 EltRL diene und sie unbeschadet der Regelungen des EEG eine Regelung der Ausschreibung neuer Kapazitäten im Elektrizitätsbereich durch Rechtsverordnung ermögliche.[308] Eine kontroverse Auseinandersetzung hinsichtlich der Bedeutung dieser Vorschrift blieb jedoch aus. Während der Gesetzgeber der Bedeutung der erneuerbaren Energien zunehmend Beachtung schenkte, wurde aufgrund bestehender Überkapazitäten und einer noch weit entfernten Energiewende das Erfordernis eines Kapazitätsmarktes nicht problematisiert. Insoweit ist bereits zweifelhaft, ob der Gesetzgeber überhaupt

---

305 Haratsch, in: Sodan – Grundgesetz, Art. 80, Rn. 14; Mann, in: Sachs – Kommentar zum Grundgesetz, Art. 80, Rn. 28 ff.

306 Salje – Energiewirtschaftsgesetz, § 53, Rn. 1; Heinlein, in: Rosin/Pohlmann/Gentzsch/Metzenthin/Böwing – Praxiskommentar EnWG, § 53, Rn. 1.

307 Energiewirtschaftsgesetz (EnWG) vom 7. Juli 2005 (BGBl. I S. 1970); Growitsch – Regulierung der deutschen Energiewirtschaft, 2011, S. 13; siehe hierzu auch S. 24 f. der vorliegenden Arbeit.

308 Siehe hierzu BT-Drs. 15/3917, S. 46: damals noch mit Verweis auf die vorhergegangene Elektrizitätsrichtlinie 2003/54/EG.

die Frage nach der Schaffung von Kapazitätsmärkten regeln wollte und auch diesbezügliche Grenzen zu formulieren beabsichtigte. Auch ist fragwürdig, ob das Programm der Rechtsverordnung die Schaffung eines Kapazitätsmarktes beinhalten kann, wenn diese Möglichkeit bei der Schaffung des § 53 EnWG noch gar nicht berücksichtigt wurde.

Ebenso spricht die Intensität des bei der Schaffung eines Kapazitätsmarktes stattfindenden Eingriffs in das bestehende Marktdesign gegen die Anwendung einer auf § 53 EnWG basierenden Verordnung. Bei der Ergänzung des derzeitigen Marktdesigns wird der ausschreibenden Stelle ein besonders weiter Gestaltungsspielraum zugesprochen. Die damit verbundenen Entscheidungen können größte Bedeutung für das Aufrechterhalten und zwingende Änderungen des derzeitigen Kraftwerksparks haben und auch mit Blick auf Eigentumspositionen einen Eingriffscharakter hoher Intensität aufweisen. Dabei muss insbesondere berücksichtigt werden, dass Eingriffe in das Marktdesign aufgrund der langen Lauf- und Armotisationsdauer von Kraftwerken besonders schwer wiegen.[309] Auch dies spricht dagegen, dass solch weitreichende Maßnahmen auf Grundlage einer auf § 53 EnWG basierenden Verordnung ergehen könnten.

Somit bestehen erhebliche Zweifel, dass die durch das Bestimmtheitsgebot definierten Voraussetzungen, insbesondere in Bezug auf den Inhalt der Ermächtigung, zum Erlass einer Verordnung zur Schaffung eines deutschen Kapazitätsmarkts erfüllt sind.

(2) Zwischenergebnis

Im Ergebnis kann mithin ein erheblicher Eingriff in das derzeitige Marktdesign, wie dies bei der Schaffung eines Kapazitätsmarktes als ergänzender Bestandteil der Fall wäre, mangels ausreichender Bestimmtheit nicht mittels einer auf § 53 EnWG basierenden Verordnung erfolgen. Vielmehr muss der deutsche Gesetzgeber bei der Schaffung der notwendigen Rahmenbedingungen für einen Kapazitätsmarkt die Vorgaben von Art. 8 EltRL als höherrangiges Recht beachten.[310] Somit müsste er seiner Umsetzungspflicht erneut nachkommen und eine Ermächtigungsgrundlage schaffen, die im Hinblick auf Inhalt und Ausmaß zur Schaffung eines nationalen Kapazitätsmarktes in der beabsichtigten Ausgestaltung hinreichend bestimmt ist.

---

309 Pohlig – Kraftwerksinvestitionen – rechtliche und ökonomische Anforderungen aus Unternehmenssicht, in: Säcker (Hrsg.) – Investitionen in Kraftwerke zur Versorgungssicherheit nach der Energiewende, 2012, S. 15 (43).

310 Hammerstein – EU-Vorgaben für einen Kapazitätsmarkt in Deutschland, in: bne (Hrsg.) – Welches Marktdesign braucht die Energiewende?, 2011, S. 14.

cc) Ausschreibungsvoraussetzungen gemäß Art. 8 EltRL bei der Schaffung eines nationalen Kapazitätsmarktes

Nach den vorangegangenen Erwägungen dürfte Art. 8 EltRL den Rechtsrahmen für die Schaffung neuer Kapazitäten im Rahmen eines deutschen Kapazitätsmarktes bieten. Denn die Regelung der Vorschrift und das Konstrukt eines Kapazitätsmarktes zielen beide auf die Gewährleistung der Versorgungssicherheit durch die Schaffung neuer Kapazitäten ab. Hierfür ist ein funktionierendes Anreizsystem elementar, das seine Grundlage in dem in Art. 8 EltRL kodifizierten Ausschreibungsverfahren findet.

Ausgehend von den Grundvoraussetzungen für Ausschreibungen neuer Kapazitäten gemäß Art. 8 EltRL wird daher im Folgenden erörtert, welche Voraussetzungen Art. 8 EltRL bei der Ausschreibung neuer Kapazitäten aufstellt und welche Besonderheiten sich hinsichtlich dieser Ausschreibungsbedingungen bei der Schaffung eines Kapazitätsmarktes hinsichtlich der Vorgaben des Art. 8 EltRL ergeben.

(1) Keine Gewährleistung der Versorgungssicherheit durch geschaffene Erzeugungskapazitäten

Ein Ausschreibungsverfahren nach Art. 8 Abs. 1 S. 1 EltRL kann nur durchgeführt werden, wenn die Versorgungssicherheit durch die im Wege des Genehmigungsverfahrens geschaffenen Erzeugungskapazitäten bzw. die getroffenen Energieeffizienz- und Nachfragesteuerungsmaßnahmen allein nicht gewährleistet ist, vgl. Art. 8 Abs. 1 S. 2 EltRL. Diese Voraussetzung wird ebenso bei der Ermächtigungsgrundlage des § 53 EnWG verlangt. Mit Blick auf § 53 EnWG wird in der Literatur die Auffassung vertreten, dass die geschaffenen Erzeugungskapazitäten und die getroffenen Energieeffizienz-/Nachfragesteuerungsmaßnahmen kumulativ die Gewährleistung der Versorgungssicherheit nicht mehr garantieren dürfen.[311] Erst dann seien die Voraussetzungen für den Erlass einer Rechtsverordnung nach § 53 EnWG gegeben.[312]

Die Annahme, ein solches kumulatives Zusammenfallen sei erforderlich, könnte folglich auch im Rahmen der beinah wortgleichen Vorschrift der EltRL diskutiert werden. Es sprechen jedoch verschiedene Gründe dagegen, dass ein Ausschreibungsverfahren nur dann durchgeführt werden kann, wenn sämtliche Maßnahmen kumulativ die Versorgungssicherheit nicht mehr garantieren. Wie

311 Salje – Energiewirtschaftsgesetz, § 53, Rn. 9.

312 Heinlein, in: Rosin/Pohlmann/Gentzsch/Metzenthin/Böwing – Praxiskommentar EnWG, § 53, Rn. 4.

bei § 53 EnWG ist in der englischen Fassung der Richtlinie ein „oder“ vorgesehen, so dass der Wortlaut der skizzierten Annahme entgegensteht.[313] Auch Sinn und Zweck der Norm stützen diese Auslegung. Denn die Vorschrift liefe leer, wenn zwar Energieeffizienz- und Nachfragesteuerungsmaßnahmen nachweislich greifen, aber dennoch eine Versorgungslücke besteht, weil die Nachfrage aufgrund geringer Erzeugungskapazitäten nicht gedeckt ist.[314] Allerdings ist dieser Streit mit Blick auf das Bedürfnis nach Kapazitätsmärkten rein akademischer Natur; denn der herrschenden Auffassung in der einschlägigen Literatur zufolge wird zur Bildung eines Kapazitätsmarktes im oben genannten Sinn ein Kapazitätsbedarf bestehen, der so immens ist, dass er offensichtlich weder durch reguläre Erzeugungskapazitäten noch durch Nachsteuerungsmaßnahmen befriedigt werden kann.[315] Demzufolge dürfte dem Streit in der Praxis keine weitere Bedeutung zukommen.[316]

(2) Ermittlung des Kapazitätsbedarfs durch eine staatliche Institution

Ferner wird vorausgesetzt, dass der Bedarf aufgrund der jeweiligen Marktsituation und des Investitionsverhaltens von einer staatlichen Institution festgestellt wird.[317] Dies dürfte auch für die Kapazitätsbeschaffung im Rahmen eines deutschen Kapazitätsmechanismus gelten.

Mangels einschlägiger europarechtlicher Literatur zu dieser Anforderung wird zur Feststellung, wann ein solcher Bedarf vorliegt, ebenfalls auf die Kommentarliteratur zum weitestgehend gleichlautenden § 53 EnWG

313 Mit Blick auf § 53 EnWG zustimmend: Heinlein, in: Rosin/Pohlmann/Gentzsch/Metzenthin/Böwing – Praxiskommentar EnWG, § 53, Rn. 4.

314 Heinlein, in: Rosin/Pohlmann/Gentzsch/Metzenthin/Böwing – Praxiskommentar EnWG, § 53, Rn. 4: In Bezug auf § 53 EnWG verlangt dieser für den deutschen Verordnungsgeber zumindest eine umfassende Handlungsermächtigung. Es erscheint nur konsequent, dies auch für den deutschen Gesetzgeber bei der Schaffung eines Kapazitätsmarktes zu fordern.

315 Siehe hierzu S. 48 ff.

316 Der Nachweis, dass ein Kapazitätsmechanismus erforderlich ist, stellt das erste Kriterium der sog. „potentiellen Kriterien zur Anwendung von Kapazitätsmechanismen“ dar, die die Kommission bei der Schaffung nationaler Kapazitätsmärkte sichergestellt wissen will. Damit decken sich insoweit die Anforderungen der EltRL mit den von der Kommission in Aussicht gestellten Kriterien – siehe hierzu das Konsultationspapier der Kommission – Generation adequacy, capacity mechanisms and the internal market in electricity, vom 15.11.2012, S. 12.

317 Hammerstein – EU-Vorgaben für einen Kapazitätsmarkt in Deutschland, in: bne (Hrsg.) – Welches Marktdesign braucht die Energiewende?, 2011, S. 14.

zurückgegriffen. Nach dieser muss die Bundesregierung untersuchen, ob die Nachfrage nach Elektrizität und das Elektrizitätsangebot zu allen Zeiten deckungsgleich sind und somit die Befriedigung ununterbrochen gewährleistet ist. Wenn Angebot und Nachfrage nicht deckungsgleich sind, ist ein Bedarf gegeben. Ein Bedarf wird auch dann bejaht, wenn absehbare Engpässe zu bestimmten Zeiten die Versorgungssicherheit beeinträchtigen. Dies kann sich beispielsweise aus der Gewissheit über eine entstehende hohe Nachfrage ergeben und insbesondere die Spitzenlast betreffen. Bereits eine zeitweilige oder eine regionale Gefährdung der Versorgungssicherheit genügt insofern, um die Gefährdung zu bejahen.[318]

Es ist davon auszugehen, dass diese Spezifikationen bei der Bedarfsfeststellung auch bei der Anwendung eines deutschen Kapazitätsmechanismus auf Grundlage von Art. 8 EltRL gelten würden. Es sind keine Gründe ersichtlich, die eine andere Auslegung im Rahmen der sekundärrechtlichen Vorschrift rechtfertigen würden. Dies betrifft auch den Prognosespielraum bzw. die Einschränkungsprärogative der Bundesregierung.[319] Diese kann frei entscheiden, ob eine Situation besteht, in der nicht zu jedem Zeitpunkt Versorgungssicherheit gewährleistet ist.[320] Dieser Entscheidungsspielraum ist notwendig, da aufgrund der vielfältigen Einflussfaktoren sowie des langen Betrachtungszeitraums erhebliche prognostische Unsicherheiten bezüglich der Bestimmung des Kapazitätsbedarfs bestehen.[321] Die Bundesregierung hat insoweit neben geplanten Ausbautätigkeiten sämtliche Maßnahmen zu berücksichtigen, die zur Schließung einer Versorgungslücke beitragen können. Darunter können etwa unterbrechbare Versorgungsverträge[322] oder Maßnahmen zur Übertragung und Verteilung von Elektrizität fallen. Dies war auch vom europäischen Gesetzgeber so gewollt, der

318 Salje – Energiewirtschaftsgesetz, § 53, Rn. 10, 11; Heinlein, in: Rosin/Pohlmann/Gentzsch/Metzenthin/Böwing – Praxiskommentar EnWG, § 53, Rn. 4.

319 Daher hat die Bundesregierung vor dem Hintergrund, dass die Durchführung von Ausschreibungsverfahren auf Grundlage einer Rechtsverordnung ein schwerfälliges Steuerungsinstrument darstellt, auch zu entscheiden, ob die Gefährdung eine Intensität erreicht hat, die ein solches Tätigwerden rechtfertigt.

320 Heinlein, in: Rosin/Pohlmann/Gentzsch/Metzenthin/Böwing – Praxiskommentar EnWG, § 53, Rn. 4.

321 Däuper/Voß, ZNER 2012, S. 119 (120).

322 Bei unterbrechbaren Versorgungsverträgen, die häufig auch abschaltbare Lieferungsverträge genannt werden, verpflichten sich die Kunden, in Zeiten des Spitzenbedarfs vorübergehend auf die Versorgung durch den georderten Brennstoff zu verzichten und zur Deckung der benötigten Energie auf einen Ersatzbrennstoff zurückzugreifen.

etwa bei der Begriffsbestimmung von Energieeffizienz/Nachfragesteuerung unter Art. 2 Nr. 29 EltRL unterbrechbare Versorgungsverträge ausdrücklich einbezieht. Insoweit hat der deutsche Gesetzgeber diese Vorgabe nur umgesetzt, indem er nicht lediglich die legal definierten Energieeffizienzmaßnahmen des § 3 Nr. 15 lit. b EnWG, sondern auch Nachfragesteuerungsmaßnahmen berücksichtigt hat.

(3) Kriterien an Bieter im Rahmen eines Kapazitätsmechanismus

Bei der Erörterung möglicher Besonderheiten der Kriterien des Ausschreibungsverfahrens im Rahmen eines Kapazitätsmechanismus stellt sich insbesondere die Frage, welche generellen Anforderungen an die Bieter, die sich für die Teilnahme am Ausschreibungsverfahren qualifizieren müssen, gestellt werden können und ob potentielle Bieter durch fakultative Kriterien ausgeschlossen werden können.

Zunächst können sämtliche interessierte Unternehmen, die ihren Sitz im Gebiet eines Mitgliedsstaates haben, als Bieter auftreten. Dies impliziert Art. 8 Abs. 3 UAbs. 2 EltRL, nach dem die Ausschreibungsbedingungen sämtlichen Unternehmen rechtzeitig zur Verfügung gestellt werden müssen, damit sie auf die Ausschreibung antworten können.

Darüber hinaus verweist Art. 8 Abs. 3 S. 4 EltRL auf die Kriterien des Art. 7 Abs. 2 EltRL. Der Kriterienkatalog soll dafür Sorge tragen, dass der bestehende Bedarf bestmöglich gedeckt wird. Aus der Fülle an Maßnahmen soll die ausschreibende Stelle mit Hilfe besonderer Kriterien die für die Entwicklung des deutschen Energiemarktes geeignetsten Energieträger, Brennstoffe und Technologien bestimmen können. Da diese Zielsetzung auch bei einem Kapazitätsmarkt verfolgt wird, sollten dieselben Kriterien auch bei der Suche nach Anlagenbetreibern, die an einer Ausschreibung von Ausgleichskapazitäten partizipieren wollen, angewendet werden.[323] Die Spezifikationen bei einem Ausschreibungsverfahren für neue Kraftwerkskapazitäten können sich daher auch auf die in Art. 7 Abs. 2 EltRL genannten Aspekte erstrecken. Ebenso steht es der ausschreibenden Stelle frei, ob sie sämtliche Kriterien voraussetzt oder nur einzelne kombiniert. So kann Voraussetzung für die Teilnahme an einem Ausschreibungsverfahren sein, dass die Bieter die in Art. 7 Abs. 2 EltRL genannten Kriterien für die technische, wirtschaftliche und finanzielle Leistungsfähigkeit erfüllen müssen.[324] Diese Kriterien können auf die Entwicklung eines nationalen Kapazitätsmarktes entscheidend Einfluss nehmen. Denn während zum einen

323 Däuper/Voß, ZNER 2012, S. 119 (121).

324 Vgl. Art. 8 Abs. 3 Satz 4 EltRL.

der Nachweis der grundsätzlichen Genehmigungsfähigkeit des Vorhabens oder der Finanzierungsfähigkeit verlangt werden kann, können zum anderen auch Anforderungen an die Flexibilität zum Ausgleich volatiler Einspeisungen aus Anlagen zur Erzeugung von Elektrizität aus erneuerbaren Energien gestellt werden.[325] Der ausschreibenden Stelle kann somit auch bei der Ausgestaltung eines Kapazitätsmechanismus ein hohes Maß an Gestaltung zugesprochen werden.

In diesem Zusammenhang stellt sich die Frage, ob neben allen neuen Erzeugungskapazitäten auch Energiespeicher und Nachfragesteuerungsmaßnahmen an der Ausschreibung teilnehmen können. Dies ist zu bejahen. Letztere haben nach Art. 2 Nr. 29 EltRL sogar Vorrang vor dem Neubau von Erzeugungskapazitäten, wenn sie unter Berücksichtigung der positiven Auswirkungen eines geringeren Energieverbrauchs auf die Umwelt und der damit verbundenen Aspekte einer größeren Versorgungssicherheit und geringerer Verteilungskosten die wirksamste und wirtschaftlichste Option darstellen.

Ein besonders umstrittenes Thema ist die Einbeziehung von Bestandsanlagen. Fraglich ist, ob unter den Vorgaben der EltRL auch der Einsatz eines selektiven Mechanismus möglich ist, der ausschließlich neue Kapazitäten in den Kreis der Bieter einbezieht. Während in Art. 8 Abs. 1 EltRL nur neue Kapazitäten benannt werden, definiert Art. 2 Nr. 24 EltRL das Ausschreibungsverfahren als ein „Verfahren, durch das ein geplanter zusätzlicher Bedarf und geplante Ersatzkapazitäten durch Lieferungen aus neuen oder bestehenden Erzeugungsanlagen abgedeckt werden". Dies erweckt den Anschein, dass der europäische Richtliniengeber grundsätzlich auch die Einbeziehung von Bestandsanlagen für möglich gehalten hat. Dem folgt auch das Schrifttum insbesondere mit Verweis auf Art. 8 Abs. 4 EltRL.[326] Danach müssen im Falle einer Ausschreibung für benötigte Produktionskapazitäten auch Angebote für langfristig garantierte Lieferungen von Elektrizität aus bestehenden Produktionseinheiten in Betracht gezogen werden, sofern damit eine Deckung des zusätzlichen Bedarfs möglich ist. Die

325 Im Umkehrschluss bedeutet dies aber auch, dass volatile erneuerbare Energieträger regelmäßig nicht förderungsfähig sind, da sie wegen schwankender Stromproduktionen nicht immer bedarfsgerecht zur Verfügung stehen. Allerdings wird bereits diskutiert, wie diese Energieträger fördernde Kraftwerke über Möglichkeiten wie Marktprämien- oder Kombi-Kraftwerksmodelle bedarfsgerechter werden können; siehe zur Problematik: Tietjen – Kapazitätsmärkte: Hintergründe und Varianten, 2012, S. 22 f.

326 Hammerstein – EU-Vorgaben für einen Kapazitätsmarkt in Deutschland, in: bne (Hrsg.) – Welches Marktdesign braucht die Energiewende?, 2011, S. 14 (15); Däuper/Voß, ZNER 2012, S. 119 (122).

Einbeziehung von Bestandsanlagen ist damit aus europarechtlicher Sicht sogar zwingend.[327] Auch die Kapazitäten von Bestandsanlagen sind danach bei einem Ausschreibungsverfahren für Kapazitätsmechanismen zu berücksichtigen. Die geschaffenen Kapazitäten können mithin eine Summe aus neuen Kapazitäten und Kapazitäten aus Bestandsanlagen darstellen. Kapazitäten aus Bestandsanlagen dürften jedoch regelmäßig nur dann herangezogen werden, wenn anderenfalls die Stilllegung der Bestandsanlage aufgrund nicht mehr gegebener Wirtschaftlichkeit drohen würde.[328]

(4) Anforderungen an die ausschreibende Stelle

Art. 8 Abs. 5 EltRL definiert die Anforderungen an die Stelle, die für die Durchführung, Beobachtung und Kontrolle des Ausschreibungsverfahrens zuständig ist. Dabei muss es sich nicht um einen Teil der Exekutive handeln. Vielmehr kann der Vorschrift zufolge jede unabhängige öffentliche oder private Einrichtung beauftragt werden. Dennoch kommt für diese Aufgabe in Deutschland insbesondere die Bundesnetzagentur – als Teil der Exekutive – infrage,[329] da sie über beträchtliche Erfahrungen in der Energiewirtschaft und auch bei der Versteigerung von Telekommunikations-Frequenzen verfügt.[330]

In der einschlägigen Fachliteratur wird zudem diskutiert, die Übertragungsnetzbetreiber mit den Aufgaben der ausschreibenden Stelle i.S.v. Art. 8 Abs. 5 EltRL zu betrauen. Dies böte sich insofern an, da diese ohnehin für die Aufrechterhaltung der Netzstabilität in praktischer Hinsicht zuständig sind. Übertragungsnetzbetreiber können jedoch nur dann mit der Durchführung, Beobachtung und Kontrolle des Ausschreibungsverfahrens betraut werden, wenn sie in ihren „Eigentumsverhältnissen völlig unabhängig von anderen, nicht mit dem Übertragungsnetz zusammenhängenden Tätigkeitsbereichen“[331] sind. In

---

327 Däuper/Voß, ZNER 2012, S. 119 (122); dieser Ansatz wird auch von den sog. „potentiellen Kriterien“ der Kommission gedeckt, nach denen der Kapazitätsmechanismus im Grunde technologieneutral und damit nicht selektiv ausgestaltet sein sollte – Konsultationspapier der Kommission – Generation adequacy, capacity mechanisms and the internal market in electricity, vom 15.11.2012, S. 13; damit dürfte die ökonomisch attraktivere Maßnahme eines selektiven Mechanismus keine gangbare Variante sein – siehe hierzu S. 58 der vorliegenden Arbeit.

328 Däuper/Voß, ZNER 2012, S. 119 (122).

329 So auch Umweltministerium Baden-Württemberg – Ausgestaltung des Marktdesigns für einen Kapazitätsmarkt, Abschlussbericht 2011, S. 84.

330 Siehe hierzu BT-Drs. 17/1709.

331 Art. 8 Abs. 5 S. 2 EltRL.

Deutschland würde dies für TenneT und 50Hertz, nicht aber für Amprion und die EnBW gelten.[332]

(5) Missbrauch nach Zuschlag

Des Weiteren ist fraglich, wie einem Missbrauch von Marktmacht, etwa durch Zurückhaltung von Kapazitäten, begegnet werden kann und ob hierzu spezielle Regelungen erforderlich sind. Durch die allgemeinen Wettbewerbsregelungen und die begleitenden Transparenzvorschriften, z.B. § 5 a EnWG, kann wirksam der Missbrauch nach Zuschlag bekämpft werden. Verletzt der Bieter seine Pflicht, seine Erzeugungskapazität für Engpassmaßnahmen nach § 13 Abs. 1 und 2 EnWG zur Verfügung zu stellen, können eine Reduzierung oder ein Wegfall des Kapazitätsentgelts und die Verhängung von Vertragsstrafen die Rechtsfolgen sein.[333] Diese Sanktionsmöglichkeiten genügen grundsätzlich, um auch bei der Schaffung eines deutschen Kapazitätsmarktes die Beteiligten zu einem rechtskonformen Verhalten anzuhalten. Ob hiermit sämtliche Umgehungsmöglichkeiten und weitere Aktivitäten, die einen Missbrauch nach sich ziehen können, wirksam bekämpft werden, müsste anhand eines konkreten Vorschlags zur Ausgestaltung eines deutschen Kapazitätsmarktes, wie er gegenwärtig noch nicht vorliegt, untersucht werden.

dd) Zwischenergebnis

Es zeigt sich, dass die EltRL bereits einen hinreichend konkreten Rahmen für die Ausgestaltung von Kapazitätsmärkten bietet. Den Mitgliedsstaaten ist mit Art. 8 EltRL ein Instrument an die Hand gegeben, mit dem sie bei der Ausgestaltung von Kapazitätsmechanismen präzise Vorgaben machen können.

---

332 Hammerstein – EU-Vorgaben für einen Kapazitätsmarkt in Deutschland, in: bne (Hrsg.) – Welches Marktdesign braucht die Energiewende?, 2011, S. 14 (15).

333 Hammerstein – EU-Vorgaben für einen Kapazitätsmarkt in Deutschland, in: bne (Hrsg.) – Welches Marktdesign braucht die Energiewende?, 2011, S. 14 (15); mit Blick auf die Gefahr künftiger Versorgungsengpässe – insbesondere durch den Atomausstieg – hat der Gesetzgeber die Handlungsmöglichkeiten der Übertragungsnetzbetreiber, denen die Systemverantwortung für das deutsche Stromnetz obliegt, nach § 13 EnWG den Herausforderungen der Energiewende angepasst. Auf der Erzeugungsseite erlaubt der neue § 13 Abs. 1 a EnWG den Übertragungsnetzbetreibern, bei kritischen Netzzuständen gegen angemessene Vergütung auf betriebsbereite oder aus der Kaltreserve zu aktivierende Kraftwerke zuzugreifen. Damit kann die Stromeinspeisung in das Netz bei Bedarf kurzfristig erhöht oder verringert werden; vgl. die Prognosen für das Übertragungsnetz 50Hertz Transmission des Umweltministeriums Baden-Württemberg – Ausgestaltung des Marktdesigns für einen Kapazitätsmarkt, Abschlussbericht 2011, S. 29 f.

Der Untersuchung zufolge kann das Verfahren nach Art. 8 EltRL für die Schaffung eines Kapazitätsmarktes herangezogen werden. Nur durch ein Ausschreibungsverfahren können die notwendigen Investitionsanreize zur Sicherung der erforderlichen Investitionen gesetzt werden. Eine Anwendung des § 53 EnWG kommt nicht infrage, da es sich hierbei lediglich um eine Umsetzungsvorschrift handelt, die bei der EnWG-Novelle von 2005 ohne größere Beachtung in den Text des Gesetzes übernommen wurde. Aufgrund bestehender Überkapazitäten und mangels Kenntnis über die nun eingeleitete Energiewende wurde zu dieser Zeit die Bedeutung dieser Vorschrift nicht in dem Maße bedacht, als dass sie sich nunmehr als Rechtsgrundlage für die Schaffung eines deutschen Kapazitätsmarktes anböte. Es sind daher grundlegende Bedenken gegeben, ob Inhalt und Ausmaß des § 53 EnWG für die Schaffung eines Kapazitätsmarktes hinreichend bestimmt sind. Unter verfassungsrechtlichen Gesichtspunkten bestehen somit erhebliche Zweifel, dass eine auf § 53 EnWG basierende Verordnung als Ermächtigungsgrundlage für einen Eingriff solcher Intensität durch die Implementierung eines Kapazitätsmechanismus ausreicht. Im Ergebnis ist daher beim Erlass einer diesbezüglichen gesetzlichen Regelung der Rechtsrahmen des Art. 8 EltRL zu beachten.

Hinsichtlich der Ausschreibungsbedingungen hat sich gezeigt, dass im Grundsatz dieselben Kriterien angelegt werden können, die auch bei der konventionellen Ausschreibung neuer Kapazitäten nach Art. 8 EltRL zugrunde gelegt werden. Vorgaben können sowohl in technischer als auch in örtlicher Hinsicht gemacht werden. Letztere können insbesondere Allokationsanreize für Kraftwerke setzen.[334] So könnte die ausschreibende Stelle auch bei der Standortwahl regionale Kapazitätsbedürfnisse berücksichtigen. Umweltrechtliche Anforderungen können ferner die Wahl des Primärenergieträgers beeinflussen, wobei auch der einzelne Brennstoff vorgegeben werden kann. So könnte die Beschaffung neuer Kapazitäten insbesondere durch Erdgaskraftwerke gefördert werden.[335] Ebenso können konkrete Erwartungen an die Leistungsfähigkeit des Antragstellers den Adressatenkreis von vornherein begrenzen. Wichtig ist jedoch, dass einzelne technische Lösungen nicht benachteiligt oder bevorzugt werden, denn die Ausschreibung soll gerade dazu dienen, die zum Zeitpunkt der

---

334 Nailis – Ein Kapazitätsmarkt für Deutschland: Erste Modellüberlegungen, in: bne (Hrsg.) – Welches Marktdesign braucht die Energiewende?, 2011, S. 5 (6).

335 Da diese kurzfristig zu- und abschaltbar sind und auch über einen längeren Zeitraum Energie erzeugen können, eignen sie sich insbesondere als Erzeugungstechnologie für einen Kapazitätsmarkt.

Ausschreibung geeigneste und kostengünstigste technische Lösung zu finden.[336] Dabei muss jedoch beachtet werden, dass die Anwendung eines rein selektiven Mechanismus, wie ihn Teile der Literatur aus ökonomischer Sicht favorisieren,[337] europarechtliche Bedenken aufwirft. Denn nach den sekundärrechtlichen Vorgaben der Richtlinie erscheint die grundsätzliche Einbeziehung von Bestandsanlagen zwingend notwendig.

Für die Kontrolle des Verfahrens kommt insbesondere die Bundesnetzagentur in Betracht, da aufgrund der Komplexität von Kapazitätsmechanismen, der zahlreichen Daten für die Bestimmung des Kapazitätsbedarfs sowie der möglichen Fehlerhaftigkeit der Mechanismen nur diese die notwendigen Voraussetzungen für diese Aufgabe mit sich bringen dürfte.[338]

Abschließend sei noch darauf hingewiesen, dass die Rahmenbedingungen des Art. 8 EltRL nicht alle die bislang von der Kommission kommunizierten Kriterien zur Anwendung von Kapazitätsmechanismen[339] abdecken. In ihrem Arbeitsdokument führt die Kommission aus, dass die Anwendungsdauer des Kapazitätsmechanismus limitiert sein müsse und bei einer erneuten Anwendung die Erforderlichkeit dieser wiederholten Nutzung nachzuweisen sei.[340] Damit ginge diese Forderung, würde die Kommission sie auch im Rahmen eines verbindlicheren Rechtsaktes geltend machen, über die Voraussetzungen der Art. 8 EltRL hinaus. Zwar ist der Vorschrift zu entnehmen, dass ein Kapazitätsmechanismus nicht mehr angewendet werden soll, sobald die Versorgungssicherheit wieder gewährleistet ist.[341] Doch entspricht dies nicht einer zeitlichen Limitierung *ex*

---

336 Siehe hierzu Börkey – Plädoyer für ein sicheres und technologieoffenes System, in: bne (Hrsg.) – Welches Marktdesign braucht die Energiewende?, 2011, S. 7 (8); dieser Ansatz wird auch von den Kriterien der Kommission gedeckt, nach denen der Kapazitätsmechanismus im Grunde technologieneutral ausgestaltet sein sollte – siehe das Arbeitsdokument der Kommission – Generation Adequacy: guidance on public interventions, swd (2013) 438, S. 26.

337 Umweltministerium Baden-Württemberg – Ausgestaltung des Marktdesigns für einen Kapazitätsmarkt, Abschlussbericht 2011, S. 67; Matthes/Ziesing – Verzicht auf Kernenergie, S. 23.

338 Däuper/Voß, ZNER 2012, S. 119 (122).

339 Arbeitsdokument der Kommission – Generation Adequacy: guidance on public interventions, swd (2013) 438, S. 26 ff.

340 Arbeitsdokument der Kommission – Generation Adequacy: guidance on public interventions, swd (2013) 438, S. 27 f.; Konsultationspapier der Kommission – Generation adequacy, capacity mechanisms and the internal market in electricity, vom 15.11.2012, S. 12.

341 Siehe hierzu S. 71 f.

ante, wie es von der Kommission gewünscht ist.[342] Auch wenn jedoch die Forderungen der Kommission über die Anforderungen des Art. 8 EltRL hinausgehen, dürfte dies für den grundsätzlichen europäischen Rechtsrahmen für nationale Kapazitätsmärkte nicht von Bedeutung sein, solange die Forderungen der Kommission nicht im Rahmen eines verbindlichen Rechtsaktes kodifiziert werden.

c) Anwendung der EtlRL-Vorgaben auf die möglichen Ausgestaltungsformen von Kapazitätsmechanismen

Wie bereits dargestellt, werden gegenwärtig verschiedene Ausgestaltungsoptionen von Kapazitätsmechanismen in der Literatur diskutiert. Als Vorlage hierzu dienen verschiedene Formen von Mechanismen in unterschiedlichen Ländern.[343] Es stellt sich die Frage, ob von diesen Kapazitätsmechanismen tatsächlich alle den Vorgaben des Ausschreibungsverfahrens i.S.d. Art. 8 EltRL unterliegen. Diesbezügliche Bedenken bestünden, wenn die Zielsetzungen des jeweiligen Mechanismus nicht den durch das Ausschreibungsverfahren verfolgten Zielen der EltRL entsprächen. In diesem Fall unterlägen die Regelungen des jeweiligen Mechanismus nicht den Bestimmungen des Art. 8 EltRL. Im Rahmen dieser Prüfung müssen insbesondere die durch die unbestimmten Begriffe „neue Kapazitäten“ und „im Interesse der Versorgungssicherheit“ zum Ausdruck gebrachten Schlüsselelemente des Art. 8 EltRL beachtet werden.

Im Folgenden wird daher die zuvor erfolgte Aufteilung nach preis- sowie mengenbasierten Mechanismen aufgegriffen[344] und diskutiert, ob bei beiden Ausgestaltungen von Kapazitätsmechanismen die Vorgaben der Richtlinie zu beachten wären.

aa) EltRL-Vorgaben bei preisbasierten Kapazitätsmechanismen

Bei einem preisbasierten Kapazitätsmechanismus wird den Erzeugungsunternehmen ein rein finanzieller Anreiz zur Verfügung gestellt, der für ausreichende Investitionen sorgen soll.[345] Um den Zweck der Verpflichtung zur Ausschreibung nicht zu unterlaufen, sondern vielmehr den Wettbewerb bei der Elektrizitätserzeugung zu verbessern,[346] müssten bei dieser Form des Kapazitätsmechanismus

---

342 Arbeitsdokument der Kommission – Generation Adequacy: guidance on public interventions, swd (2013) 438, S. 27 f.

343 Siehe hierzu S. 53 ff.

344 Siehe hierzu Fn. 343.

345 Vgl. hierzu die Ausführungen auf S. 53.

346 Heinlein, in: Rosin/Pohlmann/Gentzsch/Metzenthin/Böwing – Praxiskommentar zum EnWG, § 53, Rn. 1.

die Vorgaben der EltRL eingehalten werden. Nur so kann sichergestellt werden, dass nicht einige Empfänger zu Lasten dritter Erzeugungsunternehmen benachteiligt werden.

Ebenso werden durch diese Mechanismen zum einen „neue Kapazitäten" geschaffen, zum anderen dürfte die Implementierung dieser Mechanismen auch „im Interesse der Versorgungssicherheit" liegen.[347] Zweifel im Hinblick auf die Anwendung der Vorgaben des Art. 8 EltRL bestehen daher bei preisbasierten Mechanismen nicht.

bb) EltRL-Vorgaben bei mengenbasierten Kapazitätsmechanismen

Bei mengenbasierten Mechanismen wird die notwendige Erzeugungskapazität im System vorgeschrieben und deren Preis durch den Markt ermittelt.[348] Bei diesem System sind die Energielieferanten regelmäßig verpflichtet, Optionsverträge über Strom von den Erzeugern zu erwerben. Dabei muss der Umfang der veräußerten Kapazitäten die maximale Nachfrage übersteigen, wobei sich die Verwendung der Optionen durch die Energielieferanten wiederum nach den Grundsätzen des Marktes richtet.[349]

Bei diesem Mechanismus ist zweifelhaft, ob er die Schlüsselelemente des Art. 8 EltRL in erforderlicher Weise berücksichtigt und damit den Vorgaben der Vorschrift unterliegt. Denn problematisch ist insofern, dass er zwar Versorgungssicherheit schafft, aber nicht zwangsläufig die Schaffung neuer Kapazitäten zur Folge hat.[350] Art. 8 EltRL soll gerade der Erzeugung neuer Kapazitäten dienen, wobei dies auf unterschiedliche Weisen geschehen kann. Wenn somit Zweifel bestehen, dass neue Kapazitäten geschaffen werden und damit das der Vorschrift immanente Ziel erreicht wird, fallen mengenbasierte Mechanismen nicht in den Anwendungsbereich der Vorschrift. Nur wenn ein mengenbasierter Mechanismus vorgeschlagen wird, der ohne Ungewissheiten auch der Schaffung neuer Kapazitäten dient, sind die Vorgaben des Art. 8 EltRL heranzuziehen.

Mechanismen, die nicht zwingend neue Kapazitäten schaffen, dürften somit nicht den Vorgaben des Art. 8 EltRL unterliegen. Dies gilt selbst für den Fall, dass die Mechanismen im Übrigen der gleichfalls von Art. 8 EltRL verfolgten Gewährleistung der Versorgungssicherheit dienen.

---

347 Däuper/Voß, ZNER 2012, S. 119 (122).

348 Siehe hierzu S. 53 f.; Süßenbacher/Schwaiger/Stigler – Kapazitätsmärkte und -mechanismen, 2011, S. 3.

349 Siehe oben auf S. 54.

350 Däuper/Voß, ZNER 2012, S. 119 (123).

d) Anforderungen an die Ausgestaltung eines deutschen Kapazitätsmarktes

Das Phänomen fehlender Investitionsanreize ist in vielen Energiemärkten zu beobachten. Während einige Länder bereits die marktkonforme Steuerung als Lösungsansatz für sich erkannt und Kapazitätsmärkte geschaffen haben, befindet sich Deutschland noch in der Konzeptionsphase. Daher soll im Folgenden kurz dargestellt werden, welchen Gestaltungsspielraum die Bundesregierung mit Blick auf den skizzierten sekundärrechtlichen Rechtsrahmen hat und welche Besonderheiten beim deutschen Energiemarkt zu beachten sind.[351]

Die vorangegangene Prüfung hat gezeigt, dass den ausschreibenden Stellen der Mitgliedsstaaten ein breiter Gestaltungsspielraum bei der Durchführung einer Ausschreibung neuer Kapazitäten auf Grundlage eines Kapazitätsmechanismus zukommt. Die ausschreibende Stelle kann die Art der Leistung bestimmen, die infrage kommenden Adressaten konkretisieren und in diesem Zusammenhang auch die regionalen Gegebenheiten berücksichtigen. Diese Lenkungsmöglichkeit ist gerade in Deutschland von großer Bedeutung; denn der Kapazitätsbedarf ist bundesweit nicht einheitlich.[352]

Aus energiepolitischer Perspektive kann das Bundesgebiet in zwei Teilbereiche untergliedert werden, wobei sich diese Aufteilung nach den Lastverhältnissen richtet. Zum einen gibt es die südlichen Bundesländer Bayern und Baden-Württemberg, die im Vergleich zum bundesweiten Anteil von Kernenergie am Primärenergieverbrauch einen signifikant höheren haben. Zum anderen ist der komplexere nord- und ostdeutsche Raum zu nennen. Dieser zeichnet sich durch Überkapazitäten im Kraftwerkspark und einen hohen Anteil an erneuerbaren Energien aus.[353] Dieses Nord-Süd-Gefälle verschärft sich stetig. In Süddeutschland haben der Atomausstieg und die damit verbundene Abschaltung von Kernkraftwerken zur Energiegewinnung einen deutlichen Einfluss auf die Energieversorgungsstruktur. Nunmehr sind acht der siebzehn vor der Katastrophe von Fukushima aktiven

---

351 Zur näheren Ausgestaltung eines möglichen Kapazitätsmarkt: Umweltministerium Baden-Württemberg – Ausgestaltung des Marktdesigns für einen Kapazitätsmarkt, Abschlussbericht 2011, S. 73 ff.

352 Nailis – Ein Kapazitätsmarkt für Deutschland: Erste Modellüberlegungen, in: bne (Hrsg.) – Welches Marktdesign braucht die Energiewende?, 2011, S. 5; Schlemmermeier/Diermann – Anforderungen an ein zukünftiges Marktdesign, in: bne (Hrsg.) – Welches Marktdesign braucht die Energiewende?, 2011, S. 12.

353 Schlemmermeier/Diermann – Anforderungen an ein zukünftiges Marktdesign, in: bne (Hrsg.) – Welches Marktdesign braucht die Energiewende?, 2011, S. 12; Umweltministerium Baden-Württemberg – Ausgestaltung des Marktdesigns für einen Kapazitätsmarkt, Abschlussbericht 2011, S. 57.

Kernkraftwerke abgeschaltet worden, unter anderem zwei in Baden-Württemberg, eines in Bayern und ein weiteres in Hessen. Für die übrigen neun Kraftwerke gibt es einen gesetzlich festgelegten Fahrplan, nach welchem in den Jahren 2015, 2017, 2019 und 2021 weitere Anlagen abgeschaltet werden sollen.[354] Die Abschaltung der letzten drei Kraftwerke soll 2022 erfolgen. Bis 2021 werden insbesondere Kraftwerke in Bayern und Baden-Württemberg vom Netz genommen.[355] In Norddeutschland hingegen ist insbesondere durch den Zubau von Offshore-Windanlagen ein Trend zu neuen, effizienten Technologien zur regenerativen Stromerzeugung zu verzeichnen. Diese Projekte werden häufig als Pilotprojekte verstanden, die konkrete Erkenntnisse über die Anforderungen an ein europäisches Energienetz bringen sollen. Desgleichen geben sie Aufschluss über das Ausmaß und die Folgen der Fluktuation der erneuerbaren Energien.

Diese regionale Differenzierung ist erforderlich, da bislang keine Übertragungskapazitäten bestehen, um den Strom von Norden und Osten nach Süden zu transportieren.[356] Windkraftanlagen auch in Süddeutschland einzusetzen, dürfte das beschriebene Nord-Süd-Gefälle auch nicht aufheben. Schließlich haben Windkraftanlagen in Offshore-Windparks und in Küstennähe den bedeutenden Vorteil, dass sie eine verhältnismäßig gleich bleibende Energieerzeugung ermöglichen.[357] Dies ist gerade bei Windkraftparks auf dem Land nicht der Fall. Daher ist ein Ausbau der Übertragungskapazitäten vor allem auf der

---

354 Siehe zu dem Problem der unechten Rückwirkung beim Ausstieg aus der Atomenergie 2002: Kühling – Inhaltliche und zeitliche Konsistenz des Ordnungsrahmens als Voraussetzung für Investitionen in der Energiewirtschaft, in: Säcker – Investitionen in Kraftwerke zur Versorgungssicherheit nach der Energiewende, S. 83 (96 ff.).

355 Mitteilung der Bundesregierung vom 9. März 2012 – ein Jahr nach Fukushima, Quelle: http://www.bundesregierung.de/Content/DE/Artikel/2012/03/2012-03-08-energiewende.html; die derzeit neun an das Netz angeschlossenen Atomkraftwerken werden in folgender Reihenfolge abgeschaltet werden: Grafenrheinfeld (Bayern, 2015), Gundremmingen B (Bayern, 2017), Philippsburg 2 (Baden-Württemberg, 2019), Grohnde (Niedersachsen, 2021), Brokdorf (Schleswig-Holstein, 2021), Gundremmingen C (Bayern, 2021), Isar 2 (Bayern, 2022), Neckarwestheim 2 (Baden-Württemberg, 2022) und Emsland (Niedersachsen, 2022). Acht Meiler wurden 2011 abgeschaltet, aber noch nicht stillgelegt: Neckarwestheim 1 (Baden-Württemberg), Philippsburg 1 (Baden-Württemberg), Isar 1 (Bayern), Biblis A und B (Hessen), Unterweser (Niedersachsen), Brunsbüttel (Schleswig-Holstein), Krümmel (Schleswig-Holstein).

356 Tietjen – Kapazitätsmärkte: Hintergründe und Varianten, 2012, S. 10, 24.

357 Kühling – Inhaltliche und zeitliche Konsistenz des Ordnungsrahmens als Voraussetzung für Investitionen in der Energiewirtschaft, in: Säcker – Investitionen in Kraftwerke zur Versorgungssicherheit nach der Energiewende, S. 83 (85).

Nord-Süd-Tangente dringend notwendig. Es bedarf folglich einer immensen Beschleunigung des Ausbaus der Übertragungsnetze.[358] Neben dieser groben Nord-Süd-Unterscheidung kann zwischen Räumen mit Überkapazitäten und solchen mit Unterkapazitäten unterschieden werden. Bei ersteren besteht ein Bedarf an zusätzlichen Speichern und steuerbaren Lasten. Bei letzteren hingegen besteht ein Bedarf an zusätzlichen Kapazitäten zur Lastdeckung.[359] Bei gewissenhafter Ausnutzung des Gestaltungsspielraums bei der Anwendung des Art. 8 EltRL sollte es möglich sein, auch diesem regionalen Gefälle durch eine zweckmäßige Einbeziehung und Ausgrenzung verschiedener Kraftwerke entgegenzuwirken.

Offen ist weiterhin, wer den Kapazitätsbedarf bestimmen soll. Die koordinierende Stelle muss sowohl den erwarteten Ausbau von erneuerbaren Energien, Lastsenkungs-Kapazitäten und die geplante Stilllegung von Kraftwerken beachten.[360] Diese Aufgabe erfordert kumulativ tiefes technisches Verständnis, wirtschaftliche Expertise sowie hohe Akzeptanz im Markt.[361] Wie bereits erläutert,[362] kommt insbesondere die Bundesnetzagentur als unabhängiger Sachverständiger für diese Aufgabe infrage, da sie insbesondere über Erfahrungen bei Versteigerungen von Telekommunikations-Frequenzen verfügt. In der Literatur wird vorgeschlagen, den Kapazitätsbedarf in einem Teilplan des Netzentwicklungsplans durch die Übertragungsnetzbetreiber aufstellen zu lassen. Die Bedarfsermittlung sowie der Netzentwicklungsplan könnten dann durch die Bundesnetzagentur überprüft werden.[363] Ähnlich lautet ein aktueller Vorschlag aus der Politik. Danach soll ein Register über alle vorhandenen und eingesetzten Kapazitäten beim Übertragungsnetzbetreiber geführt werden, wobei eine unabhängige Stelle den Bedarf ermitteln soll. Betreiber sollen frühzeitig ankündigen, wenn sie ihre Kapazitäten nicht mehr zur Verfügung stellen wollen. Das

---

358 Säcker, in: Säcker – Investitionen in Kraftwerke zur Versorgungssicherheit nach der Energiewende, S. 5 f.; Säcker, RdE 2009, S. 305.

359 Umweltministerium Baden-Württemberg – Ausgestaltung des Marktdesigns für einen Kapazitätsmarkt, Abschlussbericht 2011, S. 58.

360 Nailis/Schuffelen, ET 2011, S. 32.

361 Nailis – Ein Kapazitätsmarkt für Deutschland: Erste Modellüberlegungen, in: bne (Hrsg.) – Welches Marktdesign braucht die Energiewende?, 2011, S. 5 (6).

362 Siehe oben S. 76.

363 Tietjen – Kapazitätsmärkte: Hintergründe und Varianten, 2012, S. 10; Umweltministerium Baden-Württemberg – Ausgestaltung des Marktdesigns für einen Kapazitätsmarkt, Abschlussbericht 2011, S. 83; siehe auch Nailis/Schuffelen, ET 2011, S. 32.

Ausschreibungsverfahren soll durch die Bundesnetzagentur in Abstimmung mit den Übertragungsnetzbetreibern durchgeführt werden.[364]

e) Skizze eines möglichen Ausschreibungsverfahrens in Deutschland

Unter Berücksichtigung der europarechtlich vorgegebenen Voraussetzungen für die Schaffung von Kapazitätsmechanismen könnte ein Ausschreibungsverfahren für die Schaffung eines Kapazitätsmarktes in Deutschland wie folgt aussehen.

Zunächst müsste ein Koordinator[365] den für die Gewährleistung der Versorgungssicherheit erforderlichen Kapazitätsbedarf ermitteln. Dabei müsste ein ausreichend langer Vorschauzeitraum erfasst werden, der aufgrund der Besonderheiten des Elektrizitätsmarktes für Strom mindestens fünf Jahre betragen sollte. Darüber hinaus müsste der Koordinator möglichst sichere Annahmen über die Faktoren treffen, die die Entwicklung hauptsächlich beeinflussen. Zu diesen zählen unter anderem die Einspeisungsmöglichkeiten unterschiedlicher Energieträger sowie die Bedeutung der Fluktuation der erneuerbaren Energien.

Bei der Wahl der Kriterien ist zunächst zu berücksichtigen, dass Bestandsanlagen nicht grundsätzlich vom Assortiment ausgeschlossen werden dürfen.[366] Darüber hinaus muss der Koordinator sicherstellen, dass die Angebote den von ihm ermittelten Versorgungsbedarf befriedigen. Dazu können einerseits technische Anforderungen an die Anlagen gestellt werden, andererseits kann der Bedarfsmarkt räumlich gegliedert und damit Allokationsanreize für Kraftwerke gesetzt werden.[367]

Nach erfolgter Ausschreibung würde der erfolgreiche Bieter einen Anspruch auf Zahlung eines Entgeltes in Euro/kW pro Jahr durch den Übertragungsnetzbetreiber erhalten. Für die Kontrolle wäre wiederum der Koordinator zuständig. Die Zahlungsperiode müsste dem Finanzierungszeitraum für die neue Kapazität entsprechen. Die Verpflichtung auf Bieterseite würde hingegen darin bestehen, die angebotene Kapazität unter Nachweis der dauernden Verfügbarkeit während des ausgeschriebenen Zeitraums vorzuhalten.[368]

---

364 Trittin/Untersteller/Krischer – Die Energiewende braucht einen neuen Energiemarkt, Positionspapier, 2012, S. 4 f.

365 Nach den vorgenannten Erwägungen wäre dies mit hoher Wahrscheinlichkeit die Bundesnetzagentur.

366 A.A. Nailis – Ein Kapazitätsmarkt für Deutschland: Erste Modellüberlegungen, in: bne (Hrsg.) – Welches Marktdesign braucht die Energiewende?, 2011, S. 5 (6).

367 Nailis – Ein Kapazitätsmarkt für Deutschland: Erste Modellüberlegungen, in: bne (Hrsg.) – Welches Marktdesign braucht die Energiewende?, 2011, S. 5 (6).

368 Siehe hierzu das Umweltministerium Baden-Württemberg – Ausgestaltung des Marktdesigns für einen Kapazitätsmarkt, Abschlussbericht 2011, S. 56.

IV. Ergebnis

Die Untersuchung hat gezeigt, dass unter Zugrundelegung des aktuellen Energiekonzepts der Bundesregierung und aus heutiger technischer Sicht die Versorgungssicherheit im Strommarkt mittel- und langfristig nur gewährleistet sein wird, wenn zeitnah die durch die Energiewende erforderlichen Änderungen des deutschen Kraftwerkparks vorgenommen werden. Denn nicht nur die sukzessive Abnahme noch bestehender Überkapazitäten vergrößert das Risiko von Versorgungsengpässen, auch die starke Zunahme erneuerbarer Energien und die damit verbundene Fluktuation bei der Energieerzeugung wird die Versorgungssicherheit zunehmend gefährden, wenn der gegenwärtige Kraftwerkspark nicht an die Besonderheiten einer von erneuerbaren Energien geprägten Energieversorgung angepasst wird. Dazu werden vor allem kurzfristig zu- und abschaltbare Kraftwerke benötigt, die Erzeugungsschwankungen, insbesondere bei der Windkraft und der Photovoltaik, ausgleichen.

Allerdings fehlen noch die benötigten Investitionen in solche kurzfristig zu- und abschaltbare Kraftwerke. Dies resultiert hauptsächlich aus der fehlenden Wirtschaftlichkeit dieser Anlagen, was unter anderem auf die ohnehin geringen und weiterhin abnehmenden Vollbenutzungsstunden dieser Kraftwerke zurückzuführen ist. Folglich werden Anreize benötigt, die die erforderlichen Investitionen in diese Kraftwerke generieren.

Der überwiegende Teil der Literatur kommt zu dem Ergebnis, dass die bestehenden Marktanreize keine ausreichenden Anreize für Investitionen in diese Kraftwerke hergeben.[369] Daraus wird gefolgert, dass es einer Ergänzung des derzeitigen „Energy only"-Markts zur Schaffung der erforderlichen Anreize bedarf. Eine solche Ergänzung stellen Kapazitätsmechanismen dar, die in unterschiedlicher Ausgestaltung in mehreren Staaten zu finden sind. Es wird intensiv diskutiert, welches dieser Modelle als Grundlage für einen Kapazitätsmarkt in Deutschland infrage kommt. Dabei werden die bestehenden Modelle vor allem ökonomisch bewertet und auf ihre Nützlichkeit für den deutschen Energiemarkt und dessen Besonderheiten überprüft.

---

369 Achner et al. – Ausgestaltung eines Kapazitätsmarkts, 2011, S. 1 ff.; so auch Consentec – Versorgungssicherheit effizient gestalten, Abschlussbericht 2012, S. 31; Däuper/Voß, ZNER 2012, S. 119 (120); Nailis/Baumgart/ Hinüber, ET 2011, S. 2 (5); Nailis/Schuffelen, ET 2011, S. 31; Schlemmermeier/Diermann – Anforderungen an ein zukünftiges Marktdesign, in: bne (Hrsg.) – Welches Marktdesign braucht die Energiewende?, 2011, S. 12; Umweltministerium Baden-Württemberg – Ausgestaltung des Marktdesigns für einen Kapazitätsmarkt, Abschlussbericht 2011, S. 14; zu diesem Ergebnis kommen auch: Trittin/Untersteller/Krischer – Die Energiewende braucht einen neuen Energiemarkt, Positionspapier, 2012, S. 2.

Zugleich muss jedoch berücksichtigt werden, dass für die Einrichtung von solchen wettbewerblichen Mechanismen[370] bereits das europäische Sekundärrecht einen Rechtsrahmen bietet, der bei der Schaffung eines nationalen Kapazitätsmarktes in einem oder mehreren Mitgliedsstaaten der EU zu beachten ist. Die diesbezügliche Vorschrift ist in der Elektrizitätsrichtlinie von 2009 verankert. Art. 8 EltRL bestimmt, dass zur Gewährleistung der Versorgungssicherheit neue Kapazitäten über ein Ausschreibungsverfahren auf der Grundlage veröffentlicher Kriterien bereitgestellt bzw. getroffen werden können. Da es ebenso Ziel von Kapazitätsmechanismen ist, fehlende Kapazitäten durch ein funktionierendes Anreizsystem herbeiführen,[371] gelten die Vorgaben dieser Vorschrift auch bei Ausschreibungen im Rahmen eines Kapazitätsmechanismus.[372] Nur unter Berücksichtigung dieses Rechtsrahmens kann in Deutschland ein mit europäischem Sekundärrecht konformes Instrument implementiert werden, das mittel- und langfristig den Kraftwerksbau durch geeignete Anreize fördert. Dies gilt es bei der weiteren Diskussion um einen Kapazitätsmarkt in Deutschland zu beachten.

B. Rechtliche Zulässigkeit anhand europäischen Primärrechts

Nicht nur in sekundärrechtlicher Hinsicht ergeben sich bei näherer Betrachtung des Energiekonzeptes der Bundesregierung und der gegenwärtig beabsichtigen energiepolitischen Maßnahmen Zweifel im Hinblick auf ihre Europarechtskonformität. Um einzugrenzen, welche der bereits implementierten und geplanten Regelungen Gegenstand der primärrechtlichen Prüfung sein sollen, wird zunächst – ausgehend vom Energiekonzept der Bundesregierung – eine kurze Einführung in die für die vorliegende Arbeit relevanten Aspekte gegeben (siehe unter I.). Die anschließende primärrechtliche Prüfung erstreckt sich einerseits auf das europäische Beihilferecht (siehe unter II.), andererseits auf die in Art. 34 AEUV normierte Warenverkehrsfreiheit (siehe unter III.).

---

370 Siegmund – Kapazitätsmärkte im Ausland: Ein Erfahrungsbericht, in: bne (Hrsg.) – Welches Marktdesign braucht die Energiewende?, 2011, S. 10.

371 So auch Däuper/Voß, ZNER 2012, S. 119 (121); Hammerstein – EU-Vorgaben für einen Kapazitätsmarkt in Deutschland, in: bne (Hrsg.) – Welches Marktdesign braucht die Energiewende?, 2011, S. 14 f.

372 Es ist jedoch zu beachten, dass nicht alle Ausgestaltungen von Kapazitätsmechanismen den Anforderungen des Art. 8 EltRL unterliegen – siehe hierzu S. 80 ff.

I. Relevante Regelungen des deutschen Energiekonzeptes

Primärrechtliche Fragen stellen sich zunächst im Hinblick auf das im EEG normierte Förderkonzept, das die Bundesregierung gemäß ihrem Energiekonzept beibehalten will.[373] Darüber hinaus wirft die ebenfalls im Konzept der Bundesregierung angesprochene Möglichkeit eines deutschen Kapazitätsmarktes Zweifel hinsichtlich dessen Vereinbarkeit mit europäischem Primärrecht auf. Dabei steht das Bedenken im Vordergrund, dass ein solcher nationaler Kapazitätsmarkt die bereits bestehende Abschottung des deutschen Strommarktes verstärken könnte. Im Folgenden wird daher in Kürze erörtert, worin bei den beiden Elementen des Konzeptes die maßgeblichen rechtlichen Zweifel bestehen und wie diesen bislang begegnet wurde.

1. Vereinbarkeit der EEG-Fördermaßnahmen mit europäischem Primärrecht

Bis heute gibt es eine rege Diskussion, ob der unbegrenzte Einspeisevorrang von Strom aus erneuerbaren Energiequellen und dessen gleichzeitige Abnahme- und Vergütungspflicht das Marktgeschehen in europarechtlich unzulässiger Weise beeinflussen.[374] So wird von Verbraucher- und Händlerseite eingewendet, dass die Einfuhr ausländischen Stroms durch den unbegrenzten Einspeisevorrang behindert werde. Zudem belaste die vorrangige Durchleitung von regenerativem Strom den zwischenstaatlichen Handel, da es bei einer hohen Stromproduktion aus erneuerbaren Energien zu zeitweiligen Transportengpässen kommt. Die gesetzliche Vergütungspflicht wiederum, die lediglich im Geltungsbereich des EEG und damit nur bei einer Stromerzeugung im deutschen Raum in Anspruch genommen werden kann, benachteilige die Erzeuger erneuerbarer Energien im Ausland. Der gesetzliche Einspeisevorrang und die Abnahme- und Vergütungspflicht werden nachfolgend zusammenfassend als „EEG-Fördermaßnahmen" bezeichnet.

Einen Schwerpunkt der Diskussion bildet die Vereinbarkeit dieser auf dem EEG beruhenden Fördermaßnahmen mit den wettbewerbs- und beihilferechtlichen Vorschriften der Union.[375] Eine unzureichende Europarechtskonformität

373 Bundesregierung – Konzept für eine umweltschonende, zuverlässige und bezahlbare Energieversorgung, 2010, S. 8.

374 Siehe exemplarisch Behlau – Die EE-Förderung auf dem Prüfstand des europäischen Beihilfenrechts, in: Müller (Hrsg.) – 20 Jahre Recht der Erneuerbaren Energien, Baden-Baden, 2012, S. 336 ff.; Ludwigs, ZG 2010 (25), S. 222 (241).

375 Müller – Neujustierung des europäischen Umweltenergierechts im Bereich erneuerbarer Energien?, in: Cremer/Pielow (Hrsg.) – Probleme und Perspektiven im Energieumweltrecht, 2010, S. 142 (164 ff.).

dieser Fördermaßnahmen könnte für das energiepolitische Konzept der Bundesregierung sowie für die damit verfolgte Energiewende in Deutschland gravierende Folgen haben. Nicht nur die deutschen Verbraucher würden bei einer kurzfristigen Umstellung des Fördersystems die damit verbundenen Kosten tragen müssen; vielmehr handelt es sich um einen möglichen Verstoß gegen Vorschriften, die allesamt der Schaffung sowie dem Funktionieren des europäischen Binnenmarktes dienen und diesen als Ganzes schützen sollen. Der Binnenmarkt stellt für sämtliche Mitgliedsstaaten einen bedeutenden Wirtschaftsfaktor dar, wobei die Verminderung von Barrieren beim An- und Verkauf von Produkten in sämtlichen Mitgliedsstaaten bei einer Gesamtbevölkerung von über 500 Millionen[376] Einwohnern nur ein Ziel dieses Marktes ist. Denn er stellt eine solide Ausgangsbasis für Unternehmen in der EU dar, die in einem offenen, vielfältigen und wettbewerbsorientierten Umfeld für mehr Wachstum und Beschäftigung sorgen. Nur auf dieser Grundlage können europäische Unternehmen in einer globalisierten Wirtschaft bestehen und den bestehenden und künftigen Wohlstand sichern.[377] Daher müssen sämtliche Barrieren, beispielsweise Einfuhrhindernisse oder Wettbewerbsbeschränkungen, die den zwischenstaatlichen Verkehr mit Waren und Dienstleistungen behindern, frühestmöglich abgebaut werden. Es muss sichergestellt sein, dass die EEG-Fördermaßnahmen die Vorschriften, die der Vollendung und dem Funktionieren dieses Marktes dienen, nicht verletzen.

a) Das PreußenElektra-Urteil des EuGH

Ob die Fördermaßnahmen des EEG gegen europäisches Recht verstoßen, war bereits vor mehr als einem Jahrzehnt Gegenstand eines EuGH-Urteils. Ausgangspunkt war das frühzeitige Vorgehen von Erzeugern konventionellen Stroms gegen das Stromeinspeisungsgesetz, den Vorläufer des EEG.[378] Das Stromeinspeisungsgesetz bewirkte eine Sonderstellung erneuerbarer Energien am Markt, gegen die sich die Erzeuger konventionellen Stroms mit allen juristischen und politischen Mitteln wehren wollten. Sie sahen unter anderem einen Konflikt mit dem Beihilferecht in der Union. Da sich die Förderung ausschließlich auf im Inland erzeugten Strom beschränkte, rügten sie darüber hinaus eine Verletzung der Warenverkehrsfreiheit. Mit seiner später als „PreußenElektra-Urteil" bekannt gewordenen Entscheidung sollte der EuGH die europarechtliche Konformität

376 Eurostat – EU27 Bevölkerung von 502,5 Millionen, Pressemitteilung vom 28. Juli 2011, 110/2011.

377 Generaldirektion Unternehmen und Industrie (KOM) – Der freie Warenverkehr, 2010, S. 8.

378 Oschmann, NVwZ 2004, S. 910.

des Stromeinspeisungsgesetzes beurteilen. Daher verklagte die Preußen-Elektra AG, eine Tochter der Veba AG, ihre eigene Konzernuntergesellschaft, die Schleswag AG, vor dem Landgericht Kiel auf Rückzahlung der nach dem Stromeinspeisungsgesetz gezahlten Vergütung.[379] Mit Beschluss vom 1. September 1998[380] legte das Landgericht dem EuGH insgesamt drei Fragen zur Vorabentscheidung vor, die einerseits die beihilferechtliche, andererseits die warenverkehrsrechtliche Vereinbarkeit des Stromeinspeisungsgesetzes mit europäischem Primärrecht zum Gegenstand hatten. Mit unerwarteter Bestimmtheit bestätigte der EuGH die Europarechtskonformität des deutschen Stromeinspeisungsgesetzes. Er entschied, dass die Förderung von Strom aus erneuerbaren Energien durch die gesetzliche Abnahme- und Vergütungspflicht nicht gegen das Beihilfeverbot des Art. 107 AEUV und die Warenverkehrsfreiheit nach Art. 34 AEUV verstößt.[381] Dabei erinnerte der EuGH die Mitgliedsstaaten in eindringlicher Weise an ihre internationalen Verpflichtungen zur Verringerung der Emissionen von Treibhausgasen nach dem Kyoto-Protokoll.[382] Trotz der außerordentlich knappen Begründung des Urteils enthielt es neben der Beantwortung der vom Landgericht Kiel vorgelegten Fragen einige Aussagen von erheblicher Bedeutung für die nachfolgende Rechtsprechung des EuGH. So wurden zum ersten Mal der Klima- und Umweltschutz als Rechtfertigungsgründe erster Klasse gewertet.[383] Die damals dargelegten Ausführungen werden noch heute zur Rechtfertigung der europarechtlichen Konformität des EEG und seiner Regelungen herangezogen.

b) Neubewertung aufgrund starker Zunahme erneuerbarer Energien

Insbesondere aufgrund der starken Zunahme erneuerbarer Energien besteht jedoch nunmehr die Gefahr, dass der EuGH bei einer erneuten Überprüfung des EEG die Vorschriften zum unbegrenzten Einspeisevorrang und der Abnahme- und Vergütungspflicht wegen eines nicht zu rechtfertigenden Verstoßes gegen europäisches Beihilferecht und/oder die Warenverkehrsfreiheit als europarechtswidrig einstufen könnte. Die Folge wäre eine Rechtsunsicherheit, die sich insbesondere im Verhalten und in der Risikobereitschaft von Investoren und Anlagenbetreibern, die von den Regelungen des EEG profitieren, bemerkbar machen könnte. Dies könnte immense Auswirkungen auf den gesamten Markt erneuerbarer Energien haben und die Energiewende innerhalb kürzester Zeit „ausbremsen“.

379 Nagel, ZNER 2000, S. 100 (101).
380 LG Kiel, Beschluss vom 1.9.1998 – 15 O 134/98.
381 Zu diesem Zeitpunkt noch Art. 92 und Art. 30 EGV.
382 Gebauer/Wollenteit/Hack, ZNER 2001, S. 12.
383 Gebauer/Wollenteit/Hack, ZNER 2001, S. 12.

2. Vereinbarkeit von Kapazitätszahlungen mit europäischem Primärrecht

Neben der Frage der Europarechtskonformität der EEG-Fördermaßnahmen ergibt sich das Problem der Vereinbarkeit von Kapazitätszahlungen im Rahmen eines auf Deutschland beschränkten Kapazitätsmechanismus mit europäischem Primärrecht. Wie bereits erläutert,[384] stellen Kapazitätszahlungen das Schlüsselelement eines Kapazitätsmarktes dar. Mit Hilfe dieses Instruments soll die Bereitstellung und Vorhaltung von Stromerzeugungskapazitäten zum Ausgleich fluktuierender Energieeinspeisung vergütet werden. Dies ist notwendig, da Anreize für Investitionen in die benötigten Kraftwerke fehlen. Denn für die Aufgabe, die schwankende Stromproduktion erneuerbarer Energieträger auszugleichen, eignen sich gegenwärtig lediglich schnell zu- und abschaltbare konventionelle Kraftwerke. Doch gerade solche sollen mit Blick auf den geplanten, verstärkten Ausbau erneuerbarer Energieträger mittel- und langfristig nicht mehr Teil der allgemeinen Stromversorgung sein. Daher wird seit geraumer Zeit diskutiert, Anreize in Form von Kapazitätszahlungen zu bieten, um den Betrieb dieser Kraftwerke sicherzustellen.[385]

Doch diese Art der Förderung ist im Hinblick auf ihre Vereinbarkeit mit europäischem Beihilferecht und der im AEUV-Vertrag niedergelegten Warenverkehrsfreiheit genau zu untersuchen. Auf dieses Erfordernis hat bereits die EU-Kommission hingewiesen, die vor einer Einführung von Kapazitätsmechanismen eine vollständige Analyse über bestehende oder mögliche Gründe für fehlende Investitionen in Kraftwerkskapazitäten fordert.[386] Als Maßstab seien nicht nur ökonomische, sondern auch rechtliche Faktoren wie die Vereinbarkeit mit dem europäischen Beihilferecht einzubeziehen. Darüber hinaus sollen im Rahmen der Analyse auch die Auswirkungen mitgliedsstaatlicher Markteingriffe auf Nachbarstaaten und den europäischen Energiebinnenmarkt überprüft und alternative Lösungen für Finanzierungsprobleme erörtert werden.[387]

II. Beihilferechtliche Prüfung

Im Folgenden wird der Frage nachgegangen, ob und gegebenenfalls inwieweit die Fördermaßnahmen des EEG und die einem Kapazitätsmechanismus

---

384 Siehe hierzu S. 51 ff.

385 Siehe hierzu Fn. 384.

386 Arbeitsdokument der Kommission – Generation Adequacy: guidance on public interventions, swd (2013) 438, S. 5 ff.

387 Siehe hierzu Wiese, DJEW 2012, S. 9: Die Autorin verweist in ihrem im September 2012 veröffentlichten Artikel auf den Entwurf einer Mitteilung über den Energiemarkt, der jene kritische Anmerkungen der Kommission beinhalten soll.

inhärenten Kapazitätszahlungen beihilferechtlich als bedenklich einzustufen sind. Die dahingehende Untersuchung ist unter anderem deshalb geboten, weil das europäische Beihilferecht den Wettbewerb innerhalb des Binnenmarktes vor Verfälschungen schützt[388] und mithin auch ein relevantes Instrument zur Schaffung eines funktionierenden Energiebinnenmarktes ist, wie ihn die Unionsorgane zu etablieren versuchen.

Hierzu wird zunächst ein kurzer Überblick über die Bedeutung des Beihilferechts im Bereich der erneuerbaren Energien gegeben (siehe unter 1.). Im Anschluss werden im Rahmen einer umfassenden beihilferechtlichen Prüfung (siehe unter 2.) die Tatbestandsmerkmale des Art. 107 Abs. 1 AEUV im Einzelnen erörtert, und es wird untersucht, welche dieser Merkmale von den EEG-Fördermaßnahmen erfüllt sind (siehe unter 2. a). Einen Schwerpunkt bildet dabei die Frage, ob es sich bei den Maßnahmen um staatliche oder aus staatlichen Mitteln gewährte Zuwendungen handelt. Insbesondere im Hinblick auf die noch offene und intensiv diskutierte Ausgestaltung eines nationalen Kapazitätsmechanismus werden schließlich die Rechtfertigungsmöglichkeiten anhand der Ausnahmetatbestände des Art. 107 Abs. 2 und 3 AEUV erörtert (siehe unter 2. b).

1. Bedeutung des Beihilferechts im Bereich der Förderung erneuerbarer Energien

Die wettbewerblichen Vorschriften zielen auf einen sich entwickelnden und funktionsfähigen europäischen Binnenmarkt ab.[389] Dieses Ziel kann nur erreicht werden, wenn der Binnenmarkt vor Wettbewerbsverfälschungen innerhalb des gemeinsamen Marktes, insbesondere vor schädlichen Interventionen der Mitgliedsstaaten in den freien Wettbewerb, geschützt ist.[390] Zusammen mit den europäischen Grundfreiheiten und dem Kartellrecht bilden die Vorschriften des Beihilferechts das zentrale Werkzeug zum Schutz vor derartigen Gefährdungen des gemeinsamen Binnenmarktes.[391] Die Beihilfenkontrolle soll damit im Ergebnis sicherstellen, dass nationale Subventionsregime zunehmend zurückgefahren werden und die europäische Integration mit Hilfe gemeinsamer Regeln und Wettbewerbsbedingungen voranschreitet.[392]

388 Kortlüge/Pieprzyk/Müller/Sailer/Behlau – Elektromobilität und Erneuerbare Energien, 2011, S. 24; Hailbronner/Jochum – Europarecht II, 2006, Rn. 124.

389 Vgl. auch den Wortlaut des Art. 108 Abs. 1 S. 2 AEUV.

390 Kortlüge/Pieprzyk/Müller/Sailer/Behlau – Elektromobilität und Erneuerbare Energien, 2011, S. 24.

391 EuGH, Urteil vom 20.9.1983 – Rs. C-171/83, Slg. 1989, Kommission/Frankreich, I-2621, Rn. 9; Cremer, in: Callies/Ruffert – EUV/AEUV, Art. 107, Rn. 1.

392 Ekardt/Schmeichel, ZEuS 2009, S. 171 (205).

Unter den unionsrechtlichen Begriff der Beihilfe fallen alle Maßnahmen gleich welcher Art, die speziell als Mittel zur Verfolgung bestimmter Ziele dienen, die in der Regel nicht ohne fremde Hilfe erreicht werden könnten.[393] Art. 107 Abs. 1 AEUV wiederum untersagt solche Maßnahmen, wenn sie durch Begünstigung bestimmter Unternehmen oder Produktionszweige den Wettbewerb verfälschen oder zu verfälschen drohen und den Handel zwischen den Mitgliedsstaaten beeinträchtigen. Die Kontrolle hierüber übernimmt gemäß Art. 108 AEUV die europäische Kommission, die fortlaufend in Zusammenarbeit mit den Mitgliedsstaaten die Vereinbarkeit verschiedenster nationaler Maßnahmen mit den europäischen Beihilferegelungen überprüft.

Zweck der beihilferechtlichen Vorschrift ist es, Entscheidungen der Mitgliedsstaaten vor Interessenskonflikten mit dem gemeinsamen europäischen Interesse zu bewahren. Solche Konflikte können beispielsweise entstehen, wenn zur Disposition steht, wirtschaftlich schwache, im eigenen Mitgliedsstaat ansässige Unternehmen durch unberechtigte Beihilfen zu stützen. Typische Fälle stellen das Einräumen von Wettbewerbsvorteilen für heimische Unternehmen oder die Aufrechterhaltung von Handelsbarrieren für ausländische Unternehmen im Inland dar.[394] Allerdings muss berücksichtigt werden, dass im Grundsatz nicht alle mitgliedsstaatlichen Beihilfen als schädlich zu beurteilen sind. So können die Mitgliedsstaaten Beihilfen gewähren, die primär keinen protektionistischen Absichten, sondern vielmehr umweltrechtlichen, sozialen oder kulturellen Zielen dienen. So soll der Kommission zufolge die Beihilfenkontrolle im Bereich des Umweltschutzes in erster Linie sicherstellen, dass die staatlichen Beihilfemaßnahmen zu einer Umweltentlastung führen, die ohne die Beihilfe nicht eintreten würde, und die positiven Auswirkungen der Beihilfe die dadurch erzeugten Wettbewerbsverzerrungen überwiegen.[395] Darüber hinaus können sie auch aus wirtschaftspolitischen Gründen gerechtfertigt sein, wenn sie etwa existente Ungleichheiten im Wettbewerb aufheben sollen. Dieses Vorgehen kann insoweit eine zulässige Alternative zur imperativen Verhaltenssteuerung darstellen.[396]

---

393 Mederer/van Ysendyck, in: von der Groeben/Schwarze – EGV, Art. 87, Rn. 5.

394 Siehe hierzu die Ausführungen des EuGH in seiner Altmark Trans-Entscheidung: EuGH, Urteil vom 24. Juli 2003 – Rs. C-280/00, Slg. 2003, I-7747, Rn. 78; Kortlüge/Pieprzyk/Müller/Sailer/Behlau – Elektromobilität und Erneuerbare Energien, 2011, S. 24.

395 Kommission – Leitlinien der Gemeinschaft für staatliche Umweltschutzbeihilfen, 2008/C 82/01, Abl. vom 1.4.2008, Rn. 6.

396 Schröder, ZHR 152 (1988), S. 391 (394); Behlau – Die EE-Förderung auf dem Prüfstand des europäischen Beihilfenrechts, in: Müller (Hrsg.) – 20 Jahre Recht der Erneuerbaren Energien, Baden-Baden, 2012, S. 336 (339).

Die Förderung erneuerbarer Energien in Deutschland durch das EEG ist ein typisches Beispiel für einen solchen Zielkonflikt. Einerseits handelt es sich um die legitime Verfolgung klimapolitischer Belange, andererseits dürfen die im EEG niedergelegten Maßnahmen nicht zu einer Verfälschung des Wettbewerbs führen. Darüber hinaus stellt sich die Frage, ob sich ein solcher Zielkonflikt nicht auch bei der Errichtung eines deutschen Kapazitätsmarktes ergäbe, und ob es sich, wenn dies der Fall wäre, um eine beihilferelevante Subvention handelt.

2. Beihilferechtliche Relevanz von EEG-Fördermaßnahmen und Kapazitätszahlungen

Fraglich ist, ob und gegebenenfalls inwieweit die Maßnahmen des EEG zum unbegrenzten Einspeisevorrang und zur Abnahme- und Vergütungspflicht (nunmehr) Beihilfen i.S.d. Art. 107 Abs. 1 AEUV darstellen. Wie bereits erwähnt,[397] hatte der EuGH im Rahmen seines PreußenElektra-Urteils die Qualifikation dieser Maßnahmen als staatliche Zuwendung in diesem Sinne verneint. Aufgrund der Änderung des Status quo, namentlich des starken Zuwachses erneuerbarer Energien, könnte diese Rechtsprechung jedoch nicht mehr auf die aktuelle Situation zutreffen. Der Bedarf nach einer dahingehenden detaillierten Untersuchung zeigt sich auch an den Verlautbarungen der Kommission, die Förderregelungen des EEG, gegenwärtig mit Fokus auf der Befreiung von Netzentgelten für große Stromverbraucher, auf ihre Vereinbarkeit mit dem europäischen Beihilferecht hin zu untersuchen.[398]

Die Kommission[399] hat darüber hinaus zu Recht darauf hingewiesen, dass auch bei der Schaffung eines nationalen Kapazitätsmarktes das europäische Beihilferecht eine signifikante Rolle spielen kann: Denn in allen gängigen und diskutierten Modellen für einen deutschen Kapazitätsmarkt erhält nur ein Teil der im Elektrizitätsmarkt tätigen Kraftwerksbetreiber Kapazitätszahlungen.[400]

---

397 Siehe hierzu S. 89 f.

398 Dieser Schlussfolgerung steht auch nicht entgegen, dass die Einleitung dieses Verfahrens grundsätzlich keine Rückschlüsse auf die Ergebnisse des Verfahrens zulässt, siehe die Pressemitteilung der Kommission – Staatliche Beihilfen: Kommission leitet eingehende Prüfung potentieller Beihilfen für von Netzentgelten befreite große Stromverbraucher in Deutschland ein, vom 6. März 2013, IP/13/191; die Benachrichtigung der Bundesrepublik Deutschland über den Beschluss der Eröffnung dieses Prüfverfahrens wurde am 4. Mai 2013 im Amtsblatt der Europäischen Union veröffentlicht, siehe ABl. vom 4.5.2013, C 128/43.

399 Siehe hierzu Wiese, DJEW 2012, S. 9.

400 Bloch, N&R 1/12, S. 19 (23).

Im Folgenden wird daher auch untersucht, welche beihilferechtlichen Probleme sich bei der Implementierung von Kapazitätszahlungen auf Grundlage der bisher favorisierten und sekundärrechtlich zulässigen Kapazitätsmodelle ergeben könnten.

a) Tatbestandsvoraussetzungen des Art. 107 Abs. 1 AEUV

Gemäß Art. 107 Abs. 1 AEUV sind staatliche Zahlungen oder aus staatlichen Mitteln gewährte Beihilfen gleich welcher Art, die bestimmte Unternehmen oder Produktionszweige begünstigen und dadurch den Wettbewerb verfälschen oder zu verfälschen drohen, mit dem gemeinsamen Markt unvereinbar, soweit sie den Handel zwischen den Mitgliedsstaaten beeinträchtigen. Die einzelnen Tatbestandsmerkmale dieses Absatzes und ihre Auslegungsmöglichkeiten werden in der folgenden Prüfung dargestellt und erläutert.

aa) Beihilfebegriff

Offensichtlichstes Merkmal des Art. 107 Abs. 1 AEUV scheint der Begriff der „Beihilfe" zu sein. Unter einer Beihilfe wird jede im Vergleich zu den allgemein bestehenden Markt- und Rechtsbedingungen begünstigend wirkende Maßnahme verstanden, die freiwillig erfolgt und öffentliche Finanzmittel belastet.[401] Doch handelt es sich bei dem Begriff nicht um ein eigenes Tatbestandsmerkmal, sondern um einen Oberbegriff. Dieses weite Verständnis des Beihilfebegriffs folgt grundsätzlich daraus, dass möglichst viele Beeinträchtigungen des Wettbewerbs erfasst werden sollen.[402] Des Weiteren resultiert diese Auslegung aus dem Umstand, dass es im europäischen Vertragsrecht keine Legaldefinition des Begriffes gibt. Ebenso beschränkten sich die Versuche des Schrifttums und der europäischen Kommission, eine abschließende Definition des Beihilfebegriffs zu entwickeln, regelmäßig darauf, die begriffsbezogenen Merkmale der Begünstigung, der möglichen Empfänger, der Staatlichkeit der Maßnahme und der Selektivität zu konkretisieren.[403] Zudem spricht der Wortlaut dafür, einen solchen weiten Beihilfebegriff zu verwenden, da die Formulierung „jede Beihilfe gleich welcher Art" einer kompetenzbegrenzenden

---

401 Müller-Graf, in: Vedder/Heintschel von Heinegg – Europäisches Unionsrecht, Art. 107 AEUV, Rn. 7.

402 Ekardt/Schmeichel, ZEuS 2009, S. 171 (205).

403 Dreher – Die staatliche Eigenkapitalzufuhr an Gesellschaften als Beihilfe im Sinne des EG-Vertrags, in: Schön – Gedächtnisschrift für Knobbe-Keuk, 1997, S. 583 (585); Herrmann, ZEuS 2004, S. 414 (428); Kortlüge/Pieprzyk/Müller/Sailer/Behlau – Elektromobilität und Erneuerbare Energien, 2011, S. 25 f.

Bedeutung dieses Begriffes widerspricht.[404] Zur weiteren Konkretisierung des Beihilfebegriffes ist daher auf die weiteren Tatbestandsmerkmale des Art. 107 Abs. 1 AEUV abzustellen.

bb) Begünstigende Wirkung

Der europäische Beihilfebegriff wird im Rahmen des Art. 107 Abs. 1 AEUV dahingehend konkretisiert, als es sich um die Gewährung eines wirtschaftlichen Vorteils i.S. einer „Begünstigung" eines oder mehrerer Unternehmen oder Produktionszweige handeln muss. Ob eine Begünstigung gegeben ist, ist anhand des Vergleichsmaßstabs der allgemeinen Marktbedingungen oder der allgemeinen rechtlichen Rahmenbedingungen zu beurteilen.[405] Eine Begünstigung liegt danach nur vor, wenn einem oder mehreren Unternehmen ein wirtschaftlicher Vorteil gewährt wird, ohne dass diesem Vorteil eine marktangemessene Gegenleistung gegenübersteht und der Empfänger somit eine wirtschaftlich bessere Position erlangt.[406] So sind dem EuGH zufolge sowohl Leistungsgewährungen (positive Beihilfe) als auch Belastungsverminderungen (negative Beihilfe) als relevante Begünstigungen zu betrachten, wenn das betreffende Unternehmen diese unter normalen Marktbedingungen nicht erhalten hätte.[407] Dies ist insbesondere der Fall, wenn der Staat mit einer Begünstigung auf objektive Wettbewerbsbedingungen reagiert und bestimmten Unternehmen einen finanziellen Vorteil dadurch verschafft, dass er auf einen Gewinn verzichtet, den er üblicherweise erzielen könnte.[408] Damit ist der Beihilfebegriff weiter gefasst als der Begriff der Subvention, da er neben positiven Leistungen auch Maßnahmen erfasst, die in verschiedener Form reguläre Belastungen von Unternehmen vermindern,

---

404 Behlau – Die EE-Förderung auf dem Prüfstand des europäischen Beihilfenrechts, in: Müller (Hrsg.) – 20 Jahre Recht der Erneuerbaren Energien, Baden-Baden, 2012, S. 336 (342).

405 Müller-Graf, in: Vedder/Heintschel von Heinegg – Europäisches Unionsrecht, Art. 107 AEUV, Rn. 9.

406 Behlau – Die EE-Förderung auf dem Prüfstand des europäischen Beihilfenrechts, in: Müller (Hrsg.) – 20 Jahre Recht der Erneuerbaren Energien, Baden-Baden, 2012, S. 336 (343); Müller-Graf, in: Vedder/ Heintschel von Heinegg – Europäisches Unionsrecht, Art. 107 AEUV, Rn. 10 ff.

407 EuGH, Urteil vom 8.9.2011 – Rs. C-279/08, Slg. 2011, Kommission/Niederlande, Rn. 87; Meßerschmidt – Europäisches Umweltrecht, 2011, § 5, Rn. 104; König/ Paul, in: Streinz – EUV/AEUV, Art. 107, Rn. 29; Streinz- Kühling, EUV/AEUV, Art. 107, Rn. 88.

408 EuGH, Urteil vom 29.2.1996 – Rs. C-56/93, Slg. 1996, Belgien/Kommission, I-723, 771, Rn. 10.

denn diese stellen zwar keine Subventionen im strengen Sinne des Wortes dar, entsprechen diesen aber im Hinblick auf Art und Wirkung.[409]

Da die Abgrenzung zwischen einem gewöhnlichen, unternehmerisch motivierten privatwirtschaftlichen Verhalten und einer Fördertätigkeit der öffentlichen Hand oft unscharf ist, haben Kommission und EuGH das Kriterium des Vergleichs mit einem privaten Investor („market economy investor principle") entwickelt.[410] Gemäß dieser Formel ist zu prüfen, ob sich das Unternehmen die betreffenden Beträge auf den privaten Kapitalmärkten beschaffen könnte. Mit anderen Worten: Es soll geprüft werden, ob ein privater Investor in einer vergleichbaren Lage unter Zugrundelegung der Rentabilitätsaussichten und unabhängig von allen sozialen oder regionalpolitischen Aspekten oder Erwägungen einer sektorbezogenen Politik eine solche Kapitalhilfe gewährt hätte.[411] Allerdings kann es auch trotz dieses Kriteriums zu Schwierigkeiten bei der Einordnung kommen, da der Staat häufig gerade in Situationen, in denen private Kapitalgeber aufgrund eines gewissen Risikos nicht investieren, einspringen muss. Daher räumt der EuGH der Kommission unter Hinweis auf die Beachtung objektiver Kriterien einen weiten Beurteilungsspielraum ein.[412] Dies muss bei der Frage, ob eine Maßnahme eine begünstigende Wirkung hat, berücksichtigt werden.

(1) Begünstigung der Erzeuger regenerativen Stroms durch EEG-Förderung

Durch die Fördermaßnahmen des EEG werden Anlagenbetreiber, die in Deutschland Strom mit erneuerbaren Energien erzeugen[413], i.S.v. Art. 107 Abs. 1 AEUV begünstigt.

Anders als ausländische Stromproduzenten aller Energieträger und heimische Marktteilnehmer, die ihren Strom mit Hilfe konventioneller Energieträger produzieren, tragen diese Anlagenbetreiber zunächst nicht das Risiko, ihren Strom in Deutschland nicht absetzen zu können. Dies wird durch die Regelung des § 8 Abs. 1 S. 1 EEG sichergestellt, derzufolge die Netzbetreiber verpflichtet sind, den gesamten angebotenen Strom aus erneuerbaren Energien unverzüglich vorrangig abzunehmen, zu übertragen und zu verteilen. Es handelt sich dabei

---

409 EuGH, Urteil vom 17.6.1999 – Rs. C-295/97, Slg. 1999, Piaggio/Ifitalia, I-3735, Rn. 2.

410 EuGH, Urteil vom 10.7.1986 – Rs. C-40/85, Slg. 1986, Kommission/Belgien, I-2321, Rn. 1 ff.; Müller-Graf, in: Vedder/Heintschel von Heinegg – Europäisches Unionsrecht, Art. 107 AEUV, Rn. 14.

411 Kahl, NVwZ 1996, S. 1082 (1084).

412 EuGH, Urteil vom 17.12.2008 – Rs. T-196/04, Slg. 2008, RyanAir/Kommission, II-3643, Rn. 40.

413 Einschließlich der deutschen Ausschließlichen Wirtschaftszone (AWZ).

um eine wirtschaftliche Besserstellung i.S. einer Begünstigung, wie sie Art. 107 Abs. 1 AEUV fordert.

Ferner erhält der einspeisende Anlagenbetreiber je nach eingesetzter Energiequelle eine Mindestvergütung, die über dem Marktpreis für konventionellen Strom liegt. Der EuGH stellte in seinem PreußenElektra-Urteil fest, dass die Mindestpreise den Unternehmen unstreitig einen wirtschaftlichen Vorteil verschaffen würden, indem sie ihnen ohne jedes Risiko höhere Gewinne sichern, als sie ohne eine solche Regelung erzielen könnten.[414] Auch wenn infrage gestellt werden kann, ob diese höhere Vergütung nicht beispielsweise aufgrund hoher Investitionskosten oder der Volatilität der erneuerbaren Energien gerechtfertigt ist, so besteht der Vorteil für die Anlagenbetreiber zweifellos schon in der Planungssicherheit, denn sie können damit rechnen, dass ihnen sämtlicher Strom, den sie ins Netz einspeisen, in einer vorher festgelegten Höhe vergütet wird.

Unter Anwendung des „market economy investor principle“ ist nun zu fragen, ob auch ein privater Kapitalgeber den Empfängern vergleichbare Vorteile zugesprochen hätte. Dabei ist zu beachten, dass der Staat nicht das beherrschende Interesse privater Kapitalgeber nach schneller Rendite von Investitionen hat, sondern regelmäßig Ziele im Gemeinschaftsinteresse verfolgt. Ab wann die Grenze zur Begünstigung i.S.d. Art. 107 Abs. 1 AEUV überschritten ist, richtet sich dann danach, ob der Staat wenigstens langfristig Rentabilitätsaussichten hat, oder ob er ausschließlich zur Verwirklichung von Gemeinwohlbelangen ökonomische Vorteile gewährt, deren Rentabilität auch auf Dauer ausgeschlossen ist.[415] Letzteres ist vorliegend der Fall. Die durch die Regelungen des EEG im Vordergrund stehenden Ziele des Staates sind die Reduktion von CO_2-Emissionen, die Versorgungssicherheit während des sukzessiven Ausstiegs aus der Atomenergie sowie die Schonung fossiler Energieträger, und nicht Renditeaussichten. Es handelt sich um legitime Gemeinwohlinteressen, die im Rahmen des „market economy investor principle“ nicht zu berücksichtigen sind. Auch im Hinblick auf dieses Prinzip handelt es sich somit bei den Fördermaßnahmen des EEG um eine Begünstigung i.S.d. Art. 107 Abs. 1 AEUV.

(2) Begünstigung der Empfänger von Kapazitätszahlungen

Durch Kapazitätszahlungen im Rahmen eines nationalen Kapazitätsmechanismus will der Staat sicherstellen, dass genügend Erzeugungskapazitäten

414 EuGH, Urteil vom 13.3.2001 – Rs. C-379/98, Slg. 2001, PreußenElektra, I-2099, Rn. 54.

415 Behlau – Die EE-Förderung auf dem Prüfstand des europäischen Beihilfenrechts, in: Müller (Hrsg.) – 20 Jahre Recht der Erneuerbaren Energien, Baden-Baden, 2012, S. 336 (345).

vorgehalten bzw. aktiviert werden können, um Kapazitätsengpässe aufgrund der Volatilität der erneuerbaren Energien auszugleichen. Aufgrund der fehlenden wirtschaftlichen Attraktivität des Betriebes von konventionellen Stromerzeugungsanlagen, die ja lediglich sporadisch zum Einsatz kommen, soll durch die Zahlungen der weitere Betrieb dieser Kraftwerke sichergestellt werden. Nimmt der Staat dabei Kapazitätszahlungen unmittelbar an ein oder mehrere Unternehmen vor, liegt darin ein maßgeblicher Vorteil, der eine Begünstigung der Betreiber dieser Anlagen i.S.d. Art. 107 Abs. 1 AEUV darstellt, denn dieser Leistung steht keine marktangemessene Gegenleistung gegenüber. Vielmehr erlangt der Empfänger eine wirtschaftlich bessere Position, die er durch lediglich privates Kapital nicht erhalten hätte. Ebenso wie bei den zuvor beschriebenen Fördermaßnahmen des EEG gibt es in diesen Fällen weder kurz- noch langfristige Renditeaussichten, die die Investitionen in ein solches Projekt rechtfertigen würden. Die Verfolgung der genannten Gemeinwohlinteressen, insbesondere der Versorgungssicherheit, sind die Gründe, die den Staat zur Schaffung eines Anreizmechanismus in Form eines Kapazitätsmarktes bewegen könnten. Mithin wären auch Kapazitätszahlungen als Begünstigungen i.S.d. Art. 107 Abs. 1 AEUV zu qualifizieren.

(3) Fördermaßnahmen des EEG und Kapazitätszahlungen als Ausgleichszahlungen für Dienstleistungen von allgemeinwirtschaftlichem Interesse

Vor mehr als zwei Jahrzehnten vertrat der EuGH erstmals die Auffassung, dass keine Beihilfe i.S.d. Art. 107 Abs. 1 AEUV vorläge, wenn der Staat Unternehmen finanzielle Leistungen gewährt, um lediglich einen Ausgleich für die Erfüllung einer auferlegten Verpflichtung bzw. einer Dienstleistung von allgemeinem wirtschaftlichen Interesse zu schaffen.[416] Eine solche Rechtsprechung schien notwendig, um sicherzustellen, dass bestimmte Unternehmen auch weiterhin mit der Erfüllung einer im Gemeinwohlinteresse liegenden Aufgabe betraut werden können, ohne diese überzubeanspruchen.

Kritik an der Entscheidung wurde insbesondere deswegen geübt, weil der Beihilfetatbestand ohnehin eine wettbewerbsverfälschende Vorteilsgewährung voraussetze. Handele es sich um eine gemeinwohlorientierte Dienstleistung, müsse festgestellt werden, ob und inwieweit die gezahlte Vergütung über das angemessene Maß hinausgehe. Dies wäre allerdings im Rahmen des einschlägigen

416 EuGH, Urteil vom 7.2.1985 – Rs. C-240/83, Slg. 1983, Procureur de la Republique/ ADBHU, I-531, Rn. 3.

Ausnahmetatbestands und damit im Rahmen der Rechtfertigung der Beihilfe festzustellen.[417] Ebenso sei diese Prüfung Teil der präventiven Prüfung der Kommission, so dass nur diese bewerten könne, ob tatsächlich lediglich die Kosten der Erfüllung gemeinwirtschaftlicher Dienste übernommen wurden.[418] Diese Kritik teilte das Gericht der Europäischen Union[419], das die Klärung der Frage nach einem Ausgleich der entstandenen Kosten, anders als in den oben genannten Entscheidungen des EuGH, erst auf der Ebene der Rechtfertigung gemäß Art. 107 Abs. 2 AEUV als zutreffend ansah.[420]

In seiner „Altmark Trans"-Entscheidung[421] lenkte der EuGH schließlich ein, ohne jedoch seine Positionierung im Rahmen der Urteile „Procureur de la Republique/ADBHU"[422] und „Ferring SA/Accoss"[423] aufzugeben. Er führte aus, dass eine staatliche Maßnahme nicht von Art. 107 Abs. 1 AEUV erfasst ist, sofern sie eine Gegenleistung für Leistungen bildet, die von den Unternehmen zur Erfüllung gemeinwirtschaftlicher Verpflichtungen erbracht werden, ohne dass sie einen finanziellen Vorteil erhalten. In diesem Falle sei kein wirtschaftlicher Vorteil i.S.d. Art. 107 Abs. 1 AEUV gegeben.[424] Einschränkend setzte er jedoch vier Kriterien voraus, ohne deren Erfüllung die Einstufung als beihilferechtlich irrelevante Ausgleichszahlung nicht infrage käme.

Erstens muss das begünstigte Unternehmen tatsächlich mit der Erfüllung gemeinwirtschaftlicher Verpflichtungen betraut sein, wobei diese Verpflichtungen klar definiert sein müssen. Zweitens sind die Parameter, anhand derer der Ausgleich berechnet wird, zuvor objektiv und transparent aufzustellen; hierdurch soll verhindert werden, dass der Ausgleich einen wirtschaftlichen Vorteil mit sich bringt, der das betroffene Unternehmen gegenüber konkurrierenden

---

417 GA Jacobs, Schlussanträge vom 30. April 2002 – Rs. C-126/01, Slg. 2003, GEMO, I-13769, Rn. 115; GA Leger, Schlussanträge vom 19.3.2002 – Rs. C-280/00, Slg. 2003, Altmark Trans, I-7747, Rn. 80 ff.

418 GA Jacobs, Schlussanträge vom 30. April 2002 – Rs. C-126/01, Slg. 2003, GEMO, I-13769, Rn. 115; GA Leger, Schlussanträge vom 19.3.2002 – Rs. C-280/00, Slg. 2003, Altmark Trans, I-7747, Rn. 90.

419 Vor dem Vertrag von Lissabon hieß das Gericht der Europäischen Union noch Gericht erster Instanz.

420 EuG, Urteil 27.2.1997 – Rs. T-106/95, Slg. 1997, II-229, Rn. 167 ff.; EuG, Urteil vom 10.5.2000 – Rs. T-46/97, Slg. 2000, SIC/Kommission, II-2125, Rn. 84.

421 EuGH, Urteil vom 24.7.2003 – Rs. C-280/00, Slg. 2003, Altmark Trans, I-7747.

422 EuGH, Urteil vom 7.2.1985 – Rs. C-240/83, Slg. 1983, Procureur de la Republique/ ADBHU, I-531.

423 EuGH, Urteil vom 22.11.2001 – Rs. C-53/00, Slg. 2001, Ferring SA/Accoss, I-9067.

424 EuGH, Urteil vom 24.7.2003 – Rs. C-280/00, Slg. 2003, Altmark Trans, I-7747, Rn. 3.

Unternehmen begünstigt. Drittens darf der Ausgleich nicht über das hinausgehen, was erforderlich ist, um die Kosten der Erfüllung der gemeinwirtschaftlichen Verpflichtungen unter Berücksichtigung der dabei erzielten Einnahmen und eines angemessenen Gewinns aus der Erfüllung dieser Verpflichtungen ganz oder teilweise zu decken. Viertens muss die Wahl des Unternehmens, das mit der Erfüllung gemeinwirtschaftlicher Verpflichtungen betraut werden soll, im Rahmen eines Verfahrens zur Vergabe öffentlicher Aufträge erfolgen. Denn dieses Verfahren ermöglicht die Auswahl desjenigen Bewerbers, der die Dienste zu den geringsten Kosten für die Allgemeinheit erbringen kann.[425] Auf diese Weise könnte sichergestellt werden, dass das betroffene Unternehmen gegenüber seinen Konkurrenten keine günstigere Wettbewerbsstellung erlangt.

(a) Anwendung der Altmark-Trans-Kriterien auf die EEG-Fördermaßnahmen

Die Fördermaßnahmen des EEG sind nicht als beihilferechtlich irrelevante Ausgleichszahlungen einzustufen, da die begünstigten Unternehmen nicht mit der Erfüllung gemeinschaftlicher Verpflichtungen betraut sind. Die Konkretisierung des Merkmals der Verpflichtung von allgemeinem wirtschaftlichen Interesse obliegt nicht den EU-Institutionen, sondern den Mitgliedsstaaten.[426] Ob daher die Unternehmen, die die Fördermaßnahmen des EEG beanspruchen und somit zur Reduktion von CO2-Emissionen, zur Versorgungssicherheit sowie zur Schonung fossiler Energieträger beitragen, tatsächlich gemeinschaftliche Verpflichtungen erfüllen, kann – auch wenn dies wahrscheinlich ist – dahingestellt bleiben, denn sie wurden nicht explizit mit dieser Aufgabe betraut. Eine Betrauung i.S.d. Altmark-Trans-Kriterien ist nur gegeben, wenn die Unternehmen, die die beihilferechtlich infrage stehenden Leistungen erhalten, durch einen staatlichen Hoheitsakt[427] für die Erfüllung der konkreten Dienstleistungen in Dienst genommen werden. Die Rechtsform dieses Übertragungsaktes ist dabei irrelevant.[428] An eben einer solchen Indienstnahme mangelt es jedoch vorliegend bei den Anlagenbetreibern, die von

425 EuGH, Urteil vom 24.7.2003 – Rs. C-280/00, Slg. 2003, Altmark Trans, I-7747, Rn. 3; dies bestätigte der EuGH in seinem Urteil vom 27.11.2003 – Rs. C-34/01 bis C-38/01, Slg. 2003, Enirisorse/Ministero delle Finanze, I-14243, Rn. 31.

426 Grünbuch der Kommission – Grünbuch zu den Dienstleistungen von allgemeinem wirtschaftlichen Interesse, KOM (2003) 270 endg., Rn. 77.

427 EuGH, Urteil vom 14.7.1981 – Rs. C-172/80, Slg. 1981, Züchner/Bayerische Vereinsbank, 2012, Rn. 7.

428 Behlau – Die EE-Förderung auf dem Prüfstand des europäischen Beihilfenrechts, in: Müller (Hrsg.) – 20 Jahre Recht der Erneuerbaren Energien, Baden-Baden, 2012, S. 336 (349).

den Fördermaßnahmen des EEG profitieren. Sie haben zwar einen Anspruch auf die Vergütung, werden aber nicht verpflichtet, den Aufgaben nachzukommen. Es werden lediglich finanzielle Anreize geschaffen, über deren Inanspruchnahme das jeweilige Unternehmen selbst entscheiden kann.

(b) Anwendung der Altmark-Trans-Kriterien bei Kapazitätszahlungen
Da bislang ein Regelungsvorschlag der Bundesregierung zur konkreten Ausgestaltung eines deutschen Kapazitätsmarktes fehlt, könnten Kapazitätszahlungen, wie sie im Rahmen der Überlegungen zur Errichtung eines deutschen Kapazitätsmarktes diskutiert werden, bei einer den Voraussetzungen der Altmark-Trans-Voraussetzungen entsprechenden Ausgestaltung als beihilferechtlich irrelevante Ausgleichszahlungen eingestuft werden. Denn bislang ist nicht klar, ob die Unternehmen, die die infrage stehenden Kapazitätszahlungen erhalten würden, durch einen staatlichen Hoheitsakt[429] für die Erfüllung der konkreten Dienstleistungen in Dienst genommen werden sollen. Ausgehend von dem derzeit für einen deutschen Kapazitätsmarkt favorisierten Ausschreibungsverfahren[430] müssen sich die Unternehmen als Bieter für die Teilnahme an diesem Verfahren qualifizieren. Dass es den Unternehmen obliegt, an den Ausschreibungsverfahren teilzunehmen und die Möglichkeit, den Zuschlag zur Vorhaltung von Reservekapazitäten zu erhalten, zu nutzen, spricht noch nicht gegen eine Indienstnahme im Sinne der ersten Voraussetzung der Altmark-Trans-Kriterien. Je nach Ausgestaltung könnte das zukünftige Verfahren so geregelt sein, dass die Unternehmen nach dem Zuschlag für eine konkrete Dienstleistung, nämlich die Vorhaltung von Kapazitäten, durch einen staatlichen Hoheitsakt in Dienst genommen werden und somit eine Betrauung i.S.d. der Altmark-Trans-Kriterien gegeben wäre.

Ferner könnte auch das zweite Kriterium der Altmark-Trans-Entscheidung erfüllt sein. Denn bei der Schaffung eines rechtlichen und insbesondere verfahrensrechtlichen Normenkomplexes zur Errichtung eines Kapazitätsmarkts könnten objektive und transparente Parameter entwickelt werden, anhand derer der Ausgleich berechnet wird, so dass eine Begünstigung gegenüber konkurrierenden Unternehmen ausgeschlossen wäre.

Wie der EuGH in der Entscheidung auch klargestellt hat, darf der Ausgleich nicht über das hinausgehen, was erforderlich ist, um die Kosten der Erfüllung

429 EuGH, Urteil vom 14.7.1981 – Rs. 172/80, Slg. 1981, Züchner/Bayerische Vereinsbank, 2012, Rn. 7.

430 Däuper/Voß, ZNER 2012, S. 119 (121); Hammerstein – EU-Vorgaben für einen Kapazitätsmarkt in Deutschland, in: bne (Hrsg.) – Welches Marktdesign braucht die Energiewende?, 2011, S. 14 f.

der gemeinwirtschaftlichen Verpflichtungen unter Berücksichtigung der dabei erzielten Einnahmen und eines angemessenen Gewinns aus der Erfüllung dieser Verpflichtungen ganz oder teilweise zu decken.[431] Die Erfüllung dieses Kriteriums ist ebenso möglich. So würden möglicherweise Anlagenbetreiber, die aufgrund der derzeitigen Entwicklung erwägen, eines oder mehrere Kraftwerke stillzulegen, wegen des in Aussicht gestellten angemessenen Gewinns den Betrieb aufrechterhalten. Das Interesse zum weiteren Betrieb muss dabei nicht nur der monetäre Gewinn als solcher sein, sondern kann beispielsweise auch in der Sicherung von Arbeitsplätzen bestehen.

Weiter muss die Wahl des Unternehmens, das mit der Erfüllung gemeinwirtschaftlicher Verpflichtungen betraut werden soll, im Rahmen eines Verfahrens zur Vergabe öffentlicher Aufträge erfolgen. Damit soll die Auswahl desjenigen Bewerbers getroffen werden, der diese Dienste zu den geringsten Kosten für die Allgemeinheit erbringen kann.[432] Bei dem angestrebten Ausschreibungsverfahren für einen deutschen Kapazitätsmarkt müssen sich die Unternehmen als Bieter für die Teilnahme an diesem Verfahren qualifizieren. Dafür müssen sie gewisse Anforderungen erfüllen, die sich aus verschiedenen Kriterien des in Art. 7 Abs. 2 EltRL normierten Kataloges zusammensetzen können.[433] Dessen Ziel ist, eine Auswahl derjenigen Bewerber zu treffen, die die erforderlichen Kapazitäten zu den geringsten Kosten für die Allgemeinheit vorhalten können. Mithin könnte auf Grundlage dieses Verfahrens auch das vierte Kriterium der Altmark-Trans-Voraussetzungen erfüllt sein.

(c) Zwischenergebnis

Hinsichtlich der EEG-Fördermaßnahmen fehlt eine Betrauung i.S.d. Altmark-Trans-Kriterien, da die Anlagenbetreiber in dem geltenden Fördersystem lediglich berechtigt, aber nicht verpflichtet werden. Es werden ausschließlich finanzielle Anreize gesetzt, so dass die Maßnahmen keine Dienstleistungen von allgemeinwirtschaftlichem Interesse darstellen, sondern vielmehr Begünstigungen i.S.d. Art. 107 Abs. 1 AEUV.

Im Hinblick auf Kapazitätszahlungen als Schlüsselelement eines deutschen Kapazitätsmarktes ist auf Grundlage der bislang diskutierten Modelle sowie der Möglichkeit, den Mechanismus bzw. das Verfahren den Voraussetzungen

---

431 EuGH, Urteil vom 24.7.2003 – Rs. C-280/00, Slg. 2003, Altmark Trans, I-7747, Rn. 3.

432 EuGH, Urteil vom 24.7.2003 – Rs. C-280/00, Slg. 2003, Altmark Trans, I-7747, Rn. 3; dies bestätigte der EuGH in seinem Urteil vom 27.11.2003 – Rs. C-34/01 bis C-38/01, Slg. 2003, Enirisorse/Ministero delle Finanze, I-14243, Rn. 31.

433 Siehe hierzu S. 74 f.

der Altmark-Trans-Kriterien entsprechend anzupassen, denkbar, dass diese als Dienstleistungen von allgemeinwirtschaftlichem Interesse ausgestaltet sein könnten. In diesem Falle würden sie keine Beihilfe i.S.d. Art. 107 Abs. 1 AEUV darstellen.[434]

(cc) Erfordernis der Selektivität

Ein weiteres bedeutendes, konstitutives Merkmal des Art. 107 Abs. 1 AEUV stellt die Selektivität bzw. die Spezifität der Begünstigung dar. Selektiv ist die Begünstigung im Rahmen des Art. 107 Abs. 1 AEUV, wenn lediglich bestimmte Unternehmen oder Produktionszweige begünstigt werden.[435]

Der im europäischen Wettbewerbsrecht einheitliche Begriff des Unternehmens ist extensiv zu verstehen. Unter ihm wird jede eine wirtschaftliche Tätigkeit ausübende Einheit verstanden, unabhängig von ihrer Rechtsform und der Art ihrer Finanzierung.[436] Für eine „wirtschaftliche Betätigung" ist es maßgeblich, dass das Unternehmen Waren und/oder Dienstleistungen auf einem bestimmten Markt anbietet.[437] Das ist insbesondere immer dann anzunehmen, wenn dieselbe Tätigkeit auch von einem privaten Anbieter mit Gewinnerzielungsabsicht ausgeübt wird.[438] Mit dem Begriff „Produktionszweig", der ebenfalls extensiv auszulegen ist, wird sichergestellt, dass auch jede Branche durch eine Beihilfe begünstigt sein kann und nicht nur einzelne Unternehmen.[439] Individualisierungskriterium

---

434 Da lediglich die Möglichkeit besteht, dass die Kapazitätszahlungen eines deutschen Kapazitätsmarktes die Voraussetzungen der Altmark Trans-Kriterien erfüllen würden, und somit nicht ausgeschlossen ist, dass es sich bei den Kapazitätszahlungen doch um Begünstigungen i.S.d. Art. 107 Abs. 1 AEUV handeln wird, erfolgt im Folgenden die beihilferechtliche Prüfung auch im Hinblick auf solche Kapazitätszahlungen.

435 Von Wallenberg/Schütte, in: Grabitz/Hilf/Nettesheim – EUV/AEUV, Art. 107, Rn. 41.

436 EuGH, Urteil vom 18.6.1998 – Rs. C-35/96, Slg. 1998, Kommission/Italien, I-3851, Rn. 36; EuGH, Urteil vom 23.4.1991 – C-41/90, Slg. 1991, Höfner und Elser, I-1979, Rn. 21; EuGH, Urteil vom 16.11.1995 – Rs. C-244/94, Slg. 1995, Fédération française des sociétés d'assurances u.a., I-4013, Rn. 14.

437 EuGH, Urteil vom 18.6.1998 – Rs. C-35/96, Slg. 1998, Kommission/Italien, I-3851, Rn. 36; EuGH, Urteil vom 16.6.1987 – Rs. C-118/85, Slg. 1987, Kommission/Italien, 2599, Rn. 7.

438 Behlau – Die EE-Förderung auf dem Prüfstand des europäischen Beihilfenrechts, in: Müller (Hrsg.) – 20 Jahre Recht der Erneuerbaren Energien, Baden-Baden, 2012, S. 336 (350); Kortlüge/Pieprzyk/Müller/Sailer/ Behlau – Elektromobilität und Erneuerbare Energien, 2011, S. 32.

439 Von Wallenberg/Schütte, in: Grabitz/Hilf/Nettesheim – EUV/AEUV, Art. 107, Rn. 40.

ist in diesem Falle nicht der Beihilfeempfänger, sondern das Endprodukt der wirtschaftlichen Betätigung. Damit soll eine Umgehung des Beihilfeverbotes durch die Mitgliedsstaaten verhindert werden.[440]

Beihilferechtlich relevant ist eine Zuwendung somit dann, wenn es sich um eine Begünstigung bestimmter Unternehmen oder Produktionszweige handelt. Durch dieses Kriterium der Selektivität wird die europäische Beihilfeaufsicht einerseits auf Unternehmensförderungen beschränkt,[441] andererseits sollen allgemeine wirtschaftspolitische Maßnahmen, die ohne Unterschied allen inländischen Marktteilnehmern zugute kommen,[442] vom Anwendungsbereich ausgenommen werden.[443] Letztere sind den Mitgliedsstaaten vorbehalten, da die Maßnahmen Teil der uneingeschränkten Kompetenz der Mitgliedsstaaten über die Festlegung ihrer nationalen Wirtschaftspolitik sind. So bleibt die allgemeine Wirtschafts- und Konjunkturpolitik gemäß Art. 120, 121 AEUV Sache der Mitgliedsstaaten.[444] Von den allgemeinen wirtschaftspolitischen Maßnahmen sind allgemein formulierte Maßnahmen zu unterscheiden, die de facto nur einzelne Unternehmen begünstigen.[445] Wenn eine Vielzahl von Unternehmen von der Beihilfe profitiert, ergeben sich regelmäßig Abgrenzungsschwierigkeiten. Diese Problematik steigt proportional mit der zunehmenden Anzahl von Adressaten.[446] Selektiv ist die konkrete Maßnahme in dieser Hinsicht, wenn die mitgliedsstaatliche Regelung der staatlichen Behörde oder der staatlich benannten Stelle ein Ermessen einräumt.[447]

(1) Selektive Begünstigung bei den EEG-Fördermaßnahmen

Bei den Anlagen zur Erzeugung von Strom aus erneuerbaren Energien handelt es sich um Unternehmen i.S.d. Art. 107 Abs. 1 AEUV. Sie bieten ihren Strom als Ware gegen ein entsprechendes Entgelt an und konkurrieren mit den Anlagenbetreibern, die Strom aus fossilen Energieträgern erzeugen. Des

---

440 Kortlüge/Pieprzyk/Müller/Sailer/Behlau – Elektromobilität und Erneuerbare Energien, 2011, S. 33.

441 Klein/Haratsch, EWS 1997, S. 410 (412).

442 Von Wallenberg/Schütte, in: Grabitz/Hilf/Nettesheim – EUV/AEUV, Art. 107, Rn. 41.

443 König/Kühling, NJW 2000, S. 1065 (1068); Kortlüge/Pieprzyk/Müller/Sailer/Behlau – Elektromobilität und Erneuerbare Energien, 2011, S. 34.

444 M.w.N. Kortlüge/Pieprzyk/Müller/Sailer/Behlau – Elektromobilität und Erneuerbare Energien, 2011, S. 35.

445 Cremer, in: Calliess/Ruffert – EUV/AEUV, Art. 107, Rn. 26.

446 Kortlüge/Pieprzyk/Müller/Sailer/Behlau – Elektromobilität und Erneuerbare Energien, 2011, S. 35.

447 Arhold, EuZW 2006, S. 717.

Weiteren ist auch das Merkmal der Selektivität erfüllt: Von den Fördermaßnahmen des EEG in Form des unbegrenzten Einspeisevorrangs und der gesetzlichen Mindestvergütung profitieren lediglich diejenigen Anlagenbetreiber, die Strom aus erneuerbaren Energien produzieren. Die Betreiber konventioneller Kraftwerke sind von dieser Förderung ausgeschlossen. Dabei produzieren beide Anlagenbetreiber Strom und bieten folglich dasselbe Wirtschaftsgut an. Sie stehen mithin im Wettbewerb zueinander, so dass die einseitige Förderung von Erzeugern erneuerbarer Energien als selektiv zu qualifizieren ist.

(2) Selektive Begünstigung bei Kapazitätszahlungen

Auch im Hinblick auf Kapazitätszahlungen ist das Merkmal der Selektivität der Begünstigung erfüllt. Lediglich diejenigen Anlagenbetreiber, die erfolgreich an dem Ausschreibungsverfahren teilnehmen, sollen Kapazitätszahlungen erhalten. Damit genösse nur ein Teil der an dem relevanten Markt teilnehmenden Unternehmen die Begünstigungen der Kapazitätszahlungen. Dem steht auch nicht entgegen, dass es den Anlagenbetreibern obläge, an dem Ausschreibungsverfahren teilzunehmen.

Vielmehr kann untersucht werden, ob es sich nicht sogar um eine selektive Begünstigung zugunsten einer bestimmten Branche handeln würde. Dies könnte der Fall sein, weil es sich vorwiegend um konventionelle Kraftwerke handeln wird, die zur Sicherung und Vorhaltung von Kapazitäten herangezogen werden sollen. Zwar kann es auch einen Ausgleich zwischen volatiler Erzeugung aus Wind- und Solarkraft und der Stromnachfrage unter Einbeziehung nichtkonventioneller Kraftwerke geben. Doch es bestehen diesbezüglich vor allem technologische Hindernisse, die es in den nächsten Jahren und Jahrzehnten zu überbrücken gilt. Solange die Technologie der Energiespeicherung nicht in eine neue Phase eintritt und Energiespeicher mit größerem Speichervolumen entwickelt sind, wird man im Fall von Kapazitätsengpässen nur schwerlich auf erneuerbare Energien zurückgreifen können.

Windenergie und Photovoltaik scheiden gerade wegen ihrer Schwankungsanfälligkeit aus. Aber auch Wasserkraft und Geothermie werden vorläufig wegen ihres insgesamt geringen Anteils an der Stromerzeugung aus erneuerbaren Energien[448] nicht zum Kapazitätsausgleich bei hohen Erzeugungsschwankungen aus Windenergie und Photovoltaik herangezogen werden können.

---

448 2011 hatte Wasserkraft einen Anteil von 6 Prozent und Geothermie einen Anteil von 2,1 Prozent an der Energiebereitstellung aus erneuerbaren Energien in Deutschland, siehe hierzu BMU – Entwicklung der Erneuerbaren Energien im Jahr 2011, S. 10.

Infrage käme ferner ein Schwankungsausgleich durch die Verstromung von Biomasse. Biomasse umfasst ausschließlich tierische und pflanzliche Erzeugnisse, die zur Gewinnung von Heizenergie sowie elektrischer Energie oder auch als Kraftstoff verwendet werden können.[449] Mit einem Anteil von ca. 11 Prozent[450] stellt Biomasse den drittgrößten Anteil an installierter Leistung zur Stromerzeugung aus erneuerbaren Energien in Deutschland dar. Damit könnte sie wenigstens einen geringen Beitrag zum Ausgleich der Schwankungen bei Windkraft und Photovoltaik, die zusammen einen Anteil von über 80 Prozent aufweisen, leisten. Dabei ist aber unklar, ob es geographisch möglich sowie wirtschaftlich rentabel ist, für jedes nichtproduzierende Windrad eine ca. 30-mal größere Bodenfläche zur Stromerzeugung aus Biomasse zu beanspruchen.[451] Zweifel an der Geeignetheit dieses Energieträgers bestehen ebenso, weil Biomasse lediglich unmittelbar vor Ort Strom erzeugen kann.[452] Das bioenergetische Produkt Biogas hingegen wird seit langem als mögliches Mittel zum Schwankungsausgleich diskutiert.[453] Im Gegensatz zu einer unmittelbaren Stromerzeugung aus Biomasse vor Ort kann Biogas dort aus dem Gasversorgungsnetz entnommen werden, wo die Stabilität des Stromversorgungsnetzes gefährdet ist. Darüber hinaus kann bei Biogas die Stromerzeugung auch bedarfsgerecht erfolgen und damit in sinnvoller Weise volatile erneuerbare Energien wie Wind- oder Solarenergie unterstützen.[454]

---

449 In der Biomasse-Verordnung (§ 2 BiomasseV) ist legaldefiniert, welche Energieträger aus Phyto- und Zoomasse als Biomasse qualifiziert werden können. Hierunter fallen beispielsweise Pflanzen und Pflanzen bestandteile, Abfälle und Nebenprodukte pflanzlicher und tierischer Herkunft aus der Land-, Forst- und Fischwirtschaft, oder auch Bioabfälle i.S.d. Bioabfallverordnung. Dem Bundesumweltministerium zufolge fallen unter Biomasse biogene Festbrennstoffe, flüssige Biomasse, Biogas, Klärgas, Deponiegas, der biogene Anteil des Abfalls sowie Biokraftstoffe, siehe BMU – Entwicklung der Erneuerbaren Energien im Jahr 2011, S. 19.

450 Inklusive biogener Anteil des Abfalls; die übrigen Anteile verteilen sich wie folgt: ca. 44 Prozent Windenergie, ca. 38 Prozent Photovoltaik, ca. 7 Prozent Wasserkraft, siehe BMU – Entwicklung der Erneuerbaren Energien im Jahr 2011, S. 23.

451 Es handelt sich hierbei um einen gängigen Richtwert; bereits 2008 teilte ein Umweltingenieur an der Stanford University dieses Verhältnis im Rahmen einer Untersuchung mit: Mark Jacobson – Review of solutions to global warming, air pollution, and energy security, Energy & Environmental Science 2009, Vol. 2, S. 148 ff.

452 Bundesnetzagentur – Biogas-Monitoringbericht 2012, S. 13.

453 Deutsche Gesellschaft für Sonnenenergie e.V. – Wetterschwankungen: Ausgleich mit Biogas, in: Sonnenenergie, 2008, S. 24 ff.; Bundesnetzagentur – Biogas-Monitoringbericht 2012, S. 13.

454 Bundesnetzagentur – Biogas-Monitoringbericht 2012, S. 13.

Ob und welche der erneuerbaren Energieträger sich letztlich für den Schwankungsausgleich eignen, muss an dieser Stelle jedoch nicht weiter vertieft werden, da für die beihilferechtlich relevante Begünstigung bereits eine Selektion bestimmter Unternehmen genügt. Eine Einschränkung anhand eines Produktionszweiges oder einer Branche erscheint wegen der derzeit für einen Kapazitätsmarkt favorisierten konventionellen Erdgaskraftwerke (noch) möglich. Für die Bejahung der Selektivität bei Begünstigungen in Form von Kapazitätszahlungen ist diese Entscheidung aber nicht maßgeblich. Es genügt, dass lediglich ein Teil der Anlagenbetreiber, seien es Stromerzeuger aus regenerativen oder aus fossilen Energiequellen, von den Kapazitätszahlungen profitieren. Dies ist bei allen derzeit diskutierten Ausgestaltungsvarianten der Fall.

dd) Staatliche oder aus staatlichen Mitteln stammende Zuwendungen

Des Weiteren muss es sich um staatliche Beihilfen oder um aus staatlichen Mitteln gewährte Beihilfen handeln. „Staatlich" sind Beihilfen dann, wenn es sich bei dem Beihilfegeber um einen nationalen Hoheitsträger handelt.[455] Weder Beihilfen der Europäischen Kommission noch privater Unternehmen unterliegen der Beihilfenaufsicht der Kommission, sondern nur solche, die durch die Mitgliedsstaaten oder die Länder als sog. Teilstaaten gewährt werden.[456]

Um den Mitgliedsstaaten klare Abgrenzungskriterien an die Hand zu geben, wann eine Vorteilsgewährung eines Mitgliedsstaats den Anforderungen an die Staatlichkeit i.S.d. Art. 107 Abs. 1 AEUV entspricht, hat der EuGH auf Grundlage verschiedener Entscheidungen zwei Kriterien entwickelt, anhand derer entschieden werden kann, ob eine Begünstigung als staatliche Beihilfe zu qualifizieren ist oder nicht. Die Begünstigung muss dafür zunächst unmittelbar oder mittelbar aus staatlichen Mitteln gewährt werden. Des Weiteren muss die Gewährung der Mittel als staatliches Handeln verstanden werden, also dem Staat zurechenbar sein. Diese beiden Voraussetzungen müssen kumulativ vorliegen.[457] Der EuGH hat sie zuletzt in einem Urteil im Mai 2013 bestätigt.[458]

Im Folgenden wird daher erörtert, wann eine Vorteilsgewährung aus staatlichen Mitteln anzunehmen ist (siehe unter (1)). In diesem Zusammenhang wird insbesondere der Streitstand um das Erfordernis einer Belastung des staatlichen

---

455 Cremer, in: Calliess/Ruffert - EUV/AEUV, Art. 107, Rn. 27.

456 Behlau - Die EE-Förderung auf dem Prüfstand des europäischen Beihilfenrechts, in: Müller (Hrsg.) - 20 Jahre Recht der Erneuerbaren Energien, Baden-Baden, 2012, S. 336 (353).

457 EuGH, Urteil vom 20.11.2003 - Rs. C-126/01, Slg. 2003, GEMO, I-13769, Rn. 24.

458 EuGH, Urteil vom 30.5.2013 - Rs. C-677/11, Doux Élevage, Slg. 2013, I-0000, Rn. 27.

Haushalts dargestellt und bewertet. Anschließend wird der Frage nachgegangen, wann das Merkmal der staatlichen Zurechenbarkeit erfüllt ist (siehe unter (2)). Zuletzt wird auf Basis dieser Ausführungen diskutiert, ob die EEG-Fördermaßnahmen bzw. Kapazitätszahlungen in der bislang favorisierten Ausgestaltung staatliche oder aus staatlichen Mitteln gewährte Zuwendungen i.S.d. Art. 107 Abs. 1 AEUV darstellen würden (siehe unter (3)).

(1) Gewährung von Vorteilen aus staatlichen Mitteln

Das erste Kriterium des EuGH orientiert sich streng am Wortlaut des Art. 107 Abs. 1 AEUV und bedarf somit zur Beantwortung der Frage, wann genau eine Belastung des staatlichen Haushalts gegeben ist, einer präzisen Überprüfung. Dabei ist nach wie vor umstritten, was letztlich unter einer Gewährung von Vorteilen aus staatlichen Mitteln zu verstehen ist und ob der Mittelgewährung ein negativer Vermögenseffekt bei der öffentlichen Hand gegenüberstehen muss.[459]

(a) Rechtsprechung: Belastung des staatlichen Haushalts erforderlich

Im Jahre 1978[460] entschied der EuGH erstmalig, dass keine staatliche oder aus staatlichen Mitteln gewährte Beihilfe vorliegt, wenn es sich um eine Maßnahme handelt, die weder unmittelbar noch mittelbar aus staatlichen Mitteln i.S.d. Art. 107 AEUV finanziert wird, sondern lediglich den privaten Erwerber des Produktes belastet. Damit sah der EuGH lediglich eine Gewährung von Vorteilen i.S.d. Art. 107 Abs. 1 AEUV als gegeben an, wenn der staatliche Haushalt durch die Gewährung belastet werde. Diese Auffassung vertrat er auch in seiner folgenden Rechtsprechung.[461] Ob die Beihilfe unmittelbar durch den Staat oder durch eine von ihm zur Durchführung der Beihilferegelung errichtete oder beauftragte öffentliche oder private Einrichtung gewährt wird, ist für die Frage der Belastung des staatlichen Haushalts nicht maßgeblich.[462]

459 König/Kühling, ZUM 2001, S. 537 (540).

460 EuGH, Urteil vom 24.1.1978 – Rs. C-82/77, Slg. 1978, Niederlande/van Tiggele, I-25, Rn. 23 ff.

461 Ständige Rechtsprechung seit EuGH, Urteil vom 30.11.1991 – Rs. C-189/91, Slg. 1993, Kirsammer-Hack/Sidal, I-6185, Rn. 16; EuGH, Urteil vom 17.3.1993 – Rs. C-72,73/91, Slg. 1993, Sloman/Neptun, I-887, Rn. 19; EuGH, Urteil vom 13.3.2001 – Rs. C-379/98, Slg. 2001, PreußenElektra, I-2099, Rn. 57; EuGH, Urteil vom 20.11.2003 – Rs. C-126/01, Slg. 2003, GEMO, I-13769, Rn. 24.

462 EuGH, Urteil vom 22.3.1977 – Rs. C-78/76, Slg. 1977, Steinike&Weilig/Kommission, 595, Rn. 21.

An dieser Stelle ist wiederum das PreußenElektra-Urteil des EuGH hervorzuheben. Wie zuvor bereits dargestellt,[463] wurden die privaten Elektrizitätsversorgungsunternehmen aufgrund der Abnahme- und Vergütungsregelungen verpflichtet, den in ihrem Versorgungsgebiet erzeugten regenerativen Strom zu festen Mindestpreisen, die über dessen tatsächlichem wirtschaftlichen Wert lagen, abzunehmen. Der EuGH urteilte in Übereinstimmung mit seiner ständigen Rechtsprechung, dass diese Verpflichtung privater Elektrizitätsversorgungsunternehmen keine unmittelbare oder mittelbare Übertragung staatlicher Mittel auf die den Ökostrom produzierenden Unternehmen i.S.d. Art. 107 Abs. 1 AEUV darstelle.[464] Da der staatliche Haushalt nicht belastet werde, sei eine Beihilfe i.S.d. Vorschrift nicht gegeben.[465]

Die Besonderheit dieses Urteils im Vergleich zu den vorangegangenen Entscheidungen, die eine Belastung des staatlichen Haushalts als Voraussetzung ansahen, bestand vor allem darin, dass es sich erstmalig nicht um eine legislative Änderung arbeits-, sozial- oder insolvenzrechtlicher Rahmenbedingungen handelte, sondern um die beihilferechtliche Einordnung staatlich gelenkter Geldleistungen zwischen Privaten.[466] Die Ausführungen des EuGH zu diesem Punkt wurden vielfach begrüßt,[467] insbesondere, weil das Urteil Rechtssicherheit mit sich brachte und zugleich als geeignet angesehen wurde, das Beihilferecht vor der Gleichstellung mit einem allgemeinen Diskriminierungsverbot zu bewahren.[468] Für das Verhältnis des Beihilferechts und der Grundfreiheiten war es richtungweisend, da es eine klare Abgrenzung der Warenverkehrsfreiheit vom Beihilferecht, die beide die Errichtung und Erhaltung eines freien Warenverkehrs unter normalen Wettbewerbsbedingungen verfolgen,[469] vorsah. Der EuGH führte aus,

---

463 Siehe hierzu S. 89 f.

464 EuGH, Urteil vom 13.3.2001 – Rs. C-379/98, Slg. 2001, PreußenElektra, I-2099, Rn. 57.

465 EuGH, Urteil vom 13.3.2001 – Rs. C-379/98, Slg. 2001, PreußenElektra, I-2099, Rn. 61.

466 Behlau – Die EE-Förderung auf dem Prüfstand des europäischen Beihilfenrechts, in: Müller (Hrsg.) – 20 Jahre Recht der Erneuerbaren Energien, Baden-Baden, 2012, S. 336 (354).

467 Siehe exemplarisch Ehricke, RdE 2003, S. 57 (59); Nagel, ZNER 2000, S. 100 (110 f.); Nowak, EuZW 2003, S. 389 (394).

468 Kühling, RdE 2001, S. 93 (98); Ehricke, in: Immenga/Mestmäcker – Wettbewerbsrecht, Art. 87, Rn. 70.

469 EuGH, Urteil vom 20.3.1999 – Rs. C-21/88, Slg. 1990, Du Pont de Nemours Italiana, I-889, Rn. 20; EuGH, Urteil vom 7.5.1985 – Rs. C-18/84, Slg. 1985, Kommission/Frankreich, I-1339, Rn. 13; EuGH, Urteil vom 13.3.1979 – Rs. C-91/78, Slg. 1979, Hansen, I-935; EuGH, Urteil vom 26.6.1979 – Rs. C-177/78, Slg. 1979, Pigs and Bacon/Kommission, I-2161.

dass die Anwendung des Beihilferechts im Gegensatz zur Warenverkehrsfreiheit eben gerade von einer unmittelbaren oder mittelbaren staatlichen Finanzierung abhängig ist. Als Folge dessen sprach er der infragestehenden Regelung den Charakter einer staatlichen Beihilfe ab.[470] Ansonsten würde bei jeder ordnungsrechtlichen Veränderung wirtschaftlicher Rahmenbedingungen die Anwendung des Beihilferechts bejaht werden, und die Warenverkehrsfreiheit nicht mehr als den Wettbewerb schützende Grundfreiheit einschlägig sein. Dies solle durch klare Abgrenzungskriterien verhindert werden.[471]

Zur kritischen Frage, wann ein Vorteil als staatliche Beihilfe qualifiziert werden kann, obwohl keine staatlichen Mittel übertragen werden, hat sich der EuGH in einem im Dezember 2013 ergangenen Urteil geäußert. In diesem wies er erneut darauf hin, dass zum Erfüllen des Tatbestandsmerkmals bereits ausreicht, dass der Vorteil unmittelbar oder mittelbar aus staatlichen Mitteln gewährt wird. In dem Fall wurden aufgrund eines französischen Gesetzes Energieversorger in Frankreich dazu verpflichtet, Windstrom zu einem Preis abzunehmen, der höher als der Marktpreis war. Diese Mehrkosten waren von den im Inland wohnhaften Stromendverbrauchern zu zahlen. Ein öffentlicher Fonds zog die diesbezüglichen Gelder ein und leitete diese an die Versorger weiter. Als eine juristische Person des öffentlichen Rechts war der Fonds durch die Verwaltung eines Sonderkontos, auf dem die eingezogenen Beträge zentral zusammengefasst wurden, mit der Erbringung von Verwaltungs-, Rechnungsführungs- und Buchführungsleisteungen beauftragt worden. Damit standen die eingezogenen Beiträge unter staatlicher Kontrolle einer öffentlichen Einrichtung, was die Annahme einer staatlichen Belastung zuließe, auch wenn keine staatlichen Mittel übertragen würden.[472]

(b) Mindermeinung in der Literatur: Belastung des staatlichen Haushalts nicht zwingend erforderlich

Diese Auffassung des EuGH wird von einer Mindermeinung in der Literatur[473] kritisch bewertet. Ausgangspunkt für die Kritik ist, dass der Gerichtshof grundsätzlich eine weite Auslegung hinsichtlich der Tatbestandsmerkmale des

470 EuGH, Urteil vom 13.3.2001 – Rs. C-379/98, Slg. 2001, PreußenElektra, I-2099, Rn. 60.

471 Behlau – Die EE-Förderung auf dem Prüfstand des europäischen Beihilfenrechts, in: Müller (Hrsg.) – 20 Jahre Recht der Erneuerbaren Energien, Baden-Baden, 2012, S. 336 (355).

472 EuGH, Urteil vom 19.12.2013 – Rs. C-262/12, Vent de Colère.

473 Metaxas – Grundfragen des europäischen Beihilferechts, 2003, S. 52 ff.; Slotboom – State Aid in Community Law: A Broad or Narrow Definition?, ELR 1995, S. 289 ff.

Art. 107 Abs. 1 AEUV befürworte. Lediglich hinsichtlich des Merkmals der „Staatlichkeit" der Maßnahme ginge er durch die Voraussetzung der Belastung des staatlichen Haushalts von einer streng formalen Bedingung des Art. 107 Abs. 1 AEUV aus. Auch dieses Tatbestandsmerkmal der Vorschrift sei jedoch weit auszulegen. Danach stelle jeglicher durch staatliche Regulierung im weitesten Sinne gelenkte geldwerte Vorteil für bestimmte Unternehmen oder Produktionszweige, unabhängig von einer etwaigen Übertragung von staatlichen Mitteln, eine Beihilfe dar.[474] Denn es würden nicht nur dieselben ökonomischen Wirkungen erzielt wie bei der Gewährung einer finanziellen Beihilfe;[475] die selektive Anwendung von Regulierungsmaßnahmen, bei der eine Umlage zu Lasten konkurrierender Unternehmen vorgenommen werde, stelle vielmehr einen intensiveren Eingriff in den Markt dar als bei einer Vorteilsgewährung aus dem staatlichen Haushalt.[476] Daher lässt diese Auffassung das Kriterium der staatlichen Zurechenbarkeit genügen, wonach bereits die Begünstigung bestimmter Unternehmen oder Produktionszweige zur Qualifikation als staatlicher Beihilfe ausreiche, solange die Vorteilsgewährung auf eine staatliche Lenkung, beispielsweise durch gesetzliche Anordnung, zurückzuführen sei.[477] Eine Beihilfe sei nur dann nicht gegeben, wenn die Gewährung staatlicher Mittel nur aufgrund einer fakultativen Aktivität des Unternehmens erfolge.[478] Im Ergebnis sieht diese Auffassung in jedem staatlichen Eingriff, der bestimmten Unternehmen einen wirtschaftlichen Vorteil bringt, eine staatliche Beihilfe, auch wenn die Vorteilsgewährung lediglich eine mittelbare Folge der Veränderung wirtschaftlicher Rahmenbedingungen ist.

(c) Vermittelnde Auffassung in der Literatur

Neben der restriktiven Auffassung des EuGH und dem weiten Verständnis der „Staatlichkeit" der Mittelgewährung einer Mindermeinung in der Literatur favorisieren andere Rechtswissenschaftler eine vermittelnde Auffassung. Im Grundsatz teilen sie das weite Verständnis, dass es einer unmittelbaren Belastung des staatlichen Haushalts nicht bedarf. Eine Einschränkung wird allerdings

474 Slotboom – State Aid in Community Law: A Broad or Narrow Definition?, ELR 1995, S. 289 ff.

475 Siehe hierzu Metaxas – Grundfragen des europäischen Beihilferechts, 2003, S. 53.

476 König/Kühling, ZUM 2001, S. 536 (540).

477 Leiner – Staatsbürgschaften und EG-vertragliches Beihilfeverbot, 2002, S. 80; Slotboom – State Aid in Community Law: A Broad or Narrow Definition?, ELR 1995, S. 289 ff.

478 Gent – Deutsches Stromeinspeisungsgesetz und EG-Vertrag, 1999, S. 50.

dahingehend gemacht, dass die Qualifikation als staatliche Beihilfe i.S.d. Art. 107 Abs. 1 AEUV dann abgelehnt wird, wenn der Vorteil lediglich als Folge von Änderungen ordnungsrechtlicher Verpflichtungen entsteht und sich diese Veränderungen somit nur wirtschaftlich positiv auswirken.[479] Dies sei beispielsweise bei der Ausnahme von belastenden Umweltstandards oder bei Änderungen der mitgliedsstaatlichen wirtschafts-, arbeits- oder sozialrechtlichen Rahmenbedingungen[480] der Fall.

Die Vertreter dieser Auffassung teilen daher die Ansicht, dass nur durch ein weites Verständnis ein Taktieren der Mitgliedsstaaten bei der Subventionierung heimischer Unternehmen zur Umgehung der europäischen Beihilfekontrolle vermieden werden könne.[481] Sie geben zu bedenken, dass dieses Risiko bei der restriktiven Auffassung des EuGH evident sei, da es aufgrund neuer Finanzierungssysteme immer komplizierter würde, eine Belastung des staatlichen Haushalts nachzuweisen. Darüber hinaus müsse allerdings auch beachtet werden, dass finanzielle Vorteile, die als Folge einer Veränderung ordnungsrechtlicher Rahmenbedingungen entstehen und kein Resultat einer geplanten staatlichen Mittelgewährung sind, nicht unter die europäische Beihilfekontrolle der Kommission fallen dürften. Ansonsten könnte dies nicht nur zu einer Überforderung der Kommission führen, deren Folge Verzögerungen bei sämtlichen Prüfgegenständen sowie erhöhte Rechtsunsicherheit sein könnten;[482] auch der Blick der Kommission für tatsächlich relevante Beihilfen könnte verzerrt werden.[483]

Auch die Kommission befürwortet dieses Verständnis des Begriffes der „Staatlichkeit", wie sie bei ihrer Einlassung im Rahmen des PreußenElektra-Verfahrens ausführte. Sie sah es zur Sicherung der praktischen Wirksamkeit der Art. 107 ff. AEUV als erforderlich an, den Begriff der staatlichen Beihilfen ebenso auf Unterstützungsmaßnahmen zu erstrecken, die vom Staat beschlossen, aber durch private Unternehmen finanziert würden. Dies würde auch für die in Streit stehende Regelung des Stromeinspeisungsgesetzes gelten. Dabei stützte sie ihre Argumentation auf eine Analogie zu der kartellrechtlichen Rechtsprechung des EuGH, nach der es den Mitgliedsstaaten durch Art. 101 AEUV i.V.m. Art. 5 Abs. 2 EU untersagt ist, Maßnahmen zu treffen, die die praktische Wirksamkeit

479 Siehe hierzu Kühling, RdE 2001, S. 93 (97); Ehricke, RdE 2003, S. 57 (58).
480 Metaxas – Grundfragen des Europäischen Beihilferechts, 2003, S. 56.
481 Kühling, RdE 2001, S. 93 (98); siehe auch König/Kühling, ZUM 2001, S. 537 (541); Meßerschmidt – Europäisches Umweltrecht, 2011, § 5, Rn. 111.
482 Kühling, RdE 2001, S. 93 (98); Metaxas – Grundfragen des europäischen Beihilferechts, 2003, S. 54.
483 Metaxas – Grundfragen des Europäischen Beihilferechts, 2003, S. 54.

der für die Unternehmen geltenden Wettbewerbsregeln aufheben können.[484] Diese Auffassung dürfte die Kommission auch in ihrem kürzlich eingeleiteten Beihilfeprüfverfahren gegen Deutschland[485] aufrechterhalten.

(d) Streitentscheid

Für alle drei Auffassungen gibt es belastbare Argumente. Daher muss anhand des allgemeinen Auslegungskanons entschieden werden, welcher der drei Auffassungen zu folgen ist.

Zunächst ist auf den Wortlaut abzustellen. Danach muss die Beihilfe „staatlich oder aus staatlichen Mitteln" gewährt werden. Die Nennung dieser beiden Varianten lässt darauf schließen, dass mit dieser Formulierung zwei unterschiedliche Beihilfeoptionen erfasst werden sollen, was für die mitunter in der Literatur favorisierte weite Auffassung des Tatbestandsmerkmals sprechen würde.[486] Allerdings könnte das Merkmal „aus staatlichen Mitteln" auch lediglich die „staatliche Zurechenbarkeit" präzisieren oder aber, wie teilweise in der Literatur[487] angenommen, die Auffangalternative der staatlichen Beihilfe konkretisieren. Dies würde die restriktive Auffassung stützen, die die Formulierung dieses Tatbestandsmerkmals als einheitlichen Rechtsbegriff versteht.[488] Hingegen soll dem EuGH zufolge die Begrifflichkeit „aus staatlichen Mitteln gewährte Beihilfen" mehr Fälle einschließen, als dies beim Begriff der „staatlichen Beihilfen" der Fall ist.[489] Diese Unterscheidung benötigt das Gericht jedoch lediglich, um Mittel, die von einer öffentlichen oder privaten Einrichtung, die vom Staat zur Durchführung der Beihilfengewährung errichtet oder benannt worden ist, auch als Beihilfen i.S.d. Art. 107 Abs. 1 AEUV qualifizieren zu können.[490] Diese Erwägungen zeigen, dass der Wortlaut nicht nur auf eine Auslegungsvariante schließen lässt.

---

484 EuGH, Urteil vom 13.3.2001 – Rs. C-379/98, Slg. 2001, PreußenElektra, I-2099, Rn. 63.

485 Beihilfeprüfverfahren der Kommission gegen Deutschland (SA.33995 (2013/C)) wegen der EEG-Förderregelungen und der Begrenzung der EEG-Umlage für stromintensive Unternehmen.

486 König/Kühling, EuZW 1999, S. 517 (521).

487 Kassow – Notwendigkeit der staatlichen Mittelherkunft, 2004, S. 104 f.

488 Kühling (RdE 2001, S. 93 (97)) und Soltesz (EuZW 1998, S. 747 (750)) gehen damit zu Recht davon aus, dass im Ergebnis der Wortlaut alle Auslegungsvarianten zulässt.

489 So auch Ekardt/Schmeichel, ZEuS 2009, S. 171 (206).

490 EuGH, Urteil vom 30.11.1991 – Rs. C-189/91, Slg. 1993, Kirsammer-Hack/Sidal, I-6185, Rn. 16; EuGH, Urteil vom 19.12.2013 – Rs. C-262/12, Vent de Colère, Rn. 20; EuGH, Urteil vom 17.3.1993 – Rs. C-72,73/91, Slg. 1993, Sloman/Neptun, I-887, Rn. 19.

In Anbetracht der Offenheit des Wortlautes müssen daher teleologische oder systematische Erwägungen entscheidend sein. Gegen die Rechtsprechung des EuGH spräche, dass diese eine sehr starke Verschiebung der Wettbewerbsbedingungen ermöglicht, solange staatliche Mittel nur formal nicht angetastet werden.[491] Für die enge Auslegung des EuGH hingegen lässt sich anführen, dass der Beihilfebegriff seine Konturen verlöre, ließe man auch solche Maßnahmen in den Anwendungsbereich des Art. 107 Abs. 1 AEUV fallen, die keine Belastung des Staatshaushaltes mit sich bringen.[492] Jede mitgliedsstaatliche Intervention und Regelung in Form einer gesetzlichen Vorschrift, die auf eine Verbesserung der wirtschaftlichen Strukturen abzielt, in gewisser Weise selektiv wirkt und letztlich auch konkrete Unternehmen oder Produktionszweige begünstigt, wäre der Beihilfenkontrolle gemäß Art. 108 AEUV unterworfen.[493] Dies wäre auch unter den Gesichtspunkten der Rechtssicherheit und des Vertrauensschutzes nicht zu rechtfertigen.[494] Die staatliche Verwirklichung eines besonderen rechtlichen Rahmens für die finanziellen Beziehungen zwischen Wirtschaftsteilnehmern kann demnach nicht zur Verwirklichung dieses Tatbestandmerkmals führen.[495] Dabei muss beachtet werden, dass unfaire staatliche Begünstigungen und auch die Wettbewerbsfreiheit bereits im Allgemeinen durch die europäischen Grundfreiheiten, insbesondere die Warenverkehrsfreiheit, und das allgemeine Diskriminierungsverbot geschützt sind.[496] Folgte man der weiten Auffassung der Literatur, würde das Beihilfenverbot des Art. 107 AEUV sowie die Beihilfenkontrolle der Kommission gemäß Art. 108 AEUV zu einem „Auffangtatbestand" degradiert werden, dessen Bedeutung nicht mehr mit dem in Art. 108 Abs. 3

491 Frenz, NVwZ 2011, S. 522.

492 Metaxas – Grundfragen des europäischen Beihilferechts, 2003, S. 54: Die Auffassung des EuGH werde im Ergebnis gestützt. Es läge keine staatliche Beihilfe i.S.d. Art. 107 Abs. 1 AEUV vor, wenn die erteilte Begünstigung keine unmittelbar bezifferbare finanzielle Einbuße für den Staat oder eine ihm zurechenbare Körperschaft oder Einrichtung bedingt.

493 Soltesz, EuZW 1998, S. 747 (750); Metaxas – Grundfragen des europäischen Beihilferechts, 2003, S. 53 f.

494 Karpenstein/Johann – Rechtliche Stellungnahme zum Beschluss der Kommission vom 6. März 2013 über die Eröffnung eines Verfahrens nach Art. 108 Abs. 2 AEUV, 2013, S. 22.

495 Karpenstein/Johann – Rechtliche Stellungnahme zum Beschluss der Kommission vom 6. März 2013 über die Eröffnung eines Verfahrens nach Art. 108 Abs. 2 AEUV, 2013, S. 6.

496 Metaxas – Grundfragen des europäischen Beihilferechts, 2003, S. 55.

S. 3 AEUV normierten Durchführungsverbot vereinbar wäre.[497] Danach darf der Mitgliedsstaat die beabsichtigte Maßnahme nur durchführen, wenn die Kommission einen abschließenden Beschluss erlassen hat. Dafür müssen gemäß Art. 108 Abs. 3 S. 1 AEUV i.V.m. Art. 2 Abs. 1 der Beihilfenverfahrensverordnung[498] die Mitgliedsstaaten die beabsichtigte Einführung und Umgestaltung von Beihilfen rechtzeitig bei der Kommission anmelden. Diese Präventivkontrolle, die der gemeinschaftsrechtswidrigen Bewilligung und Auszahlung neuer Beihilfen durch die Mitgliedsstaaten vorbeugen soll,[499] spricht gerade für eine restriktive Auslegung des europäischen Beihilferechts.

Daher ist dem EuGH zu folgen und eine staatliche Beihilfe i.S.d. Art. 107 Abs. 1 AEUV nur dann anzunehmen, wenn eine Belastung des staatlichen Haushalts vorliegt.

(2) Objektive Zurechnung

Als weitere Konkretisierung nimmt der EuGH in ständiger Rechtsprechung das Merkmal der „Staatlichkeit" nur bei solchen Vorteilen an, die nicht nur aus staatlichen Mitteln gewährt werden, sondern dem Staat auch zuzurechnen sind.[500] Dieses Merkmal ist das Resultat der Bemühungen, in den Fällen eine beihilferechtliche Einordnung vorzunehmen, in denen die eine Begünstigung gewährende Stelle keine staatliche Einrichtung ist.[501] Einer besonderen Begründung der staatlichen Zurechenbarkeit bedarf es nur dann nicht, wenn der Staat die Begünstigung selbst gewährt.[502] Es sollen aber nicht nur unmittelbar vom Staat gewährte Begünstigungen der beihilferechtlichen Prüfung des Art. 107 Abs. 1 AEUV unterliegen, vielmehr soll jede Involvierung staatlicher Mittel genügen.[503]

---

497 Behlau – Die EE-Förderung auf dem Prüfstand des europäischen Beihilfenrechts, in: Müller (Hrsg.) – 20 Jahre Recht der Erneuerbaren Energien, Baden-Baden, 2012, S. 336 (359).

498 Verordnung (EG) Nr. 659/1999 des Rates vom 22. März 1999 über besondere Vorschriften für die Anwendung von Artikel 93 des EG-Vertrags, ABl. L 83/1 vom 27.3.1999.

499 Cremer, in: Calliess/Ruffert – EUV/AEUV, Art. 108, Rn. 8.

500 EuGH, Urteil vom 21.3.1991 – Rs. C-303/88, Slg.1991, Italien/Kommission, I-1433, Rn. 11; EuGH, Urteil vom 16.5.2002 – Rs. C-482/99, Slg. 2002, Frankreich/Italien, I-4397, Rn. 24; EuGH, Urteil vom 20.11.2003 – Rs. C-126/01, Slg. 2003, GEMO, I-13769, Rn. 24; EuGH, Urteil vom 19.12.2013 – Rs. C-262/12, Vent de Colère, Rn. 16.

501 Cremer, in: Calliess/Ruffert – EUV/AEUV, Art. 107, Rn. 29.

502 Kortlüge/Pieprzyk/Müller/Sailer/Behlau – Elektromobilität und Erneuerbare Energien, 2011, S. 30.

503 König/Kühling/Ritter – EG-Beihilfenrecht, 2002, S. 72.

Wann jedoch die Gewährung eines Vorteils, beispielweise durch eine betraute Stelle, dem Staat zurechenbar ist, erörtert der EuGH anhand einer einzelfallbezogenen Prüfung. Die diesbezügliche Rechtsprechung[504] zeigt, dass in der Regel dann eine staatliche Zurechenbarkeit vorliegt, wenn zu den originären Aufgaben der Einrichtung auch die Verwaltung öffentlicher Gelder gehört. Die staatliche Zurechenbarkeit ist dann unmittelbare Folge der Schaffung dieser Einrichtung, so dass ein Nachweis der staatlichen Einflussnahme auf diese Einrichtung nicht benötigt wird.[505] Anders stellt sich die Situation dar, wenn zur Zweckerfüllung auf bereits existierende Institutionen zurückgegriffen wird; in diesem Falle ist darauf abzustellen, ob der Staat auf die Entscheidung der selbständigen Unternehmen oder Einrichtungen Einfluss nehmen kann. Wenn der Staat auf die Mittelvergabe im konkreten Fall eingewirkt hat, reicht dies zur Bejahung der Zurechenbarkeit aus.[506]

Die Frage, ob die staatliche Anordnung oder Ermächtigung einer Vorteilsgewährung das Merkmal der Zurechenbarkeit i.S.d. Art. 107 Abs. 1 AEUV erfüllt, verneint der EuGH in ständiger Rechtsprechung, wobei er diese Auffassung auch im PreußenElektra-Urteil vertrat.[507] Ebenso lehnt der EuGH die Annahme der staatlichen Zurechenbarkeit ab, solange der Mitgliedsstaat nicht tatsächlich auf die Entscheidung über die Vorteilsgewährung Einfluss nimmt. Die Möglichkeit der Einflussnahme genügt dem Erfordernis der Zurechenbarkeit danach nicht.[508]

Es zeigt sich, dass einerseits die Einbeziehung öffentlicher und privater Einrichtungen in den Anwendungsbereich des Art. 107 Abs. 1 AEUV notwendig ist, um einer strategischen Umgehung der Mitgliedsstaaten durch eine Betrauung von nicht ausschließlich staatlichen oder privaten Stellen entgegenzuwirken,[509] denn dieses Vorgehen kann ein Problem insbesondere für die in einer Deregulierung

---

504 EuGH, Urteil vom 12.12.1996 – Rs. T-358/94, Slg. 1996, Air France/Kommission, II-2109, Rn. 57 f.

505 EuGH, Urteil vom 29.4.2004 – Rs. C-278/00, Slg. 2004, Hellenische Republik/Kommission, I-3907, Rn. 52.

506 EuGH, Urteil vom 21.3.1991 – Rs. C-303/88, Slg.1991, Italien/Kommission, I-1433, Rn. 11; EuGH, Urteil vom 2.2.1988 – verb. Rs. 67/68 u. 70/85, Slg. 1988, Van der Kooy/Kommission, 218, Rn. 35; Cremer, in: Calliess/Ruffert – EUV/AEUV, Art. 107, Rn. 29.

507 EuGH, Urteil vom 13.3.2001 – Rs. C-379/98, PreußenElektra, Slg. 2001, I-2099, Rn. 60 f.; EuGH, Urteil vom 15.7.2004 – Rs. C-345/02, Slg. 2004, Pearle/Hoofdbedrijfschap, I-7139, Rn. 36.

508 EuGH, Urteil vom 16.5.2002 – Rs. C-482/99, Slg. 2002, Stardust Marine, I-4397, Rn. 54.

509 Siehe hierzu Meßerschmidt – Europäisches Umweltrecht, 2011, § 5, Rn. 111.

begriffenen Märkte darstellen. Ohne die Einbeziehung bestünde die Gefahr, dass staatliche Maßnahmen, die spürbaren Einfluss auf die Ergebnisse der Liberalisierungsprozesse in den Mitgliedsstaaten haben können, tatsächlich jeder Kontrolle durch die Union entzogen wären.[510] Andererseits ist es gleichwohl erforderlich, nicht jede potentielle Einwirkungsmöglichkeit des Staates als hinreichend zu erachten, um die beihilferechtliche Kontrolle der Kommission unbeschränkt auf sämtliche unternehmerischen Tätigkeiten anzuwenden, bei denen eine staatliche Beteiligung besteht.

(3) EEG-Fördermaßnahmen und Kapazitätszahlungen als Zuwendungen i.S.d. Art. 107 Abs. 1 AEUV

Auf der Grundlage der vorangegangenen Ausführungen wird im Folgenden diskutiert, ob die im EEG normierten Maßnahmen und die Zahlungen an Anlagenbetreiber zur Vorhaltung von Kapazitäten als staatliche oder aus staatlichen Mitteln gewährte Zuwendungen qualifiziert werden können.

(a) EEG-Fördermaßnahmen als staatliche Zuwendungen

Auch nach mehr als einem Jahrzehnt nach dem PreußenElektra-Urteil des EuGH sprechen die besseren Gründe dafür, als Kriterium für die Bejahung einer staatlichen Beihilfe i.S.d. Art. 107 Abs. 1 AEUV eine Belastung des staatlichen Haushalts zu fordern.

Eine unmittelbare Belastung des staatlichen Haushalts durch den im EEG normierten Abnahmezwang und die Vergütungspflicht ist nicht gegeben. Durch dieses System werden lediglich die einspeisenden Erzeuger erneuerbarer Energien berechtigt, ihren gesamten regenerativen Strom in das deutsche Stromnetz einzuspeisen. Die Netzbetreiber wiederum werden verpflichtet, diesen Strom vorrangig abzunehmen, zu übertragen und zu verteilen, vgl. § 8 Abs. 1 EEG. Des Weiteren sind die Netzbetreiber verpflichtet, den Strom gemäß § 16 Abs. 1 EEG mindestens nach Maßgabe der §§ 18 bis 33 EEG zu vergüten. Die Umlagemittel, die ebenfalls keiner staatlichen Kontrolle unterstehen, werden lediglich durch die privaten Stromverbraucher aufgebracht.[511] Eine unmittelbare Belastung des staatlichen Haushalts ist somit in diesem System nicht vorgesehen. Dies entspricht nach wie vor der Argumentation der Bundesregierung, die im Hinblick

---

510 GA Mengozzi, Schlussanträge vom 24.1.2008 – Rs. C-206/06, Slg. 2008, Essent/Aluminium, I-5497, Rn. 97.

511 Karpenstein/Johann – Rechtliche Stellungnahme zum Beschluss der Kommission vom 6. März 2013 über die Eröffnung eines Verfahrens nach Art. 108 Abs. 2 AEUV, 2013, S. 10.

auf diese Regelungen des EEG keinen Raum für die Anwendung europäischer Beihilferechtsvorschriften sieht.[512]

Eine solche Belastung könnte jedoch vorliegen, wenn die Netzbetreiber staatliche oder zumindest teilweise öffentliche Unternehmen sind bzw. als vom Staat eingerichtete oder beauftragte Stellen zu verstehen sind. In diesem Falle wäre zu prüfen, ob durch die vorrangige Einspeisung in Verbindung mit der Vergütungspflicht des § 16 Abs. 1 AEUV staatliche Mittel aufgewendet werden, die ohne diese Regelungen beim staatlichen Haushalt verbleiben würden. Der Kommission zufolge ist ein Unternehmen öffentlich, wenn die öffentliche Hand aufgrund Eigentums, finanzieller Beteiligung, Satzung oder sonstiger Bestimmungen, die die Tätigkeit des Unternehmens regeln, unmittelbar oder mittelbar einen beherrschenden Einfluss ausüben kann. Ein beherrschender Einfluss wird vermutet, wenn die öffentliche Hand unmittelbar oder mittelbar die Mehrheit des gezeichneten Kapitals des Unternehmens besitzt, über die Mehrheit der mit den Anteilen des Unternehmens verbundenen Stimmrechte verfügt oder mehr als die Hälfte der Mitglieder des Verwaltungs-, Leistungs- oder Aufsichtsorgans des Unternehmens bestellen kann.[513]

Es gibt vier deutsche Netzbetreiber, die der Vergütungspflicht unterliegen. Dies sind die Amprion GmbH, die TransnetBW GmbH, die TenneT TSO GmbH und die 50Hertz Transmission GmbH.[514] Keiner der vier Netzbetreiber erfüllt die von der Kommission aufgestellten Kriterien, sie sind vielmehr privatwirtschaftlich organisiert. Somit ist auch unter Berücksichtigung der Netzbetreiber, die gerade keine staatliche Beteiligung aufweisen, eine unmittelbare staatliche Belastung auszuschließen.[515] In diesem Punkt unterscheidet sich die deutsche Regelung vom französischen Mechanismus zum Ausgleich der Mehrkosten, die durch die Abnahmepflicht für Strom aus Windkraftanlagen entstehen und bei

---

512 Diese Auffassung hat die Bundesregierung erneut Anfang 2014 im Zusammenhang mit dem Beihilfeverfahren der Kommission gegen Deutschland wegen des EEG (SA.33995 (2013/C)) vorgebracht.

513 RiLi 80/723/EWG der Kommission vom 25. Juni 1980 über die Transparenz der finanziellen Beziehungen zwischen den Mitgliedsstaaten und den öffentlichen Unternehmen, Abl. Nr. L. 195 vom 29.7.1980, Art. 2.

514 Siehe hierzu den Bericht der envia Mitteldeutsche Energie AG nach § 52 Abs. 1 EEG zum EEG-Belastungsausgleich im Jahr 2011, S. 3.

515 An dieser Stelle ist nicht auf die Ausgestaltung der Verteilnetzbetreiber abzustellen, da diese grundsätzlich nur als Zahlungsstellen fungieren. Belastet sind durch den Wälzungsmechanismus die Übertragungsnetzbetreiber, vgl. hierzu S. 120 ff. Daher ist lediglich zu fragen, ob diese (teilweise) staatlich sind und sich hieraus eine Belastung für den staatlichen Haushalt ergibt. Dies ist jedoch nicht der Fall.

dem der EuGH eine staatliche Belastung angenommen hat. Denn beim französischen Mechanismus standen die eingezogenen Beiträge unter staatlicher Kontrolle einer öffentlichen Einrichtung.[516]

Eine staatliche Kontrolle an den durch die Umlage erlangten Mitteln ist nicht gegeben. Die Übertragungsnetzbetreiber können über die Art der Verwendung dieser Mittel frei verfügen. Sie können als Marktteilnehmer auch nicht als zentrale Stellen qualifiziert werden, die den Mittelfluss zwischen den mit der Umlage belasteten privaten Stromkunden unterbrechen und damit eine staatliche Kontrolle ermöglichen. Eine staatliche Befugnis, die Zuweisung der Gelder zu lenken oder zu beeinflussen, und mithin eine staatliche Kontrollmöglichkeit ist nicht gegeben.[517]

Zu Recht hat der EuGH in seiner PreußenElektra-Entscheidung ausgeführt, dass eine staatliche Belastung i.S.d. Art. 107 Abs. 1 AEUV auch nicht Folge des Umstands sein kann, dass durch den Abnahmezwang und die Vergütungspflicht der wirtschaftliche Erfolg der Netzbetreiber reduziert wird und dadurch Steuermindereinnahmen entstehen. Denn die Begründung überzeugt, dass diese Gegebenheit logische Konsequenz steuermindernder Regelungen ist und nicht als Mittel anzusehen ist, den Erzeugern von Strom aus erneuerbaren Energiequellen auf Kosten des Staates einen bestimmten Vorteil zu gewähren.[518]

(aa) Keine Belastung durch Einführung der AusglMechV

Zu einer anderen Beurteilung führt auch nicht die zum 1.1.2010 in Kraft getretene Ausgleichsmechanismus-Ausführungsverordnung (AusglMechV), auf der der Wälzungsmechanismus des EEG basiert. Die AusglMechV selbst hat ihre Grundlage in der in § 64 Abs. 3 EEG 2009 verankerten Verordnungsermächtigung.[519]

---

516 EuGH, Urteil vom 19.12.2013 – Rs. C-262/12, Vent de Colère, Rn. 33.

517 Siehe hierzu EuGH, Urteil vom 30.5.2013 – Rs. C-677/11, Doux Élevage, Slg. 2013, I-0000, Rn. 38; Karpenstein/Johann – Rechtliche Stellungnahme zum Beschluss der Kommission vom 6. März 2013 über die Eröffnung eines Verfahrens nach Art. 108 Abs. 2 AEUV, 2013, S. 12, 14 f.; a.A. ist die Kommission, die im Rahmen des Beihilfeprüfverfahren rügt, dass die Übertragungsnetzbetreiber ihre Aufgaben auf Dritte übertragen können, soweit die Regierung sie hierzu autorisiert. Dies spräche dafür, dass sie vom Staat mit der Verwaltung der Finanzflüsse betraut sind. Auf eine staatliche Kontrolle weise zudem hin, dass der Staat eine sehr detaillierte Methode dazu entwickelt habe, wie die EEG-Umlage zu berechnen sei und die Übertragungsnetzbetreiber bei dieser Aufgabe streng durch die Bundesnetzagentur überwacht würden. Diese Ausführungen gilt es zu diskutieren; doch greifen die Ausführungen der Kommission vor dem Hintergrund der gegenwärtigen Rechtsprechung des EuGH nicht.

518 EuGH, Urteil vom 13.3.2001 – Rs. C-379/98, PreußenElektra, Slg. 2001, I-2099, Rn. 62.

519 Nunmehr ist die diesbezügliche Verordnungsermächtigung in § 64 lit. c EEG geregelt.

Aufgrund mangelnder Wettbewerbsfähigkeit der regenerativen Energien wurde zur Erreichung der Klimaschutzziele ein Mechanismus geschaffen, mit dessen Hilfe die Verbraucher durch eine finanzielle Unterstützung die Fortentwicklung der Stromproduktion durch erneuerbare Energien fördern. Dafür wurde ein fünfstufiges Umlagesystem entwickelt, das als „Wälzungsmechanismus" bzw. „Ausgleichsmechanismus" bezeichnet wird.[520]

In der ersten Stufe vergütet der Verteilnetzbetreiber den Anlagenbetreiber nach dem jeweiligen Vergütungssatz des EEG. Der regionale Verteilnetzbetreiber leitet in der zweiten Stufe den Strom aus regenerativen Energien an den regelverantwortlichen, überregionalen Übertragungsnetzbetreiber weiter. Dafür erhält der Verteilnetzbetreiber von diesem einen monetären Ausgleich. Auf der dritten Stufe wird sichergestellt, dass keiner der Übertragungsnetzbetreiber unverhältnismäßig belastet wird. Dafür erfolgt ein Ausgleich zwischen den vier Übertragungsnetzbetreibern und deren vier Regelzonen, die das gesamte Bundesgebiet abdecken. Die Übertragungsnetzbetreiber, in deren Regelzone eine vergleichsweise erhöhte Einspeisung an erneuerbaren Energien stattgefunden hat und die somit einer vergleichsweise höheren finanziellen Belastung durch Zahlungen an die Verteilnetzbetreiber ausgesetzt waren, erhalten einen Ausgleichsbetrag von den anderen Übertragungsnetzbetreibern. Auf der vierten Stufe erhebt der Übertragungsnetzbetreiber von den Stromlieferanten, die Abnehmer beliefern, auf jede Kilowattstunde (kWh) einen bestimmten Beitrag: Dabei handelt es sich um die sog. EEG-Umlage. Dazu sind die Übertragungsnetzbetreiber berechtigt, da die Einkünfte, die sie durch die an der Strombörse veräußerten EEG-Strommengen erhalten, unter den gesetzlich festgelegten Entgelten für die Anlagenbetreiber liegen. Dieses System war die Kernregelung der zum 1.1.2010 in Kraft getretenen AusglMechV. Bis dahin reichten die Übertragungsnetzbetreiber die von den Verteilnetzbetreibern aufgenommenen EEG-Strommengen an die Stromlieferanten weiter. Dieser Vorgang wurde als physikalische Wälzung bezeichnet. Mit der Aufgabe dieser physikalischen Wälzung sollte eine deutliche Vereinfachung erreicht und der Prozess transparenter gemacht werden, vgl. § 3 AusglMechV. Auf der fünften und letzten Stufe können die Stromlieferanten sich die EEG-Umlage vom Endkunden erstatten lassen.[521]

---

520 Bundesnetzagentur – Der EEG-Wälzungsmechanismus, 2010, S. 1.

521 BDEW – Wie funktioniert der Wälzungsmechanismus?, 2012, S. 1 f.; Bundesnetzagentur – Der EEG-Wälzungsmechanismus, 2010, S. 1 f.; DLR/ZIRN/IZES – Rahmenbedingungen für die Integration erneuerbarer Energien, Abschlussbericht, 2011, S. 5 f., 10.

Die Veränderung der vierten Stufe von der physikalischen Umwälzung zum rein finanziellen Ausgleich der Übertragungsnetzbetreiber hätte Konsequenzen für die Beurteilung der im EEG geregelten Förderung als staatliche Beihilfe haben können; denn es bestand mit § 64 Abs. 3 Nr. 3 EEG 2009 die Möglichkeit, ein gemeinsames, transparentes EEG-Konto durch eine unabhängige Stelle einzurichten und zu führen, dessen Errichtung mit hoher Wahrscheinlichkeit durch einen gesetzlichen Gründungsakt erfolgt wäre.[522] Die Einrichtung einer solchen, unabhängigen Stelle wurde auch seitens der Wirtschaft vorgeschlagen.[523] Aufgrund eines solchen Gründungsakts und der Involvierung staatlicher Mittel wäre die Zurechenbarkeit des Staates zu bejahen gewesen und folglich auch eine mittelbare staatliche Begünstigung.[524] Doch hat sich die Bundesregierung gegen die Errichtung einer solchen, unabhängigen Stelle entschieden. Stattdessen überließ sie die Führung des gemeinsamen EEG-Kontos den Übertragungsnetzbetreibern.[525]

(bb) Zwischenergebnis

Damit können die Ausführungen des EuGH in seinem PreußenElektra-Urteil weiter aufrechterhalten werden.[526] Der im EEG normierte deutsche Fördermechanismus inklusive des Abnahmezwangs und der Vergütungspflicht kann somit keine staatliche Beihilfe i.S.d. Art. 107 Abs. 1 AEUV begründen, da das Tatbestandsmerkmal der Belastung des staatlichen Haushalts nicht erfüllt ist.[527]

---

522 Behlau – Die EE-Förderung auf dem Prüfstand des europäischen Beihilfenrechts, in: Müller (Hrsg.) – 20 Jahre Recht der Erneuerbaren Energien, Baden-Baden, 2012, S. 336 (363).

523 BDEW – Stellungnahme zum Gesetzentwurf zur Neuregelung des Rechts der erneuerbaren Energien, 2008, S. 47.

524 Behlau – Die EE-Förderung auf dem Prüfstand des europäischen Beihilfenrechts, in: Müller (Hrsg.) – 20 Jahre Recht der Erneuerbaren Energien, Baden-Baden, 2012, S. 336 (363).

525 Bundesnetzagentur – Evaluierungsbericht zur Ausgleichsmechanismusverordnung, 2012, S. 27.

526 So auch Ekardt/Schmeichel, ZEuS 2009, S. 171 (210); Erk – Vereinbarkeit des EEG mit Verfassungs- und Europarecht, 2008, S. 182 (185).

527 Es bleibt abzuwarten, ob dieses Ergebnis auch in Zukunft Bestand haben wird. Am 18. Dezember 2013 hat die Kommission ein Beihilfeprüfverfahren gegen Deutschland wegen der Förderung der Stromerzeugung aus erneuerbaren Energien und Begrenzung der EEG-Umlage für energieintensive Unternehmen eröffnet (SA.33995 (2013/C)). Sie macht deutlich, dass sie im Rahmen der Reform des EEG 2009 nunmehr die Förderung durch das EEG 2012 als staatliche Beihilfe beurteilt. Die

(b) Kapazitätszahlungen als staatliche Zuwendungen
Im Hinblick auf Zahlungen zur Vorhaltung von Kapazitäten, die bei Erzeugungsschwankungen eingesetzt werden sollen, muss zwischen zwei möglichen Ausgestaltungen unterschieden werden: Entweder könnten die Kapazitätszahlungen unmittelbar vom Staat und damit unmittelbar aus staatlichen Mitteln i.S.d. Art. 107 Abs. 1 AEUV geleistet werden; oder sie könnten durch eine Umlage finanziert und den Endkunden analog den Netzentgelten auferlegt werden.[528] In der diesbezüglichen Ausgestaltung ist der deutsche Gesetzgeber frei, denn die Vorgaben der EltRL, insbesondere Art. 8 EltRL, beeinträchtigen nicht die Gestaltungsmöglichkeiten der Mitgliedsstaaten.

(aa) Belastung des staatlichen Haushalts durch unmittelbare staatliche Förderung
Zunächst könnten die Kapazitätszahlungen so ausgestaltet sein, dass durch die Auszahlungen der staatliche Haushalt belastet wird. Die Kosten würden weder auf bestimmte Unternehmen noch auf die Verbraucher umgelegt werden. Aufgrund der Komplexität von Kapazitätsmechanismen und der umfangreichen Datenanalyse für die Bestimmung des Kapazitätsbedarfs erscheint lediglich die Bundesnetzagentur über die notwendigen Voraussetzungen für die Erfüllung dieser Aufgabe zu verfügen. Zugleich wird aber diskutiert, ob nicht alternativ eine Verpflichtung der (privaten) Übertragungsnetzbetreiber in Betracht kommt.[529] Selbst die Einschaltung der privaten Übertragungsnetzbetreiber würde in diesem Falle jedoch keine Zweifel an der Staatlichkeit der Mittel i.S.d. Rechtsprechung begründen, denn es ist davon auszugehen, dass die Übertragungsnetzbetreiber keineswegs völlig selbständig, sondern vielmehr unter der Kontrolle und nach Anweisungen öffentlicher Stellen handeln würden. Es ist unwahrscheinlich, dass die Übertragungsnetzbetreiber die Festsetzung der Kapazitätszahlungen über den Empfängerkreis der Kapazitätszahlungen hinaus festlegen dürften, ohne eine Genehmigung des zuständigen Ministers zu erhalten. Ansonsten bestünde die Gefahr, dass der staatliche Haushalt mit Zahlungen in einer missliebigen

---

diesbezüglichen Ausführungen der Kommission lagen bei Erstellung der vorliegenden Arbeit noch nicht vor. Es wird sich zeigen, wie der EuGH die Rechtsauffassung der Kommission beurteilen wird, sollte es zu einer Klage der Bundesregierung gegen die Kommissionsentscheidung kommen.

528 Diese Unterscheidung wird vorliegend zur Vollständigkeit der Ausführungen gemacht. Die derzeit diskutierten Kapazitätsmodelle favorisieren ein Umlagemodell, bei dem die Finanzierung über die Netzentgelte erfolgen soll, siehe hierzu die Ausführungen auf S. 85.

529 Siehe hierzu S. 76 f.

Höhe belastet würde, ohne die Möglichkeit einer staatlichen Intervention. In diesem Falle wäre mit der Rechtsprechung[530] auch die staatliche Zurechenbarkeit gegeben, so dass im Ergebnis keine Zweifel im Hinblick auf die Qualifikation der Kapazitätszahlungen als staatliche Zuwendungen i.S.d. Art. 107 Abs. 1 AEUV bestünden.

(bb) Belastung des staatlichen Haushalts bei Finanzierung durch Umlage

Komplizierter gestaltet sich der Fall, wenn die Kapazitätszahlungen durch eine Umlage finanziert und den Endkunden analog den Netzentgelten auferlegt würden. Durch den Zuschlag im Rahmen des Ausschreibungsverfahrens wären die Anlagenbetreiber, die erfolgreich an dem Verfahren teilgenommen haben, berechtigt, für die Vorhaltung der Kapazitäten die vereinbarten finanziellen Leistungen zu erhalten. Diese würden, wie bei der EEG-Umlage, vom zuständigen Verteilnetzbetreiber vergütet werden. Der Verteilnetzbetreiber wiederum könnte den Übertragungsnetzbetreiber in Anspruch nehmen, um einen monetären Ausgleich für seine Ausgaben zu erlangen, bis schließlich dem Wälzungsmechanismus des EEG entsprechend die Endkunden die Kosten für die Kapazitätszahlungen tragen würden.[531]

Fraglich wäre, ob bei einer solchen Vorgehensweise eine Belastung des öffentlichen Haushalts i.S.d. Art. 107 Abs. 1 AEUV gegeben wäre.[532] Wie bereits angeführt, hat der EuGH in seiner PreußenElektra-Rechtsprechung eine solche Belastung verneint, weil die Förderung durch die zur Abnahme verpflichteten privaten Elektrizitätsversorgungsunternehmen und damit mittelbar von den Endabnehmern des Stroms bezahlt wird und nicht vom Staat.[533] Bei umlagefinanzierten Kapazitätszahlungen dürfte demnach aufgrund einer fehlenden Beteiligung staatlicher Mittel nach der Rechtsprechung des EuGH auch keine staatliche Belastung vorliegen.

An dieser Stelle muss jedoch untersucht werden, ob die Bundesnetzagentur oder die privaten Übertragungsnetzbetreiber mit der Ausschreibung und der Abwicklung der Zahlungen beauftragt werden. Würde die Bundesnetzagentur mit der Ausschreibung und den Kapazitätszahlungen betraut, könnte zunächst die staatliche Zurechenbarkeit der Vorteilsgewährung bejaht werden, denn der

530 EuGH, Urteil vom 2.2.1988 – verb. Rs. C-67/68 u. C-70/85, Slg. 1988, Van der Kooy/Kommission, 218, Rn. 35 ff.

531 Dieser Wälzungsmechanismus ähnelt der Befreiung energieintensiver Unternehmen von Netzentgelten.

532 Siehe zu dieser Frage auch Bloch, N&R 1/12, S. 19 (23).

533 Frenz, NVwZ 2011, S. 522.

EuGH lehnt die Zurechenbarkeit nur ab, solange der Mitgliedsstaat nicht tatsächlich auf die Entscheidung über die Vorteilsgewährung Einfluss nimmt.[534] Eine solche Einflussnahme wäre unzweifelhaft gegeben, wenn die Bundesnetzagentur als öffentlich-rechtliche Einrichtung das Ausschreibungsverfahren leitet und zudem die Verteilung der Kapazitätszahlungen vornimmt. Damit wäre die Begünstigung dem Staat zurechenbar. Zu klären ist jedoch, ob auch die erforderliche Belastung des staatlichen Haushalts gegeben wäre. Die Kommission ist der Auffassung, dass bereits eine durch den Staat, in diesem Falle die Bundesnetzagentur, den Endverbrauchern auferlegte Umlage, die der Finanzierung der Befreiung von Großverbrauchern von bestimmten Gebühren dient, als Hinweis für den Einsatz staatlicher Mittel genügt.[535] Der EuGH verneint eine staatliche Belastung immer dann, wenn die einer öffentlich-rechtlichen Einrichtung im Zuge der Gewährung einer Beihilfe entstandenen Aufwendungen durch Abgaben bei den Unternehmen, denen die Beihilfe zugutekommt, gedeckt werden.[536] Die Belastung staatlicher Mittel wird im Einklang mit dieser Rechtsprechung teils in dem Verzicht gesehen, für die Erteilung des Zuschlags zur Vorhaltung von Erzeugungskapazitäten ein Entgelt zu verlangen;[537] dies sei Konsequenz der EuGH-Rechtsprechung[538] zur unentgeltlichen Vergabe handelbarer Emissionszertifikate. Im vorliegenden Fall wäre daher eine staatliche Belastung nur anzunehmen, wenn der Bundesnetzagentur für den Mehraufwand, der ihr durch die Ausschreibungen und die Verteilung der Kapazitätszahlungen entsteht, kein Ausgleich von den durch Kapazitätszahlungen profitierenden Unternehmen zukäme.

Ferner könnten die privaten Übertragungsnetzbetreiber zur Ausschreibung und zur Abwicklung der Zahlungen unter Einsatz ihrer eigenen finanziellen Mittel verpflichtet werden, ohne dass eine zwischengeschaltete Stelle vorgesehen wäre. In diesem Falle wäre die Situation mit dem Sachverhalt im Rahmen der

534 EuGH, Urteil vom 16.5.2002 – Rs. C-482/99, Slg. 2002, Stardust Marine, I-4397, Rn. 54.

535 Siehe die Hinweise der Kommission auf den Einsatz staatlicher Mittel: Auskunft und Stellungnahme gemäß der Bekanntmachung der Kommission über die Durchsetzung des Beihilfenrechts durch die einzelstaatlichen Gerichte vom 27.8.2012, Schriftsatz des juristischen Dienstes der europäischen Kommission vom 2. Oktober 2012, REF 1017629, Rn. 22.

536 EuGH, Urteil vom 15.7.2004 – Rs. C-345/02, Slg. 2004, Pearle u.a./Hoofdbedrijfschap Ambachten, I-7139, Rn. 36.

537 Bloch, N&R 1/12, S. 19 (23).

538 EuGH, Urteil vom 8.9.2011 – Rs. C-279/08 P, Kommission/Niederlande, als Revisionsgericht für EuG, Rs. T-233/04, Slg. 2008, II-591.

PreußenElektra-Rechtsprechung vergleichbar, bei der die Unternehmen auch nicht vom Staat mit der Verwaltung staatlicher Mittel beauftragt, sondern unter Einsatz ihrer eigenen finanziellen Mittel zur Abnahme von Strom aus regenerativen Energien verpflichtet wurden.[539] Diese Situation unterscheidet sich von der zuvor beschriebenen Sachlage, bei der eine unmittelbare Einbindung staatlicher Mittel angenommen wird, und bei der zweifelhaft wäre, ob die Übertragungsnetzbetreiber die Festsetzung der Kapazitätszahlungen ohne eine Genehmigung des zuständigen Ministers festlegen dürften. Denn bei einem Einsatz eigener finanziellen Mittel der Übertragungsnetzbetreiber würde es an der Verwaltung staatlicher Mittel fehlen,[540] welche ein Genehmigungserfordernis rechtfertigen könnte. Mithin wäre eine Belastung des staatlichen Haushalts nicht gegeben.

Als weitere Variante käme in Betracht, die Aufgaben im Rahmen der Verwirklichung eines Kapazitätsmarktes zwischen der Bundesnetzagentur und den Übertragungsnetzbetreiber aufzuteilen. So könnte die Bundesnetzagentur aufgrund ihrer einschlägigen Erfahrungen bei Ausschreibungen mit den Ausschreibungsverfahren für Kapazitätsvorhaltungen betraut werden, während die Übertragungsnetzbetreiber, die bereits das EEG-Konto verwalten,[541] die Abwicklung der Kapazitätszahlungen vornehmen würden. Es müsste geklärt werden, ob die Beteiligung der Bundesnetzagentur zur Bejahung der Belastung des staatlichen Haushalts genügen würde, wenn diese für den durch das Ausschreibungsverfahren entstehenden Mehraufwand entschädigt würde. Die Kommission macht insoweit geltend, dass ein erheblicher Unterschied zwischen dem im PreußenElektra-Urteil behandelten Sachverhalt und solchen Fällen besteht, in denen eine zwischengeschaltete Stelle vom Staat benannt wird und der Staat die Erhebung und Verteilung der Mittel verfolgt und kontrolliert.[542] Ob eine öffentliche Kontrolle der Verwaltung der für die Kapazitätszahlungen eingenommenen Mittel in dieser Form vorliegt, müsste anhand einer einzelfallbezogenen Prüfung

---

539 EuGH, Urteil vom 17.7.2008 – Rs. C-206/06, Slg. 2008, Essent/Aluminium, I-05497, Rn. 74.

540 Siehe hierzu die Hinweise der Kommission für das Fehlen des Einsatzes staatlicher Mittel: Auskunft und Stellungnahme gemäß der Bekanntmachung der Kommission über die Durchsetzung des Beihilfenrechts durch die einzelstaatlichen Gerichte vom 27.8.2012, Schriftsatz des juristischen Dienstes der europäischen Kommission vom 2. Oktober 2012, REF 1017629, Rn. 20.

541 Siehe Fn. 525.

542 Kommission – Beschluss vom 8.3.2011 über die staatliche Beihilfe in der Sache C-24/09 (ex N 446/08) – Staatliche Beihilfe für energieintensive Unternehmen, Ökostromgesetz, Österreich, (2011/528/EU), ABl. L 235/42 vom 10.9.2011, Rn. 76.

festgestellt werden, so wie es der EuGH auch in vergleichbaren Rechtssachen getan hat.[543] Daher steht auch an dieser Stelle die zukünftige konkrete Ausgestaltung eines deutschen Kapazitätsmarktes im Vordergrund.

(cc) Zwischenergebnis

Da weiterhin eine Konkretisierung der Ausgestaltung der Zuständigkeiten im Rahmen eines Kapazitätsmechanismus fehlt, kann keine abschließende Beurteilung über den Einsatz staatlicher Mittel und damit der von Art. 107 Abs. 1 AEUV geforderten Belastung des staatlichen Haushalts getroffen werden. Die Kommission beschäftigt sich eingehend mit der Frage, wann eine Involvierung staatlicher Mittel in den Fällen vorliegt, bei denen die Begünstigung nicht direkt mit staatlichen Mitteln finanziert wird, sondern der Staat private Stellen, wie etwa die Netzbetreiber, zur Gewährung der Begünstigung benannt hat. In einer im Herbst 2012 erlassenen Stellungnahme[544] über die Qualifizierung des § 19 Abs. 2 StromNEV als staatliche Beihilfe führt sie dazu aus, dass die Anwendung der Rechtsprechung relativ komplex sei. Insbesondere die Urteile in Sachen PreußenElektra und Essent[545] seien zur Einordnung, ob der Einsatz staatlicher Mittel in diesen Fällen gegeben ist, heranzuziehen.[546] Die Ausführungen der Kommission im Rahmen des gegenwärtigen Beihilfeprüfverfahren gegen Deutschland wegen des EEG 2012 zeigen, dass sie gerne den Anwendungsbereich des Art. 107 Abs. 1 AEUV erweitern möchte. Daher wird die Frage nach dem Einsatz staatlicher Mittel i.S.d. Art. 107 Abs. 1 AEUV vor der Implementierung eines Kapazitätsmechanismus unter Einbeziehung privater Stellen wie der Übertragungsnetzbetreiber genau zu untersuchen sein. Ansonsten bestünde möglicherweise die Gefahr eines Verstoßes gegen die Stillhaltepflicht[547] des

543 Siehe exemplarisch EuGH, Urteil vom 17.7.2008 – Rs. C-206/06, Slg. 2008, Essent/Aluminium, I-05497, Rn. 65–75.

544 Auskunft und Stellungnahme gemäß der Bekanntmachung der Kommission über die Durchsetzung des Beihilfenrechts durch die einzelstaatlichen Gerichte vom 27.8.2012, Schriftsatz des juristischen Dienstes der europäischen Kommission vom 2. Oktober 2012, REF 1017629.

545 EuGH, Urteil vom 17.7.2008 – Rs. C-206/06, Slg. 2008, Essent/Aluminium, I-05497.

546 Die Kommission weist darauf hin, dass im Zweifel nur eine Vorabentscheidung gemäß Art. 267 AEUV letztendliche Klärung bezüglich der vorgetragenen Problematik herbeiführen würde – vgl. Auskunft und Stellungnahme gemäß der Bekanntmachung der Kommission über die Durchsetzung des Beihilfenrechts durch die einzelstaatlichen Gerichte vom 27.8.2012, Schriftsatz des juristischen Dienstes der europäischen Kommission vom 2. Oktober 2012, REF 1017629, Rn. 26.

547 Streinz – Europarecht, 2012, § 14, Rn. 1071.

Art. 108 Abs. 3 AEUV, nach der die Mitgliedsstaaten die beabsichtigten Maßnahmen erst durchführen dürfen, wenn die Kommission einen abschließenden Beschluss erlassen hat.

ee) Drohende oder tatsächliche Verfälschung des Wettbewerbs

Als weitere konstitutive Voraussetzung verlangt Art. 107 Abs. 1 AEUV, dass die Beihilfe den Wettbewerb verfälscht oder zumindest zu verfälschen droht. Eine Wettbewerbsverfälschung ist gegeben, wenn die Beihilfe den Ablauf des Wettbewerbs auf dem sachlich, zeitlich und räumlich relevanten Markt verändert. Dies führt in der Regel zu einer Verstärkung der Position des begünstigten Unternehmens gegenüber anderen.[548] Um diesen Zustand festzustellen, wird die Konkurrenzlage vor und nach einer (geplanten) Subventionierung verglichen.[549]

Der Begriff „Verfälschung" in Art. 107 Abs. 1 AEUV ist extensiv auszulegen, da mit der Vorschrift Wettbewerbsverzerrungen in jeglicher Form vermieden werden sollen.[550] Das Merkmal der Wettbewerbsverfälschung ist nicht auf den nationalen Raum beschränkt. So wird nicht nur der Wettbewerb zwischen nationalen Unternehmen geschützt, sondern auch zwischen Unternehmen und Konkurrenten in anderen Mitgliedsstaaten, beispielsweise, wenn ein Unternehmen im Wettbewerb mit Erzeugnissen aus anderen Mitgliedsstaaten steht, ohne selbst an den Ausfuhren teilzunehmen.[551] Des Weiteren muss der Eingriff den Wettbewerb nicht tatsächlich verfälschen; es genügt die Möglichkeit einer Wettbewerbsverfälschung. Dies gilt aber nur, wenn die Wettbewerbsverfälschung konkret, gegenwärtig[552] und nicht außerhalb aller Wahrscheinlichkeit liegt und ferner zwischen der gewährten Beihilfe und der Wettbewerbsverfälschung ein Kausalzusammenhang gegeben ist.[553]

---

548 EuGH, Urteil vom 17.9.1980, Rs. C-730/79, Philip Morris/Kommission, Slg. 1980, 2671, Rn. 11; Von Wallenberg/Schütte, in: Grabitz/Hilf/Nettesheim - EUV/AEUV, Art. 107, Rn. 68; Cremer, in: Calliess/Ruffert - EUV/AEUV, Art. 107, Rn. 30.

549 EuGH, Urteil vom 2.7.1974 - Rs. C-173/73, Slg. 1974, Italien/Kommission, 709, Rn. 36/40; EuGH, Urteil vom 17.9.1980 - Rs. C-730/79, Slg. 1980, Philip Morris/Kommission, 2671, Rn. 11.

550 Von Wallenberg/Schütte, in: Grabitz/Hilf/Nettesheim - EUV/AEUV, Art. 107, Rn. 66.

551 EuGH, Urteil vom 13.7.1988 - Rs. C-102/87, Slg. 1988, Frankreich/Kommission, 4067, Rn. 19; EuGH, Urteil vom 21.3.1991 - Rs. C-303/88, Slg. 1991, Italien/Kommission, I-1433, Rn. 27.

552 Teilweise wird eine zeitliche Komponente abgelehnt: vgl. m.w.N. Cremer, in: Calliess/Ruffert - EUV/AEUV, Art. 107, Rn. 32.

553 Von Wallenberg/Schütte, in: Grabitz/Hilf/Nettesheim - EUV/AEUV, Art. 107, Rn. 69; Kortlüge/Pieprzyk/Müller/Sailer/Behlau - Elektromobilität und Erneuerbare

Zur Feststellung, ob bestimmte Güter im Wettbewerb zueinander stehen, dient das Merkmal der Substituierbarkeit. Gemäß diesem Merkmal ist ein Wettbewerb zwischen bestimmten Gütern dann gegeben, wenn die Erzeugnisse oder Güter von einem durchschnittlichen, objektiven Anbieter oder Empfänger hinsichtlich ihrer Eigenschaft, ihres Preises und dem jeweiligen Verwendungszweck als austauschbar angesehen werden.[554]

Der EuGH verlangt ausdrücklich, dass die Kommission ihrer Begründungspflicht nach Art. 296 Abs. 2 AEUV nachkommt und die Umstände benennt, die für eine mögliche oder tatsächliche Wettbewerbsverfälschung sprechen.[555] Dies beruht insbesondere darauf, dass als Folge des Gebots wirtschaftlicher Logik jeder Beihilfengewährung naturgemäß eine wettbewerbsverfälschende Wirkung immanent ist.[556] Um dieser Annahme wenigstens bedingt entgegenzutreten und Wettbewerbsverfälschungen nicht generell zu bejahen, sollen dem EuGH zufolge Angaben zu Marktstruktur, Marktanteilen und Handelsströmen gemacht werden, was die Forderung nach einer Marktanalyse impliziert oder zumindest nahelegt.[557] Eine solche Analyse inklusive der dazugehörigen Marktabgrenzung ist jedoch nicht als zwingend erforderlich anzusehen.[558] Es soll aber zumindest eine summarische Darlegung der wettbewerbsrelevanten Umstände sowie eine plausible Begründung einer (drohenden) Wettbewerbsverfälschung erfolgen.[559]

Energien, 2011, S. 39; Leiner – Staatsbürgschaften und EG-vertragliches Beihilfeverbot, 2002, S. 80.

554 Kortlüge/Pieprzyk/Müller/Sailer/Behlau – Elektromobilität und Erneuerbare Energien, 2011, S. 40; Behlau – Die EE-Förderung auf dem Prüfstand des europäischen Beihilfenrechts, in: Müller (Hrsg.) – 20 Jahre Recht der Erneuerbaren Energien, Baden-Baden, 2012, S. 336 (364).

555 EuGH, Urteil vom 13.3.1983 – Rs. C-296/82, Slg. 1985, Niederlande und Leeuwarder Papierwarenfabriek/Kommission, 809, Rn. 24.

556 Siehe exemplarisch das Vorbringen der Kommission zu EuGH, Urteil vom 24.2.1987 – Rs. C-304/85, Slg. 1987, Falck/Kommission, 871, Rn. 24; GA Capotorti, Schlussanträge vom 18.6.1980 – Rs. C-730/79, Slg. 1980, Philip Morris/Kommission, 2671, Rn. 11; GA Warner, Schlussanträge vom 15.5.1974 – Rs. C-173/73, Slg. 1974, Italien/Kommission, 709 (722).

557 Cremer, in: Calliess/Ruffert – EUV/AEUV, Art. 107, Rn. 30.

558 EuGH, Urteil vom 15.6.2000 – Rs. T-298/97, Slg. 2000, Alzetta Mauro u.a./Kommission, II-2319, Rn. 95.

559 EuGH, Urteil vom 4.4.2001 – Rs. T-288/97, Slg. 1999, Friuli Venezia Giulia/Kommission, II-1173, Rn. 48; EuGH, Urteil vom 13.6.2001 – Rs. T-204/97, Slg. 2000, EPAC/Kommission, II-2267, Rn. 35, 47 f.

(1) Wettbewerbsverfälschung durch EEG-Fördermaßnahmen

Unter Einbeziehung der zuvor genannten, die Wettbewerbsverfälschung auszeichnenden Kriterien wäre dieses Tatbestandsmerkmal des Art. 107 Abs. 1 AEUV im Falle der EEG-Fördermaßnahmen erfüllt.

Zunächst ist die Substituierbarkeit der Erzeugnisse zu bejahen. Aus der Warte eines objektiven Stromverbrauchers ist Strom aus erneuerbaren Energien und solcher aus konventionellen Energien hinsichtlich seiner Eigenschaften sowie des Verwendungszwecks als Strom unterschiedslos und als dasselbe Wirtschaftsgut zu qualifizieren. Zwar ist Ökostrom regelmäßig teurer als konventioneller Strom, doch bewegt sich dies in einem für das Kriterium der Austauschbarkeit zulässigen Rahmen.

Ohne EEG-Fördermaßnahmen wäre eine deutlich andere Konkurrenzlage zwischen den Anlagenbetreibern und Produzenten regenerativen und konventionellen Stroms gegeben. Die inländischen Erzeuger regenerativen Stroms erzielen durch die gesetzliche Mindestvergütung höhere Preise, nicht nur im Vergleich zu ausländischen Erzeugern erneuerbaren Stroms, sondern auch zu aus- und inländischen Erzeugern konventionellen Stroms.[560] Teilweise wird kritisiert, dass in Anbetracht der höheren Kosten bei der Stromerzeugung mittels erneuerbarer Energien dieses Argument lediglich für diejenigen Erzeuger gelte, die durch höhere Effizienz Mitnahmeeffekte nutzen können. Ebenso wird vorgebracht, dass eine Wettbewerbsverfälschung möglicherweise dadurch auszuschließen sei, dass Erzeugern konventionellen Stroms externe Kosten nicht angelastet werden und somit die Förderung lediglich eine Beseitigung einer bestehenden Wettbewerbsverfälschung sei.[561] Allerdings sind diese Aspekte nicht Teil des Prüfungsumfangs des Merkmals Wettbewerbsverfälschung gemäß Art. 107 Abs. 1 AEUV. Dieser umfasst lediglich die Veränderung der Wettbewerbsbedingung. Ob diese möglicherweise zu Unrecht bestehen, ist eine Frage, die nicht im Rahmen des Tatbestandsmerkmales der Wettbewerbsverfälschung zu klären ist. Damit wäre ohne die Fördermaßnahmen des EEG eine deutlich geänderte Konkurrenzlage gegeben.

Erst der Abnahmezwang sowie die Vergütungspflicht erlauben es den Erzeugern regenerativen Stroms, ihren Ökostrom auf dem Strommarkt zu wettbewerbsfähigen Preisen zu veräußern. Die Folge sind Wettbewerbsverzerrungen, die den Wettbewerb nicht nur potentiell, sondern tatsächlich verfälschen.

---

560 Ekardt/Schmeichel, ZEuS 2009, S. 171 (216).

561 Siehe die dahingehenden Überlegungen bei Ekardt/Schmeichel, ZEuS 2009, S. 171 (216).

(2) Wettbewerbsverfälschungen durch Kapazitätszahlungen

Fraglich ist hingegen, ob auch bei Kapazitätszahlungen eine (drohende) Wettbewerbsverfälschung zu bejahen ist. Dafür müsste nach den oben angeführten Überlegungen der Ablauf des Wettbewerbs auf dem zugrundeliegenden Markt verändert werden.

Betrachtet man die Konkurrenzlage vor der Einführung eines nationalen Kapazitätsmarktes, so ist der Wettbewerb insbesondere durch den Abnahmezwang und die Mindestvergütung im Bereich der erneuerbaren Energien gekennzeichnet. Ziel dieser Maßnahmen ist zunächst, die kostenintensivere Stromerzeugung aus erneuerbaren Energien so zu begünstigen, dass sie gegenüber der konventionellen Stromproduktion wettbewerbsfähig wird. Zugleich werden konventionelle Kraftwerke jedoch schrittweise verdrängt. Dies ist eine Folge der energiepolitischen Strategie der Bundesregierung, die die Stromerzeugung aus erneuerbaren Energien mit Hilfe verschiedener Fördermaßnahmen mit Absicht so attraktiv macht, dass Investitionen in erneuerbare Energien lukrativer werden als der Betrieb von Anlagen, die Strom mit Hilfe vergänglicher Ressourcen produzieren. Diesem Verdrängungsrisiko sind grundsätzlich alle konventionellen Anlagenbetreiber ausgesetzt; sie müssen auf die Maßnahmen der Energiewende reagieren und dafür Sorge tragen, dass der Betrieb ihrer Anlagen so lange wie möglich rentabel bleibt. Einige Anlagenbetreiber, die ihre Kraftwerke erst in den letzten Jahren errichtet haben, müssen sich zudem um die Amortisation ihrer Kraftwerke sorgen.[562]

Wird nunmehr ein Kapazitätsmarkt geschaffen, in dessen Rahmen Kapazitätszahlungen an ausgewählte Anlagenbetreiber zur Vorhaltung bestimmter Stromkapazitäten vorgenommen werden, so werden diese gegenüber ihren unmittelbaren Konkurrenten begünstigt. Auf der einen Seite ist denkbar, dass Anlagenbetreiber aufgrund des Zuschlags und der folgenden Kapazitätszahlungen letztlich Gewinne erwirtschaften, die einen angemessenen Gewinn übersteigen. Dies könnte beispielsweise der Fall sein, wenn aufgrund fehlender Erfahrungswerte zu hohe Kapazitätszahlungen angesetzt werden. Auf der anderen Seite würden die Empfänger der Kapazitätszahlungen ihre konventionellen Kraftwerke über die vereinbarte Dauer der Kapazitätszahlungen hinaus betreiben, auch wenn sie ohne diese Zahlungen nicht mehr profitabel wären. Diese Möglichkeit wäre sämtlichen Kraftwerksbetreibern, die einer ähnlich schwierigen wirtschaftlichen Situation ausgesetzt sind und keine Kapazitätszahlungen erhalten, vorenthalten.

562 Aufgrund der hohen Investitionen, die für den Bau einer Stromerzeugungsanlage benötigt werden, sind lange Amortisationszeiten die Regel, siehe hierzu S. 46.

Vor dem Hintergrund der extensiven Auslegung des Merkmals der Wettbewerbsverfälschung kann eine solche Verfälschung auch im Falle von Kapazitätszahlungen mithin angenommen werden: Kapazitätszahlungen im oben genannten Sinn sind geeignet, den Ablauf des Wettbewerbs auf dem Elektrizitätsmarkt zu verändern. Damit erübrigt sich an dieser Stelle auch die Überlegung, inwieweit der Wettbewerb zwischen den verschiedenen Kraftwerkstypen zur Produktion von Strom aus fossilen Energieträgern durch Kapazitätszahlungen verfälscht werden könnte. Denn wie bereits erörtert[563] sind einige Kraftwerkstypen zum Ausgleich von Erzeugungsschwankungen grundsätzlich besser geeignet als andere. Im Vorteil sind insbesondere gasbetriebene Kraftwerke, da sie kurzfristig zu- und abschaltbar sind. Benachteiligt sind hingegen Steinkohlekraftwerke, die wegen ihrer technischen Ausgestaltung zum Schwankungsausgleich weitaus weniger geeignet sind.

ff) Beeinträchtigung des Handels zwischen Mitgliedsstaaten

Als letztes Tatbestandsmerkmal[564] verlangt Art. 107 Abs. 1 AEUV, dass durch die staatliche Beihilfe der Handel zwischen den Mitgliedsstaaten beeinträchtigt sein muss. Dies ist der Fall, wenn die Beihilfe durch die wettbewerbsverfälschende Begünstigung bestimmter Unternehmen den innergemeinschaftlichen Handel derart beeinflusst, dass die Einfuhr oder die Ausfuhr für die Begünstigten erleichtert und/oder für die Konkurrenten erschwert wird.[565]

Durch dieses Kriterium werden Beeinträchtigungen beim ausschließlich innerstaatlichen Handel vom Anwendungsbereich der Art. 107 bis 109 AEUV ausgenommen.[566] Es verfolgt den Zweck, den Anwendungsbereich der gemeinschaftsrechtlichen Bestimmungen im Bereich der Wettbewerbsregeln zu begrenzen. Es sollen nur solche Begünstigungen im Rahmen des Art. 107 Abs. 1 AEUV Bedeutung erlangen, die im Zusammenhang mit Exporten von

---

563 Siehe hierzu S. 30 ff.

564 Teilweise wird diesem Merkmal die Eigenschaft eines echten Tatbestandsmerkmals des Art. 107 Abs. 1 AEUV abgesprochen, da es wegen seiner wirkungsorientierten Formulierung eine Abwägung der widerstreitenden Interessen verlangt, so Kortlüge/Pieprzyk/Müller/Sailer/Behlau – Elektromobilität und ErneuerbareEnergien, 2011, S. 39; a.A. Leiner – Staatsbürgschaften und EG-vertragliches Beihilfeverbot, 2002, S. 81.

565 Cremer, in: Calliess/Ruffert – EUV/AEUV, Art. 107, Rn. 36; von Wallenberg/Schütte, in: Grabitz/Hilf/Nettesheim – EUV/AEUV, Art. 107, Rn. 74.

566 GA Tesauro, Schlussanträge vom 19.9.1998 – Rs. C-142/87, Slg. 1990, Belgien/Kommission, I-959, Rn. 28.

Erzeugnissen des begünstigten Unternehmens in andere Mitgliedsstaaten stehen, oder die Unternehmen betreffen, die in einem nationalen Markt tätig sind, deren Erzeugnisse aber mit Produkten von Unternehmen aus anderen Mitgliedsstaaten konkurrieren. Dies ist beispielsweise der Fall, wenn die Produktion des begünstigten Unternehmens durch die Beihilfe ansteigt oder auch nur aufrechterhalten wird, während sich die Absatzmöglichkeiten der Unternehmen anderer Mitgliedsstaaten in dem betroffenen Mitgliedsstaat verringern. Auswirkungen, die sich ausschließlich auf das Hoheitsgebiet eines Mitgliedsstaats beschränken und daher auch mittelbar nicht geeignet sind, die Freiheit des Handels innerhalb der Gemeinschaft in einem Sinne zu beeinträchtigen, der der Verwirklichung der Ziele eines einheitlichen Marktes abträglich sein könnte, werden von der Vorschrift nicht erfasst.[567]

Zusammenfassend sind keine allzu hohen Anforderungen an das Merkmal der Zwischenstaatlichkeit zu stellen. Lediglich Beihilfen mit ausschließlich lokalen, regionalen oder nationalen Auswirkungen wird dieses Kriterium abgesprochen.[568] Als Resultat wird häufig von einer widerlegbaren Vermutung zugunsten der Beeinträchtigung des Handels ausgegangen.[569] Daneben genügt es bereits, dass die Beihilfe geeignet ist, den Handel zu beeinträchtigen. Die Handelsbeeinträchtigung muss nicht tatsächlich eingetreten sein.[570]

Inwieweit eine bestimmte Intensität der Beihilfe zur Bejahung einer tatsächlichen Handelsbeeinträchtigung erforderlich ist, wurde lange Zeit kontrovers diskutiert.[571] Der EuGH hat in seiner Rechtsprechung auf eine De-minimis-Regel verzichtet und ein bestimmtes Mindestmaß an Spürbarkeit abgelehnt, so dass auch bei geringem Beihilfeumfang bzw. geringer Größe des begünstigten

---

567 EuGH, Urteil vom 17.6.1999 – Rs. C-75/97, Slg. 1999, Belgien/Kommission, I-3671, Rn. 47; EuGH, Urteil vom 21.3.1999 – Rs. C-303/88, Slg. 1991, Italien/Kommission, I-1433, Rn. 27; EuGH, Urteil vom 13.7.1988 – Rs. C-102/87, Slg. 1988, Frankreich/Kommission, 4067, Rn. 19; GA Tesauro, Schlussanträge vom 19.9.1998 – Rs. C-142/87, Slg. 1990, Belgien/Kommission, I-959, Rn. 28.

568 Cremer, in: Calliess/Ruffert – EUV/AEUV, Art. 107, Rn. 37; von Wallenberg/Schütte, in: Grabitz/Hilf/Nettesheim – EUV/AEUV, Art. 107, Rn. 76.

569 Kortlüge/Pieprzyk/Müller/Sailer/Behlau – Elektromobilität und Erneuerbare Energien, 2011, S. 40.

570 EuGH, Urteil vom 17.9.1980 – Rs. 730/79, Philip Morris/Kommission, Slg. 1980, S. 2671, Rn. 11; EuGH, Urteil vom 30.4.2009 – Rs. C-494/06 P, Kommission/Italien und Wam, Slg. 2009, I-3639, Rn. 50.

571 Wieberneit – Europarechtlicher Ordnungsrahmen für Umweltsubventionen, 1997, S. 346 f.; Kortlüge/Pieprzyk/Müller/Sailer/Behlau – Elektromobilität und Erneuerbare Energien, 2011, S. 41; Klein/Haratsch, EWS 1997, S. 410 (412).

Unternehmens der Handel beeinträchtigt sein kann.[572] Doch wird in der Regel erwartet, dass Beihilfen mit einem geringen Gesamtbetrag, der den Unternehmen nur über einen kurzen Zeitraum zugute kommt, die handelsbeeinträchtigende Wirkung abgesprochen wird.[573] Als Folge dessen wendet die Kommission, nachdem sie zunächst diesbezügliche, für einen finanziellen Schwellenwert werbende Mitteilungen in den 1990er Jahren erlassen hatte, auf Grundlage der sog. De-minimis-Verordnung[574] Art. 107 Abs. 1 AEUV bei bestimmten, in der Verordnung präzisierten, geringfügigen Beihilfen nicht an. Die dort konkretisierten mitgliedsstaatlichen Maßnahmen unterliegen nicht dem Anmeldeverfahren nach Art. 108 Abs. 3 AEUV, vgl. Art. 3 Abs. 1 der Verordnung. Dies dient der Verfahrensvereinfachung sowie der Entlastung der Kommission.[575] Anwendbar ist die Verordnung grundsätzlich für Unternehmen aus allen Wirtschaftsbereichen, bei denen der Gesamtbetrag der Begünstigung in einem Zeitraum von drei Jahren geringer ist als 200.000 Euro.[576]

(1) Handelsbeeinträchtigung durch EEG-Fördermaßnahmen

Eine Beeinträchtigung des innergemeinschaftlichen Handels durch die im EEG geregelte Förderung ist gegeben. Der Zwang zur Abnahme regenerativen Stroms und die gesetzlich garantierte Mindestvergütung beeinflussen den Handel derart, dass die Einfuhr von Strom aus regenerativen als auch aus fossilen Energien aus anderen Mitgliedsstaaten erschwert wird. Diese Maßnahmen gelten lediglich für Anlagen, die Strom aus erneuerbaren Energien oder aus Grubengas im Bundesgebiet einschließlich der deutschen ausschließlichen Wirtschaftszone,

---

572 EuGH, Urteil vom 3.3.2005 – Rs. C-172/03, Slg. 2005, Heiser/Finanzamt Innsbruck, I-1627, Rn. 32: Danach gibt es in der EuGH-Rspr. keine Schwelle und keinen Prozentsatz, bis zu der oder dem man davon ausgehen könnte, dass der Handel zwischen Mitgliedsstaaten nicht beeinträchtigt ist. Weder der verhältnismäßig geringe Umfang einer Beihilfe noch die verhältnismäßig geringe Größe des begünstigten Unternehmens schließt von vornherein die Möglichkeit einer Beeinträchtigung des Handels zwischen Mitgliedsstaaten aus; siehe zuvor EuGH, Urteil vom 17.9.1980 – Rs. C-730/79, Philip Morris/Kommission, Slg. 1980, 2671, Rn. 12.

573 Von Wallenberg/Schütte, in: Grabitz/Hilf/Nettesheim – EUV/AEUV, Art. 107, Rn. 80.

574 Die derzeit aktuelle Verordnung ist: VO (EU) Nr. 1407/2013 vom 18.12.2013 über die Anwendung der Art. 107 und 108 AEUV auf De-minimis-Beihilfen, ABl. 2013 L 352/1.

575 Von Wallenberg/Schütte, in: Grabitz/Hilf/Nettesheim – EUV/AEUV, Art. 107, Rn. 80.

576 Siehe hierzu VO (EU) Nr. 1407/2013 vom 18.12.2013 über die Anwendung der Art. 107 und 108 AEUV auf De-minimis-Beihilfen, ABl. 2013 L 352/1., Erwägungsgrund 3.

vgl. § 2 Abs. 1 EEG, erzeugen. Diese Maßnahmen führen zu einem stetigen Anstieg des Anteils erneuerbarer Energien am Bruttostromverbrauch in Deutschland.[577] Zugleich verringern sich insbesondere durch den gesetzlichen Abnahmezwang die Absatzmöglichkeiten von in anderen Mitgliedsstaaten produzierenden Erzeugern in Deutschland, und zwar für Anbieter regenerativen als auch konventionellen Stroms. Auch der von der Kommission festgelegte Schwellenwert bezüglich der Intensität der Beihilfe ist erreicht.

(2) Handelsbeeinträchtigung durch Kapazitätszahlungen

Der innergemeinschaftliche Handel wäre auch durch Kapazitätszahlungen im Rahmen der derzeit diskutierten Modelle beeinträchtigt. Anlagenbetreibern aus anderen Mitgliedsstaaten, die über Kapazitäten verfügen, die zum Schwankungsausgleich Strom aus fossilen oder auch erneuerbaren Energien in das deutsche Stromnetz einspeisen könnten, würde die Einfuhr des Stroms erschwert, weil die Nachfrage nach Ausgleichskapazitäten bereits durch die am nationalem Kapazitätsmarkt partizipierenden Kraftwerke gedeckt wäre.

Das ist eine logische Folge des Umstands, dass mit den diskutierten Modellen nicht nur das Ziel verfolgt wird, Kapazitätsengpässe und mögliche Totalausfälle zu vermeiden, sondern auch, diesen Zustand ausschließlich mit Hilfe deutscher Kapazitäten zu erreichen. Der entscheidende Ausgangspunkt ist wiederum die energiepolitische Grundsatzentscheidung, die Sicherstellung der Versorgungssicherheit in Deutschland ausschließlich durch national verfügbare Kapazitäten zu erzielen (nationale Sichtweise).[578] Diese nationale Betrachtung spiegelt sich auch in der im Energiekonzept der Bundesregierung niedergelegten grundsätzlichen Überlegung über die Schaffung eines deutschen Kapazitätsmarktes wider: Es wird nicht berücksichtigt, dass bei einer Einbeziehung des in den Anrainerstaaten Deutschlands produzierten Stroms zum Ausgleich der Volatilität ein Kapazitätsmarkt, jedenfalls ein auf den nationalen Raum begrenzter, möglicherweise nicht erforderlich wäre. Damit würde durch die diskutierten Kapazitätszahlungen die Einfuhr der Ware „Strom" gestört werden, so dass eine innergemeinschaftliche Handelsbeeinträchtigung zu bejahen wäre.

Würden die Kapazitätszahlungen so ausgestaltet, dass sie sämtliche Voraussetzungen des Art. 107 Abs. 1 AEUV erfüllen, müsste jedoch im Einzelfall festgestellt werden, ob der von der Kommission in der De-minimis-Verordnung niedergelegte

577 Bundesregierung – Gesetzentwurf zur Neuregelung des Rechtsrahmens für die Förderung der Stromerzeugung aus erneuerbaren Energien, Entwurf vom 6. Juni 2011, S. 91.

578 Siehe hierzu S. 10 ff.

Schwellenwert überschritten ist. Sobald der Schwellenwert überschritten würde, müsste das Anmeldeverfahren nach Art. 108 Abs. 3 S. 3 AEUV beachtet werden.

gg) Zwischenergebnis

Hinsichtlich des Ergebnisses der beihilferechtlichen Prüfung ist zwischen den EEG-Fördermaßnahmen einerseits und den auf einem Kapazitätsmarkt basierenden Zahlungen andererseits zu unterscheiden.

(1) Tatbestandliche Beurteilung der EEG-Fördermaßnahmen

Es hat sich gezeigt, dass die Auslegung des EuGH im Rahmen seiner PreußenElektra-Rechtsprechung im Hinblick auf die Fördermaßnahmen des EEG auch weiterhin aufrechterhalten werden kann. Weder haben die Änderungen des EEG 2012 ein anderes Ergebnis im Hinblick auf die beihilferechtliche Beurteilung des gesetzlichen Abnahmezwanges und der normierten Vergütungspflicht bewirkt, noch hat sich die Rechtsprechung des EuGH im Hinblick auf die Auslegung der einzelnen Tatbestandsmerkmale entscheidend verändert. Vielmehr ergibt die Prüfung, dass auch weiterhin eine begünstigende Wirkung der Förderung auf Grundlage des EEG vorliegt, diese Begünstigung auch selektiv ist und den Wettbewerb verfälscht sowie zudem der innergemeinschaftliche Handel beeinträchtigt wird. Es kann ebenfalls nicht von der Beurteilung des EuGH abgewichen werden, dass es sich weder um eine staatliche Beihilfe noch um eine aus staatlichen Mitteln gewährte Beihilfe handelt. Die insbesondere in den letzten Jahren zunehmend vertretenen kritischen Auffassungen in der Literatur sind insofern nicht überzeugend. Daher stellen im Ergebnis die EEG-Fördermaßnahmen keine Beihilfe i.S.d. Art. 107 Abs. 1 AEUV dar.

(2) Tatbestandliche Beurteilung möglicher Kapazitätszahlungen

Die Kernpunkte einer tatbestandlichen Beurteilung dürften bei Kapazitätszahlungen, wie sie im Rahmen eines deutschen Kapazitätsmarktes erfolgen würden, ähnlich gelagert sein wie bei den EEG-Fördermaßnahmen. Während es sich bei den Kapazitätszahlungen unproblematisch um selektive Begünstigungen handeln würde, die geeignet wären, den Wettbewerb zu verfälschen und den innergemeinschaftlichen Handel zu beeinträchtigen, müsste auch in diesem Fall insbesondere das Merkmal des Einsatzes staatlicher Mittel beachtet werden. Auf Grundlage des bisherigen Diskussionsstands erscheint es möglich, die Zahlungen so auszugestalten, dass ein Einsatz staatlicher Mittel nicht vorliegen würde. Wie die Kommission im Rahmen einer im Herbst 2012 erlassenen Stellungnahme zu Recht ausführt,[579] müssten vor allem die Urteile in Sachen PreußenElektra und Essent[580] zur Einordnung, ob der Einsatz staatlicher Mittel in diesen Fällen gegeben ist, herangezogen werden. Des Weiteren wäre insbesondere zu untersuchen, ob die Kapazitätszahlungen nicht in einer den Kriterien der Altmark-Trans-Entscheidung[581] des EuGH entsprechenden Weise ausgestaltet sein könnten, also unter anderem durch eine klar definierte Betrauung der begünstigten Unternehmen und einen angemessenen Ausgleich für die entstehenden Kosten. In diesem Falle könnte eine Qualifikation der Kapazitätszahlungen als Beihilfe i.S.d. Art. 107 Abs. 1 AEUV daran scheitern, dass sie eine Gegenleistung für Leistungen bilden würden, die von den Unternehmen zur Erfüllung gemeinwirtschaftlicher Verpflichtungen erbracht werden, ohne dass diese einen finanziellen Vorteil erhalten. Bei einer solchen Ausgestaltung wäre den Kapazitätszahlungen bereits die begünstigende Wirkung abzusprechen.

b) Relevanz der Rechtfertigungstatbestände des Art. 107 AEUV

Die Gewährung einer staatlichen Beihilfe ist nicht unter allen Umständen unzulässig. Vielmehr enthalten die Art. 107 Abs. 2 und 3 AEUV mehrere Ausnahmen vom grundsätzlichen Beihilfeverbot, nach denen eine staatliche Beihilfe als mit dem Binnenmarkt vereinbar sein und von der Kommission genehmigt werden kann. Der bedeutendste Unterschied bei den Rechtfertigungstatbeständen dieser beiden Absätze besteht darin, dass sie sich in ihrer Rechtsfolge unterscheiden. Bei den drei eng auszulegenden[582] Rechtfertigungstatbeständen des Art. 107 Abs. 2 AEUV ist bei Vorliegen der jeweiligen Tatbestandsmerkmale *de jure* die begünstigende Maßnahme mit dem europäischen Binnenmarkt vereinbar. Bei den Rechtfertigungstatbeständen des Art. 107 Abs. 3 AEUV hingegen steht der Kommission bei der Prüfung ein Entscheidungsspielraum zu.[583] Im Rahmen des Absatz 3 kann die Kommission ein Rechtsfolgeermessen ausüben, solange die tatbestandlichen Voraussetzungen einer

---

579 Auskunft und Stellungnahme gemäß der Bekanntmachung der Kommission über die Durchsetzung des Beihilfenrechts durch die einzelstaatlichen Gerichte vom 27.8.2012, Schriftsatz des juristischen Dienstes der europäischen Kommission vom 2. Oktober 2012, REF 1017629.

580 EuGH, Urteil vom 17.7.2008 – Rs. C-206/06, Slg. 2008, Essent/Aluminium, I-05497.

581 EuGH, Urteil vom 24.7.2003 – Rs. C-280/00, Slg. 2003, Altmark Trans, I-7747.

582 EuGH, Urteil vom 29.4.2004 – Rs. C-277/00, Slg. 2004, Deutschland/Kommission, I-3925, Rn. 20; EuGH, Urteil vom 19.9.2000 – Rs. C-156/98, Slg. 2000, Deutschland/Kommission, I-6857, Rn. 49.

583 Von Wallenberg/Schütte, in: Grabitz/Hilf/Nettesheim – EUV/AEUV, Art. 107, Rn. 130.

der Ausnahmebestimmungen nach lit. a bis d erfüllt sind.[584] Dieser weit auszulegende Ermessensspielraum der Kommission ist aufgrund der notwendigen sozialen und wirtschaftlichen Erwägungen gerichtlich nur eingeschränkt überprüfbar. Es kann lediglich festgestellt werden, ob die Vorschriften über das Verfahren und die Begründung eingehalten, die Tatsachen richtig ermittelt wurden und ob kein offensichtlicher Beurteilungsfehler oder Ermessensmissbrauch vorliegt.[585]

Die Kommission hatte bereits in ihrem Aktionsplan „Staatliche Beihilfen“[586] Kriterien veröffentlicht, anhand derer sie die Vereinbarkeit von Beihilfemaßnahmen mit dem gemeinsamen Markt bewertet. Dazu sieht sie eine Abwägungsprüfung mit drei Fragestellungen vor: Es soll erstens festgestellt werden, ob die Beihilfemaßnahme einem genau definierten Ziel von gemeinsamem Interesse dient; zweitens, ob die Beihilfe zur Verwirklichung dieses Ziels geeignet ist, insbesondere, ob das Ziel auch mit einer geringeren Beihilfe erreicht werden könnte; und drittens, ob die Wettbewerbsverfälschungen insoweit begrenzt sind, dass insgesamt die positiven Aspekte überwiegen.[587] Darüber hinaus zählen zu dem umfassenden Instrumentarium der Kommission auch verschiedene Leitlinien, in denen erläutert wird, wie die Kommission die einschlägigen Kriterien bei der beihilferechtlichen Prüfung einer staatlichen Maßnahme auf ihre Vereinbarkeit mit dem Binnenmarkt anwendet.[588]

Von den verschiedenen Rechtfertigungstatbeständen des Art. 107 Abs. 2 und 3 AEUV kommen lediglich drei Varianten in Betracht, die im Folgenden erörtert werden.

aa) Art. 107 Abs. 2 lit. b AEUV

Zunächst könnte der Rechtfertigungstatbestand des Art. 107 Abs. 2 lit. b AEUV für eine Rechtfertigung der EEG-Fördermaßnahmen einschlägig sein. Laut dieser

---

584 Cremer, in: Callies/Ruffert – EUV/AEUV, Art. 107, Rn. 45.

585 Mestmäcker/Schweitzer – Europäisches Wettbewerbsrecht, § 44, Rn. 14 m.w.N.

586 Konsultationspapier der Kommission – Aktionsplan Staatliche Beihilfen, KOM (2005) 107 endg.

587 Konsultationspapier der Kommission – Aktionsplan Staatliche Beihilfen, KOM (2005) 107 endg., Rn. 11.

588 Kommission – Arbeitsunterlage der Kommissionsdienststellen: Leitfaden zur beihilfenkonformen Finanzierung, Umstrukturierung und Privatisierung staatseigener Unternehmen, swd (2012) 15, S. 5; in Zukunft werden insbesondere die Leitlinien für staatliche Umwelt- und Energiebeihilfen 2014–2020 (EEAG) zu beachten sein, zu denen gegenwärtig ein Konsultationsverfahren der Kommission läuft – Arbeitspapier der Dienststellen der GD Wettbewerb – Entwurf der Leitlinien für staatliche Umwelt- und Energiebeihilfen 2014–2020. Sie sollen zum 1. Juli 2014 in Kraft treten.

Vorschrift sind Beihilfen zur Beseitigung von Schäden, die durch Naturkatastrophen oder sonstige außergewöhnliche Ereignisse entstanden sind, mit dem Binnenmarkt vereinbar. Ein Rückgriff auf diese Rechtfertigung scheidet jedoch aus, da die Auswirkungen des Klimawandels bisher, zumindest in Europa, noch keiner Naturkatastrophe oder einem vergleichbaren Ereignis im Sinne dieser Vorschrift entsprechen.[589] Dem steht auch nicht entgegen, dass es keine Definition des Begriffes der Naturkatastrophe gibt und dieser vielmehr anhand einzelner Beispiele konkretisiert werden muss.[590] Die Vorschrift greift gewöhnlich bei unmittelbaren Schäden wie schweren Unwettern, schweren Überschwemmungen und Erdbeben.[591] Noch handelt es sich bei den Auswirkungen des Klimawandels in Europa um keinen vergleichbaren Fall. Daher kommt der Rechtfertigungstatbestand des Art. 107 Abs. 2 lit. b AEUV für eine Rechtfertigung der EEG-Fördermaßnahmen nicht in Betracht.

bb) Art. 107 Abs. 3 lit. b Alt. 1 AEUV

Bei Annahme aller Tatbestandsmerkmale des Art. 107 Abs. 1 AEUV könnte bei einem Verstoß gegen Art. 107 Abs. 1 AEUV durch die EEG-Fördermaßnahmen sowie durch mögliche Kapazitätszahlungen der Ausnahmetatbestand des Art. 107 Abs. 3 lit. b Alt. 1 AEUV greifen.[592] Nach diesem Ausnahmetatbestand können Beihilfen von der Kommission als mit dem gemeinsamen Markt vereinbar angesehen werden, wenn sie zur Förderung wichtiger Vorhaben von gemeinsamem europäischen Interesse vorgenommen werden. Das gemeinsame europäische Interesse definiert sich über die Ziele der Union. Als Quellen dienen die Verträge sowie die Programme der Union. Auch die europäische Energiepolitik kann daher als Teil gemeinsamen europäischen Interesses verstanden werden.[593]

Zum besseren Umgang mit Art. 107 Abs. 3 AEUV hat die Kommission die von ihr bei der Ausübung ihres Ermessensspielraums beachteten Grundsätze insbesondere durch Leitlinien konkretisiert. Dies soll zur Rechtssicherheit,

589 Ekardt/Schmeichel, ZEuS 2009, S. 171 (217).

590 Von Wallenberg/Schütte, in: Grabitz/Hilf/Nettesheim - EUV/AEUV, Art. 107, Rn. 134.

591 Cremer, in: Callies/Ruffert - EUV/AEUV, Art. 107, Rn. 42.

592 Der Frage, ob bei Vorliegen sämtlicher Tatbestandsmerkmale des Art. 107 Abs. 1 AEUV im Falle der EEG-Fördermaßnahmen der beihilferechtliche Verstoß möglicherweise auch durch ein Ziel von gemeinsamen Interesse gerechtfertigt werden kann, geht auch die Kommission in ihrer im März 2013 eingeleiteten beihilferechtlichen Prüfung nach, siehe die Pressemitteilung der Kommission – Staatliche Beihilfen: Kommission leitet eingehende Prüfung potentieller Beihilfen für von Netzentgelten befreite große Stromverbraucher in Deutschland ein, vom 6. März 2013, IP/13/191.

593 Von Wallenberg/Schütte, in: Grabitz/Hilf/Nettesheim - EUV/AEUV, Art. 107, Rn. 150.

Transparenz und Vorhersehbarkeit beitragen.[594] Bei einer gerichtlichen Überprüfung können diese Vorschriften als Rechtmäßigkeitsmaßstab hinzugezogen werden, wobei es auch Teil dieser Prüfung ist, ob die Kommission die in den Leitlinien und Mitteilungen gemachten Anforderungen auch selbst einhält.[595] Zu diesen Leitlinien zählen unter anderem diejenigen für staatliche Umweltschutzbeihilfen[596], die zum 1. Juli 2014 durch die Leitlinien zu Umweltschutz- und Energiebeihilfen ersetzt werden sollen, um der immer stärkeren Verknüpfung der Umwelt- mit der Energiepolitik Rechnung zutragen.[597]

Um die Leitlinien für Umweltschutz- und Energiebeihilfen im Hinblick auf Art. 107 Abs. 3 lit. b AEUV anwenden zu können, müsste es sich um ein Vorhaben handeln, das durch seine große Bedeutung für die Umweltstrategie der Europäischen Union oder seinen wesentlichen Beitrag zum Energiebinnenmarkt konkret, vorbildlich und erkennbar zum Unionsinteresse im Bereich Umwelt oder Energie beiträgt.[598] Der EuGH stimmt mit der Kommission darin überein, dass von mehreren Mitgliedsstaaten getragene Programme zur Bekämpfung gemeinsamer Gefahren, wie der Umweltverschmutzung, als Vorhaben gemeinsamen europäischen Interesses bewertet werden können.[599]

(1) EEG-Fördermaßnahmen

Durch den Energiefahrplan der Union[600] ist deren energiepolitisches Interesse konkretisiert worden. Darin wird nicht nur auf das vom Europäischen Rat[601]

---

594 Kortlüge/Pieprzyk/Müller/Sailer/Behlau – Elektromobilität und Erneuerbare Energien, 2011, S. 43.

595 Bruckenberger/Klaue/Schwintowski – Regulierung und Wettbewerb, 2006, S. 190; Cremer, in: Callies/Ruffert – EUV/AEUV, Art. 107, Rn. 57.

596 Kommission – Leitlinien der Gemeinschaft für staatliche Umweltschutzbeihilfen, 2008/C 82/01, Abl. vom 1.4.2008, die Leitlinien gelten zunächst bis Ende 2014.

597 Konsultationspapier der Kommission – Environmental and Energy Aid Guidelines 2014–2020, vom 11.3.2013, S. 5, 14.

598 Arbeitspapier der Dienststellen der GD Wettbewerb – Entwurf der Leitlinien für staatliche Umwelt- und Energiebeihilfen 2014–2020, S. 20; siehe auch Kommission – Leitlinien der Gemeinschaft für staatliche Umweltschutzbeihilfen, 2008/C 82/01, Abl. vom 1.4.2008, Rn. 147.

599 EuGH, Urteil vom 8.3.1988 – verb. Rs. C-62/87 u. C-72/87, Slg. 1988, Executif regional Wallon/Kommission, 1573, Rn. 22; siehe dazu Ekardt/Schmeichel, ZEuS 2009, S. 171 (218).

600 Mitteilung der Kommission – Energiefahrplan 2050, KOM (2011) 885 endg.

601 Europäischer Rat – Aktionsplan, als Anlage der Schlussfolgerungen des Vorsitzes – Brüssel, 8./9. März 2007, S. 21.

verfolgte Ausbauziel hingewiesen, den Anteil erneuerbarer Energien am Gesamtenergieverbrauch der EU bis 2020 auf 20 Prozent zu steigern, sondern es wird auch über das Jahr 2020 hinaus ein höherer Anteil erneuerbarer Energien als eine Hauptvoraussetzung für eine nachhaltigere und sicherere Energieversorgung angesehen.[602] Diese Ziele dienen vorrangig dem Umweltschutz, dem maßgeblichen Grund für die Energiewende. Die EEG-Fördermaßnahmen könnten somit als Teil eines umweltschutzrechtlichen Vorhabens von europäischem Interesse verstanden werden und Maßnahmen darstellen, die zu einer zwischen den verschiedenen Mitgliedsstaaten abgestimmten Unternehmung[603] gehören.

Indes darf gemäß der Leitlinien für Umweltschutzbeihilfen, die generell auf Maßnahmen zur Förderung erneuerbarer Energien Anwendung finden, und des Entwurfes zu den Leitlinien über Umweltschutz- und Energiebeihilfeleitlinien 2014 bis 2020 das Vorhaben nicht auf einen einzelnen Mitgliedsstaat beschränkt sein, sondern muss sich auf die gesamte Gemeinschaft erstrecken.[604] Mit anderen Worten: Die Ausnahmevorschrift kann nur dann Anwendung finden, wenn die Interessen keines einzigen Mitgliedsstaates übergangen werden.[605] Dies ist jedoch im Hinblick auf die Wirkung der EEG-Fördermaßnahmen nicht der Fall. Denn durch den Umstand, dass die EEG-Vergütung auf Kraftwerke begrenzt ist, die ihren Sitz im Geltungsbereich des EEG haben, wodurch Kraftwerke anderer Mitgliedsstaaten von der Förderung ausgeschlossen sind, können die Interessen anderer Mitgliedsstaaten verletzt sein. Dies spiegelt sich in dem Verstoß gegen die Warenverkehrsfreiheit gemäß Art. 34 AEUV wider.[606] Ob dieser Verstoß letztlich gerechtfertigt ist, kann an dieser Stelle dahingestellt bleiben, da bereits durch die Erfüllung des Tatbestands des Art. 34 AEUV das Interesse anderer im Binnenmarkt handeltreibender Mitgliedsstaaten beeinträchtigt ist. Folglich wäre das Merkmal des gemeinsamen europäischen Interesses nicht erfüllt. Eine Anwendung des Ausnahmetatbestandes des Art. 107 Abs. 3 lit. b Alt. 1 AEUV käme damit im Hinblick auf die EEG-Fördermaßnahmen nicht in Betracht.

602 Bundesregierung – Konzept für eine umweltschonende, zuverlässige und bezahlbare Energieversorgung, 2010, S. 11.

603 Von Wallenberg/Schütte, in: Grabitz/Hilf/Nettesheim – EUV/AEUV, Art. 107, Rn. 150.

604 Kommission – Leitlinien der Gemeinschaft für staatliche Umweltschutzbeihilfen, 2008/C 82/01, Abl. vom 1.4.2008, Rn. 147 b); Arbeitspapier der Dienststellen der GD Wettbewerb – Entwurf der Leitlinien für staatliche Umwelt- und Energiebeihilfen 2014–2020, S. 20, Rn. 28 c); a.A. Ekardt/Schmeichel, ZEuS 2009, S. 171 (218).

605 Von Wallenberg/Schütte, in: Grabitz/Hilf/Nettesheim – EUV/AEUV, Art. 107, Rn. 150.

606 Siehe hierzu die Ausführungen auf S. 174 ff.

(2) Kapazitätszahlungen

Eine Anwendung des Ausnahmetatbestandes anhand der Leitlinien für Umweltschutzbeihilfen der Kommission kommt auch mit Blick auf mögliche Kapazitätszahlungen nicht infrage. Wie zuvor erwähnt, erzielt das durch die Kapazitätszahlungen verfolgte Vorhaben keine erheblichen Fortschritte bei der Verwirklichung spezifischer Umweltziele[607] der Union, sondern soll primär der Sicherung der Energieversorgung dienen. Insoweit ist nicht maßgeblich, dass die Schaffung eines deutschen Kapazitätsmarktes mittelbare Folge des Ausbaus fluktuierender erneuerbarer Energien ist.

Die Sicherung der Energieversorgung könnte aber ein Vorhaben gemeinsamen europäischen Interesses i.S.d. Art. 107 Abs. 3 lit. b 1. Alt AEUV sein bzw. einen wesentlichen Beitrag i.S.d. geplanten Energie- und Umweltbeihilfeleitlinien 2014 bis 2020 darstellen. In diesem Falle könnten die Kapazitätszahlungen, sollten sie als Beihilfen i.S.d. Art. 107 Abs. 1 AEUV ausgestaltet sein, durch den Ausnahmetatbestand des Art. 107 Abs. 3 lit. b Alt. 1 AEUV mit dem Binnenmarkt vereinbar sein. Hierzu ist ebenfalls der Fahrplan der Union dem Konzept der Bundesregierung gegenüberzustellen.

In dem EU-Energiefahrplan heißt es, dass dafür Sorge getragen werden muss, dass politische Entwicklungen in den Mitgliedsstaaten keine neuen Hindernisse für die Strom- bzw. Gasmarktintegration hervorbringen. In sämtlichen Fällen sollen die Auswirkungen auf den Binnenmarkt in Betracht gezogen werden, da alle Mitgliedsstaaten von diesem abhängig seien. Daher bestehe Koordinierungsbedarf. Die Auswirkungen der Entscheidungen in Nachbarländern auf die einzelnen nationalen Stromsysteme seien hinsichtlich ihrer Art und Weise in vollem Umfang zu berücksichtigen. Durch diese Zusammenarbeit würde die Versorgungssicherheit gewährleistet werden.[608] Damit beziehen sich die Ausführungen der Union auf die europaweite Versorgungssicherheit und nicht diejenige einzelner Mitgliedsstaaten.

Das deutsche Energiekonzept hingegen ist deutlich auf das Ziel einer gesicherten nationalen Versorgung ausgerichtet, ohne die Auswirkungen auf andere Mitgliedsstaaten näher zu berücksichtigen. Die Bundesregierung macht zwar in ihrem Konzept deutlich, dass sie eine dahingehende Prüfung, ob und wie in Zukunft die Bereitstellung von Kapazitäten behandelt wird, für erforderlich

607 Kommission – Leitlinien der Gemeinschaft für staatliche Umweltschutzbeihilfen, 2008/C 82/01, Abl. vom 1.4.2008, Rn. 148.

608 Siehe hierzu die Mitteilung der Kommission – Energiefahrplan 2050, KOM (2011) 885 endg., S. 17.

erachtet.[609] Diese Aussage trifft sie jedoch unter Verweis auf die zukünftige Entwicklung des nationalen Energiemarktdesigns und beschränkt sie somit auf Deutschland. Sollte sie sich auf dieser Grundlage für die Schaffung eines deutschen Kapazitätsmarktes entscheiden, so könnte dies mit dem gemeinsamen europäischen Interesse kollidieren, in Zusammenarbeit mit den übrigen Mitgliedsstaaten die Versorgung in ganz Europa und nicht nur im Geltungsbereich des EEG zu sichern. Allerdings ist es auch möglich, dass es gesamteuropäisch gesehen am sinnvollsten sein könnte, die Sicherstellung der Energieversorgung während einer Übergangszeit den einzelnen Mitgliedsstaaten zu überlassen. In diesem Fall könnte der Ausnahmetatbestand des Art. 107 Abs. 3 lit. b 1. Alt AEUV als Rechtfertigung für Kapazitätszahlungen dienen, wenn diese als staatliche Beihilfe ausgestaltet wären. Ob und inwieweit daher Kapazitätszahlungen als staatliche Beihilfen nach dieser Vorschrift gerechtfertigt wären, lässt sich derzeit nicht abschließend beurteilen. Ausschlaggebende Faktoren hierfür sind unter anderem die Weiterentwicklung der Technologien und der gesamteuropäischen Energieinfrastruktur.

cc) Art. 107 Abs. 3 lit. c AEUV

Daneben kommt eine Rechtfertigung nach Art. 107 Abs. 3 lit. c AEUV in Betracht. Nach diesem Ausnahmetatbestand können Beihilfen von der Kommission als mit dem gemeinsamen Markt vereinbar angesehen werden, wenn sie der Förderung und Entwicklung gewisser Wirtschaftszweige oder Wirtschaftsgebiete dienen, soweit sie die Handelsbedingungen nicht in einer Weise verändern, die dem gemeinsamen Interesse zuwiderläuft.

Da dieser Rechtfertigungstatbestand angesichts der vergleichsweise hohen Anzahl von auf ihm beruhender Genehmigungsentscheidungen die am häufigsten angewandte Ausnahmebestimmung des Art. 107 AEUV ist,[610] hat die Kommission in unterschiedlichen Leitlinien und Mitteilungen Kriterien veröffentlicht, nach denen verschiedene sektorale, regionale und horizontale Beihilfen zu beurteilen sind[611] und die im Folgenden an den relevanten Stellen berücksichtigt werden.

---

609 Bundesregierung – Konzept für eine umweltschonende, zuverlässige und bezahlbare Energieversorgung, 2010, S. 25.

610 Kortlüge/Pieprzyk/Müller/Sailer/Behlau – Elektromobilität und Erneuerbare Energien, 2011, S. 42 m.w.N.; Cremer, in: Callies/Ruffert – EUV/AEUV, Art. 107, Rn. 57; hierzu zählen auch die derzeit geplanten Leitlinien über Umweltschutz- und Energiebeihilfen 2014 bis 2020.

611 Cremer, in: Callies/Ruffert – EUV/AEUV, Art. 107, Rn. 57.

(1) EEG-Fördermaßnahmen

Auch zur näheren Bestimmung und Auslegung des Art. 107 Abs. 3 lit. c AEUV bieten die Leitlinien für staatliche Umweltschutzbeihilfen bzw. die geplanten Leitlinien zu Energie- und Umweltschutzbeihilfen 2014 bis 2020 Kriterien. Hierzu zählt eine Abwägungsprüfung, nach der staatliche Umweltschutz- und Energiebeihilfen mit dem gemeinsamen Markt vereinbar sind, wenn die Beihilfen einen größeren Beitrag zu den Umwelt- und Energiezielen der Union leisten, ohne dass sie die Handelsbedingungen in einer dem gemeinsamen Interesse zuwiderlaufenden Weise verändern.[612]

Bei Beihilfen zur Förderung erneuerbarer Energien trennt die Kommission, die diese Maßnahmen grundsätzlich als zulässige sektorale Beihilfen einstuft, zwischen Investitions- und Betriebsbeihilfen.[613] Unter Investitionsbeihilfen versteht man in der Regel einmalige Zahlungen, nach deren Auszahlung die Empfänger sich selbst und dem Markt überlassen werden. Betriebsbeihilfen hingegen werden kontinuierlich ausgezahlt und greifen somit permanent in den Markt ein. Da bei den EEG-Fördermaßnahmen fortlaufend Zahlungen erfolgen, stellen sie Betriebsbeihilfen dar. Durch diese können alle Mehrkosten, die gegenüber herkömmlichen Energiequellen entstehen, gedeckt werden.[614]

Des Weiteren können die Mitgliedsstaaten bei der Gewährung einer solchen Betriebsbeihilfe zur Förderung erneuerbarer Energien zwischen verschiedenen, in den Leitlinien näher konkretisierten Ausgestaltungsoptionen[615] wählen. So können die Mitgliedsstaaten eine Beihilfe als Ausgleich für die Differenz zwischen den Kosten für die Erzeugung von Energie aus erneuerbaren Energieträgern (einschließlich der Abschreibung des Mehraufwands für den Umweltschutz) und dem Marktpreis des betreffenden Energieerzeugnisses gewähren

---

612 Kommission – Leitlinien der Gemeinschaft für staatliche Umweltschutzbeihilfen, 2008/C 82/01, Abl. vom 1.4.2008, Rn. 71; Konsultationspapier der Kommission – Environmental and Energy Aid Guidelines 2014–2020, vom 11.3.2013, S. 20.

613 Kommission – Leitlinien der Gemeinschaft für staatliche Umweltschutzbeihilfen, 2008/C 82/01, Abl. vom 1.4.2008, Rn. 101 ff; Arbeitspapier der Dienststellen der GD Wettbewerb – Entwurf der Leitlinien für staatliche Umwelt- und Energiebeihilfen 2014–2020, S. 40.

614 Kommission – Leitlinien der Gemeinschaft für staatliche Umweltschutzbeihilfen, 2008/C 82/01, Abl. vom 1.4.2008, Rn. 107.

615 Kommission – Leitlinien der Gemeinschaft für staatliche Umweltschutzbeihilfen, 2008/C 82/01, Abl. vom 1.4.2008, Rn. 109 ff.; Arbeitspapier der Dienststellen der GD Wettbewerb – Entwurf der Leitlinien für staatliche Umwelt- und Energiebeihilfen 2014–2020, S. 56 ff.; siehe auch Kommission – Gemeinschaftsvorschriften für staatliche Beihilfen zugunsten von KMU, Handbuch, 2009, S. 21.

oder erneuerbare Energien durch Marktinstrumente wie Umweltzertifikate oder Ausschreibungen fördern. Bei der deutschen Mindestvergütung handelt es sich um eine Betriebsbeihilfe der ersten Option. Denn die Mindestvergütung des EEG basiert auf dem Prinzip, die Erzeuger erneuerbaren Stroms einerseits bei der Deckung ihrer Kosten zu unterstützen und ihnen andererseits einen angemessenen Gewinn zuzusichern.

Bei der Wahl der ersten Option ist zu beachten, dass diese nur bis zur vollständigen Abschreibung der Anlage nach den üblichen Bilanzierungsregeln gewährt werden darf.[616] Fraglich ist, ob diese Voraussetzung durch die Regelungen des EEG erfüllt ist. Gemäß § 21 Abs. 2 EEG werden die Vergütungen jeweils für die Dauer von 20 Kalenderjahren zuzüglich des sog. Inbetriebnahmejahres gezahlt. Obgleich die Regelungen des EEG insoweit die Voraussetzung der UmweltschutzbeihilfeLeitlinien auf den ersten Blick erfüllen dürfte, kann dies vorliegend nicht abschließend beurteilt werden, da hierfür sämtliche der Einspeisevergütung zugrundeliegenden Faktoren aus ökonomischer Sicht analysiert und bewertet werden müssten. Die Entscheidung, ob die vom EEG vorgesehene Gewährung der Vergütung über einen Zeitraum von 20 Jahren zur Erfüllung der in den Leitlinien niedergelegten vollständigen Abschreibung tatsächlich ausreicht, oder ob möglicherweise eine auf das jeweilige Kraftwerk zugeschnittene Berechnung unter Einbeziehung dynamischer Faktoren erforderlich wäre, ist daher von der Kommission zu treffen, die bei der Anwendung dieses Ausnahmetatbestandes einen weiten Ermessensspielraum hat.

(2) Kapazitätszahlungen

Fraglich ist, ob ein Verstoß gegen Art. 107 Abs. 1 AEUV durch die Vornahme von Kapazitätszahlungen gemäß Art. 107 Abs. 3 lit. c AEUV gerechtfertigt wäre. Hierbei ist zunächst zu bestimmen, ob Leitlinien oder vergleichbare Vorschriften existieren, die das Rechtsfolgeermessen der Kommission konkretisieren.

Wie zuvor erörtert,[617] kommt eine Anwendung der Leitlinien für Umweltschutzbeihilfen im Kontext von Kapazitätszahlungen bzw. bei der Schaffung eines Kapazitätsmechanismus nicht in Betracht, da dieses nationale Vorhaben nicht in dem Umfang umweltspezifischen Unionszielen dient, wie es von den Leitlinien vorausgesetzt wird.

---

616 Kommission – Leitlinien der Gemeinschaft für staatliche Umweltschutzbeihilfen, 2008/C 82/01, Abl. vom 1.4.2008, Rn. 109 lit. a, S. 2; Arbeitspapier der Dienststellen der GD Wettbewerb – Entwurf der Leitlinien für staatliche Umwelt- und Energiebeihilfen 2014–2020, S. 43.

617 Siehe hierzu S. 142 f.

Etwas anderes könnte sich jedoch durch die geplanten Leitlinien für Umwelt- und Energiebeihilfen 2014 bis 2020 ergeben. In ihrem Entwurf weist die Kommission darauf hin, dass Kapazitätsmechanismen insbesondere dann nicht ausgeschlossen sein sollen, wenn sie für viele Mitgliedstaaten von Nutzen sind.[618] Darüber hinaus weist sie darauf hin, dass Beihilfen zur Förderung der angemessenen Stromerzeugung im Widerspruch zu dem Ziel der schrittweisen Abschaffung umweltschädlicher Subventionen, insbesondere für die Stromerzeugung auf der Basis fossiler Brennstoffe, stehen können. Deshalb sollten die Mitgliedstaaten vorrangig andere Ansätze zur Sicherstellung einer angemessenen Stromerzeugung wählen, die dem Ziel der allmählichen Abschaffung umweltschädlicher Subventionen nicht abträglich sind, zum Beispiel eine Förderung der Nachfragesteuerung und der Ausbau der Verbindungskapazität. Um dies festzustellen, sollte klar definiert sein, welches Ziel die Maßnahme verfolgt, und ausgeführt werden, wann und wo ein Kapazitätsproblem entstehen könnte. Die Kommission verlangt von den Mitgliedstaaten, dass sie die Erforderlichkeit von Kapazitätszahlungen eindeutig und umfangreich nachweisen, um im Zweifel staatliche Intervention zu vermeiden. Die Beihilfe sollte ferner über einen Mechanismus gewährt werden, der potenziell unterschiedliche Anlaufzeiten zulässt, die der Zeit entsprechen, die neue Erzeuger, die unterschiedliche Technologien einsetzen, benötigen, um neue Investitionen zu tätigen. Äußerst entscheidend ist, dass sie Investitionen für die Stromerzeugung aus fossilen Brennstoffen nur förderungfähig erachtet, wenn es nachweislich keine weniger umweltschädliche Alternative gibt, um eine angemessene Stromerzeugung zu gewährleisten. Darüber hinaus nennt sie eine Vielzahl konkreter Kriterien, die bei Einführung einer solchen Beihilfe für eine Rechtfertigung gemäß Art. 107 Abs. 3 lit. c AEUV vorliegen müssten.[619]

Damit zeigt sich, dass die Kommission künftig auch eine Rechtfertigung nationaler Kapazitätsmechanismen zulassen möchte. Hierbei müssen jedoch die Mitgliedstaaten äußerst enge Rahmenbedingungen beachten und einen umfassenden Prüfkatalog befolgen, deren Ergebnisse der Kommission mitgeteilt werden müssen. Es ist also unausweislich, sich bei der Schaffung nationaler Kapazitätsmärkte präzise an den Vorgaben der künftigen Leitlinien für Energie- und Umweltbeihilfen zu orientieren.

618 Arbeitspapier der Dienststellen der GD Wettbewerb – Entwurf der Leitlinien für staatliche Umwelt- und Energiebeihilfen 2014–2020, S. 24.

619 Arbeitspapier der Dienststellen der GD Wettbewerb – Entwurf der Leitlinien für staatliche Umwelt- und Energiebeihilfen 2014–2020, S. 66 ff.

dd) Bedeutung der Rechtfertigungstatbestände für die EEG-Fördermaßnahmen und für mögliche Kapazitätszahlungen

Eine Rechtfertigung des Verstoßes gegen Art. 107 Abs. 1 AEUV durch die EEG-Fördermaßnahmen erscheint demnach unter Rückgriff auf Art. 107 Abs. 3 lit. b Alt. 1 AEUV möglich. Ebenso könnte ein Verstoß gegen Art. 107 Abs. 1 AEUV durch die Vornahme von Kapazitätszahlungen nach den bislang diskutierten Modellen über Art. 107 Abs. 3 lit. b Alt. 1 oder lit. c AEUV gerechtfertigt sein.

Eine Inanspruchnahme dieser Rechtfertigungsmöglichkeiten dürfte jedoch in naher Zukunft nicht erforderlich sein. Denn zum einen ist eine Abkehr von der derzeitigen Rechtsprechung des EuGH hinsichtlich des Einsatzes staatlicher Mittel und damit der tatbestandlichen Beurteilung der EEG-Fördermaßnahmen als staatliche Beihilfe i.S.d. Art. 107 AEUV gegenwärtig nicht erkennbar. Zum anderen kann der deutsche Gesetzgeber die Kapazitätszahlungen derart ausgestalten, dass die Einordnung als staatliche Beihilfe gleich an zwei Tatbestandsmerkmalen des Art. 107 Abs. 1 AEUV scheitern würde.

c) Ergebnis der beihilferechtlichen Prüfung

Insgesamt lässt sich feststellen, dass die beihilferechtlichen Prüfungen der EEG-Fördermaßnahmen und nationaler Kapazitätszahlungen insoweit Parallelen aufweisen, als dass bei beiden ein Verstoß gegen Art. 107 Abs. 1 AEUV grundsätzlich möglich, wenn auch nicht wahrscheinlich, ist. Daneben könnte in beiden Fällen ein Verstoß über Art. 107 Abs. 3 AEUV gerechtfertigt sein. Da sich ansonsten jedoch für den jeweiligen Fall verschiedene Subsumtionsergebnisse ergeben, ist die beihilferechtliche Beurteilung der beiden Maßnahmen letztlich getrennt darzustellen.

aa) Beihilferechtliche Beurteilung der EEG-Fördermaßnahmen

Die beihilferechtliche Prüfung der EEG-Fördermaßnahmen hat gezeigt, dass die Beurteilung des EuGH, die er im Rahmen seines PreußenElektra-Urteils vorgenommen hat, auch weiterhin überzeugt. So konnte einerseits die begünstigende Wirkung i.S.d. Art. 107 Abs. 1 AEUV dieser Maßnahmen bejaht werden, ohne dass sie als Ausgleichszahlungen für Dienstleistungen von allgemeinwirtschaftlichem Interesse i.S.d. Altmark-Trans-Kriterien qualifiziert werden können. Andererseits ist, obgleich die anderen Tatbestandsmerkmale des Art. 107 Abs. 1 AEUV erfüllt sind, auch weiterhin der Einsatz staatlicher Mittel zu verneinen. Die besseren Argumente sprechen trotz diverser Stimmen in der Literatur gleichwohl für die enge Auffassung des EuGH, die dieser zuletzt im

Urteil „Doux Élevage“ von Mai 2013[620] bestätigt hat. Sollte der EuGH jedoch in Zukunft von dieser Rechtsprechung abweichen, könnte eine Rechtfertigung der Beihilfe infrage kommen. Wenn auch die EEG-Fördermaßnahmen nicht über Art. 107 Abs. 3 lit. b Alt. 1 AEUV gerechtfertigt werden könnten, so könnte zumindest der Ausnahmetatbestand des Art. 107 Abs. 3 lit. c AEUV unter Berücksichtigung des Entscheidungsspielraums der Kommission zur Rechtfertigung herangezogen werden.[621]

bb) Beihilferechtliche Beurteilung nationaler Kapazitätszahlungen

Weit offener gestaltet sich das Ergebnis der beihilferechtlichen Prüfung im Hinblick auf Kapazitätszahlungen im Rahmen eines nationalen Kapazitätsmechanismus. Dies basiert im Wesentlichen darauf, dass einerseits die tatsächliche Ausgestaltung eines nationalen Kapazitätsmarktes erst seit kurzer Zeit Gegenstand einer intensiven Diskussion ist, und dass andererseits viele Unsicherheiten hinsichtlich der Fortentwicklung der Ausgestaltung des deutschen Elektrizitätsmarktes, der zugrundeliegenden Technologien und der Planungssicherheit in diesem Sektor bestehen. Dennoch sind einige Anknüpfungspunkte ersichtlich, die sämtliche der diskutierten Kapazitätsmarktmodelle beinhalten und die eine beihilferechtliche Prüfung i.S.d. Art. 107 AEUV durchaus ermöglichen.

So kann im Ergebnis festgehalten werden, dass Kapazitätszahlungen grundsätzlich eine begünstigende Wirkung i.S.d. Art. 107 Abs. 1 AEUV zuzusprechen wäre, wobei diese Begünstigung auch selektiv wäre, da nur gewisse Anlagenbetreiber von ihr profitieren würden. Daneben erscheint sie des Weiteren geeignet, den Wettbewerb zu verfälschen und den innergemeinschaftlichen Handel zu beeinträchtigen.

Hingegen kann bei einer Reihe der Tatbestandsmerkmale des Art. 107 Abs. 1 AEUV aufgrund der noch unsicheren Ausgestaltung keine abschließende Beurteilung vorgenommen werden. So könnten die Kapazitätszahlungen in der Weise ausgestaltet sein, dass sie den Altmark-Trans-Kriterien entsprächen und

---

620 EuGH, Urteil vom 30.5.2013 – Rs. C-677/11, Doux Élevage, Slg. 2013, I-0000.

621 In der Literatur wurde des Weiteren diskutiert, ob die EEG-Fördermaßnahmen möglicherweise gegen den Grundsatz der loyalen Zusammenarbeit gemäß Art. 4 Abs. 3 UAbs. 3 EU-Vertrag verstoßen. Eine Prüfung ist allerdings bereits deswegen nicht geboten, weil die Vorschrift gegenüber spezielleren Vorschriften im Primärrecht zurücktritt, siehe hierzu exemplarisch EuGH, Urteil vom 15. 9. 2005 – C-464/02, Slg. 2005, Kommission/Dänemark, I-7929, Rn. 84; EuGH, Urteil vom 22.1.2002 – Rs. C-31/00, Slg. 2002, Nicolas Dreessen, I-00663, Rn. 30.

damit als Ausgleichszahlungen für Dienstleistungen von allgemeinwirtschaftlichem Interesse zu klassifizieren wären. Ferner könnte, wie auch bei den EEG-Fördermaßnahmen, das Merkmal der Staatlichkeit nicht erfüllt sein, wenn mit der Implementierung keine Belastung des staatlichen Haushalts einherginge. Selbst wenn die nationalen Kapazitätszahlungen sämtliche Voraussetzungen des Art. 107 Abs. 1 AEUV erfüllten, könnten sie durch einen der Ausnahmetatbestände des Art. 107 Abs. 3 AEUV gerechtfertigt sein. Bei dieser Variante müsste jedoch der deutsche Gesetzgeber den im Rahmen einer solchen Rechtfertigung gewichtigen Ermessensspielraum der Kommission beachten.

Die Kommission hat bereits darauf hingewiesen, dass die Mitgliedsstaaten Kapazitätsmechanismen als eine Lösung zur Vermeidung von Kapazitätsengpässen verstehen, die durch die Volatilität der immer stärkeren Einspeisung erneuerbarer Energien entstehen, und setzt sich in ihrem Entwurf zu den neuen Leitlinien zu Umwelt- und Energiebeihilfen intensiv mit der Problematik auseinander und gibt bereits verschiedene enge Kriterien für die Schaffung solcher Mechanismen vor.[622] Diese dürften zu mehr Planungs- und Rechtssicherheit für die Mitgliedsstaaten führen. Dabei sollte es allerdings auch weiterhin das primäre Ziel der Bundesregierung sein, eine Regelung zu schaffen, bei der nicht schon der Tatbestand des Art. 107 Abs. 1 AEUV erfüllt ist.

Letztlich lässt sich eine endgültige beihilferechtliche Beurteilung jedoch nur anhand eines konkreten Gesetzentwurfs zur Schaffung eines deutschen Kapazitätsmarktes vornehmen, welcher jedoch in absehbarer Zeit nicht zu erwarten sein dürfte.

III. Warenverkehrsrechtliche Prüfung

In ihrem Energiekonzept führt die Bundesregierung aus, dass sie den bestehenden unbegrenzten Einspeisevorrang beibehalten[623] und an der EEG-Vergütung festhalten wird.[624] Diese Entscheidung überrascht nicht, da das deutsche System

622 Konsultationspapier der Kommission – Environmental and Energy Aid Guidelines 2014–2020, vom 11.3.2013; Arbeitspapier der Dienststellen der GD Wettbewerb – Entwurf der Leitlinien für staatliche Umwelt- und Energiebeihilfen 2014–2020, S. 66.

623 Bundesregierung – Konzept für eine umweltschonende, zuverlässige und bezahlbare Energieversorgung, 2010, S. 8.

624 Bundesregierung – Konzept für eine umweltschonende, zuverlässige und bezahlbare Energieversorgung, 2010, S. 25; auch wenn in jüngster Zeit Wirtschaftsvertreter aus verschiedenen Branchen nicht nur eine Überarbeitung des EEG, sondern teilweise auch eine Aufhebung des EEG fordern.

zur Förderung erneuerbarer Energien im europäischen Vergleich als äußerst erfolgreich gilt.[625] Doch darf nicht unberücksichtigt bleiben, dass die Bundesregierung diese Förderregelungen auch weiterhin nur auf Strom aus erneuerbaren Energien anwenden will, der im Bundesgebiet[626] und in der deutschen Ausschließlichen Wirtschaftszone (AWZ)[627] erzeugt wird. Dies ist eine Folge der energiepolitischen Entscheidung, den Energiesektor vornehmlich mit Fokus auf den nationalen Raum zu regulieren, um ein weitestgehend autarkes Energieversorgungssystem zu etablieren. Als logische Konsequenz entstehen Konfliktpunkte zwischen diesem national ausgerichteten Ansatz und dem unionalen Ziel des freien Warenverkehrs im europäischen Binnenmarkt.

Der freie Warenverkehr und insbesondere der unbeschränkte Zugang im freien Warenverkehr haben eine elementare Bedeutung für das Funktionieren des europäischen Binnenmarktes.[628] Die für das Jahr 2014 geplante Vollendung des Elektrizitätsbinnenmarktes kann nur erreicht werden, wenn zugleich der freie Verkehr von Strom im Binnenmarkt gewährleistet ist. Infolgedessen sind die Unionsorgane bemüht, den Marktzugang zu allen mitgliedsstaatlichen Energiemärkten zu ermöglichen. So führt die Kommission in ihrem Energiefahrplan 2050 aus, dass sie bei jeder Art der flexiblen Energielieferung, Energiespeicherung und Erzeugung die Gewährleistung des Marktzugangs sichergestellt wissen will.[629] Dies ist von größter Relevanz, da der Marktzugang in allererster Linie der Verhinderung von Marktabschottungen dient.[630]

Ob aus den Förderregelungen des EEG eine Marktabschottung resultiert, und welche Rolle in diesem Zusammenhang die Überlegung eines auf den deutschen Raum beschränkten Kapazitätsmarktes spielt, wird im Folgenden untersucht.

Zunächst wird erläutert, welche Regelungen des EEG Zweifel im Hinblick auf ihre Vereinbarkeit mit der Warenverkehrsfreiheit gemäß Art. 34 AEUV aufwerfen. Ebenso wird dargestellt, warum die beabsichtigte Begrenzung des

---

625 Schütz – 20 Jahre voller Energie für die Erneuerbaren, Rede von BEE-Präsident Dietmar Schütz zum BEE-Neujahrsempfang 2012, 7. Februar 2012, S. 4; Oschmann – EEG 2009, S. 5.

626 Das Bundesgebiet ergibt sich aus der Gesamtheit der Staatsgebiete der Bundesländer.

627 Der Geltungsbereich des EEG umfasst das Bundesgebiet einschließlich der deutschen ausschließlichen Wirtschaftszone (AWZ).

628 Generaldirektion Unternehmen und Industrie (KOM) – Der freie Warenverkehr, 2010, S. 8.

629 Siehe hierzu die Mitteilung der Kommission – Energiefahrplan 2050, KOM (2011) 885 endg., S. 17.

630 Dauses/Brigola, in: Dauses – EU-Wirtschaftsrecht, Rn. 272.

Empfängerkreises von Kapazitätszahlungen auf Erzeuger im Geltungsbereich des EEG möglicherweise den innergemeinschaftlichen Handel beschränkt (siehe unter 1.). Anschließend wird diskutiert, ob der jeweilige Rechtsbereich bereits abschließend harmonisiert ist, was einer Untersuchung anhand europäischen Primärrechts entgegenstünde (siehe unter 2.). Darüber hinaus stellt sich die Frage, ob das Beihilferecht möglicherweise die Vorschriften über die Warenverkehrsfreiheit durch spezielleres Gemeinschaftsrecht, vorliegend das europäische Beihilferecht, verdrängt (siehe unter 3.). Zuletzt werden im Rahmen einer umfassenden warenverkehrsrechtlichen Prüfung die Merkmale des Art. 34 AEUV im Einzelnen erörtert, und es wird untersucht, ob und inwieweit die im EEG geregelten Fördermaßnahmen und die derzeit vorgesehene Begrenzung des Empfängerkreises von Kapazitätszahlungen auf Erzeuger im deutschen Raum einen Verstoß gegen diese Grundfreiheit darstellen (siehe unter 4.).

1. Grundproblematik: mögliche Handelsbeeinträchtigung durch räumliche Begrenzung der EEG-Fördermaßnahmen sowie bei Kapazitätszahlungen

Die im Rahmen der PreußenElektra-Rechtsprechung diskutierten Regelungen des Stromeinspeisungsgesetzes bestehen im Wesentlichen auch heute als Regelungen des EEG (2012) fort. Zu diesen Regelungen zählen §§ 2, 8 und 16 EEG.

§ 2 Nr. 1 EEG regelt den vorrangigen Anschluss von Anlagen zur Erzeugung von Strom aus erneuerbaren Energien und aus Grubengas im Bundesgebiet einschließlich der deutschen Ausschließlichen Wirtschaftszone (Geltungsbereich des Gesetzes) an die Netze für die allgemeine Versorgung mit Elektrizität. Daneben stellen die Vorschriften der ersten Stufe des EEG-Wälzungsmechanismus, §§ 8 und 16 EEG, ebenfalls Regelungen mit warenverkehrsrechtlicher Relevanz dar. So verpflichtet § 8 Abs. 1 S. 1 EEG die Netzbetreiber vorbehaltlich des § 11 EEG, den gesamten angebotenen Strom aus erneuerbaren Energien und aus Grubengas unverzüglich vorrangig abzunehmen, zu übertragen und zu verteilen. Gemäß § 16 Abs. 1 S. 1 EEG müssen Netzbetreiber Anlagenbetreibern Strom aus Anlagen, die ausschließlich erneuerbare Energien oder Grubengas einsetzen, mindestens nach Maßgabe der §§ 18 bis 33 EEG vergüten. Diese Vorschriften machen konkrete Vorgaben zur Berechnung der Vergütungen für die einzelnen Energieträger.

Im Hinblick auf das grundsätzliche Gebot des freien Warenverkehrs hat die Anwendung dieser Vorschriften zwei relevante Auswirkungen: Zum einen kann der allgemeine Wettbewerb nicht in dem Teil des Strommarktes stattfinden, in dem lediglich vorrangig abzunehmender Strom aus erneuerbaren Energien eingespeist wird. So werden ausländische Erzeuger, die Strom aus fossilen Energieträgern produzieren und diesen nach Deutschland importieren wollen, in ihren Möglichkeiten zur Stromeinfuhr beschränkt. Auch deutsche Erzeuger, die zur Erzeugung ihres Stroms konventionelle Energien nutzen, unterliegen dieser Beschränkung. Allerdings handelt es sich hierbei um eine unionsrechtlich unproblematische, reine Inländerdiskriminierung.[631] Zum anderen sind die Erzeuger, die in anderen Mitgliedsstaaten Strom aus erneuerbaren Energien produzieren, verhindert, in diesem Markt tätig zu werden und von der vorrangigen Abnahme und der Vergütungspflicht zu profitieren.[632] Dabei muss jedoch berücksichtigt werden, dass nach dem umweltrechtlichen Ursprungsprinzip das EEG auch Unternehmen aus anderen Mitgliedsstaaten fördert, sofern diese Strom im Inland produzieren. Es will lediglich keine exterritoriale Geltung herbeiführen.[633]

Darüber hinaus kann auch die diskutierte räumliche Begrenzung des Empfängerkreises von Kapazitätszahlungen den innergemeinschaftlichen Handel beeinträchtigen. Anknüpfungspunkt für eine Beeinträchtigung des Handels ist, dass aufgrund der nationalen Sichtweise und der derzeit diskutierten Modelle Kapazitätszahlungen nur im Geltungsbereich des EEG vorgenommen werden sollen.[634] Denn die Versorgungssicherheit soll – der nationalen Sichtweise entsprechend – abschließend durch die Inanspruchnahme von in Deutschland betriebenen Kraftwerken gewährleistet werden. Durch eine solche Begrenzung von Kapazitätszahlungen auf Kraftwerke im Geltungsbereich des EEG wären sämtliche Energieerzeuger anderer Mitgliedsstaaten davon abgehalten, ihren Strom in Zeiten, in denen auf vorgehaltene Kapazitäten zurückgegriffen werden soll, zum Kapazitätsausgleich nach Deutschland zu importieren. Eine solche Regelung wirft damit nicht nur Zweifel hinsichtlich der Sicherung des freien Warenverkehrs im Hinblick auf im Ausland produzierende Erzeuger

631 Nagel, ZNER 2000, S. 3 (5).

632 Ekardt/Schmeichel, ZEuS 2009, S. 171 (184); Klinski – EEG und Binnenmarkt, Stellungnahme, 2005, S. 6; Nagel, ZNER 2000, S. 161 (163); eine vergleichbare Wirkung entfaltet die schwedische Stromzertifizierungsregelung, die eine Förderregelung in Form der Zuteilung von Stromzertifikaten vorsieht, um die Erzeugung von Strom aus erneuerbaren Quellen zu steigern. Nach diesem können nur heimische Produzenten Zertifikate zur Teilnahme an der Förderung erlangen, so dass nur in Schweden produzierende Stromerzeuger von der Förderregelung profitieren können – Beschluss zum Vorabentscheidungsersuchen des schwedischen Verwaltungsgerichtes Förvaltningsrätten i Linköping, Beschluss vom 4. Dezember 2012 – Case No. 6399-10, Unit 1, Ålands Vindkraft AB/Energimyndigheten, Rn. 53, 56.

633 Nagel, ZNER 2000, S. 161 (163).

634 Siehe hierzu S. 51 ff.

konventioneller Energien auf;[635] vielmehr bleibt bei einer solchen Regelung unberücksichtigt, dass zum Ausgleich bei Volatilität möglicherweise Strom aus regenerativen Quellen aus anderen Mitgliedsstaaten herangezogen werden könnte. Diese Möglichkeit nicht in die Überlegung zu einem nationalen Kapazitätsmarkt einzubeziehen, spiegelt im Ergebnis ein bedeutendes Paradigma deutscher Energiepolitik wider, denn diese blendet allzu häufig den Grundgedanken des gemeinsamen Binnenmarktes aus.

Da das EEG mit seinen Fördermaßnahmen letztlich auch als ein auf 20 Jahre angelegter Kapazitätsmechanismus zu verstehen ist,[636] ist es im Rahmen der warenverkehrsrechtlichen Prüfung geboten, die Maßnahmen des EEG zusammen mit den Förderregelungen des gegenwärtig beabsichtigten nationalen Kapazitätsmechanismus zu untersuchen, schließlich verstärken sie beide die sukzessiv erfolgende Abschottung des deutschen Elektrizitätsmarktes vom europäischen Energiebinnenmarkt.

2. *Vereinbarkeit mit Sekundärrecht*

Bevor die Maßnahmen am Maßstab des Primärrechts überprüft werden können, muss zunächst festgestellt werden, ob der Rechtsbereich bereits abschließend harmonisiert ist. Denn die Art. 34 ff. AEUV kommen nicht zur Anwendung, wenn der Warenverkehr eines Produkts durch spezifischere EU-Rechtsvorschriften harmonisiert ist. In diesem Fall verbietet sich eine Unterschreitung durch minder schutzintensive Maßnahmen. Eine solche Sperrwirkung setzt voraus, dass ein einheitlicher Schutz des Rechtsguts in allen Mitgliedsstaaten durch sekundärrechtliche Vorschriften besteht.[637] Dies kann durch unionale Richtlinien oder Verordnungen erfolgen und dabei auch nur Teilregelungen betreffen. Kommt Sekundärrecht zur Anwendung, müssen alle diesbezüglichen nationalen Maßnahmen vor dem Hintergrund der Harmonisierungsvorschriften und nicht

---

635 Dass grundsätzlich auch in anderen Mitgliedsstaaten produzierende Stromerzeuger an dem jeweiligen nationalen Kapazitätsmechanismen partizipieren können müssen, ist der Kommission zufolge einer der potentiellen Voraussetzungen zur Schaffung nationaler Kapazitätsmechanismen, siehe hierzu das Konsultationspapier der Kommission – Generation adequacy, capacity mechanisms and the internal market in electricity, vom 15.11.2012, S. 13.

636 Matthes – Ein neues Strommarktdesign für ein neues Stromsystem, Vortrag anlässlich der Veranstaltung „Strommarktdesign 2050 – Wie soll es aussehen?", Veranstaltung des Forums für Zukunftsenergien (Arbeitskreis Zukunftsenergien) am 21. November 2012, Berlin.

637 Haltern – Europarecht, 2007, S. 745.

der Vertragsbestimmungen bewertet werden,[638] da die Harmonisierungsvorschriften die Grundfreiheiten und weitere primärrechtliche Vorschriften durch konkrete Rechte und Pflichten präzisieren. Daher wäre es in diesem Falle nicht geboten, auf die weitergefassten Grundsätze des Primärrechts zurückzugreifen.

Solange jedoch keine abschließende Harmonisierung für die jeweilige Rechtsmaterie gegeben ist, kann im vorliegenden Fall anhand der Art. 34 ff. AEUV untersucht werden, ob die spezifischen innergemeinschaftlichen Handelshemmnisse mit dem Grundsatz des freien Warenverkehrs zu vereinbaren sind.

a) Keine abschließende Harmonisierung bei EEG-Fördermaßnahmen

In der Literatur wurde über Jahre hinweg intensiv diskutiert, ob eine abschließende Harmonisierung für den die EEG-Fördermaßnahmen betreffenden Regelungsbereich besteht. Über diese Diskussion wird im Folgenden ein kurzer Überblick gegeben (siehe unter (1)), bevor anhand des aktuellen Sekundärrechts und unter besonderer Berücksichtigung der Richtlinie zur Förderung erneuerbarer Energien die Frage der abschließenden Harmonisierung beantwortet wird (siehe unter (2)).

aa) Keine abschließende Harmonisierung durch die Elektrizitätsrichtlinien von 2003 und 2009

In der Literatur wurde bereits Anfang der 2000er-Jahre diskutiert, ob für die EEG-Fördermaßnahmen eine abschließende sekundärrechtliche Unionsregelung besteht.[639] Das Schrifttum stellte dabei insbesondere auf die EltRL von 2003[640] ab. In der EltRL 2003 wurde die Möglichkeit einer abschließenden sekundärrechtlichen Regelung für die Schaffung eines einheitlichen europäischen Strombinnenmarkts gesehen, weil sie auf eine Vereinheitlichung des Grades der Marktöffnung sowie des Netzzuganges in den verschiedenen Mitgliedsstaaten abzielte und eine Vielzahl an Maßnahmen zur Schaffung transparenter und

---

638 EuGH, Urteil vom 14.12.2004 – Rs. C-309/02, Slg. 2004, Radlberger u. Spitz/Baden Württemberg, I-11863, Rn. 53.

639 Siehe ausführlich zu dieser Problematik: Ekardt/Schmeichel, ZEuS 2009, S. 180 ff.; Erk – Vereinbarkeit des EEG mit Verfassungs- und Europarecht, 2009, S. 191 ff.; Klinski – EEG und Binnenmarkt, Stellungnahme, 2005, S. 7 ff.; Cremer, EuZW 2007, S. 591 (594).

640 RiLi 2003/54/EG des Europäischen Parlaments und des Rates vom 26. Juni 2003 über gemeinsame Vorschriften für den Elektrizitätsbinnenmarkt und zur Aufhebung der Richtlinie 96/92/EG (EltRL 2003), ABl. EG Nr. L 176 vom 15.7.2003, S. 37 ff.

nicht-diskriminierender Wettbewerbsbedingungen vorsah.[641] Anknüpfungspunkt waren insbesondere die Erwägungsgründe 3 und 4 der EltRL 2003, wonach die Vollendung des Binnenmarktes sowie die vollständige Marktöffnung zügig verfolgt werden sollten.[642] Doch zu Recht wurde entgegnet, dass die Richtlinie gerade im Hinblick auf den Umgang mit erneuerbaren Energien zu viele Fragen offenließe und die Inlandsvorbehaltsklausel sogar dem in der Richtlinie niedergelegten Grundsatz des freien Marktzugangs widerspreche.[643] Daher wurde durch die EltRL von 2003 in dem von den EEG-Maßnahmen betroffenen Bereich nicht das benötigte Maß einer abschließenden Harmonisierung erzielt.

Auch in der Nachfolgerichtlinie 2009/72/EG (EltRL 2009) gibt es Anzeichen auf eine abschließende Harmonisierung. So ließe sich aus Art. 1 EltRL 2009 ein solcher Schluss ziehen, denn dort ist ausdrücklich erwähnt, dass die Richtlinie gemeinsame Vorschriften für die Elektrizitätserzeugung, übertragung, verteilung und versorgung sowie Vorschriften im Bereich des Verbraucherschutzes erlässt, um in der Gemeinschaft für die Verbesserung und Integration von durch Wettbewerb geprägte Strommärkte zu sorgen. Darüber hinaus soll sie die Organisation und Funktionsweise des Elektrizitätssektors und den freien Marktzugang regeln. Doch gleich mehrere Formulierungen in den Erwägungsgründen sprechen gegen eine abschließende Wirkung. In Erwägungsgrund 1 EltRL 2009 wird erklärt, dass der Elektrizitätsbinnenmarkt seit 1999 in der Gemeinschaft (weiterhin) schrittweise geschaffen werde, was darauf hinweist, dass diese Entwicklung, zumindest zum Zeitpunkt der Schaffung der Richtlinie, noch nicht als abgeschlossen betrachtet wurde. Des Weiteren wies die Union in Erwägungsgrund 4 EltRL 2009 auf Hindernisse in der Gemeinschaft für den Verkauf von Strom zu gleichen Bedingungen und ohne Diskriminierung oder Benachteiligung hin.[644] Schlussendlich waren die Änderungen der EltRL 2009 zur Vorgängerrichtlinie im Bereich der erneuerbaren Energien so gering,[645] dass die Auffassung aufrechtzuerhalten ist, die Richtlinie lasse für eine abschließende Wirkung – insbesondere im Hinblick auf den Umgang mit erneuerbaren Energien – zu viele

641 Erk – Vereinbarkeit des EEG mit Verfassungs- und Europarecht, 2009, S. 193 f.

642 Ekardt/Schmeichel, ZEuS 2009, S. 181.

643 Erk – Vereinbarkeit des EEG mit Verfassungs- und Europarecht, 2009, S. 194 ff.; Ekardt/Schmeichel, ZEuS 2009, S. 181.

644 Weitere relevante Hinweise sind auch in übrigen Erwägungsgründen wie bspw. Erwägungsgrund 6 („sollte") und 7 (in welchem auf die Wichtigkeit der Vollendung des Binnenmarktes hingewiesen wird) zu finden.

645 Letztlich wurden lediglich an einigen Textstellen die bestehenden Ausführungen um den Begriff der erneuerbaren Energien erweitert.

Fragen offen,[646] auch angesichts der Novellierung. Desgleichen zeigen aktuelle Mitteilungen der Kommission, dass von einer abschließenden Harmonisierung des europäischen Energiebinnenmarktes noch keine Rede sein kann. So hat sie noch Mitte 2012 darauf aufmerksam gemacht, dass sie gemeinsam mit den Regulierungsbehörden und anderen Akteuren an der Harmonisierung der Vorschriften für das Funktionieren des Marktes und des Netzbetriebes arbeite, um der Aufforderung der Staats- und Regierungschefs, den Elektrizitätsmarkt bis 2014 zu vollenden, nachzukommen.[647] Sie bekräftigte diese Aussage in einer späteren Mitteilung, in der sie, trotz Verbesserung der Funktionsweise des Energiebinnenmarktes in den vorangegangenen Jahren, weitere Anstrengungen zur Integration der nationalen Märkte als erforderlich ansehe, insbesondere zur Intensivierung des Wettbewerbs. Für den Übergang zu einer CO2-armen Wirtschaft und für die Aufrechterhaltung der Energieversorgungssicherheit zu geringstmöglichen Kosten sind der Kommission zufolge die vollständige Integration der europäischen Energienetze und systeme sowie die weitere Öffnung der Energiemärkte notwendig.[648]

bb) Keine abschließende Harmonisierung durch die EE-Richtlinien von 2001 und 2009

Nachdem bereits die Regelungen der EltRL 2003 als nicht abschließend bewertet wurden, konzentrierte sich das Schrifttum nunmehr auf die Richtlinie 2001/77/EG[649] sowie auf die Netzzugangs-Verordnung (EG) Nr. 1228/2003[650], die Sonderregelungen für die erneuerbaren Energien enthielten. Im Hinblick auf die Netzzugangs-Verordnung wurde darauf hingewiesen, dass diese ebenfalls keine Aussage über die Zulässigkeit von nationalen Förderinstrumenten enthalte. Selbst wenn man den Regelungen zum Engpassmanagement eine Verdrängungswirkung gegenüber den auf der EltRL 2003 beruhenden nationalen

646 Erk – Vereinbarkeit des EEG mit Verfassungs- und Europarecht, 2009, S. 194 ff.; Ekardt/Schmeichel, ZEuS 2009, S. 181.

647 Mitteilung der Kommission – Erneuerbare Energien als wichtiger Faktor auf dem europäischen Energiemarkt, KOM (2010) 271 endg., S. 8.

648 Mitteilung der Kommission – Ein funktionierender Energiebinnenmarkt, KOM (2012) 663 endg., S. 2.

649 RiLi 2001/77/EG des Europäischen Parlaments und des Rates vom 27. September 2001 zur Förderung der Stromerzeugung aus erneuerbaren Energiequellen im Elektrizitätsbinnenmarkt, ABl. EG Nr. L 283 vom 27.10.2001, S. 33 ff.

650 Verordnung (EG) Nr. 1228/2003 des europäischen Parlaments und des Rates vom 26. Juni 2003 über die Netzzugangsbedingungen für den grenzüberschreitenden Stromhandel, ABl. L 176 vom 15.7.2003, S. 1.

Vorrangregelungen für Strom aus erneuerbaren Energien zuspräche, würden diese keine Rückschlüsse darüber zulassen, ob und unter welchen Voraussetzungen nationale Vorrangregelungen zulässig seien.[651] Daraus wurde gefolgert, dass lediglich auf die Richtlinie 2001/77/EG zur Förderung der Stromerzeugung aus erneuerbaren Energiequellen im Elektrizitätsbinnenmarkt abzustellen sei.[652] Da diese Richtlinie jedoch durch die Richtlinie 2009/28/EG[653] ersetzt worden ist, deren Regelungen in relevanten Teilen über die der Richtlinie 2001/77/EG hinausgehen, werden die diesbezüglichen Argumente im Folgenden anhand der Novellierung diskutiert.

Es stellt sich mithin die Frage, ob durch die Vorschriften der Erneuerbare-Energien-Richtlinie 2009/28/EG (EE-Richtlinie) der von den EEG-Maßnahmen betroffene Bereich abschließend geregelt ist, so dass aufgrund dieser sekundärrechtlichen Vorschriften eine primärrechtliche Prüfung ausgeschlossen wäre.

Gemäß Art. 1 der Richtlinie wird ein gemeinsamer Rahmen für die Förderung von Energie aus erneuerbaren Quellen vorgeschrieben. Dabei werden unter anderem Regeln für gemeinsame Projekte zwischen Mitgliedsstaaten, Herkunftsnachweise und den Zugang zum Elektrizitätsnetz für Energie aus erneuerbaren Quellen aufgestellt. Die Zulässigkeit nationaler Fördersysteme wird nicht infrage gestellt, wie bereits die Definition in Art. 2 lit. k der Richtlinie zeigt. Danach bezeichnet der in der Richtlinie verwendete Begriff „Förderregelung" ein Instrument, das auch von nur einem Mitgliedsstaat angewendet werden kann und die Nutzung von Energie aus erneuerbaren Quellen fördert. Dieser Gedanke findet sich auch in Art. 3 Abs. 3 S. 1 EE-Richtlinie wieder, wonach die Mitgliedsstaaten zur Erfüllung des jeweiligen nationalen Gesamtziels unter anderem Förderregelungen anwenden und Maßnahmen zur Kooperation zwischen verschiedenen Mitgliedsstaaten und mit Drittländern vorsehen können.

---

651 Klinski – EEG und Binnenmarkt, Stellungnahme, 2005, S. 13 ff.; zum gleichen Ergebnis kommen: Erk – Vereinbarkeit des EEG mit Verfassungs- und Europarecht, 2009, S. 197 f., und Ekardt/Schmeichel, ZEuS 2009, S. 181: Die Autoren verstehen die Richtlinie 2009/28/EG zur Förderung der Nutzung von Energie aus erneuerbaren Quellen aufgrund der Sonderregelungen als lex specialis zur EltRL 2003 und der Netzzugangsverordnung.

652 Ekardt/Schmeichel, ZEuS 2009, S. 181 f.; Erk – Vereinbarkeit des EEG mit Verfassungs- und Europarecht, 2009, S. 198 ff.; Klinski – EEG und Binnenmarkt, Stellungnahme, 2005, S. 15 f.

653 RiLi 2009/28/EG des europäischen Parlaments und des Rates vom 23. April 2009 zur Förderung der Nutzung von Energie aus erneuerbaren Quellen und zur Änderung und anschließenden Aufhebung der Richtlinien 2001/77/EG und 2003/30/EG, ABl. EG L 140/16 vom 5.6.2009.

Zu Beantwortung der Frage, ob der Rechtsbereich der EEG-Fördermaßnahmen unter besonderer Berücksichtigung des ausschließlichen Inlandbezuges durch die Regelungen der EE-Richtlinie abschließend geregelt ist, ist jedoch auf die Regelung des Art. 3 Abs. 3 S. 2 EE-Richtlinie abzustellen. Danach haben die Mitgliedsstaaten unbeschadet der Art. 107 und 108 AEUV das Recht, anhand der Art. 5 bis 11 EE-Richtlinie zu entscheiden, in welchem Umfang sie die in einem anderen Mitgliedsstaat erzeugte Energie aus erneuerbaren Quellen fördern wollen. Die in den Art. 5 bis 11 EE-Richtlinie enthaltenen Möglichkeiten über die Berechnung und Anrechnung der erneuerbaren Energien sind folglich fakultative Maßnahmen. Die Mitgliedsstaaten können nach eigenem Ermessen entscheiden, ob und inwieweit sie diese Möglichkeiten zur Erreichung der Gesamtziele nutzen wollen.[654] Wichtiger für die vorliegende Arbeit ist allerdings der Umstand, dass es den Mitgliedsstaaten darüber hinaus ausdrücklich freigestellt ist, auch in anderen Mitgliedsstaaten erzeugte regenerative Energie durch das eigene nationale Fördersystem zu fördern. Die Union hat dieses Recht der Mitgliedsstaaten auch in Erwägungsgrund 25 der Richtlinie zum Ausdruck gebracht. Nach dem letzten Satz des Erwägungsgrundes ist es unbedingt notwendig, dass die Mitgliedsstaaten die Möglichkeit haben, darüber zu entscheiden, ob und in welchem Umfang ihre nationalen Förderregelungen für in anderen Mitgliedsstaaten erzeugte Energie aus erneuerbaren Quellen gelten. Durch die Verwendung der Konjunktion „ob“ wird deutlich, dass auch eine abschottende Förderregelung, die Erzeuger aus anderen Mitgliedsstaaten von der Teilnahme an der Regelung ausschließt, zulässig sein soll. Dass der europäische Gesetzgeber das im Erwägungsgrund niedergelegte Wort „ob“ nicht ausdrücklich in Art. 3 Abs. 3 S. 2 EE-Richtlinie eingefügt hat, dürfte unbeachtlich sein; denn die Mitgliedsstaaten können nach der Formulierung des Art. 3 Abs. 3 S. 2 EE-Richtlinie

654 Müller – Neujustierung des europäischen Umweltenergierechts im Bereich erneuerbarer Energien?, in: Cremer/Pielow (Hrsg.) – Probleme und Perspektiven im Energieumweltrecht, 2010, S. 142 (167); die Frage, ob die Regelungswirkung der Art. 2 lit. k und Art. 3 Abs. 3 EE-Richtlinie tatsächlich so interpretiert werden kann, dass lediglich Stromproduzenten, die geografisch im Inland angesiedelt sind, vom jeweiligen mitgliedsstaatlichen Fördersystem profitieren können, ist auch Inhalt eines beim EuGH anhängigen Vorabentscheidungsersuchens des schwedischen Verwaltungsgerichts Förvaltningsrätten i Linköping, siehe den Beschluss vom 4. Dezember 2012 zum Vorabentscheidungsersuchen – Case No. 6399–10, Unit 1, Ålands Vindkraft AB/Energimyndigheten, Rn. 66; EuGH, Vorabentscheidungsersuchen des Förvaltningsrätten i Linköping (Schweden), eingereicht am 6. Dezember 2012, Ålands Vindkraft AB/Energimyndigheten, Rs. C-573/12.

auch entscheiden, gar keine Öffnung zuzulassen, da auch dies von der Begrifflichkeit „in welchem Umfang" erfasst ist. Damit hätte zwar aus Klarstellungsgründen der Begriff „ob" Teil des Artikels sein können, dessen Berücksichtigung ist jedoch nicht erforderlich gewesen. Folglich könnte Art. 3 Abs. 3 S. 2 EE-Richtlinie insbesondere mit Blick auf den Erwägungsgrund 25 der EE-Richtlinie als abschließende Regelung gesehen werden, nach welcher ein ausschließlicher Inlandsbezug nationaler Fördersysteme zulässig ist.

Neben den soeben angestellten systematischen Erwägungen stützt auch die teleologische Auslegung die Annahme einer abschließenden Regelung. Bei dieser Auslegung ist auf den Sinn und Zweck der Norm abzustellen.[655] Art. 3 Abs. 3 S. 2 EE-Richtlinie dient dazu, den Mitgliedsstaaten einen möglichst großen Gestaltungsspielraum zu lassen. Die Union will sie dabei unterstützen, sich für effektive Fördermaßnahmen zu entscheiden, ohne dass sie dabei zwingend für Abstimmungsmaßnahmen mit anderen Mitgliedsstaaten Sorge tragen müssen. Dies entspricht im Grundsatz den Absichten der Union, die erneuerbaren Energien europaweit und in jedem Mitgliedsstaat im höchstmöglichen Maß zu fördern. Der jeweiligen Situation auf nationaler Ebene angepasste Maßnahmen sollen hierzu bestmöglich beitragen. So wird auch in Erwägungsgrund 25 darauf hingewiesen, dass das ungestörte Funktionieren der nationalen Förderregelungen ein wichtiger Faktor bei der Verwirklichung des Ziels der Richtlinie ist. Die Formulierung des Art. 3 Abs. 3 S. 2 EE-Richtlinie entspricht somit dem von den Unionsorganen verfolgten Zweck der Regelung.

Da auch die systematische wie die historische Auslegung dem klaren Wortlaut der Vorschrift nicht widersprechen, müsste der sekundärrechtlichen Regelung eine abschließende Wirkung einzuräumen sein.

(1) Unionsrechtskonforme Auslegung: Zielkonflikt zwischen Binnenmarktziel und klimapolitischem Interesse

Erhebliche Zweifel an diesem Ergebnis ergeben sich jedoch bei Vornahme einer unionsrechtskonformen Auslegung. Im Rahmen dieser Auslegung sind, da es sich bei dem infrage stehenden Rechtsakt um eine Richtlinie handelt, das europäische Primärrecht und die Ziele der Union als Maßstab heranzuziehen. Vorliegend steht das unionale Ziel eines gemeinsamen Binnenmarkts im Vordergrund, das erstmals mit der Einheitlichen Europäischen Akte eingeführt wurde und nunmehr seine maßgebliche Verankerung in zwei Vorschriften findet.[656]

655 Dannecker/Biermann, in: Immenga/Mestmäcker – Wettbewerbsrecht, Vorbemerkungen zu Art. 23 f., Rn. 33.

656 Ludwigs, ZG 2010 (25), S. 222.

Das Ziel der Schaffung eines gemeinsamen Binnenmarktes ist die Spitze des komplexen Katalogs von Art. 3 EU,[657] der als verfassungsrechtliche Grundnorm des Integrationsprogramms der Union die Ziele des Vertragswerks enthält.[658] Gemäß Art. 3 Abs. 3 UAbs. 1 S. 1 EU errichtet die Union einen Binnenmarkt, wobei sich dieses Ziel nicht einfach erfüllen lässt, sondern eine dauerhafte Aufgabe der Union darstellt.[659] Zusammen mit den Grundfreiheiten und der Wettbewerbspolitik stellt er einen zentralen Pfeiler der Unionsverfassung dar und ist als ökonomischer Raum ohne Binnengrenzen Kernstück der Integration und primärer Garant für Wohlstand in den Staaten der Europäischen Union.[660] Darüber hinaus bestimmt Art. 26 Abs. 1 AEUV, dass die Union die erforderlichen Maßnahmen erlässt, um nach Maßgabe der einschlägigen Bestimmungen der Verträge den Binnenmarkt zu verwirklichen und dessen Funktionieren zu gewährleisten. Gemäß Art. 26 Abs. 2 AEUV umfasst er einen Raum ohne Binnengrenzen, in dem der freie Verkehr von Waren, Personen, Dienstleistungen und Kapital gemäß den Bestimmungen der Verträge gewährleistet ist. Der Binnenmarkt setzt damit die Beseitigung sämtlicher noch bestehender Hindernisse für den freien Warenverkehr voraus[661] und verträgt keine Politik der vollständigen Renationalisierung.[662] Konzeptionell wird das Binnenmarktziel in erster Linie von den Grundfreiheiten getragen,[663] wobei der Marktzugang im freien Warenverkehr von elementarer Bedeutung für das Funktionieren des europäischen Binnenmarktes ist[664] und der Verhinderung von Marktabschottungen dient[665].

Doch genau eine solche Marktabschottung der nationalen Elektrizitätsmärkte kann unter Berufung auf Art. 3 Abs. 3 S. 2 EE-Richtlinie entstehen und dürfte im Hinblick auf den deutschen Elektrizitätsmarkt auch bereits erkennbar sein. Denn die Heranziehung der Norm hat mit Blick auf die Förderregelungen des EEG eine abschottende Wirkung gegenüber Erzeugern in anderen Mitgliedsstaaten,

657 Terhechte, in: Grabitz/Hilf/Nettesheim – EUV/AEUV, Art. 3 EUV, Rn. 38.
658 Ruffert, in: Callies/Ruffert – EUV/AEUV, Art. 3 EUV, Rn. 1.
659 Terhechte, in: Grabitz/Hilf/Nettesheim – EUV/AEUV, Art. 3 EUV, Rn. 38.
660 Ruffert, in: Callies/Ruffert – EUV/AEUV, Art. 3 EUV, Rn. 22.
661 Europäisches Parlament – Freier Warenverkehr, 2013, S. 4.
662 Säcker – Stellungnahme zur Öffentlichen Anhörung des Bundestages zum EnWG sowie zum NABEG, 2011, S. 10.
663 Terhechte, in: Grabitz/Hilf/Nettesheim – EUV/AEUV, Art. 3 EUV, Rn. 40.
664 Generaldirektion Unternehmen und Industrie (KOM) – Der freie Warenverkehr, 2010, S. 8.
665 Dauses/Brigola, in: Dauses – EU-Wirtschaftsrecht, Rn. 272.

die nicht von den Regelungen des EEG profitieren können. Damit führt die Vorschrift zu einer „Legalisierung diskriminierender Fördersysteme“[666] und widerspricht zugleich in evidenter Weise dem Ziel der Kommission, einen vollständig integrierten Energiebinnenmarkt zu bilden,[667] wie dies eigentlich von Art. 3 Abs. 3 EU vorgesehen ist.

Vor diesem Hintergrund erscheint es zweifelhaft, ob die Regelung im Sinne der oben beschriebenen, auf einen gemeinsamen Binnenmarkt als Kernstück der Integration[668] ausgerichteten Unionspolitik ist. Schließlich haben die Unionsorgane ihre eigenen Grundsätze und Leitprinzipien zu beachten und müssen ihre Rechtsakte an diesen messen lassen.[669]

(a) Rangverhältnis zwischen Binnenmarktziel und dem Klimaschutz

Insoweit stellt sich zunächst die Frage, ob zwischen dem Binnenmarktziel und dem unionalen Ziel des Klimaschutzes ein Rangverhältnis besteht. Wenn dem Klimaschutz und der auf diesem Ziel basierenden umweltrechtlichen Gesetzgebung ein genereller Vorrang gegenüber dem Binnenmarktziel zuzusprechen wäre, würde der vorliegende potentielle Konflikt mit dem im Primärrecht verankerten Binnenmarktziel zugunsten des Klimaschutzes zu entscheiden sein. Diese Frage wurde in den letzten Jahren von der Literatur immer wieder diskutiert, da die Energierechtsgesetzgebung maßgeblich durch diese beiden Politikziele geprägt wird.[670] Der diesbezügliche Streitstand wird im Folgenden kurz dargestellt und bewertet.

Teile der Literatur sahen lange Zeit einen Vorrang der die Marktintegration verfolgenden ökonomischen Ziele, hinter die auch umweltpolitische Ziele zurücktreten würden.[671] Der unverfälschte Wettbewerb und die Gewährung der Grundfreiheiten dürften nicht ausgehebelt werden. Ein anderer Teil des

---

666 Müller – Neujustierung des europäischen Umweltenergierechts im Bereich erneuerbarer Energien?, in: Cremer/Pielow (Hrsg.) – Probleme und Perspektiven im Energieumweltrecht, 2010, S. 142 (164); Ludwigs, ZG 2010 (25), S. 222 (242).

667 Säcker – Europäisierung des Energie-Umweltschutzrechts, EWeRK 2011, S. 28.

668 Ruffert, in: Callies/Ruffert – EUV/AEUV, Art. 3 EUV, Rn. 22.

669 EuGH, Urteil vom 9.8.1994 – Rs. C-51/93, Slg. 1994, Meyhui/Schott Zwiesel, I-03879, Rn. 11; Cremer, EuZW 2007, S. 591 (594); Säcker – Stellungnahme zur Öffentlichen Anhörung des Bundestages zum EnWG sowie zum NABEG, 2011, S. 8 f.

670 Ludwigs, ZG 2010 (25), S. 222.

671 Hatje, in: von Bogdandy/Bast – Europäisches Verfassungsrecht, S. 801 (836 f.); Ludwigs, ZG 2010 (25), S. 222 (223) m.w.N.

Schrifttums[672] lehnt allerdings einen solchen generellen Vorrang des Binnenmarktziels konsequent ab. Dies erscheint insbesondere mit Blick auf Vertragsänderungen im Zuge des Lissabon-Vertrags überzeugend[673] und lässt sich vor allem unter Heranziehung von Art. 3 Abs. 1 UAbs. 1 S. 2 EU begründen. Nach dieser Vorschrift soll die Union bei der Verfolgung einer nachhaltigen Entwicklung Europas auch ein hohes Maß an Umweltschutz und eine Verbesserung der Umweltqualität gewährleisten. Diese Konkretisierung wurde erst mit dem Vertrag von Lissabon eingeführt und zeigt, dass bei der Verfolgung des Binnenmarktes unter anderem auch dem Aspekt Umweltschutz Rechnung getragen werden soll.[674] Folglich ist ein absoluter Vorrang des Binnenmarktziels gegenüber dem Klima- und Umweltschutz abzulehnen.

Demgegenüber räumen andere Vertreter des Schrifttums dem Umweltschutz einen relativen Vorrang gegenüber den übrigen Zielen der Union und damit auch dem Binnenmarktziel ein.[675] Dass jedoch auch dieser Auffassung nicht gefolgt werden kann, zeigt bereits Art. 3 EU. Denn bereits die Systematik des Art. 3 Abs. 1 UAbs. 1 EU offenbart, dass im Zweifel Umweltaspekte bei der Errichtung des Binnenmarktes zu beachten sind und nicht umgekehrt. Dies resultiert auch aus Art. 11 AEUV, nach welchem die Erfordernisse des Umweltschutzes bei der Festlegung und Durchführung der Unionspolitiken und -maßnahmen einbezogen werden müssen. Schon die Formulierung, dass umweltpolitische Belange „einzubeziehen" seien, spricht gegen eine Vorrangstellung der klimapolitischen Aspekte.[676]

Somit ist weder eine generelle Vorrangstellung des Binnenmarktziels gegenüber dem allgemeinen Umweltschutz noch vice versa gegeben. Vielmehr sollen sich grundsätzlich beide Politikbereiche gegenseitig unterstützen und im Falle eines Zielkonfliktes der Grundsatz der praktischen Konkordanz angewandt werden.[677] Von praktischer Konkordanz spricht man, wenn kollidierende Interessen, regelmäßig Grundrechte, im Wege eines Ausgleichs miteinander in Einklang gebracht werden. Es gelten im Einzelnen die Regeln des allgemeinen

---

672 Cremer, EuZW 2007, S. 591 (594); Säcker – Europäisierung des Energie-Umweltschutzrechts, EWeRK 2011, S. 28.

673 Ludwigs, ZG 2010 (25), S. 222 (223).

674 Terhechte, in: Grabitz/Hilf/Nettesheim – EUV/AEUV, Art. 3 EUV, Rn. 55.

675 Scherer/Heselhaus, in: Dauses – EU-Wirtschaftsrecht, Rn. 31; Scheuing, EuR 1989, S. 152 (176 f.); Zuleeg, NJW 1993, S. 31 (35).

676 Terhechte, in: Grabitz/Hilf/Nettesheim – EUV/AEUV, Art. 3 EUV, Rn. 55.

677 Ludwigs, ZG 2010 (25), S. 222 (224); Calliess, in: Calliess/Ruffert – EUV/AEUV, Art. 191 AEUV, Rn. 18.

Abwägungsgebots.[678] Ein solcher Ausgleich hat daher auch im vorliegenden Falle zu erfolgen.

(b) Ausgleich im Wege praktischer Konkordanz mangels Vorrangstellung

Da keine generelle Vorrangstellung eines der beiden für die Energierechtsgesetzgebung maßgebenden Ziele gegeben ist, muss ein Ausgleich der beiden Zielaspekte mit Blick auf den konkreten Fall erfolgen. Die Union hat durch den Erlass der EE-Richtlinie unzweifelhaft zum Ausdruck gebracht, dass sie die Idee nationaler Förderregelungen begünstigen möchte und diesen Ansatz als Instrument zur Erreichung der unionalen Klimaziele nutzen will. Dies würde bedeuten, dass das Binnenmarktziel hinter den Klimaschutz zurücktreten solle.

Demgegenüber wird in der Literatur die Auffassung vertreten, dass der durch Art. 34 AEUV geschützte freie Warenverkehr nicht durch eine erklärte Vorrangstellung nationaler Klimaschutzziele eingeschränkt werden kann, ohne, wie Art. 194 AEUV gebietet, auf europäischer Ebene ein Einvernehmen über eine gemeinsame, Binnenmarktziel und Klimaschutzziel integrierende Energiepolitik herzustellen.[679] Auch das unionale Sekundärrecht könne keine solche gegen die Bindung der EU-Organe an die Grundfreiheiten verstoßende Einschränkung der Warenverkehrsfreiheit zur Förderung des Klimaschutzes erlauben. Genau dies sei jedoch bei Art. 3 Abs. 3 EltRL 2009 der Fall, der die Abschottung nationaler Förderprogramme ermöglicht, ohne eine Aussage über Umfang und Maß dieser Förderung zu Lasten anderer bestehender Kraftwerke zu treffen. Nationale Regelungen zur Förderung regenerativer Energien müssten vielmehr mit dem Binnenmarktziel des Dritten Energiepakets vereinbar sein, das keinen dem EEG entsprechenden generellen Einspeisevorrang für regenerative Energien kennt.[680]

---

678 Calliess, in: Calliess/Ruffert – EUV/AEUV, Art. 3 EUV, Rn. 11; siehe zur Anwendung der praktischen Konkordanz bei der Kollision gleichrangiger Belange Kment – Offene Fragen zu den Gesundheitskompetenzen der EG, 2006, S. 37 (55 f.).

679 Säcker – Europäisierung des Energie-Umweltschutzrechts, EWeRK 2011, S. 28; Säcker – Stellungnahme zur Öffentlichen Anhörung des Bundestages zum EnWG sowie zum NABEG, 2011, S. 9.

680 Säcker – Stellungnahme zur Öffentlichen Anhörung des Bundestages zum EnWG sowie zum NABEG, 2011, S. 8 ff.; der Autor sieht darüber hinaus in den Fördermaßnahmen des EEG einen Verstoß gegen die im Energiekompetenztitel gemäß Art. 194 AEUV enthaltene Verpflichtung zur solidarischen Zusammenarbeit auf EU-Ebene und zum Ausbau der Interkonnektoren und transnationalen Netze. Ob und inwieweit aus diesen Bestimmungen eine Verpflichtung zur Öffnung der EEG-Maßnahmen erwächst, wird bei der Diskussion um die europarechtlichen

Auch wenn sich die Union durch den Erlass der EE-Richtlinie 2009 eindeutig zu dieser Problematik positioniert hat, gibt es verschiedene Hinweise, die die Zweifel der Union hinsichtlich ihrer eigenen Bewertung zum Ausdruck bringen. So hatte die Kommission schon in ihrer Strategie für wettbewerbsfähige, nachhaltige und sichere Energie 2010 darauf hingewiesen, dass ein „wirklich integrierter Energiebinnenmarkt“[681] geschaffen werden muss. Dafür gewährleiste sie auch weiterhin die korrekte und fristgerechte Durchführung der vorhandenen Energiebinnenmarkt- und Wettbewerbsvorschriften und eine energische Wettbewerbspolitik.[682] Damit hielt sie auch kurz nach dem Erlass der EE-Richtlinie daran fest, dass der integrierte Binnenmarkt auch zukünftig ein bedeutendes Ziel der unionalen Energiepolitik darstellt. Dabei steht dieses Ziel, wie zuvor bereits erwähnt, in Konflikt mit einer nationalen Politik, die auf die vollständige Abschottung von Teilen dieses Energiebinnenmarktes gerichtet ist. Auch in ihrer Mitteilung zu erneuerbaren Energien auf dem europäischen Energiemarkt erklärte die Kommission Mitte 2012, dass unterschiedliche nationale Förderregelungen auf der Grundlage unterschiedlicher Anreize Markthemmnisse schaffen und die Marktteilnehmer in der EU davon abhalten können, grenzüberschreitend tätig zu werden. Unter Verweis darauf, dass die Mitgliedsstaaten bislang ihre erneuerbaren Energieträger eigenständig entwickelt hätten, erklärte die Kommission ferner, dass die Schaffung eines europäischen Energiemarktes zu einem Ausbau des Handels mit allen Arten erneuerbarer Energieträger führen solle.[683]

Die Bedenken der Unionsorgane werden darüber hinaus auch in dem aktuellen Bericht der Kommission zum Funktionieren des europäischen Energiebinnenmarkts deutlich. In diesem weist die Kommission darauf hin, dass die Mitgliedsstaaten davon abweichen müssen, eine nach innen gerichtete Politik oder nationale Politikkonzepte zu verfolgen, da diese Tendenzen ein wirksames Funktionieren des Binnenmarktes verhindern und darüber hinaus auch negative Auswirkungen auf bereits erreichte Fortschritte haben. Die Zusammenführung der Energiepolitik der Mitgliedsstaaten wird als zusätzlicher Nutzen für einen effizienten, sicheren und grenzüberschreitenden Energiebinnenmarkt verstanden.[684]

Eingriffsbefugnisse gegen eine nationale Marktabschottung erörtert, siehe hierzu auch die Ausführungen in Kapitel 3, S. 213 ff.

681 Mitteilung der Kommission – Energiestrategie 2020, KOM (2010) 639 endg., S. 4.

682 Mitteilung der Kommission – Energiestrategie 2020, KOM (2010) 639 endg., S. 13.

683 Mitteilung der Kommission – Erneuerbare Energien als wichtiger Faktor auf dem europäischen Energiemarkt, KOM (2010) 271 endg., S. 5 f.

684 Mitteilung der Kommission – Ein funktionierender Energiebinnenmarkt, KOM (2012) 663 endg., S. 3.

Ebenso lassen die Überlegungen des derzeitigen EU-Kommissars für Energie, Günther Oettinger, an einer endgültigen Entscheidung der Unionsorgane zugunsten des Klimaschutzes zweifeln. Dieser hat nicht nur in den letzten Jahren immer wieder ein europaweites EEG gefordert,[685] sondern erklärte Ende 2012, dass er umfassende Eingriffe in die Energiepolitik der Mitgliedsstaaten plane, um den Strommarkt stärker zu europäisieren. Dabei will er vor allem die bisherigen Fördersysteme der nationalen Regierungen für einzelne Energieträger harmonisieren[686] – wohl nicht zuletzt, um den freien Warenverkehr in diesem Sektor zu stärken.

Diese Äußerungen sind deutliche Zeichen für das wachsende Bewusstsein der Unionsorgane, den oben genannten Zielkonflikt betreffend, und sie widersprechen der klaren Positionierung der Union im Rahmen der EE-Richtlinie. Dies dürfte unter anderem der Entwicklung der letzten Jahre seit Erlass der Richtlinie geschuldet sein und ist insoweit zu begrüßen, als dass es kaum gewollt sein kann, das Ziel des Binnenmarkts durch eine Regelung in einem relevanten Sektor wie dem Elektrizitätsbereich durch eine pauschale Legalisierung diskriminierender Fördersysteme, wie es die EE-Richtlinie vorsieht, zu gefährden. Es erscheint ebenso überzeugend, dass das europäische Sekundärrecht die Bindung der Unionsorgane an die Grundfreiheiten und ihre Zielbestimmungen nicht einschränken kann, auch nicht im Interesse klimapolitischer Ziele.[687]

Allerdings lässt sich an dieser Stelle nicht abschließend beurteilen, ob die infrage stehenden Regelungen der EE-Richtlinie und die damit praktizierte Vorrangstellung des Klimaschutzes einer Prüfung anhand des Grundsatzes der praktischen Konkordanz standhält. Hierzu bedarf es vielmehr der Berücksichtigung sämtlicher, den Inlandsbezug der EEG-Maßnahmen betreffender

---

685 Euractiv – Oettinger: Wir brauchen ein europäisches EEG, Pressemitteilung vom 9. Juli 2010; Euractiv – Oettinger drängt auf europäische Ökostromförderung, Pressemitteilung vom 6. August 2010; diese Forderung wird von verschiedenen Entscheidungsträgern in der EU flankiert. So forderte Berichterstatter MEP Herbert Reul im Zuge einer Entschließung des Europäischen Parlamentes zur Zukunft der erneuerbaren Energien und der Festlegung eines neuen Ausbauziels für 2030, die am 21. Mai 2013 verabschiedet wurde, einen Paradigmenwechsel bei der Förderung erneuerbarer Energien. Er plädiert für ein europäisches Fördersystem, das als Quotenmodell mit handelbaren Grünstrom-Zertifikaten funktionieren soll, siehe die Pressemitteilung des Europäischen Parlamentes vom 21. Mai 2013, REF.: 20130521IPR08727.

686 Süddeutsche Zeitung – Stromschlag aus Brüssel, 13. November 2012.

687 Cremer, EuZW 2007, S. 591 (594); Säcker – Europäisierung des Energie-Umweltschutzrechts, EWeRK 2011, S. 28.

Argumente. Im vorliegenden Falle ist es daher geboten, die dahingehende Diskussion im Rahmen der Rechtfertigung der warenverkehrsrechtlichen Prüfung darzustellen und zu bewerten. Schließlich dürfte diese primärrechtliche Prüfung zu dem gleichen Ergebnis gelangen wie die Abwägung im Rahmen der praktischen Konkordanz. Eine sekundärrechtliche Sperrwirkung der EE-Richtlinie anzunehmen, würde jedoch eine solche Abwägung verhindern. Im Hinblick auf die zahlreichen Anzeichen, die die in der EE-Richtlinie verankerte Auffassung der Union fragwürdig erscheinen lassen, darf jedoch der Weg zu einer solchen Abwägung nicht versperrt sein.

(2) Ergebnis: Prüfung nationaler marktabschottender Regelungen anhand europäischen Primärrechts erforderlich

Es besteht ein evidenter Zielkonflikt zwischen der Verfolgung des in Art. 3 Abs. 3 EU niedergelegten Ziels der Errichtung und des Funktionierens des Binnenmarktes und der in der EE-Richtlinie gebilligten Abschottung nationaler Förderregelungen. Dieser Zielkonflikt stellt die diesbezüglichen Aussagen der EE-Richtlinie, niedergelegt in Art. 3 Abs. 3 S. 2 und Erwägungsgrund 25 EE-Richtlinie, infrage. Welche Auswirkungen dies auf die einem Inlandsbezug unterliegenden EEG-Fördermaßnahmen hat, gilt es im Rahmen einer primärrechtlichen Prüfung anhand der Warenverkehrsfreiheit gemäß Art. 34 AEUV zu beurteilen.

Daher ist im Ergebnis eine Sperrwirkung des Sekundärrechts unter besonderer Berücksichtigung der EE-Richtlinie abzulehnen.

b) Keine abschließende Harmonisierung für nationale Kapazitätsmärkte

Wie bereits zuvor ausgeführt, ist auch bei der Schaffung nationaler Kapazitätsmärkte das Sekundärrecht zu beachten. Für eine mögliche abschließende Harmonisierung der Anforderungen an mitgliedsstaatliche Kapazitätsmärkte ist ausschließlich auf die Elektrizitäts-Richtlinie von 2009 (EltRL 2009)[688] abzustellen, die den grundlegenden europarechtlichen Rechtsrahmen für die Schaffung mitgliedsstaatlicher Kapazitätsmärkte setzt.

Mit Hilfe von Art. 8 EltRL 2009 soll in allen Mitgliedsstaaten ein einheitlicher Schutz gewährleistet werden, indem das dort geregelte Ausschreibungsverfahren bei der Schaffung nationaler Kapazitätsmärkte zwingend vorgenommen werden muss. Dabei wird den Mitgliedsstaaten unter anderem vorgegeben, verschiedene

---

688 RiLi 2009/72/EG des Europäischen Parlaments und des Rates vom 13. Juli 2009 über gemeinsame Vorschriften für den Elektrizitätsbinnenmarkt und zur Aufhebung der Richtlinie 2003/54/EG (EltRL 2009), ABl. EG Nr. L 211 vom 14.8.2009, S. 55 ff.

Kriterien bei der Ausschreibung zu berücksichtigen, um ein möglichst ausgewogenes Ergebnis zu erreichen.

Da es vorliegend um die Sicherung des freien Warenverkehrs geht, ist insbesondere Art. 8 Abs. 3 UAbs. 1 S. 1 EltRL 2009 zu beachten. Nach dieser Vorschrift gilt für das Ausschreibungsverfahren, welches im Kontext eines nationalen Kapazitätsmarktes anzuwenden ist, dass das Verfahren mindestens sechs Monate vor Ablauf der Ausschreibungsfrist im Amtsblatt der Europäischen Union zu veröffentlichen und für die Interessenten der Zugang zu sämtlichen relevanten Informationen sicherzustellen ist. Hiermit wird der Grundstein für die Einbeziehung von in anderen Mitgliedsstaaten produzierenden Erzeugern, die Kapazitäten im Falle eines Engpasses zur Verfügung stellen wollen, gewährleistet. Doch genügt diese Regelung weder von ihrem Regelungsgehalt den Voraussetzungen einer abschließenden Harmonisierung, noch ist es mit Blick auf die Historie dieser Vorschrift geboten, in der EltRL 2009 eine abschließende Regelung für die Schaffung nationaler Kapazitätsmärkte zu erkennen. Denn der Rückgriff auf die Grundfreiheiten und die Vorschriften der Art. 34 ff. AEUV verbietet sich nicht schon deshalb, weil bei der Schaffung der EltRL 2009, ähnlich wie dies auch bei § 53 EnWG der Fall war,[689] der europäische Gesetzgeber nicht ausdrücklich den Rechtsrahmen für die Schaffung neuer Kapazitäten im Sinne von Kapazitätsmärkten vornehmen wollte. Die Regelung der EltRL aus dem Jahre 2009 über die Schaffung neuer Kapazitäten ist nämlich weitestgehend wortgleich mit Art. 7 der Elektrizitätsrichtlinie von 2003[690], die die EltRL 2009 aufgehoben hat, und findet ferner ihren Ursprung in Art. 6 der Elektrizitätsrichtlinie von 1996[691]. Während in den 1990er-Jahren noch keine Überlegungen zur Schaffung von Kapazitätsmärkten zum Ausgleich der Volatilität erneuerbarer Energien angestellt wurden, ergeben sich auch aus den Erwägungsgründen zur EltRL 2003 sowie zur EltRL 2009 keine dahingehenden Überlegungen.[692] Daher zeigt auch die historische

---

689 Siehe hierzu S. 67 ff.

690 RiLi 2003/54/EG des Europäischen Parlaments und des Rates vom 26. Juni 2003 über gemeinsame Vorschriften für den Elektrizitätsbinnenmarkt und zur Aufhebung der Richtlinie 96/92/EG (EltRL 2003), ABl. EG Nr. L 176 vom 15.7.2003, S. 37 ff.

691 RiLi 96/92/EG des Europäischen Parlaments und des Rates betreffend gemeinsame Vorschriften für den Elektrizitätsbinnenmarkt vom 19. Dezember 1996, ABl. EG Nr. L 027 vom 30.1.1997, S. 20 ff.

692 Dass auch bei der Schaffung der EltRL die Berücksichtigung dieses Umstands ausblieb, widerspricht auch nicht der Anwendung von Art. 8 EltRL 2009 als Rechtsrahmen für die Schaffung und Anwendung nationaler Kapazitätsmärkte, wie dies in der vorliegenden Arbeit diskutiert wurde. Denn die Eigenschaft als Rechtsrahmen beruht

Auslegung, dass durch die Regelung der EltRL 2009 keine abschließende Harmonisierung für Kapazitätsmärkte vorgenommen werden sollte.

Eine Sperrwirkung durch Sekundärrecht, die eine Prüfung von nationalen Kapazitätsmärkten anhand europäischen Primärrechts ausschlösse, ist somit einerseits wegen der fehlenden inhaltlichen Ausgestaltung der sekundärrechtlichen Regelung, andererseits aufgrund mangelnder Kenntnis über die Bedeutung der Vorschrift für das bei nationalen Kapazitätsmärkten anzuwendende Verfahren nicht gegeben.

3. *Anwendbarkeit der Warenverkehrsfreiheit neben dem Beihilferecht*

Die Möglichkeit der Überschneidung der Anwendungsbereiche des Europäischen Beihilferechts und der Grundfreiheiten, insbesondere der Warenverkehrsfreiheit, wurde bereits im Rahmen der vorangegangenen Prüfung aufgezeigt.[693] Dort war fraglich, ob die Anwendung des Beihilferechts im Gegensatz zur Warenverkehrsfreiheit von einer unmittelbaren oder mittelbaren staatlichen Finanzierung abhängig ist. Nunmehr ist jedoch zu klären, ob die Vorschriften über die Warenverkehrsfreiheit nicht durch spezielleres Gemeinschaftsrecht verdrängt werden. Dies könnte grundsätzlich der Fall sein, da die Bestimmungen über staatliche Beihilfen und die Art. 34 ff. AEUV denselben übergeordneten Zweck verfolgen; denn beide Regelkomplexe dienen der Gewährleistung des freien Warenverkehrs zwischen den Mitgliedsstaaten unter normalen Wettbewerbsbedingungen.[694]

Grundlage dieser Problematik ist die sehr weite Definition der „Dassonville"-Rechtsprechung des EuGH, nach der sich eine Maßnahme „gleicher Wirkung" i.S.d. Art. 34 AEUV auf jede Handelsregelung der Mitgliedsstaaten erstreckt, die geeignet ist, den innergemeinschaftlichen Handel unmittelbar oder mittelbar, tatsächlich oder potentiell zu behindern.[695] Danach ist eine Beihilfe regelmäßig eine Maßnahme „gleicher Wirkung" i.S.d. Art. 34 AEUV.[696] Bei einer Anwendung

---

auf dem Umstand, dass nationale Kapazitätsmärkte letztlich auch der Schaffung neuer Kapazitäten dienen, so dass ihr Zweck dem des Art. 8 EltRL 2009 entspricht.

693 Siehe unter S. 92 f.

694 EuGH, Urteil vom 5.6.1986 – Rs. C-103/84, Slg. 1986, Kommission/Italien, 1759, Leitsatz 3; EuGH, Urteil vom 20.3.1999 – Rs. C-21/88, Slg. 1990, Du Pont de Nemours Italiana, I-889, Rn. 20; EuGH, Urteil vom 7.5.1985 – Rs. C-18/84, Slg. 1985, Kommission/Frankreich, 1339, Rn. 13; EuGH, Urteil vom 13.3.1979 – Rs. C-91/78, Slg. 1979, Hansen, 935; EuGH, Urteil vom 26.6.1979 – Rs. C-177/78, Slg. 1979, Pigs and Bacon/Kommission, I-2161.

695 EuGH, Urteil vom 11.7.1974 – Rs. C-8/74, Slg. 1974, Dassonville, 837, Rn 5.

696 Kotzur, in: Geiger/Kahn/Kotzur – EUV/AEUV, Art. 34, Rn. 8.

der Warenverkehrsfreiheit auf Fälle mit beihilferechtlicher Relevanz bestünde jedoch die Gefahr, dass die Ausnahmetatbestände des Art. 107 Abs. 2 und 3 AEUV ausgehebelt werden.[697] Ebenso würde das von den Verfassern des damaligen Gründungsvertrages (EWG-Vertrag)[698] und bei den Vertragsänderungen aufrechterhaltene, in Art. 108 AEUV geregelte Verfahren zur fortlaufenden Überprüfung der bestehenden Beihilferegelungen unberücksichtigt bleiben.[699] In der Folge werden die Vorschriften des Beihilferechts grundsätzlich als leges specialis zur Warenverkehrsfreiheit angesehen.[700]

Der EuGH ist jedoch der Auffassung, dass auch eine parallele Anwendung der Vorschriften der Art. 107 ff. AEUV und Art. 34 ff. AEUV möglich ist.[701] Die Einstufung einer Regelung als Beihilfe schließe nicht automatisch aus, dass diese Regelung nicht auch auf ihre Vereinbarkeit mit anderen Rechtsvorschriften der Union hin geprüft werden kann.[702] Eine solche Idealkonkurrenz sei allerdings nur möglich, wenn es sich um Modalitäten einer Beihilfe handele, die zur Erreichung des Zwecks oder der Funktion der Beihilfe nicht erforderlich sind. Diese könnten mit anderen Vorschriften des Unionsrechts unvereinbar sein.[703] Eine parallele Prüfung kann also nur vorgenommen werden, wenn die Gewährung von Beihilfen mit zusätzlichen Belastungen für den freien Warenverkehr verbunden ist. Andernfalls kommt eine Prüfung der Warenverkehrsfreiheit gemäß Art. 34 AEUV nur in Betracht, wenn die Maßnahme nicht gegen das unionale Beihilferecht verstößt.[704]

Ob die Fördermaßnahmen des EEG zur Erreichung des Zwecks der Beihilfe, die Stromerzeugung mittels regenerativer Energien auszubauen und zugleich die Stromproduktion möglichst emissionsarm zu gestalten, unerlässlich sind, braucht in Hinblick auf die vorangegangene Prüfung nicht erörtert zu werden, denn diese hat bereits ergeben, dass beide Förderregelungen des EEG nicht gegen

697 Ekardt/Schmeichel, ZEuS 2009, S. 171 (188).

698 Vertrag zur Gründung der Europäischen Wirtschaftsgemeinschaft von 1957.

699 EuGH, Urteil vom 22.3.1977 – Rs. C-74/76, Slg. 1977, Ianelli/Meroni, 577, Rn. 11 f.

700 Kotzur, in: Geiger/Kahn/Kotzur – EUV/AEUV, Art. 34, Rn. 3; Leible/Streinz, in: Grabitz/Hilf/Nettesheim, Das Recht der Europäischen Union, 46. Ergänzungslieferung 2011, Art. 34, Rn. 50; Erk – Vereinbarkeit des EEG mit Verfassungs- und Europarecht, 2009, S. 186.

701 Leible/Streinz, in: Grabitz/Hilf/Nettesheim – EUV/AEUV, Art. 34, Rn. 50.

702 EuGH, Urteil vom 23.2.2002 – Rs. C-234/99, Slg. 2002, Nygard/Svineafgiftsfonden, I-3657, Rn. 56; Leible/Streinz, in: Grabitz/Hilf/Nettesheim – EUV/AEUV, Art. 34, Rn. 50.

703 EuGH, Urteil vom 22.3.1977 – Rs. C-74/76, Slg. 1977, Iannelli/Meroni, I-557, Rn. 17.

704 Ekardt/Schmeichel, ZEuS 2009, S. 171 (188).

europäisches Beihilferecht verstoßen; schließlich fehlt es an der Belastung des staatlichen Haushalts.[705] Daher ist eine Prüfung der EEG-Fördermaßnahmen anhand von Art. 34 AEUV nicht ausgeschlossen. Es liegt keine Verdrängung durch das europäische Beihilferecht vor.

Kapazitätszahlungen verfolgen den Zweck, Anreize zur Vorhaltung von Kapazitäten zu bieten. Insoweit lässt sich bei ihnen schwerlich eine Abgrenzung zwischen verschiedenen Modalitäten machen. Allenfalls käme in Betracht, dass eine ausschließliche Einbeziehung von Kraftwerken in Deutschland, wie es gegenwärtig bei den Modellen eines deutschen Kapazitätsmarktes vorgesehen ist, eine Modalität im oben genannten Sinne darstellt, die getrennt vom Ergebnis der beihilferechtlichen Prüfung zu beurteilen wäre. Schließlich wäre der zwischenstaatliche Handel nicht allein durch die finanzielle Unterstützung Einzelner gestört, sondern hätte zudem eine offensichtliche Marktabschottung zur Folge. Letztlich kann es allerdings auch dahingestellt bleiben, ob mit der Gewährung von Kapazitätszahlungen tatsächlich eine zusätzliche Belastung für den freien Warenverkehr einhergeht, denn die vorangegangene beihilferechtliche Prüfung hat gezeigt, dass ein (ungerechtfertigter) Verstoß gegen das europäische Beihilferecht auch im Hinblick auf Kapazitätszahlungen höchst ungewiss ist. Daher sollte die Vornahme einer warenverkehrsrechtlichen Prüfung vor der Ausfertigung und Verkündung eines Gesetzes nicht verfrüht ausgeschlossen werden.

4. *Vereinbarkeit der EEG-Fördermaßnahmen/Kapazitätszahlungen mit der Warenverkehrsfreiheit*

Bei der Marktzugangsfreiheit i.S.d. Art. 34 AEUV als übergeordnete Leitlinie[706] handelt es sich nicht um eine allgemeine Liberalisierungsnorm, sie dient vielmehr als „Warenzugangsfreiheit" der Überwindung von Marktzugangshindernissen, nicht aber der Beseitigung von Normen, die das wirtschaftliche Verhalten nach erfolgtem Marktzutritt regeln.[707] Dies ist primär das Ziel der wettbewerbsrechtlichen Regelungen gemäß Art. 101 ff. AEUV.

Im Folgenden wird erörtert, ob durch die EEG-Fördermaßnahmen sowie die Begrenzung des Empfängerkreises von Kapazitätszahlungen der Schutzbereich des Art. 34 AEUV eröffnet ist (siehe unter a), ob ein Eingriff in die Warenverkehrsfreiheit gegeben ist (siehe unter b), und ob dieser, sollte ein solcher zu bejahen sein,

705 Vgl. die Prüfung zum Tatbestandsmerkmal der staatlichen Belastung auf S. 109 ff.
706 Leible/Streinz, in: Grabitz/Hilf/Nettesheim – EUV/AEUV, Art. 34, Rn. 83.
707 Schröder, in: Streinz – EUV/AEUV, Art. 34, Rn. 44; Leible/Streinz, in: Grabitz/Hilf/Nettesheim – EUV/AEUV, Art. 34, Rn. 18.

gerechtfertigt ist (siehe unter c). Dabei steht die Frage nach einer möglichen Rechtfertigung im Mittelpunkt der Prüfung. Wie bereits im Rahmen der beihilferechtlichen Prüfung werden die für die vorliegende Prüfung relevanten Ausführungen des EuGH in seinem PreußenElektra-Urteil bei den einzelnen Prüfungspunkten berücksichtigt und bewertet. Dabei ist zu beachten, dass der EuGH einen Verstoß gegen Art. 34 AEUV durch die Fördermaßnahmen des Stromeinspeisungsgesetzes unter ausdrücklichem Bezug auf den seinerzeit gegenwärtigen Stand des Unionsrechts[708] abgelehnt hatte.[709]

a) Schutzbereich der Warenverkehrsfreiheit

Der Schutzbereich der Warenverkehrsfreiheit umfasst im Wesentlichen drei Merkmale. Das freiheitsspezifische Merkmal begrenzt den Schutzbereich des Art. 34 AEUV auf den innergemeinschaftlichen Handel. Erfasst sind alle wirtschaftlichen Betätigungen, in deren Verlauf die Ware als Leistungsgegenstand eine mitgliedsstaatliche Grenze überschreitet. Waren i.S.d. Art. 34 AEUV sind die im Verkehr befindlichen Güter, die einen Geldwert haben und Gegenstand eines Handelsgeschäfts sein können.[710] Nach dem unionsspezifischen Merkmal sind nur solche Waren vom Schutzbereich des Art. 34 AEUV umfasst, die entweder aus der EU stammen, oder solche aus Drittstaaten, wenn sie sich im freien Warenverkehr der EU befinden. Zuletzt betrifft Art. 34 AEUV nur Handelshemmnisse „zwischen den Mitgliedsstaaten". Daher schützt die Warenverkehrsfreiheit nur Binnengrenzen überschreitende Vorgänge und keine rein nationalen Maßnahmen.[711]

Die Schutzwirkung des Art. 34 AEUV richtet sich nur gegen Maßnahmen, die von den Mitgliedsstaaten getroffen werden. Verhaltensweisen von Unternehmen werden grundsätzlich nicht erfasst.[712] Dabei wird der Begriff der Mitgliedsstaaten extensiv ausgelegt, so dass neben Behörden eines Zentralstaats auch solche eines Gliedstaats oder einer Gebietskörperschaft einbezogen werden.[713]

---

708 EuGH, Urteil vom 13.3.2001 – Rs. C-379/98, PreußenElektra, Slg. 2001, I-2099, Rn. 81.

709 Gundel – Nachhaltigkeit und Energieversorgung, in: Kahl (Hrsg.) – Nachhaltigkeit als Verbundbegriff, 2008, S. 443 (467).

710 EuGH, Urteil vom 10.12.1968 – Rs. C-7/68, Slg. 1968, Kommission/Italien, 634, Leitsatz 2; Khan/Eisenhut, in: Vedder/Heintschel von Heinegg – Europäisches Unionsrecht, Art. 29, Rn. 9.

711 Mayer, EuR 2003, S. 793 (796); Khan/Eisenhut, in: Vedder/Heintschel von Heinegg – Europäisches Unionsrecht, Art. 29, Rn. 6.

712 Leible/Streinz, in: Grabitz/Hilf/Nettesheim – EUV/AEUV, Art. 34, Rn. 37.

713 EuGH, Urteil vom 25.7.1991 – verb. Rs. C-1/90 u. C-176/90, Slg. 1991, Aragonesa de Publicidad exterior und Publivia, I-04151, Rn. 8.

aa) Eröffnung des Schutzbereichs durch EEG-Fördermaßnahmen

Der Schutzbereich der Warenverkehrsfreiheit ist durch die EEG-Fördermaßnahmen eröffnet. Bei den Fördermaßnahmen handelt es sich um Maßnahmen, die dem Staat Deutschland zuzurechnen sind. Anders als bei der beihilferechtlichen Beurteilung ist insoweit unbeachtlich, ob der staatliche Haushalt belastet wird.

Der Eröffnung des Schutzbereichs steht auch nicht entgegen, dass die Maßnahmen des EEG den Handel von Strom betreffen. Zweifel, Strom als Ware zu definieren, könnten insofern bestehen, als dass Strom die der Warenverkehrsfreiheit charakteristische Körperlichkeit fehlt.[714] Doch entschied der EuGH in der Rechtssache „Almelo/Energiebedrijf“[715] bereits vor dem PreußenElektra-Urteil, dass auch elektrischer Strom eine Ware i.S.d. Art. 34 AEUV ist.

Ebenso handelt es sich um eine die mitgliedsstaatlichen Grenzen überschreitende Problematik. Denn der Stromhandel findet auch zwischen Mitgliedsstaaten statt, so dass es sich nicht um einen Warenaustausch handelt, der lediglich inländische Waren betrifft. Insoweit schützt die Warenverkehrsfreiheit den Binnengrenzen überschreitenden Handel von Strom, so dass auch dieses für den Schutzbereich des Art. 34 AEUV konstitutive Merkmal erfüllt ist.

bb) Eröffnung des Schutzbereichs durch Kapazitätszahlungen

Ein Kapazitätsmechanismus in Deutschland würde ebenso durch den Staat, nämlich durch eine im deutschen Gesetzgebungsverfahren verabschiedete Regelung eingeführt werden. Auch bei dem geplanten Kapazitätsmechanismus spielt es – im Gegensatz zur beihilferechtlichen Beurteilung – für die warenverkehrsrechtliche Prüfung keine Rolle, wer letztlich die Kosten für diese Maßnahmen tragen würde.

Ebenso wäre im Hinblick auf die freiheits- und unionsspezifischen Merkmale der Schutzbereich des Art. 34 AEUV eröffnet, da es sich auch in diesem Fall um elektrischen Strom handelt, der eine Ware i.S.d. Art. 34 AEUV darstellt und Gegenstand des Warenaustauschs zwischen den Mitgliedsstaaten ist.

b) Eingriff in die Warenverkehrsfreiheit

Gemäß Art. 34 AEUV sind mengenmäßige Einfuhrbeschränkungen und Maßnahmen gleicher Wirkung zwischen den Mitgliedsstaaten verboten.

---

714 Erk – Vereinbarkeit des EEG mit Verfassungs- und Europarecht, 2009, S. 187.

715 EuGH, Urteil vom 27.4.1994 – Rs. C-393/92, Slg. 1994, Almelo/Energiebedrijf Ijsselmij, I-1477.

Das Verbot mengenmäßiger Beschränkungen erstreckt sich auf jede gänzliche oder teilweise Untersagung der Einfuhr, Ausfuhr oder Durchfuhr.[716] Ein vollständiges Verbot oder ein System der Kontingentierung, das gewisse Einfuhr- und Ausfuhrobergrenzen festlegt, stellen typische Beispiele dar. Solche spezifischen Beschränkungen führen zu einer unüberwindbaren Ein- oder Durchfuhrbehinderung, weil Waren überhaupt nicht oder nur zu einem mengen- oder wertmäßig begrenzten Teil ein- oder durchgeführt werden können.[717] Die Beschränkung kann auf einer gesetzlichen Regelung oder einer Verwaltungspraxis beruhen.

Das Verbot von Maßnahmen gleicher Wirkung hingegen umfasst jede sonstige Behinderung, die sich in gleicher Weise wie eine mengenmäßige Beschränkung auswirkt.[718] Im Gegensatz zu mengenmäßigen Beschränkungen lassen die Maßnahmen gleicher Wirkung die Einfuhr grundsätzlich zu, erschweren oder verteuern diese aber.[719] Folglich sind Hemmnisse für den freien Warenverkehr, die sich in Ermangelung einer Harmonisierung der Rechtsvorschriften daraus ergeben, dass Waren aus anderen Mitgliedsstaaten bestimmten Vorschriften entsprechen müssen, auch Maßnahmen gleicher Wirkung. Dies gilt selbst dann, wenn diese Vorschriften unterschiedslos für alle Erzeugnisse gelten.[720] Ebenfalls fällt unter den Begriff jede sonstige Maßnahme, die den Zugang zum Markt eines Mitgliedsstaates für Erzeugnisse aus anderen Mitgliedsstaaten behindert. Dies wird als das sog. Beschränkungsverbot bezeichnet.[721]

In der Rechtssache „Dassonville“ legte der Gerichtshof die Bedeutung und den Umfang von Maßnahmen gleicher Wirkung dahingehend aus, dass jede Handelsregelung der Mitgliedsstaaten, die geeignet ist, den Handel innerhalb der Union mittelbar, tatsächlich oder potentiell zu behindern, als solche zu qualifizieren sei.[722] Dabei betonte er, dass das wichtigste Element, mit dem beurteilt werden könne, ob eine nationale Maßnahme unter Art. 34 AEUV falle, ihre Wirkung sei. Der diskriminierende Aspekt einer Maßnahme ist somit nicht länger der ausschlaggebende Punkt für die Anwendung von Art. 34 AEUV, da nicht nur offenkundig diskriminierende Maßnahmen den Warenverkehr zwischen den Mitgliedsstaaten behindern können.

---

716 EuGH, Urteil vom 12.7.1973 – Rs. C-2/73, Slg. 1973, Geddo/Risi, 865, Leitsatz 5.
717 Leible/Streinz, in: Grabitz/Hilf/Nettesheim – EUV/AEUV, Art. 34, Rn. 52.
718 EuGH, Urteil vom 12.7.1973 – Rs. C-2/73, Slg. 1973, Geddo/Risi, 865, Leitsatz 5.
719 Leible/Streinz, in: Grabitz/Hilf/Nettesheim – EUV/AEUV, Art. 34, Rn. 52.
720 Schulte-Beckhausen, in: Gloy/Loschelder/Erdmann – Wettbewerbsrecht, § 8, Rn. 3.
721 Schröder, in: Streinz – EUV/AEUV, Art. 34, Rn. 40 f.
722 EuGH, Urteil vom 11.7.1974 – Rs. C-8/74, Slg. 1974, Dassonville, 837, Leitsatz 1.

In den verbundenen Rechtssachen „Keck" und „Mithouard" hielt der EuGH es jedoch für erforderlich, den durch die Dassonville-Rechtsprechung erweiterten Anwendungsbereich des Art. 34 AEUV einzuschränken. Er erklärte, dass die Anwendung nationaler Bestimmungen, die bestimmte Verkaufsmodalitäten beschränken oder verbieten, auf Erzeugnisse aus anderen Mitgliedsstaaten nicht geeignet ist, den Handel zwischen den Mitgliedsstaaten im Sinne des Dassonville-Urteils unmittelbar oder mittelbar, tatsächlich oder potentiell zu behindern, sofern diese Bestimmungen für alle im Inland tätigen Wirtschaftsteilnehmer gelten und sofern sie den Absatz der inländischen Erzeugnisse und der Erzeugnisse aus anderen Mitgliedsstaaten rechtlich wie tatsächlich in der gleichen Weise berühren.[723] Art. 34 AEUV gelte nur dann für Verkaufsmodalitäten, wenn derjenige, der einen Verstoß geltend macht, nachweisen kann, dass Erzeugnisse aufgrund ihrer Herkunft diskriminiert werden, sei es rechtlich oder tatsächlich.

Zuletzt sei darauf hingewiesen, dass nach der höchstrichterlichen Rechtsprechung des EuGH[724] auch bei der Warenverkehrsfreiheit keine De-minimis-Regel Anwendung findet. Nach dieser Rechtsprechung fällt eine nationale Maßnahme auch dann unter Art. 34 AEUV, wenn die Beeinträchtigung geringfügig ist und noch andere Möglichkeiten des Vertriebs der eingeführten Erzeugnisse bestehen. Damit fällt eine staatliche Maßnahme auch dann in den Anwendungsbereich des Art. 34 AEUV, wenn sie eine vergleichsweise geringe wirtschaftliche Bedeutung hat. Eine Anwendung der Warenverkehrsfreiheit wird lediglich dann abgelehnt, wenn die Auswirkungen der Maßnahme auf den Handel zwischen den Mitgliedsstaaten nur ungewiss und indirekt sind.[725]

aa) Eingriff durch EEG-Fördermaßnahmen

Im Ausland produzierende Erzeuger von Strom aus erneuerbaren Energien haben keine Möglichkeit, von der EEG-Vergütung zu profitieren, da sie gerade nicht im Geltungsbereich des EEG produzieren.[726] Des Weiteren hat die vorrangige Abnahmepflicht für in Deutschland erzeugten regenerativen Strom zur Folge, dass deutsche Stromhändler ihren Bedarf in Höhe der EEG-Abnahmequote

723 EuGH, Urteil vom 24.11.1993 – Rs. C-267/91 u. C-268/91, Slg. 1993, Keck und Mithouard, I-6097, Rn. 15 f.

724 Siehe exemplarisch EuGH, Urteil vom 5.4.1984 – verb. Rs. C-177/82 u. C-178/82, Slg. 1984, Van de Haar, 1797, Leitsatz 1; EuGH, Urteil vom 5.6.1986 – Rs. 103/84, Slg. 1986, Kommission/Italien, 1759, Leitsatz 2.

725 EuGH, Urteil vom 21.9.1999 – Rs. C-44/98, Slg. 1998, BASF, I-6269, Rn. 16.

726 Cremer, EuZW 2007, S. 591 (592).

nicht mehr (anteilig) aus Stromimporten decken.[727] Da es sich bei diesen Maßnahmen um keine Untersagung der Einfuhr, Ausfuhr oder Durchfuhr handelt, sondern lediglich dieselbe Wirkung erreicht wird, fallen sie unter die weite Formel der Dassonville-Rechtsprechung des EuGH. Durch die Maßnahmen des EEG wird somit in den Schutzbereich des Art. 34 AEUV eingegriffen.

Darüber hinaus ist auch ein Eingriff in die Warenverkehrsfreiheit durch die in § 8 Abs. 1 EEG normierte vorrangige Übertragungspflicht der Netzbetreiber zu sehen. Denn Folge dieser Pflicht zur Übertragung von regenerativem Strom ist, dass durch dieses erhöhte Aufkommen weniger Transportkapazitäten für in anderen Mitgliedsstaaten erzeugten Strom verbleiben. Dieser Beurteilung steht auch nicht Art. 16 Abs. 2 lit. a der EE-Richtlinie 2009[728] entgegen, nach welchem die Mitgliedsstaaten sicherstellen sollen, dass die Betreiber der Übertragungs- und Verteilernetze in ihrem Hoheitsgebiet die Übertragung und Verteilung von Elektrizität aus erneuerbaren Energiequellen gewährleisten. Dies soll, vorbehaltlich der zur Wahrung der Zuverlässigkeit und der Sicherheit des Netzes zu erfüllenden Anforderungen, auf der Grundlage transparenter und nichtdiskriminierender Kriterien, die von den zuständigen nationalen Behörden festgelegt werden, erfolgen. Durch die Richtlinie wollen die Unionsorgane lediglich die Nutzung von Strom aus erneuerbaren Energien garantieren, ohne jedoch Einschränkungen bezüglich der Herkunft des Stroms zuzulassen. Der Herkunftsnachweis i.S.d. Richtlinie bezieht sich vielmehr auf die Herkunft von aus erneuerbaren Energiequellen erzeugter Elektrizität, vgl. Art. 15 Abs. 1 der EE-Richtlinie.

Zweifel an diesen Eingriffen in Art. 34 AEUV ergeben sich auch nicht daraus, dass die Möglichkeit grenzüberschreitenden, physikalischen Handels mit Strom nicht unmittelbar vom Inlandsbezug des EEG betroffen ist, da dieser durch die flexiblen Mechanismen der EE-Richtlinie, insbesondere mit den gemeinsamen Förderregelungen des Art. 11 EE-Richtlinie, sichergestellt wird.[729] Faktisch hat der Inlandsbezug und insbesondere die vorrangige Übertragungspflicht der Netzbetreiber nämlich sehr wohl Auswirkungen auf die Möglichkeit

727 Erk – Vereinbarkeit des EEG mit Verfassungs- und Europarecht, 2009, S. 188.

728 RiLi 2009/28/EG des europäischen Parlaments und des Rates vom 23. April 2009 zur Förderung der Nutzung von Energie aus erneuerbaren Quellen und zur Änderung und anschließenden Aufhebung der Richtlinien 2001/77/EG und 2003/30/EG, ABl. EG L 140/16 vom 5.6.2009.

729 So aber Müller – Neujustierung des europäischen Umweltenergierechts im Bereich erneuerbarer Energien?, in: Cremer/Pielow (Hrsg.) – Probleme und Perspektiven im Energieumweltrecht, 2010, S. 142 (170).

grenzüberschreitenden physikalischen Handels, wie im Kontext der Eingriffswirkung des § 8 Abs. 1 EEG bereits erwähnt wurde.[730] Hierin einen Eingriff i.S.d. Art. 34 AEUV zu sehen ist Folge der weiten Eingriffsdefinition der Dassonville-Rechtsprechung.

Ferner handelt es sich bei den EEG-Fördermaßnahmen nicht nur um bloße Verkaufsmodalitäten, da durch die gesetzliche Regelung sämtliche Pflichten für Käufer und Verkäufer festgelegt werden. Gemäß § 4 Abs. 1 EEG dürfen die Netzbetreiber die Erfüllung ihrer Verpflichtungen aus dem EEG gerade nicht vom Abschluss eines Vertrages abhängig machen. Dieses gesetzliche Schuldverhältnis zwischen den Netzbetreibern und den einspeisenden Energieerzeugern umfasst daher die erforderlichen essentialia negotii,[731] so dass die Einschränkung der Dassonville-Formel durch die verbundenen Rechtssachen „Keck" und „Mithouard" nicht greift.

bb) Eingriff durch Kapazitätszahlungen

Auch bei Anwendung der derzeit diskutierten Modelle zur Vornahme von Kapazitätszahlungen würde weder die Ein- oder Ausfuhr noch die Durchfuhr untersagt werden. Allerdings könnten faktisch durch ausschließlichen Rückgriff auf Kraftwerke im Geltungsbereich des EEG sämtliche Energieerzeuger in anderen Mitgliedsstaaten davon abgehalten werden, ihren Strom in Zeiten, in denen auf vorgehaltene Kapazitäten zurückgegriffen werden muss, zum Kapazitätsausgleich nach Deutschland zu exportieren. Bei einem auf den Geltungsbereich des EEG beschränkten Kapazitätsmechanismus wären sie somit verhindert, von Kapazitätszahlungen im deutschen Markt zu profitieren. Überlegungen, die Kapazitätszahlungen auch für Erzeuger anderer Mitgliedsstaaten vorzusehen, sind gegenwärtig nicht Teil der Diskussion über einen deutschen Kapazitätsmarkt.

Dies beträfe nicht nur die Kraftwerksbetreiber, die Strom aus fossilen Energieträgern erzeugen, sondern auch Erzeuger, die regenerativen Strom produzieren. Schließlich ist nicht ausgeschlossen, dass trotz in Deutschland auftretender Erzeugungsschwankungen zur gleichen Zeit in anderen Mitgliedsstaaten erfolgreich regenerativer Strom produziert wird und dieser zum Schwankungsausgleich im Geltungsbereich des EEG genutzt werden könnte. Durch eine einseitige Verpflichtung deutscher Kraftwerke zum Stromausgleich würden demnach mögliche Stromimporte zu Schwankungszeiten unterbunden werden. Damit

---

730 Siehe hierzu die Ausführungen zum Eingriff der EEG-Fördermaßnahmen in den freien Warenverkehr i.S.d. Art. 34 AEUV auf S. 174 f.

731 Erk – Vereinbarkeit des EEG mit Verfassungs- und Europarecht, 2009, S. 189.

wäre die Begrenzung der Zahlungen auf Erzeuger aus dem Geltungsbereich des EEG geeignet, den Handel innerhalb der Union potentiell zu behindern. Die Begrenzung wäre folglich als Maßnahme gleicher Wirkung i.S.d. Art. 34 AEUV einzustufen. Mangels einer De-minimis-Regel ist insofern auch unerheblich, dass es sich derzeit aufgrund der gegebenen Erfahrungswerte lediglich um sporadische Einspeisungen handeln würde, die meist nur an wenigen Tagen erforderlich sein dürften.

Die Regelungen zu Kapazitätszahlungen umfassen ferner Elemente, die als Verkaufsmodalitäten gewertet werden können. So soll beispielsweise der Zeitpunkt des Verkaufs der vorgehaltenen Kapazitäten vom zuständigen Koordinator vorgegeben werden können. Dies wäre grundsätzlich immer dann der Fall, wenn zusätzliche Kapazitäten benötigt werden. Hierbei handelt es sich um eine reine Verkaufsmodalität[732], die nicht in den Anwendungsbereich des Art. 34 AEUV fallen würde. Doch reichen die zur Zeit diskutierten Regelungen eines möglichen deutschen Kapazitätsmarkts noch weiter als die bloße Verpflichtung der Kraftwerksbetreiber, die erfolgreich an der Ausschreibung im Rahmen eines Kapazitätsmechanismus teilnehmen, Kapazitäten vorzuhalten; denn sie werden darüber hinaus verpflichtet, zum Zeitpunkt der Anfrage den zusätzlichen Strom einzuspeisen. Anders als bei den bisherigen Urteilen des EuGH, bei denen es sich lediglich um das „Wie" des Verkaufes von Waren handelte,[733] soll daher die Entscheidung über das „Ob" der Einspeisung nicht den Kraftwerksbetreibern obliegen. Damit soll garantiert werden, dass zum Zeitpunkt des Energiemangels die benötigten Kapazitäten tatsächlich zur Verfügung stehen. Diese zusätzliche Verpflichtung stellt keine reine Verkaufsmodalität mehr dar, sondern würde einem gesetzlichen Schuldverhältnis entsprechen, wie dies auch bei den Regelungen der EEG-Fördermaßnahmen der Fall ist.

Eine Anwendung der Keck-Rechtsprechung würde zudem daran scheitern, dass die Begrenzung des Empfängerkreises von Kapazitätszahlungen nicht die gleiche Wirkung auf den Absatz inländischer und eingeführter Erzeugnisse hätte. Staatliche Regelungen stellen nur dann keine Maßnahmen gleicher Wirkung dar und unterliegen der Keck-Rechtsprechung, wenn sie den Marktzugang für eingeführte Erzeugnisse nicht versperren und für alle betroffenen Wirtschaftsteilnehmer gelten. Dies ist nur der Fall, wenn sie sowohl rechtlich

---

732 EuGH, Urteil vom 2.6.1994 – verb. Rs. C-401/92 u. C-402/92, Slg. 1994, Tankstation Heukske und Boermans, I-2199, Rn. 14.

733 Siehe EuGH, Urteil vom 2.6.1994 – verb. Rs. C-401/92 u. C-402/92, Slg. 1994, Tankstation Heukske und Boermans, I-2199; ebenso EuGH, Urteil vom 2.6.1994 – verb. Rs. C-69/93 u. C-258/93, Punto Casa und PPV, Slg. 1994, I-2355, Rn. 13.

als auch tatsächlich die gleiche Wirkung auf den Absatz inländischer und eingeführter Erzeugnisse haben.[734]

Zwar schreibt Art. 8 Abs. 3 UAbs. 1 EltRL vor, dass die Ausschreibung im Amtsblatt der Europäischen Union veröffentlicht werden soll, um allen Erzeugern, inländischen wie ausländischen, die Teilnahme am Ausschreibungsverfahren zu ermöglichen. Die Ausschreibungsbedingungen müssen danach jedem interessierten Unternehmen, das seinen Sitz im Gebiet eines Mitgliedsstaates hat, rechtzeitig zur Verfügung gestellt werden, damit es auf die Ausschreibung reagieren kann. Damit wirkt die Vorschrift dem Ansatz entgegen, Ausschreibungsverfahren auf Teilnehmer aus dem nationalen Raum zu begrenzen. Selbst wenn die Voraussetzungen des Art. 8 Abs. 3 UAbs. 1 EltRL berücksichtigt würden, könnte jedoch im Ergebnis auch eine „verschleierte Beschränkung“ analog Art. 36 S. 2 AEUV vorliegen. Eine solche ist gegeben, wenn die Aufgabe in tatsächlicher Hinsicht von Wirtschaftsteilnehmern aus anderen Mitgliedsstaaten nur wesentlich schwerer erfüllt werden kann als von inländischen, so dass der Marktzugang für erstere erschwert wäre.[735] Dies könnte Folge des limitierten Netzzugangs beim grenzüberschreitenden Stromhandel[736] sein. Denn die Grenzkuppelstellen sind Teil der Übertragungsnetze und damit natürliche Monopole, die von den Übertragungsnetzbetreibern verwaltet werden. Zwar wird versucht, über die Gestaltung des Engpassmanagements eine Zuweisung verfügbarer Verbindungskapazitäten nach fairen, kostenorientierten und transparenten Regeln zu organisieren; doch bilden einerseits Engpässe eine wirksame Markteintrittsbarriere für Dritte aus dem Ausland,[737] andererseits müsste im Falle der Bereitstellung von vorgehaltenen Kapazitäten aus dem Ausland eine vorrangige Durchleitung an den Grenzkuppelstellen sichergestellt werden. Auch die Kommission hat in ihrer aktuellen Mitteilung zum Funktionieren des europäischen Energiebinnenmarktes darauf aufmerksam gemacht, dass es nicht ausreiche, über Transportnetze zu verfügen, vielmehr müssten alle Marktakteure sie nutzen können.[738] Auch wenn nach einer Sektoruntersuchung der Kommission zur

---

734 EuGH, Urteil vom 24.11.1993 – verb. Rs. C-267/91 u. C-268/91, Slg. 1993, Keck und Mithouard, I-6097, Rn. 16.

735 Leible/Streinz, in: Grabitz/Hilf/Nettesheim – EUV/AEUV, Art. 34, Rn. 76.

736 Siehe hierzu die Verordnung (EG) Nr. 1228/2003 des europäischen Parlaments und des Rates vom 26. Juni 2003 über die Netzzugangsbedingungen für den grenzüberschreitenden Stromhandel, ABl. L 176 vom 15.7.2003, S. 1.

737 Loske – Stromwettbewerb über die Grenzen hinaus?, 2004, S. 5.

738 Mitteilung der Kommission – Ein funktionierender Energiebinnenmarkt, KOM (2012) 663 endg., S. 7.

Funktionsweise der Energiemärkte im Jahr 2007 versucht wurde, den Zugang zu Transportinfrastrukturen offen und diskriminierungsfrei zu gestalten, sieht sie auch Ende 2012 noch Bedarf an weiteren Anstrengungen zur strengen Durchsetzung der Entflechtungs- und Wettbewerbsvorschriften, um einen effektiven Zugang zu den Transportinfrastrukturen in der gesamten Union sicherzustellen. Erst wenn die von der Union erweiterten Grenzkuppelkapazitäten realisiert sind und ein diskriminierungsfreier Zugang zu jedem Zeitpunkt ermöglicht ist, dürfte diese Problematik minimiert sein. Vor diesem Hintergrund und unter Einbeziehung der streng national ausgelegten Kapazitätsmodelle könnte es damit faktisch dazu kommen, dass für die Vorhaltung von Kapazitäten – insbesondere wegen der nationalen Sichtweise der Bundesregierung – alleine Kraftwerke im Geltungsbereich des EEG berücksichtigt würden.

Im Ergebnis wäre vor allem wegen des angestrebten gesetzlichen Schuldverhältnisses ein Rückgriff auf die Keck-Rechtsprechung ausgeschlossen und die Bejahung des Eingriffs in Art. 34 AEUV geboten.

Gegen einen Eingriff in die Warenverkehrsfreiheit spricht auch nicht, dass verpflichtete Kraftwerksbetreiber Kapazitäten nur bei Erzeugungsschwankungen in das Stromnetz einspeisen würden. Zwar ist gerade in den ersten Jahren ungewiss, ob es überhaupt zu einer notwendigen Einspeisung kommt, da der noch bedeutende Anteil konventioneller Kraftwerke erst sukzessive wegfallen wird. Hieraus könnte gefolgert werden, dass der Handel zwischen den Mitgliedsstaaten solange nicht beeinträchtigt ist, wie eine Einspeisung der vorgehaltenen Kapazitäten unterbliebe. Diese Auffassung ist jedoch abzulehnen; denn die verpflichteten Kraftwerksbetreiber würden auch ohne Einspeisung für die Vorhaltung von Kapazitäten auf Grundlage des Kapazitätsmechanismus vergütet. Der Verstoß gegen die Warenverkehrsfreiheit, der sicherstellen soll, Marktzugangshindernisse zu überwinden und ungerechtfertigte Beschränkungen des Handels zu unterbinden, wäre damit bereits bei Anwendung eines diesbezüglichen Gesetzes gegeben. So könnte die Kommission als „Hüterin der Verträge“ wegen Erlass und Anwendung eines solchen Gesetzes auch auf eigene Initiative ein Vertragsverletzungsverfahren nach Art. 258 AEUV gegen einen Mitgliedsstaat einleiten.[739] Folglich ist nicht erst auf die tatsächliche Einspeisung des vorgehaltenen Stroms abzustellen.

---

739 Dabei hat die Kommission das Recht, bei dem betreffenden Mitgliedsstaat zu intervenieren, um die Zuwiderhandlung abzustellen, und, falls erforderlich, den Europäischen Gerichtshof anzurufen – siehe dazu ausführlich: Kommission – Das Vertragsverletzungsverfahren der Europäischen Kommission bei Verstößen gegen das Gemeinschaftsrecht, Mitteilung vom 5. September 2007, MEMO/07/343.

Es bestehen mithin keine offensichtlichen Zweifel, dass der Schutzbereich des Art. 34 AEUV in Hinblick auf die Begrenzung des Empfängerkreises von Kapazitätszahlungen eröffnet wäre.

c) Rechtfertigungsmöglichkeiten

Wie bereits erwähnt, wurde ein möglicher Verstoß der EEG-Maßnahmen gegen die Marktzugangsfreiheit als Kerngehalt der Warenverkehrsfreiheit[740] erstmals im Rahmen des PreußenElektra-Urteils untersucht.[741] Während der EuGH damals keine Europarechtswidrigkeit des Einspeisevorranges feststellte, weil er den Verstoß gegen die Warenverkehrsfreiheit als gerechtfertigt betrachtete,[742] muss nunmehr die seinerzeit angeführte Rechtfertigung im Hinblick auf die starke Zunahme erneuerbarer Energien erneut überprüft werden. Zugleich stellt sich die Frage, ob der auf der Begrenzung des Empfängerkreises von Kapazitätszahlungen basierende Verstoß gegen die Warenverkehrsfreiheit und die damit einhergehende verstärkte Marktabschottung rechtfertigungsfähig wäre. Die Legitimität dieser Frage spiegelt sich auch in Erwägungen der Kommission wider. Diese hat in einer im Jahre 2013 veröffentlichten Konsultation darauf hingewiesen, dass nationale Förderinstrumente, die beinahe exklusiv erneuerbare Energien im nationalen Markt fördern, nicht automatisch durch umweltpolitische Aspekte gerechtfertigt sind.[743]

Eine Rechtfertigung könnte einerseits anhand der in Art. 36 AEUV anerkannten Rechtfertigungsgründe erfolgen (siehe unter aa). Andererseits könnte auf Gründe zurückgegriffen werden, die nicht ausdrücklich im Vertragstext des AEUV niedergelegt sind. Diese Möglichkeit besteht seit der „Cassis-de-Dijon"-Rechtsprechung des EuGH, die immer dann greift, wenn es sich um sog. zwingende Erfordernisse des Allgemeininteresses (siehe unter bb) handelt.[744]

---

740 Leible/Streinz, in: Grabitz/Hilf/Nettesheim – EUV/AEUV, Art. 34, Rn. 83.

741 Oschmann, in: Danner/Theobald – Energierecht, Rn. 83.

742 Siehe EuGH, Urteil vom 13.3.2001 – Rs. C-379/98, PreußenElektra, Slg. 2001, I-2099.

743 Konsultationspapier der Kommission – Environmental and Energy Aid Guidelines 2014–2020, vom 11.3.2013, S. 15; dort schlägt die Kommission vor, dass die Mitgliedsstaaten ihre mitgliedsstaatlichen Fördersysteme auch für Marktteilnehmer, die nicht im jeweiligen Inland produzieren, öffnen könnten und dass sie langfristig gemeinsame, grenzüberschreitende Fördersysteme unterstützen sollten, um erneuerbare Energien besser am Ort der effizientesten Produktion fördern zu können.

744 Leible/Streinz, in: Grabitz/Hilf/Nettesheim – EUV/AEUV, Art. 34, Rn. 99.

aa) Rechtfertigung durch Art. 36 AEUV

In Art. 36 AEUV sind Gründe aufgelistet, durch die nationale Maßnahmen der Mitgliedsstaaten, die den innergemeinschaftlichen Handel beeinträchtigen, gerechtfertigt sein können. Zu den Gründen, bei denen es sich allesamt um Gründe des Allgemeininteresses handelt, zählen unter anderem der Gesundheitsschutz und der Schutz des Lebens von Menschen, Tieren oder Pflanzen, vgl. Art. 36 S. 1 Var. 2 und 3 AEUV. Obwohl die Bestimmung einen Ausnahmecharakter hat, haben die Mitgliedsstaaten hinsichtlich des Umfangs des zu gewährenden Schutzes einen relativ weiten Ermessensspielraum.[745] Eingeschränkt ist der Umfang dieser Rechtfertigungsgründe jedoch durch das Verbot der willkürlichen Diskriminierung und der verschleierten Beschränkung des Handels zwischen den Mitgliedsstaaten.[746] Dem EuGH[747] zufolge soll Art. 36 AEUV auch keinen Souveranitätsvorbehalt enthalten, der bestimmte Sachverhalte bei der ausschließlichen Zuständigkeit der Mitgliedsstaaten belässt. Vielmehr konkretisiert die Vorschrift nur Ausnahmen vom Grundsatz des freien Warenverkehrs durch innerstaatliche Normen. Im Ergebnis soll damit eine Umgehung des grundsätzlichen Verbots handelsbeschränkender nationaler Maßnahmen verhindert werden.[748]

(1) Rechtfertigung der EEG-Inlandsbeschränkung durch Art. 36 AEUV

Der Eingriff in die Warenverkehrsfreiheit durch die EEG-Fördermaßnahmen ist nicht durch Art. 36 AEUV gerechtfertigt.

In seinem PreußenElektra-Urteil hat der EuGH angeführt, dass die Nutzung erneuerbarer Energiequellen zur Stromerzeugung dem Umweltschutz diene und zur Verringerung der Emissionen von Treibhausgasen beitrage. Diese zählten wiederum zu den Hauptursachen der Klimaveränderungen, zu deren Bekämpfung sich die Mitgliedsstaaten verpflichtet hätten. Zur Umsetzung dieser Verpflichtungen gehöre die Entwicklung der Nutzung erneuerbarer Energieträger.[749] Mit nur einem Satz merkte er an, dass diese Politik zugleich den Schutz der Gesundheit und des Lebens von Menschen, Tieren und Pflanzen bezwecke.[750] Da dies dem Wortlaut des Art. 36 AEUV entspricht, sind diese Ausführungen

745 Leible/Streinz, in: Grabitz/Hilf/Nettesheim – EUV/AEUV, Art. 36, Rn. 22.

746 Dauses/Brigola, in: Dauses – EU-Wirtschaftsrecht, Art. 36, Rn. 211.

747 EuGH, Urteil vom 15.12.1976 – Rs. C-35/76, Slg. 1976, Simmenthal/Ital. Finanzministerium, 1871, Rn. 23 f.; EuGH, Urteil vom 10.7.1984 – Rs. C-72/83, Slg. 1984, Campus Oil, 2727, Leitsatz 6.

748 Dauses/Brigola, in: Dauses – EU-Wirtschaftsrecht, Art. 36, Rn. 212.

749 EuGH, Urteil vom 13.3.2001 – Rs. C-379/98, PreußenElektra, Slg. 2001, I-2099, Rn. 73 f.

750 EuGH, Urteil vom 13.3.2001 – Rs. C-379/98, PreußenElektra, Slg. 2001, I-2099, Rn. 75.

als Rechtfertigung der Maßnahmen des damaligen Stromeinspeisungsgesetzes gemäß Art. 36 AEUV zu verstehen.[751]

Fraglich ist, ob dieser Argumentation gefolgt werden kann. Gemäß § 1 EEG soll das Gesetz eine nachhaltige Entwicklung der Energieversorgung ermöglichen, insbesondere im Interesse des Klima- und Umweltschutzes. Da allgemeine Umweltschutzerwägungen von Art. 36 AEUV nicht erfasst sind, kann vorliegend lediglich auf den Klimaschutz abgestellt werden, der dem Schutz der Gesundheit und des Lebens von Menschen, Tieren und Pflanzen dient. Eine Differenzierung der unterschiedlichen EEG-Maßnahmen ist an dieser Stelle nicht erforderlich, da sie im Ergebnis alle dem Zweck des EEG dienen. Auch wenn dies zunächst für eine Rechtfertigung durch Art. 36 AEUV spricht, ist die Argumentation des EuGH an dieser Stelle zweifelhaft. In der Literatur wird die Frage, inwieweit die vom Gericht angebrachte Rechtfertigung nach Art. 36 AEUV einschlägig ist, regelmäßig keiner vertieften Diskussion unterzogen,[752] schließlich seien die Begründungserwägungen des EuGH im Rahmen der Rechtfertigung insgesamt als eher vermengt und interpretationsbedürftig einzustufen.[753] Daher ist vorliegend zu untersuchen, ob und welche der in Art. 36 AEUV aufgeführten Gründe tatsächlich für eine Rechtfertigung in Betracht kommen. Dabei ist zunächst entscheidend, dass diese grundsätzlich eng auszulegen sind[754] und eine Rechtfertigung i.S.d. Art. 36 S. 1 AEUV regelmäßig nur dann zur Anwendung kommt, wenn die betreffende Regelung unmittelbar und konkret auf diese Gründe abzielt.[755] Somit muss erörtert werden, ob die in § 1 EEG niedergelegte Zielbestimmung tatsächlich dieser Anforderung genügt. Außerdem kommt immer noch eine Rechtfertigung durch zwingende Erfordernisse wie den Schutz der Umwelt in Betracht.[756]

In einem Urteil aus dem Jahr 2008 hat der EuGH festgestellt, dass Maßnahmen zur Bekämpfung der Luftverunreinigung und Lärmbelästigung durch Fahrzeuge

751 Zum gleichen Ergebnis kommt Klinski – EEG und Binnenmarkt, Stellungnahme, 2005, S. 26, wobei er trotz dessen die Rechtfertigung des EuGH über zwingende Erfordernisse des Umweltschutzes diskutiert.

752 Erk – Vereinbarkeit des EEG mit Verfassungs- und Europarecht, 2008, S. 190 ff.

753 Streinz, JuS 2001, S. 596 (597); Erk – Vereinbarkeit des EEG mit Verfassungs- und Europarecht, 2008, S. 190 f.; Gundel – Nachhaltigkeit und Energieversorgung, in: Kahl (Hrsg.) – Nachhaltigkeit als Verbundbegriff, 2008, S. 443 (467): Der Autor spricht von einer „unklaren Begründung".

754 Klinski – EEG und Binnenmarkt, Stellungnahme, 2005, S. 22.

755 Leible/Streinz, in: Grabitz/Hilf/Nettesheim – EUV/AEUV, Art. 36, Rn. 24.

756 Frenz – Europäische Grundfreiheiten, 2012, Rn. 1112; Leible/Streinz, in: Grabitz/Hilf/Nettesheim – EUV/AEUV, Art. 36, Rn. 24.

zwar dem Schutz der Gesundheit dienen, dieses Ziel aber schon Teil des ebenfalls mit diesen Maßnahmen verfolgten Umweltschutzes ist. Letzterer bezwecke in einem weiteren Sinne den Schutz der Gesundheit. Die Gefahren für die Gesundheit würden gerade erst aus einer Verschlechterung der Umwelt resultieren.[757] Dem folgend prüfte der EuGH im Anschluss das Vorliegen zwingender Erfordernisse. Hiermit hat sich der EuGH von seinen knappen Argumentation beim PreußenElektra-Urteil wegbewegt und den Umweltschutz als ausschlaggebendes Moment bewertet, sofern die Gesundheitsgefährdungen lediglich auf einer Beeinträchtigung der Umwelt beruhen. Dies spricht zumindest für eine denkbare Abkehr von seiner Rechtsprechung im PreußenElektra-Urteil.

Es erscheint mithin unwahrscheinlich, ob der EuGH den Verstoß durch die Fördermaßnahmen des EEG tatsächlich wieder über den eng auszulegenden Art. 36 AEUV rechtfertigen könnte und würde.

(2) Rechtfertigung der räumlichen Begrenzung des Anwendungsbereichs eines deutschen Kapazitätsmarktes durch Art. 36 AEUV

Auch eine Rechtfertigung der geplanten Begrenzung des vorgesehenen Kapazitätsmechanismus über Art. 36 AEUV ist fragwürdig. Zu den in der Vorschrift aufgezählten Gründen gehören auch solche der öffentlichen Sittlichkeit, Ordnung und Sicherheit. Diese hoheitlich festgelegten Grundregelungen berühren wesentliche Interessen des Staates, so dass der Warenverkehr durch sie nur in Sonderfällen gerechtfertigt ist.[758] Dies gilt insbesondere mit Blick auf die Versorgungssicherheit, die als Rechtfertigungsgrund lediglich angeführt werden kann, wenn die Existenz des Staates unmittelbar berührt ist und der diesbezügliche Kapazitätsbedarf anderweitig nicht zu erfüllen ist.[759] So hat der EuGH ausnahmsweise eine Verpflichtung zur Bedarfsdeckung bei der einzigen nationalen Erdölraffinerie Irlands anerkannt, weil der Betrieb zur Sicherung der Versorgung des Landes notwendig war.[760]

Die energiepolitische Entscheidung, den Hauptteil der Energieversorgung mittelfristig durch erneuerbare Energien abzudecken, was letztlich erst zur Erforderlichkeit eines Mechanismus zum Schwankungsausgleich führt, ist eine Entscheidung der Bundesregierung, die zwar die Existenz des Staates im Hinblick auf die Versorgungssicherheit unmittelbar berüh-

757 EuGH, Urteil vom 11.12.2008 – Rs. C-524/07, Slg. 2008, Kommission/Österreich, I-187, Rn. 56.

758 Kotzur, in: Geiger/Khan/Kotzur – EUV/AEUV, Art. 36, Rn. 6.

759 Leible/Streinz, in: Grabitz/Hilf/Nettesheim – EUV/AEUV, Art. 36, Rn. 21.

760 EuGH, Urteil vom 10.7.1984 – Rs. C-72/83, Slg. 1984, Campus Oil, 2727, Leitsatz 7 f.

ren kann; für die Notwendigkeit einer Begrenzung des Empfängerkreises von Kapazitätszahlungen auf den nationalen Raum sind jedoch keine Gründe ersichtlich. Es gibt eine Reihe von möglichen Optionen, wie der Kapazitätsbedarf bei Erzeugungsschwankungen auch ohne eine solche Begrenzung zu befriedigen wäre und die Versorgungssicherheit damit auch in Zukunft gewährleistet werden könnte. So könnte etwa durch einen achtsameren Wechsel von der Nutzung fossiler Energieträger zu erneuerbaren Energien auch mittelfristig auf einen solchen Mechanismus verzichtet werden, ohne dass die Zielvorgaben der EU für den Ausbau der erneuerbaren Energien außer Acht gelassen werden müssten. Ebenso könnte erwogen werden – wie es bei anderen Mitgliedsstaaten der Fall ist – bei der Erfüllung der CO_2-Verpflichtungen zur Sicherung der Versorgung auch Kernkraft mit einzubeziehen bzw. den Ausstieg aus der Kernenergie zu verlangsamen.[761] Diese Möglichkeiten, die auch die Erforderlichkeit eines nationalen Kapazitätsmarktes infrage stellen, sprechen gegen eine Rechtfertigung durch Art. 36 AEUV. Denn selbst wenn mittelfristig diese Optionen nicht genügen, dürfte auch bei fehlender Begrenzung des Empfängerkreises von Kapazitätszahlungen die Versorgungssicherheit in Deutschland ohne größere Probleme sichergestellt werden können. Gerade im Hinblick auf die Weiterentwicklungen der verschiedenen Technologien, sei es in Bezug auf Energiespeicherung oder die Reduktion von Leitungsverlusten bei einem verbesserten Netzausbau und Stromaustausch in Europa, dürfte die Versorgungssicherheit – anders als im irischen Fall – auch ohne Begrenzung des Empfängerkreises von Kapazitätszahlungen gewährleistet werden können.

Damit scheitert eine Rechtfertigung über Art. 36 AEUV an der Erforderlichkeit der Maßnahme.

bb) Zwingende Erfordernisse des Gemeinwohls

In der Rechtssache Cassis-de-Dijon stellte der EuGH klar, dass über die Möglichkeiten des Art. 36 AEUV hinaus sog. zwingende Erfordernisse von den Mitgliedsstaaten zur Rechtfertigung einer gegen den freien Warenverkehr

761 So wurde in einem Entwurf einer Entschließung des Europäischen Parlaments eingeräumt, dass die Stilllegung von Kernkraftwerken zu einem Anstieg der Treibhausgasemissionen führen wird und diesem Aspekt bei der Prüfung Rechnung getragen werden solle, welche Optionen es zur Erreichung der verfolgten CO_2-Reduzierung gibt, siehe Europäisches Parlament – Bericht über die Analyse der Optionen zur Verringerung der Treibhausgasemissionen um mehr als 20 Prozent und Bewertung des Risikos der Verlagerung von CO_2-Emissionen vom 1. Juni 2011 (2011/2012(INI)), A7-0219/2011, S. 18, Rn. 77.

verstoßenden Maßnahme vorgebracht werden können.[762] Grund hierfür war unter anderem seine strenge Rechtsprechung zu Art. 36 AEUV sowie die Reichweite der Dassonville-Formel, die er durch diese zusätzlichen Rechtfertigungsmöglichkeiten relativieren wollte.[763] Er führte aus, dass Hemmnisse für den Binnenhandel der Gemeinschaft, die sich aus den Unterschieden der nationalen Regelungen über die Vermarktung von Erzeugnissen ergäben, hingenommen werden müssen, soweit sie notwendig seien, um zwingenden Erfordernissen gerecht zu werden.[764] Damit werden die Rechtfertigungsgründe des Art. 36 AEUV ergänzt, ohne einen abschließenden Katalog zur Verfügung zu stellen.[765] Der EuGH konkretisiert die Anwendung dieser Formel, indem er die Rechtfertigung einer nationalen Regelung, die den freien Warenverkehr behindert, entweder durch einen der in Art. 36 AEUV aufgezählten Gründe des Gemeinwohls oder durch eines der in der Rechtsprechung des EuGH aufgestellten zwingenden Erfordernisse zulässt.[766]

Anders als bei Art. 36 AEUV zählt auch der Schutz der Umwelt zu den zwingenden Erfordernissen des Allgemeininteresses.[767] Dabei muss jedoch beachtet werden, dass der EuGH den Aspekt Umweltschutz nicht von einem nationalen, sondern von einem unionsweiten Standpunkt aus betrachtet. Das Bestreben eines Mitgliedsstaates, lediglich die Umwelt im mitgliedsstaatlichen Terrain zu schützen, stelle danach noch kein zwingendes Erfordernis im Sinne der Rechtsprechung dar. Vielmehr müsse die mitgliedsstaatliche Schutzmaßnahme der Umwelt aller EU-Mitgliedsstaaten im Sinne eines einheitlichen Ökosystems zugute kommen.[768]

Zwingende, im Allgemeininteresse liegende Erfordernisse gehen zudem dem Grundsatz des freien Warenverkehrs nur vor, soweit die Maßnahme mit dem

---

762 Der EuGH hat anfangs versucht, die durch die zwingenden Erfordernisse gewonnen Möglichkeiten, einen Eingriff in Art. 34 AEUV zu rechtfertigen, als Teil des Tatbestandes des Art. 34 AEUV zu verstehen. Die dahingehende rechtsdogmatische Diskussion ist jedoch im Ergebnis für die vorliegende Arbeit nicht von Relevanz.

763 Klinski – EEG und Binnenmarkt, Stellungnahme, 2005, S. 22.

764 EuGH, Urteil vom 20.2.1979 – Rs. 120/78, Slg. 1979, Cassis-de-Dijon, 649, Leitsatz 2.

765 Dauses/Brigola, in: Dauses – EU-Wirtschaftsrecht, Rn. 261.

766 EuGH, Urteil vom 14.9.2006 – Rs. C-158/04 u. C-159/04, Alfa Vita Vassilopoulos u. Carrefour-Marinopoulos, Slg. 2006, I-8135, Rn. 20.

767 EuGH, Urteil vom 7.2.1985 – Rs. C-240/83, Slg. 1983, Procureur de la Republique/ADBHU, 531, Rn. 13; EuGH, Urteil vom 20.9.1988 – Rs. C-302/86, Slg. 1988, Kommission/Dänemark, 4607, Rn. 9.

768 Dauses/Brigola, in: Dauses – EU-Wirtschaftsrecht, Rn. 263.

Prinzip der Verhältnismäßigkeit im Einklang steht.[769] Danach muss die Maßnahme zur Erreichung eines rechtmäßig verfolgten Ziels geeignet, erforderlich und angemessen sein.[770] Geeignet ist sie zur Verfolgung eines legitimen Ziels, wenn die Maßnahme tatsächlich gewährleisten kann, den verfolgten Zweck zu erreichen.[771] Erforderlich ist sie nur, wenn dieses Ziel nicht durch Verbote oder Beschränkungen erreicht werden kann, die weniger weitgehend sind oder den Handel innerhalb der Union weniger stark beeinträchtigen.[772] Ob dies der Fall ist, ist anhand einer dem Verhältnismäßigkeitsgrundsatz zuzuordnenden Güter- und Interessenabwägung zwischen den Anforderungen der Warenverkehrsfreiheit und dem mit der nationalen Maßnahme verfolgten Schutzzweck festzustellen.[773] Dabei hält der EuGH die Regelung häufig zur Erreichung eines unionslegitimen Ziels für geeignet, lehnt aber meist das Kriterium der Erforderlichkeit ab, sofern im Einzelfall auch weniger einschneidende Mittel zur Erreichung des erstrebten, an sich legitimen Zwecks gegeben sind.[774] Denn ein Mitgliedsstaat hat unter mehreren zur Erreichung desselben Zieles geeigneten Maßnahmen das Mittel zu wählen, das den freien Warenverkehr am wenigsten behindert.[775] Zuletzt muss die Maßnahme angemessen sein, also in einem recht gewichteten und wohl abgewogenen Verhältnis zur Bedeutung der Grundfreiheit stehen.[776]

Vor einem Rückgriff auf ein zwingendes Erfordernis ist jedoch die für lange Zeit vom EuGH vertretene Auffassung zu berücksichtigen, nach der ein solcher Rückgriff zur Rechtfertigung nur in Betracht kommt, wenn die betrachtete Maßnahme nicht unterschiedslos ist.[777] Unterschiedslos ist sie, wenn sie für in- und

---

769 EuGH, Urteil vom 7.6.2007 – Rs. C-254/05, Slg. 2007, Kommission/Belgien, I-4269, Rn. 35.

770 Kahl, in: Callies/Ruffert – EUV/AEUV, Art. 114, Rn. 54.

771 EuGH, Urteil vom 10.3.2009 – Rs. C-169/07, Slg. 2009, Hartlauer Handelsgesellschaft, I-1721, Rn. 55.

772 EuGH, Urteil vom 15.11.2007 – Rs. C-319/05, Slg. 2007, Kommission/Deutschland, I-9811, Rn. 87.

773 Dauses/Brigola, in: Dauses – EU-Wirtschaftsrecht, Rn. 268.

774 Siehe exemplarisch EuGH, Urteil vom 14.12.2004 – Rs. C-463/01, Slg. 2004, Kommission/Deutschland, I-11705, Rn. 78 ff.

775 Dauses/Brigola, in: Dauses – EU-Wirtschaftsrecht, Rn. 268.

776 EuGH, Urteil vom 15.11.2007 – Rs. C-319/05, Slg. 2007, Kommission/Deutschland, I-9811, Rn. 87.

777 EuGH, Urteil vom 17.6.1981 – Rs. C-113/80, Slg. 1981, Kommission/Irland, 1625, Rn. 10 f.; EuGH, Urteil vom 10. 1.1985 – Rs. C-229/83, Slg. 1985, Leclerc/Thouars, 1, Rn. 28 f.; EuGH, Urteil vom 11.5.1989 – Rs. C-25/88, Slg. 1989, Wurmser, 1105, Rn. 10; Dauses/Brigola, in: Dauses – EU-Wirtschaftsrecht, Rn. 275.

ausländische Unternehmen bzw. für inländische wie für eingeführte Erzeugnisse gleichermaßen gilt.[778] Sofern die Maßnahme diskriminierend ist, d.h. falls inländische Unternehmen bevorzugt würden, sei eine Rechtfertigung mittels zwingender Erfordernisse nicht möglich. Gründe, die nicht durch Art. 36 AEUV abgedeckt sind, können daher in der Regel nicht zur Rechtfertigung diskriminierender Maßnahmen herangezogen werden. Doch hat der EuGH mittlerweile von dieser Abgrenzung, ohne Infragestellung seiner vorigen Rechtsprechung, schrittweise Abstand genommen und trotz ihrer diskriminierenden Ausgestaltung bei verschiedenen nationalen Maßnahmen geprüft, ob sie aufgrund zwingender Erfordernisse gerechtfertigt sind.[779]

(1) Rechtfertigung durch zwingende Erfordernisse bei den EEG-Fördermaßnahmen

In seiner PreußenElektra-Rechtsprechung sah der EuGH den Eingriff in die Warenverkehrsfreiheit durch die Maßnahmen des Stromeinspeisungsgesetzes, die weitestgehend den heutigen EEG-Fördermaßnahmen entsprechen,[780] als gerechtfertigt an. Die Maßnahmen seien auch[781] durch zwingende Erfordernisse im Sinne der Cassis-de-Dijon-Rechtsprechung legitimiert. Er führte insoweit aus, dass der Vorrang der Elektrizitätsförderung erneuerbarer Energien dem Gemeinwohlbelang des Umweltschutzes diene.[782] Die Nutzung erneuerbarer Energien trage zur Verringerung der Emissionen von Treibhausgasen bei, die zu den Hauptverursachern des Klimawandels zählen.[783] In Verbindung mit seinen

778 EuGH, Urteil vom 11.5.1989 – Rs. C-25/88, Slg. 1989, Ministere Public/Wurmser, 1105, Rn. 10.

779 So sprach der EuGH in Fällen, in denen eine Rechtfertigung mit Hilfe zwingender Erfordernisse erforderlich schien, zunächst der Maßnahme den diskriminierenden Charakter ab – siehe exemplarisch EuGH, Urteil vom 9. Juli 1992 – Rs. C-2/90, Slg. 1992, Kommission/Belgien I-04431, Rn. 34 ff. Anschließend rückte er noch weiter von dieser Voraussetzung ab, ohne sie jedoch ausdrücklich aufzuheben – siehe EuGH, Urteil vom 25.6.1988 – Rs. C-203/96, Slg. 1998, Dusseldorp, I-4075, Rn. 40, 49; Ludwigs, ZG 2010 (25), S. 222 (243).

780 Vgl. schon zum EEG 2004: Klinski – EEG und Binnenmarkt, Stellungnahme, 2005, S. 26.

781 In Abkehr zu den Ausführungen des EuGH in seinem PreußenElektra-Urteil wird vorliegend der Annahme, Art. 36 AEUV könnte auch zur Rechtfertigung der Fördermaßnahmen herangezogen werden, nicht gefolgt.

782 EuGH, Urteil vom 13.3.2001 – Rs. C-379/98, PreußenElektra, Slg. 2001, I-2099, Rn. 76 f.

783 EuGH, Urteil vom 13.3.2001 – Rs. C-379/98, PreußenElektra, Slg. 2001, I-2099, Rn. 75.

auf Art. 36 AEUV ausgerichteten Ausführungen genügte dies zur Legitimation der eingreifenden Maßnahmen des Stromeinspeisungsgesetzes.

Die damaligen Erwägungen des EuGH kommen auch heute noch für die Rechtfertigung des EEG infrage. Der Umweltschutz ist weiterhin der leitende Gedanke für die bisherige Aufrechterhaltung des EEG und das im Energiekonzept der Bundesregierung niedergelegte Bestreben, die Förderung erneuerbarer Energien zum Schutz der Umwelt auch noch in Zukunft, wenn auch in leicht veränderter Form, beizubehalten.[784] Dies zeigt sich auch an § 1 EEG, der den Zweck des Gesetzes konkretisiert. Danach sollen die Kosten der Energieversorgung verringert, fossile Energieressourcen geschont und die Weiterentwicklung von Technologien zur Erzeugung von Strom aus erneuerbaren Energien gefördert werden, insbesondere im Interesse des Klima- und Umweltschutzes. Da der EuGH seine Rechtsprechung hinsichtlich der Anwendbarkeit der „zwingenden Erfordernisse" nur Schritt für Schritt aufweicht und es auch noch nicht endgültig absehbar ist, ob er in Zukunft auch ausdrücklich eine Rechtfertigung diskriminierender Maßnahmen mittels zwingender Erfordernisse zulässt, muss im Folgenden untersucht werden, ob und welche der Maßnahmen des EEG unterschiedslos gelten.[785]

(a) Anwendungshindernisse wegen diskriminierender Wirkung der EEG-Fördermaßnahmen

Die vorrangige Abnahme- und Übertragungspflicht des EEG für in Deutschland erzeugten regenerativen Strom ist im Hinblick auf die Erzeuger konventionellen Stroms als nicht diskriminierend zu klassifizieren. Sie belastet nicht nur die deutschen Erzeuger, die ihren Strom mit Hilfe konventioneller Kraftwerke erzeugen; diese können wegen der verminderten Aufnahmefähigkeit des Netzes nicht mehr unbegrenzt konventionellen Strom einspeisen. Sie beschränkt

784 Bundesregierung – Konzept für eine umweltschonende, zuverlässige und bezahlbare Energieversorgung, 2010, S. 8, 25.

785 Diese Frage ist auch Inhalt eines beim EuGH anhängigen Vorabentscheidungsersuchens des schwedischen Verwaltungsgerichts Förvaltningsrätten i Linköping: Das Gericht führt aus, dass es unklar sei, ob die vom schwedischen Fördersystem getragene Unterscheidung zwischen heimischen und in anderen Mitgliedsstaaten produzierenden Stromerzeugern durch zwingende Erfordernisse zum Schutz der Umwelt gerechtfertigt werden könne und bittet den EuGH über diese Frage zu entscheiden – siehe den Beschluss zum Vorabentscheidungsersuchen des schwedischen Verwaltungsgericht Förvaltningsrätten i Linköping, Beschluss vom 4. Dezember 2012 – Case No. 6399-10, Unit 1, Ålands Vindkraft AB/Energimyndigheten, Rn. 58, 66.

des Weiteren auch Betreiber konventioneller Kraftwerke im Ausland; denn mit Blick auf die Möglichkeit, ihren Strom nach Deutschland zu importieren, sind sie ebenfalls Betroffene der teilweisen Abschottung des deutschen Netzes.[786] Insoweit erscheint eine Rechtfertigung durch zwingende Erfordernisse im oben genannten Sinn als durchaus möglich.

Etwas anderes ergibt sich jedoch hinsichtlich der Erzeuger regenerativen Stroms. Durch die vorrangige Abnahme- und Übertragungspflicht der Netzbetreiber sowie die Mindestvergütung erzielen nur inländische Erzeuger von Strom aus erneuerbaren Energien einen Vorteil. Ausländische Erzeuger regenerativen Stroms haben keine Möglichkeit, von diesen Vorteilen zu profitieren, da sie nicht im Geltungsbereich des EEG produzieren. Diese Problematik des Inlandsbezugs betrifft lediglich die physische Einspeisung von regenerativ erzeugtem Strom und nicht den Absatz von Surrogaten wie etwa Zertifikaten.[787] Wegen der diskriminierenden Wirkung dieser Regelung wäre damit grundsätzlich keine Rechtfertigung über zwingende Erfordernisse i.S.d. Cassis-Formel möglich.

Allerdings gibt es auch Argumente, die Zweifel an der Annahme einer diskriminierenden Wirkung gegenüber Erzeugern erneuerbarer Energien zulassen, und zwar nicht nur im Hinblick auf die sich entwickelnde Ansicht des EuGH, möglicherweise in Zukunft auch diskriminierende Maßnahmen mit zwingenden Erfordernissen zu rechtfertigen. So wird angeführt, dass mit den Bestimmungen des EEG nicht beabsichtigt sei, inländische Unternehmen anders zu behandeln als ausländische, vielmehr sollte lediglich keine exterritoriale Geltung

---

786 Diese Problematik wird stetig präsenter. Auch in Anrainerstaaten macht sich die Belastung des deutschen Netzes bei erhöhtem Windaufkommen im deutschen Raum bemerkbar. Denn die Belastung des Netzes betrifft auch die Grenzkuppelstellen, was dazu führt, dass insbesondere im Osten verstärkt Stromflüsse aus dem deutschen Netz in die Netze von Anrainerstaaten auftreten. Dort sind die Erzeuger dann wiederum verhindert, ihren eigenen Strom einzuspeisen, siehe hierzu Gassmann – Energiewende 2.0, in: bne (Hrsg.) – Kompass 01/13, 2013, S. 31; Schlandt – Germany's energy transition disrupts neighbouring markets, Europolitics, 2013.

787 Siehe eingehend zur Problematik: Klinski – EEG und Binnenmarkt, Stellungnahme, 2005, S. 25; Müller – Neujustierung des europäischen Umweltenergierechts im Bereich erneuerbarer Energien?, in: Cremer/Pielow (Hrsg.) – Probleme und Perspektiven im Energieumweltrecht, 2010, S. 142 (149): Der Autor stuft alle Förderansätze in den Mitgliedsstaaten als diskriminierende Maßnahmen im Sinne des Binnenmarktrechts ein, da ihnen allen gemeinsam sei, lediglich die im Inland erzeugten Strommengen einzubeziehen.

des Gesetzes herbeigeführt werden.[788] Dieses Argument allein überzeugt jedoch nicht, denn mit dieser Begründung könnten die Mitgliedsstaaten letztlich in einer Vielzahl von Fällen eine Rechtfertigung über zwingende Erfordernisse erreichen. Dies wiederum würde dem ursprünglichen Grundgedanken des EuGH, diese Rechtfertigungsmöglichkeit bei offensichtlichen Diskriminierungen auszuschließen, zuwiderlaufen. Auch hilft die Argumentation nicht weiter, dass bei Öffnung der deutschen Mindestvergütung für sämtliche Stromproduzenten regenerativen Stroms in Europa die Marktabschottung quantitativ größer wäre, da noch mehr vorrangig abzunehmender und zu übertragender regenerativer Strom auf den deutschen Verbrauchermarkt drängen würde.[789] Denn eine solche tatsächliche Erwägung kann im Rahmen einer warenverkehrsrechtlichen Beurteilung einer staatlichen Maßnahme nicht berücksichtigt werden.

Bei der Frage nach dem diskriminierenden Charakter einer Regelung sollte jedoch das Urteil des EuGH zur wallonischen Abfallregelung beachtet werden. In diesem verneinte das Gericht eine diskriminierende Wirkung territorial angesetzter Bestimmungen zur Abfallbeseitigung.[790] Als Rechtfertigung führte das Gericht an, dass auf die Besonderheit der Abfälle abzustellen sei. Es sei nach dem nunmehr in Art. 191 Abs. 2 AEUV niedergelegten Prinzip, Umweltbeeinträchtigungen möglichst nah am Ort ihrer Erzeugung zu bekämpfen, Sache jeder Region, Gemeinde oder anderen Gebietskörperschaft, die geeigneten Maßnahmen zur Aufnahme, Behandlung und Beseitigung ihrer eigenen Abfälle zu treffen. Das Einfuhrverbot sei daher als nicht-diskriminierend anzusehen.[791] Diese Argumentation des EuGH könnte möglicherweise auch auf die der Mindestvergütung zugrundeliegende Inlandsbindung des EEG übertragen werden, was zur Folge hätte, dass in Fällen, in denen eine exterritoriale Geltung des Gesetzes aus spezifischen Gründen verhindert werden soll, das Merkmal der Diskriminierung abzulehnen wäre.[792] Doch wird

788 Nagel, ZNER 2000, S. 3 (5).

789 Klinski – EEG und Binnenmarkt, Stellungnahme, 2005, S. 25 f.

790 EuGH, Urteil vom 9. Juli 1992 – Rs. C-2/90, Slg. 1992, Kommission/Belgien I-04431.

791 EuGH, Urteil vom 9. Juli 1992 – Rs. C-2/90, Slg. 1992, Kommission/Belgien I-04431, Rn. 34.

792 Nach einer Meinung in der Literatur kann auch bei der Ware Strom darauf abgestellt werden, dass Umweltgefahren nicht nur von der Ware selbst, sondern auch von ihrer Herstellung ausgehen können. Als Folge einer wertenden Korrektur würde der EuGH im Umweltsektor keine Diskriminierung mehr fordern, solange es Gründe für die unterschiedliche Behandlung gebe, siehe Altrock – Subventionierende Preisregelungen, 2002, S. 98.

in der Literatur[793] infrage gestellt, ob anhand des Urteils zur wallonischen Abfallregelung der diskriminierende Charakter der nur im Geltungsbereich des EEG in Anspruch zu nehmenden Mindestvergütung tatsächlich verneint werden kann. So wird angeführt, dass die Ware „Strom" nicht mit gefährlichen Abfällen vergleichbar sei, da im Gegensatz zum Abfall von Strom keine Umwelt- und Gesundheitsgefahr ausgehe.[794] Dabei wird jedoch der Aspekt übergangen, dass die Umweltgefahr nicht vom Strom selbst, sondern von bestimmten Umständen der Herstellung ausgeht, was die wertende Korrektur des EuGH rechtfertigt. Denn die Einschätzung des EuGH als nicht-diskriminierende Maßnahme ergibt sich aus dem Umstand, dass das Ziel der Maßnahme die Bekämpfung einer Umweltgefahr am Ursprungsort ist.[795] Anknüpfungspunkt zur Beurteilung, ob die Maßnahme unterschiedslos ist, ist folglich die Absicht, Umweltgefahren durch konventionelle Stromproduktionen im nationalen Raum zu unterbinden. Da dies auch der Ausgangspunkt für die im EEG vorgesehene Mindestvergütung von im Inland erzeugtem regenerativem Strom ist, könnte daher anhand des Urteils zur wallonischen Abfallregelung auch diese Maßnahme als nicht-diskriminierend eingeschätzt werden.

Zugleich darf auch nicht außer Acht gelassen werden, dass der EuGH wohl willentlich die Rechtfertigung über zwingende Erfordernisse neben einer Rechtfertigung über Art. 36 AEUV anwenden wollte,[796] da sich aus dem Urteil keinerlei Unterscheidung zwischen den einzelnen Wirkungen der EEG-Fördermaßnahmen ergibt. Daher sollte, auch wenn man die EE-Maßnahmen weiter als gegenüber im Ausland produzierenden Erzeugern regenerativen Stroms diskriminierend betrachtet, die Möglichkeit einer Rechtfertigung über zwingende Erfordernisse nicht schon im Vorfeld ausgeschlossen werden.

Die Anwendung zwingender Erfordernisse auf die in Rede stehende Regelung erscheint daher auch im Hinblick auf die im EEG normierte Mindestvergütung möglich.

(b) Rechtfertigung durch „zwingende Erfordernisse"

Die Beurteilung des EuGH, einen Verstoß der EEG-Fördermaßnahmen gegen die Warenverkehrsfreiheit durch zwingende Erfordernisse zu rechtfertigen, könnte

793 Klinski – EEG und Binnenmarkt, Stellungnahme, 2005, S. 25; Erk – Vereinbarkeit des EEG mit Verfassungs- und Europarecht, 2008, S. 206.

794 Erk – Vereinbarkeit des EEG mit Verfassungs- und Europarecht, 2008, S. 206.

795 Altrock – Subventionierende Preisregelungen, 2002, S. 96 ff.

796 Erk – Vereinbarkeit des EEG mit Verfassungs- und Europarecht, 2008, S. 208, wobei die Autorin diese Auslegung auf den Umweltschutz als rechtfertigendes Element beschränkt; Cremer, EuZW 2007, S. 591 (593); Ludwigs, ZG 2010 (25), S. 222 (243).

sich angesichts des Umstands, dass mittlerweile nicht mehr von einem insgesamt geringen, ja sogar vernachlässigbaren[797] Marktanteil der erneuerbaren Energien auszugehen ist, nunmehr anders bewertet werden,[798] schließlich lag der Anteil regenerativer Energien 2001 am Bruttoinlandsverbrauch der EU bei nur ca. 6 Prozent,[799] was auch in etwa dem deutschen prozentualen Anteil erneuerbarer Energien am gesamten deutschen Bruttoendenergieverbrauch entsprach.[800] So sind die Ausführungen des Gerichtshofs im Jahr 2001 so zu verstehen, dass er den Verstoß gegen Art. 34 AEUV nur deswegen als gerechtfertigt angesehen hat, weil die Warenverkehrsfreiheit angesichts der geringfügigen Strommengen aus national geförderter Windenergie nicht wesentlich beeinträchtigt worden sei.[801] Die Bundesregierung strebt jedoch seit Jahren und auch in Zukunft einen bedeutenden Ausbau des Anteils der erneuerbaren Energien am gesamten deutschen Bruttoendenergieverbrauch an. Nach ihrem Energiekonzept aus dem Jahr 2010 soll er bis 2030 auf einen Anteil von 30 Prozent, bis 2040 auf 45 Prozent und bis 2050 auf einen Anteil von 60 Prozent steigen.[802] Dies zeigt eine immense Entwicklung auf, die eine deutliche Veränderung zu der Situation im Jahre 2001 darstellt. Bis 2020 soll der Anteil der Stromerzeugung aus erneuerbaren Energien am Bruttostromverbrauch 35 Prozent betragen. Danach strebt die Bundesregierung eine Erhöhung dieses Anteils auf 50 Prozent bis 2030 und auf 65 Prozent bis 2040 an, bis schließlich im Jahr 2050 ein Anteil von 80 Prozent erreicht sein soll.[803] Auf Vollversorgung gerichtete Verträge mit im Ausland produzierenden Stromanbietern hätten damit spätestens in zwei bis drei Jahrzehnten wegen des Einspeisevorrangs des EEG keine Gelegenheit mehr, am deutschen Elektrizitätsmarkt zu bestehen.[804]

---

797 Oschmann – EEG 2009, S. 14.

798 Ludwigs, ZG 2010 (25), S. 222 (243 f.): Der Autor sah auch noch im Jahr 2010 nationale Einspeisetarifmodelle wie das EEG 2009 unter Bezugnahme auf die Ausführungen des EuGH im PreußenElektra-Urteil im Einklang mit der Warenverkehrsfreiheit.

799 Mitteilung der Kommission – Der Anteil erneuerbarer Energien in der EU, KOM (2004) 366 endg., S. 37.

800 BMU – Entwicklung der Erneuerbaren Energien im Jahr 2011, S. 12.

801 Säcker – Stellungnahme zur Öffentlichen Anhörung des Bundestages zum EnWG sowie zum NABEG, 2011, S. 8.

802 Bundesregierung – Konzept für eine umweltschonende, zuverlässige und bezahlbare Energieversorgung, 2010, S. 4.

803 Bundesregierung – Konzept für eine umweltschonende, zuverlässige und bezahlbare Energieversorgung, 2010, S. 4 f.

804 Säcker – Stellungnahme zur Öffentlichen Anhörung des Bundestages zum EnWG sowie zum NABEG, 2011, S. 11.

Die Abschottung des deutschen Marktes könnte ferner durch die Schaffung eines deutschen Kapazitätsmarktes in oben genanntem Sinne verstärkt werden, da neben dem Ausbau der erneuerbaren Energien auch die Vorhaltung von Ausgleichskapazitäten nur von im Inland produzierenden konventionellen Kraftwerken sichergestellt werden soll. Dies würde jedenfalls dem Bestreben der Bundesregierung nach Schaffung eines autarken Energieversorgungssystems in Deutschland entsprechen. Dieser Umstand wird allerdings im Folgenden nur unter allgemeinen Erwägungen berücksichtigt, da die tatsächliche Implementierung eines solchen Kapazitätsmarktes noch aussteht und somit lediglich die Wirkung der EEG-Maßnahmen diskutiert wird.

Es stellt sich mithin die Frage, ob zwingende Erfordernisse auch weiterhin den Eingriff der EEG-Maßnahmen in Art. 34 AEUV rechtfertigen können.

Der EuGH führte in seinem PreußenElektra-Urteil neben seiner dem Art. 36 AEUV entsprechenden Begründung den Schutz der Umwelt als zwingendes Erfordernis an,[805] wie bereits in einigen seiner Urteile zuvor.[806] Bemerkenswert ist insoweit, dass er die Verhältnismäßigkeit der EEG-Maßnahmen nicht geprüft hat, obwohl dieser Prüfungspunkt ausschlaggebend für die warenverkehrsrechtliche Beurteilung der Maßnahmen ist. Kritiker vermuten dahinter politische Gründe, die unmittelbar mit der zu diesem Zeitpunkt noch nicht abgeschlossenen Liberalisierung des Elektrizitätsbinnenmarktes in Zusammenhang standen.[807] Daher gilt es, nunmehr die Frage der Verhältnismäßigkeit als Schlüsselelement zu erörtern. Eine Maßnahme ist verhältnismäßig, wenn sie zur Erreichung eines rechtmäßig verfolgten Ziels geeignet, erforderlich und angemessen ist.[808]

Mit den Regelungen des EEG strebt Deutschland an, sein von der Union vorgegebenes Ziel eines effizienten Ausbaus erneuerbarer Energien zu erreichen.[809] Die Maßnahme ist allem Anschein nach zur Erreichung dieses Zieles auch als

---

805 EuGH, Urteil vom 13.3.2001 – Rs. C-379/98, Slg. 2001, PreußenElektra, I-2099, Rn. 76 f.

806 Siehe exemplarisch EuGH, Urteil vom 7.2.1985 – Rs. C-240/83, Slg. 1983, Procureur de la Republique/ ADBHU, 531, Rn. 13; EuGH, Urteil vom 20.9.1988 – Rs. C-302/86, Slg. 1988, Kommission/Dänemark, 4607, Rn. 9.

807 Dederer, BayVBl. 2001, S. 366 (367); Erk – Vereinbarkeit des EEG mit Verfassungs- und Europarecht, 2008, S. 208.

808 Kahl, in: Callies/Ruffert – EUV/AEUV, Art. 114, Rn. 54; vgl. zu den Definitionen der drei Kriterien S. 186.

809 Müller – Neujustierung des europäischen Umweltenergierechts im Bereich erneuerbarer Energien?, in: Cremer/Pielow (Hrsg.) – Probleme und Perspektiven im Energieumweltrecht, 2010, S. 142 (171).

geeignet anzusehen: Seit seiner Etablierung gilt das deutsche System zur Förderung erneuerbarer Energien im europäischen Vergleich als äußerst erfolgreich.[810] Zwar wird derzeit die Weiterentwicklung des EEG intensiv diskutiert und dabei auch die Anwendung eines alternativen Systems erwogen, doch bezieht sich diese Diskussion in ihrem Wesen auf eine Änderung des gesamten Strommarktdesigns. Da mit den EEG-Fördermaßnahmen sichergestellt wird, dass weder andere Mitgliedsstaaten den im Inland erzeugten Strom zur Erreichung ihrer Mengenziele aufkaufen, noch der mitgliedsstaatliche Einfluss auf die Effizienz der Zielerreichung geschmälert wird,[811] ist die Geeignetheit der EEG-Maßnahmen nicht zu bezweifeln.

Fraglich ist jedoch, ob die Regelungen des EEG auch erforderlich sind. Dies ist der Fall, wenn Deutschland keine vergleichbar wirksame Maßnahme zur Verfügung steht, die den Warenverkehr weniger stark beeinträchtigen würde.[812] So stellt sich insbesondere die Frage, ob der Ausschluss im Ausland produzierender Stromerzeuger von der Förderung erforderlich ist.

(aa) Argumente für die Erforderlichkeit der EEG-Inlandsbeschränkung

Teilweise werden in der Literatur Argumente vertreten, die bereits wegen grundsätzlicher Erwägungen die Öffnung der nationalen Förderinstrumente ausschließen. Nach diesen wäre auch die Beschränkung des EEG erforderlich. So wird argumentiert, dass ohne die Inlandsbeschränkung der nationalen Förderinstrumente die für die Zielerreichung maßgeblichen Wirkungen nur in den Export- und nicht in den Importstaaten eintreten würden. Dies sei Folge des Umstands, dass nach Art. 5 Abs. 3 u. 4 EE-Richtlinie der Bruttoendenergieverbrauch eines einzelnen Mitgliedsstaates nur aus der Elektrizität und der Wärme bzw. Kälte berechnet wird, die in einem Mitgliedsstaat aus erneuerbaren Energiequellen erzeugt wird. Damit fehlte bislang die Möglichkeit, dass die Mitgliedsstaaten importierten Strom aus erneuerbaren Energien auf ihre eigene Zielerfüllung anrechnen können. Importstaaten wären daher mit den für ihre Zielerfüllung nicht notwendigen Aufwendungen für den Ausbau belastet, obwohl sie von dieser Belastung im Gegenzug zur Inanspruchnahme

---

810 Schütz – 20 Jahre voller Energie für die Erneuerbaren, Rede von BEE-Präsident Dietmar Schütz zum BEE-Neujahrsempfang 2012, 7. Februar 2012, S. 4; Oschmann – EEG 2009, S. 5.

811 Müller – Neujustierung des europäischen Umweltenergierechts im Bereich erneuerbarer Energien?, in: Cremer/Pielow (Hrsg.) – Probleme und Perspektiven im Energieumweltrecht, 2010, S. 142 (172).

812 Klinski – EEG und Binnenmarkt, Stellungnahme, 2005, S. 27.

zur Erreichung der Mengenziele befreit werden müssten.[813] Folglich würde der effiziente Ausbau der erneuerbaren Energien, zu welchem sich die Union verpflichtet hat, verhindert werden.[814] Nach dieser Ansicht wäre mithin die Aufrechterhaltung des Inlandsbezugs des EEG erforderlich. Doch dieses Argument dürfte nicht überzeugen; denn es wird auf Vorschriften verwiesen, die sich in das durch die Richtlinie implementierte System einer rein national ausgeprägten Ausbauförderung einfügen. Die Inlandsbegrenzung nunmehr damit zu rechtfertigen, dass bei einer Öffnung der nationalen Förderprogramme eine solche Anrechnungsmöglichkeit weiterhin fehlen würde, widerspricht nicht dem Gedanken einer möglicherweise notwendigen, stärkeren Berücksichtigung der Warenverkehrsfreiheit. Vielmehr dürfte, sollte ein Verstoß im Rahmen der warenverkehrsrechtlichen Prüfung angenommen werden, zu fragen sein, ob es nicht gerade einer Anpassung des in Art. 5 EE-Richtlinie verankerten Berechnungssystems für die nationale Zielerfüllung bedarf. So könnte geprüft werden, ob bei einem grenzüberschreitenden Handel im Rahmen der Öffnung der Förderprogramme für Erzeuger in anderen Mitgliedsstaaten der gehandelte Strom nicht auch auf die einzelnen mitgliedsstaatlichen Zielerfüllungen anrechenbar sein muss. Diese Frage stellt allerdings lediglich ein Folgeproblem dar, dem nachzugehen ist, wenn es tatsächlich einer Öffnung der nationalen Förderprogramme bedarf.

Des Weiteren wird vertreten, dass der materielle Gehalt der Ungleichbehandlung für eine Übergangszeit und zur Evaluierung der angewandten Instrumente hinnehmbar sei. Dies wird damit begründet, dass die mitgliedsstaatlichen Maßnahmen durch die Regelungen der EE-Richtlinie in ihrer Zielrichtung zunehmend gleichgerichtet und in ihrer Wirksamkeit gleichartig seien.[815] Auch dieses Argument dürfte jedoch keine Rolle für die Rechtfertigung spielen, da lediglich die Annäherung der einzelnen Maßnahmen noch keine binnenmarktlichen Strukturen mit sich bringen, sondern der Markt weiterhin, worauf auch ausdrücklich im Rahmen der Argumentation hingewiesen wird, in 27 Staatsgebiete

813 Müller – Neujustierung des europäischen Umweltenergierechts im Bereich erneuerbarer Energien?, in: Cremer/Pielow (Hrsg.) – Probleme und Perspektiven im Energieumweltrecht, 2010, S. 142 (172).

814 Müller – Neujustierung des europäischen Umweltenergierechts im Bereich erneuerbarer Energien?, in: Cremer/Pielow (Hrsg.) – Probleme und Perspektiven im Energieumweltrecht, 2010, S. 142 (168).

815 Müller – Neujustierung des europäischen Umweltenergierechts im Bereich erneuerbarer Energien?, in: Cremer/Pielow (Hrsg.) – Probleme und Perspektiven im Energieumweltrecht, 2010, S. 142 (169).

aufgeteilt bleibt. Eine derartig reduzierte Abschwächung des Eingriffs dürfte, sollte eine Öffnung erforderlich sein, lediglich Auswirkungen auf die Reichweite der Öffnungen der nationalen Förderprogramme haben.

(bb) Mildere Alternativen zur EEG-Inlandsbeschränkung

Es wird diskutiert, ob nicht eine Aufhebung des Ausschlusses ausländischer Erzeuger regenerativen Stroms vom deutschen System infrage käme. Es wäre denkbar, die EEG-Fördermaßnahmen für sämtliche Erzeuger erneuerbaren Stroms, die in einem der Mitgliedsstaaten produzieren, zu öffnen. Diese Erzeuger könnten ihren regenerativen Strom wiederum in das jeweilige ausländische Netz einspeisen und bei Weiterleitung in das deutsche Netz nach dem EEG vergütet werden.[816] Denn auch die Einfuhr von Strom aus erneuerbaren Energien würde zur Verringerung der Abhängigkeit von konventionellen Kraftwerken in Deutschland beitragen und eine Steigerung des Anteils regenerativen Stroms am Endenergieverbrauch in Deutschland zur Folge haben. Gegen eine solche vollumfängliche Öffnung werden jedoch verschiedene Argumente angeführt, die Zweifel daran aufwerfen, ob diese Regelung eine vergleichbar wirksame Maßnahme darstellt. So wird vorgebracht, dass die Strombeförderung über längere Strecken wegen zu hoher Leitungsverluste unwirtschaftlich sei.[817] Dies ist nicht nur eine Problematik, die der Schaffung eines europäischen Strombinnenmarktes inhärent ist. Vielmehr kann dieses Argument auch nicht entscheidend sein, da gerade bei einem Stromaustausch mit Anrainerstaaten vielerorts geringere Stromverluste aufträten, als dies bei einer Durchleitung durch das deutsche Inland der Fall ist.[818] Als Beispiel hierfür ist die beabsichtigte „Nord-Süd-Leitung" zu nennen, die regenerativ erzeugten Offshore-Strom von der Küste nach Süddeutschland bringen soll.

Auch die Vermischung konventionellen und regenerativen Stroms nach Einspeisung stellt kein Hindernis für die Öffnung des Marktes dar. Schließlich ist heutzutage anhand von Herkunftsnachweisen, die der Stromimporteur dem EuGH zufolge erbringen können muss,[819] ein Nachweis über die Art der Erzeugung der eingeführten Elektrizität möglich. In der Literatur[820] wird des

---

816 Klinski – EEG und Binnenmarkt, Stellungnahme, 2005, S. 28.

817 GA Jacobs, Schlussanträge vom 26. Oktober 2000 – Rs. C-379/98, Slg. 2001, PreußenElektra, I-2099, Rn. 235.

818 Erk – Vereinbarkeit des EEG mit Verfassungs- und Europarecht, 2008, S. 210.

819 EuGH, Urteil vom 2.4.1998 – Rs. C-213/96, Slg. 1998, Outokumpu, I-1777, Rn. 39.

820 Siehe insbesondere Klinski – EEG und Binnenmarkt, Stellungnahme, 2005, S. 29: zurückzuweisen ist insbesondere seine Argumentation hinsichtlich einer potentiell

Weiteren vorgebracht, dass als Folge einer solchen Öffnung eine Unterbrechung der Dynamik der Technologieentwicklung oder eine Mehrbelastung für die deutschen Verbraucher möglich wäre. Dabei ist jedoch nicht nur fragwürdig, ob die Technologieentwicklung tatsächlich unterbrochen werden würde, sondern auch, ob sich die Mehrbelastungen für die Verbraucher durch eine Anpassung der Vergütung nicht in einem zumutbaren Rahmen bewegen würden. Außerdem muss im Zuge dieser Abwägung beachtet werden, dass mit dem rasanten Ausbau der erneuerbaren Energien auch die Marktabschottung im Elektrizitätssektor gegenüber anderen mitgliedsstaatlichen Stromerzeugern stetig zunimmt und damit der Verstoß gegen die Warenverkehrsfreiheit immer evidenter wird. Trotzdem kann wegen der von der Literatur benannten Schwierigkeiten, die eine solche umfängliche Öffnung des Marktes mit sich brächte, eine vollumfängliche Öffnung nicht pauschal als milderes Mittel betrachtet werden.

Doch bedarf es nicht unbedingt einer vollkommenen Öffnung des Systems.[821] Es könnte auch erwogen werden, lediglich einem bestimmten Anteil der im Ausland produzierenden Erzeuger regenerativen Stroms dieselben Vorteile zukommen zu lassen wie den privilegierten Stromerzeugern in Deutschland. Anhaltspunkte für einen solchen Ansatz bietet die Vorgehensweise der Union im Falle anderer nationaler abschottender Maßnahmen, wie im Folgenden gezeigt wird.

(i) EU-rechtliche Grenze für nationale Förderprogramme als möglicher Schwellenwert für eine Öffnung des EEG-Fördersystems

Zum angemessenen Schutz des freien Warenverkehrs hat die Union bereits in einem vergleichbaren Kontext eine Grenze für nationale Förderprogramme vorgesehen, ab welcher spätestens eine Öffnung der Regelungen zur Rücksichtnahme der Art. 34 ff. AEUV zwingend ist. So kann nach Art. 15 Abs. 4 der Richtlinie

---

steigenden Abschottungswirkung des EEG für den allgemeinen Wettbewerb im deutschen Elektrizitätsmarkt. Diese Erwägung darf nicht den Grundsatz des freien Warenverkehrs aushöhlen.

821 Dies könnte auch damit begründet werden, dass bereits eine gewisse Angleichung der Förderprogramme vor allem durch die Regelungen der EE-Richtlinie erfolgt ist; siehe die diesbezüglichen Ausführungen zu Anfang der Verhältnismäßigkeitsprüfung in diesem Abschnitt, dort mit Verweis auf: Müller – Neujustierung des europäischen Umweltenergierechts im Bereich erneuerbarer Energien?, in: Cremer/Pielow (Hrsg.) – Probleme und Perspektiven im Energieumweltrecht, 2010, S. 142 (169).

über gemeinsame Vorschriften für den Elektrizitätsbinnenmarkt[822] (EltRL 2009) ein Mitgliedsstaat aus Gründen der Versorgungssicherheit anordnen, dass Elektrizität bis zu einer Menge, die 15 Prozent der in einem Kalenderjahr zur Deckung des gesamten Elektrizitätsverbrauchs des betreffenden Mitgliedsstaats notwendigen Primärenergie nicht überschreitet, vorrangig aus Erzeugungsanlagen abgerufen wird, die einheimische Primärenergieträger als Brennstoffe einsetzen. Daraus könnte möglicherweise geschlossen werden, dass die EU-rechtliche Grenze für nationale Förderprogramme, die Unternehmen in anderen Mitgliedsstaaten potentiell diskriminieren, nach dem Verständnis der Union bei ungefähr 15 Prozent liegt.[823]

Fraglich ist mithin, ob sich diese Regelung auch verallgemeinern bzw. auf den vorliegenden Fall übertragen lässt. Eine unmittelbare Anwendung dieser Vorschrift kommt nicht in Betracht, denn zunächst greift diese Regelung lediglich, wenn es sich um Primärenergieträger handelt, die Strom mit Hilfe von Brennstoffen erzeugen. Bei gewissenhafter Auslegung fallen daher nur fossile Energieträger, nicht aber erneuerbare Energien unter diese Regelung, weil bei der Stromerzeugung durch regenerative Energien keine Brennstoffe eingesetzt werden. Zudem stellt die Vorschrift auf die geografische Herkunft der Primärenergieträger und nicht auf den Standort der jeweiligen Anlage ab. Die Regelung ist ferner nur anwendbar, wenn es um die Versorgungssicherheit des jeweiligen Mitgliedsstaates geht und diese durch Nutzung der infrage stehenden Energieträger gewährleistet werden soll, was gerade durch erneuerbare Energien aufgrund ihrer Volatilität, jedenfalls zur Zeit, (noch) nicht garantiert werden kann.[824]

Die Vorschrift zeigt jedoch, dass der Union daran gelegen ist, selbst bei einer für die Versorgungssicherheit notwendigen Regelung eine Marktabschottung in möglichst engen Grenzen zu halten und Einschränkungen des freien Warenverkehrs nur in geringem Umfang zu dulden. Dies bedeutet im Umkehrschluss,

---

822 RiLi 2009/72/EG des Europäischen Parlaments und des Rates vom 13. Juli 2009 über gemeinsame Vorschriften für den Elektrizitätsbinnenmarkt und zur Aufhebung der Richtlinie 2003/54/EG (EltRL 2009), ABl. EG Nr. L 211 vom 14.8.2009, S. 55 ff.

823 Säcker – Europäisierung des Energie-Umweltschutzrechts, EWeRK 2011, S. 28; hierauf lässt auch eine kürzlich erlassene Konsultation der Kommission schließen, in der sie im Kontext der Frage der Systemstabilität auf die angeführte Vorschrift der EltRL 2009 hinweist, siehe das Konsultationspapier der Kommission – Environmental and Energy Aid Guidelines 2014–2020, vom 11.3.2013, S. 12.

824 Erk – Vereinbarkeit des EEG mit Verfassungs- und Europarecht, 2009, S. 196 f.

dass dieser Grundsatz auch für nationale Regelungen gelten dürfte, die ähnlich fundamentale Ziele verfolgen wie die Sicherstellung der Versorgungssicherheit. Dem Ziel, die erneuerbaren Energien weiter auszubauen und aus der konventionellen Stromproduktion auszusteigen, dürfte kein signifikant höherer Wert zukommen als der Gewährleistung der Versorgungssicherheit. Daher kann auch der durch Art. 15 Abs. 4 EltRL 2009 normierte, unionale Maßstab auf die Förderregelungen des EEG übertragen werden.

Von der Regelung des Art. 15 Abs. 4 EltRL 2009 auf einen Richtwert zu schließen, ab welchem die Mitgliedsstaaten auch in anderen Fällen ihre nationalen Förderregelungen für Erzeuger anderer Mitgliedsstaaten öffnen müssen, scheint auch im Hinblick auf die Schutzwirkung einer solchen Konkretisierung geboten. So könnten nicht nur nationale Interessen in ausreichendem Maße berücksichtigt, sondern auch die Funktion und die Weiterentwicklung des Binnenmarkts gesichert werden. Denn einerseits würden, wenn eine Öffnung der Förderprogramme für ausländische Erzeuger erst ab etwa einem Sechstel der zur Deckung des gesamten deutschen Elektrizitätsverbrauchs notwendigen Primärenergie vorgesehen wäre, die Marktteilnehmer auf nationaler Ebene geschützt; sie hätten in diesem Fall ausreichend Zeit, sich auf dem mitgliedsstaatlichen Markt zu etablieren, bevor sie sich, nach dem Erreichen eines bestimmten Marktanteils, im europäischen Wettbewerb behaupten müssten. Andererseits wäre der freie Warenverkehr in einem angemessenen Verhältnis geschützt, indem eine vollumfängliche Marktabschottung einzelner nationaler Förderprogramme verhindert würde. Darüber hinaus dürfte durch eine solche Regelung auch dem unionalen und dem mitgliedsstaatlichen Interesse, die Stromproduktion aus erneuerbaren Energien schnellstmöglich und bei bestmöglicher Effizienz zu fördern, Rechnung getragen sein. Daher dürfte der in Art. 15 Abs. 4 EltRL 2009 niedergelegte Wert von 15 Prozent des Elektrizitätsverbrauchs zumindest als Richtwert verstanden werden können, ab welchem die Union eine Öffnung eines nationalen Marktes für Erzeuger aus anderen Mitgliedsstaaten für notwendig hält.

2011 lag die Bruttostromerzeugung in Deutschland bei ca. 615 Terawattstunden (TWh). Die Gesamtstrommenge aus erneuerbaren Energien betrug im Jahr 2011 etwa 93 Terawattstunden.[825] Der Stromverbrauch in Deutschland lag bei

825 DLR/ZIRN/IZES – Langfristszenarien und Strategien für den Ausbau der erneuerbaren Energien in Deutschland, 2012, S. 10; die Angaben der Erzeugung erneuerbarer Energien variieren erheblich zwischen einzelnen Studien, wobei die Höhe von 93 TWh den geringsten der ausgemachten Werte darstellt. Das BMU spricht in einer Studie von 20 Prozent des Bruttostromverbrauchs, den er auf ca. 605 TWh beziffert; damit wäre eine Stromproduktion durch erneuerbare Energieträger von

ca. 540 Terawattstunden.[826] Damit wurden bereits 2011 mehr als 15 Prozent der zur Deckung des gesamten deutschen Elektrizitätsverbrauchs notwendigen Primärenergie mit Hilfe erneuerbarer Energieträger gewonnen. Demzufolge müsste bereits jetzt eine Öffnung der Förderregelungen des EEG erfolgen, sollte man aus Art. 15 Abs. 4 EltRL einen möglichen Ansatz für den oben beschriebenen Zielkonflikt sehen.

(ii) Zwischenergebnis

Die Annahme, dass eine abschottende Fördermaßnahme nicht mit der Idee des Binnenmarktes vereinbar ist und es daher einer Klausel zur Öffnung des Programmes bedarf, lässt sich somit auch mit Blick auf die Regelung des Art. 15 Abs. 4 der Elektrizitätsbinnenmarktrichtlinie belegen. Dem Gedanken dieser Regelung zufolge muss eine nationale Förderregelung die Einbeziehung von Erzeugern aus anderen Mitgliedsstaaten berücksichtigen, wenn der geförderte Träger zu etwa einem Sechstel zur Deckung des gesamten Elektrizitätsverbrauchs des Mitgliedsstaates beiträgt. Damit widerspricht die dargestellte unionale Anforderung in ihrem Kern der Zulässigkeit von Regelungen, die eine vollständige Abschottung nationaler Maßnahmen gegenüber Erzeugern aus anderen Mitgliedsstaaten vorsehen, wenn der Anteil der geförderten Energieträger einen bestimmten Beitrag zum nationalen Gesamtenergieverbrauch übersteigt. Wie gezeigt wurde, dürfte dies auch bei der Förderung der erneuerbaren Energien durch das EEG der Fall sein. Im Ergebnis wird aber keine vollumfängliche Öffnung des jeweiligen Programms gefordert.

So käme etwa in Betracht, Stromerzeuger, die innerhalb eines bestimmten, an den gegenwärtigen EEG-Geltungsbereich angrenzenden Gebietes in einem anderen Mitgliedsstaat produzieren, in die EEG-Förderung einzubeziehen. Dieses Gebiet könnte durch eine zu bestimmende Entfernung von der deutschen Landesgrenze oder von für den Weitertransport notwendigen Grenzkuppelstellen bestimmt sein. Damit könnte gleichzeitig dem Gegenargument hoher Leitungsverluste bei einer vollständigen Öffnung begegnet werden. Ferner könnte mit einem solchen Ansatz sichergestellt werden, dass weder die Dynamik der Technologieentwicklung zu stark ausgebremst würde, noch, dass eine unzumutbare Mehrbelastung für die deutschen Verbraucher entstünde.

---

etwa 120 TWh in 2011 gegeben, siehe BMU – Erneuerbare Energien in Zahlen, 2012, S. 14.

826 BDEW – Strom- und Gasverbrauch 2012, S. 2.

(cc) Keine Rechtfertigung des Inlandsbezugs bei den EEG-Fördermaßnahmen mangels Erforderlichkeit

Diese Überlegungen zeigen, dass zur Gewährleistung des freien Warenverkehrs nicht das Fördersystem des EEG in vollem Umfang überarbeitet werden müsste, sondern dass bereits geringfügige Änderungen zur teilweisen Öffnung des Fördersystems für Erzeuger in anderen Mitgliedsstaaten ausreichen würden. Bei einer solchen Lösung könnte somit ein Mittelweg eingeschlagen werden, der die unionalen Interessen und zugleich die Interessen der deutschen Energiepolitik und der Verbraucher berücksichtigen würde.

(2) Rechtfertigung durch zwingende Erfordernisse bei einem räumlich begrenzten Kapazitätsmechanismus

Wie zuvor ausgeführt, müsste eine Rechtfertigung des durch den begrenzten Empfängerkreis resultierenden Verstoßes gegen die Warenverkehrsfreiheit auf Grundlage des Art. 36 AEUV abgelehnt werden, da die geltend gemachten Gefahren für die Versorgungssicherheit lediglich Folgen der energiepolitischen Entscheidung sind, mittelfristig den Hauptteil der Energieversorgung durch erneuerbare Energien abzudecken. Da die Sicherheit der Stromversorgung auch auf andere Weise gewährleistet werden könnte, wäre mithin die Erforderlichkeit einer solchen Regelung im Rahmen des Art. 36 AEUV abzulehnen. Auch eine Rechtfertigung unter Berücksichtigung der energiepolitischen Entscheidung, die primär dem Umweltschutz zugute kommen soll, käme im Rahmen des Rechtfertigungstatbestandes des Art. 36 AEUV nicht in Betracht, denn die Vorschrift erfasst den Schutz der Umwelt nicht als Rechtfertigungsgrund.

Im Rahmen der Cassis-de-Dijon-Rechtsprechung wiederum stellt der Umweltschutz ein zwingendes Erfordernis i.S.d. Rechtsprechung des EuGH dar.[827] Die Schaffung eines nationalen Kapazitätsmechanismus kann letztlich auch als ein für den Umweltschutz notwendiges Instrument verstanden werden, da erst dieser Mechanismus den geplanten weiteren Ausbau und Einsatz erneuerbarer Energien unter Beibehaltung der damit verbundenen Grundvoraussetzungen ermöglicht.

Zwar würde es sich bei den Kapazitätszahlungen, die lediglich innerhalb des Geltungsbereichs des EEG vorgenommen würden, eindeutig um eine diskriminierende Maßnahme handeln, die nicht als unterschiedslos zu charakterisieren

---

827 EuGH, Urteil vom 7.2.1985 – Rs. C-240/83, Slg. 1983, Procureur de la Republique/ ADBHU, 531, Rn. 13; EuGH, Urteil vom 20.9.1988 – Rs. C-302/86, Slg. 1988, Kommission/Dänemark, 4607, Rn. 9.

wäre. Dies stünde nach der Rechtsprechung des EuGH einer Anwendung zwingender Erfordernisse zur Rechtfertigung solcher in den freien Warenverkehr eingreifenden Kapazitätszahlungen grundsätzlich entgegen. Doch dürfte insoweit die zuvor diskutierte Aufweichung dieser Rechtsprechung auch im Hinblick auf die Schaffung eines solchen räumlich begrenzten Kapazitätsmechanismus zu berücksichtigen sein. Daher wird im Folgenden davon ausgegangen, dass eine Anwendung des Umweltschutzes als zwingendes Erfordernis auch bei einem deutschen Kapazitätsmechanismus in Betracht kommen würde.

Für eine dahingehende Rechtfertigung spricht, dass die umweltpolitischen Ziele der Bundesregierung nach heutiger Meinung des überwiegenden Teils der Wissenschaft nur erreicht werden können, wenn spätestens bis zum Jahr 2030 etwa 10–20 Gigawatt an Ersatzkapazitäten zur Verfügung stünden, um Schwankungen bei der Stromerzeugung der erneuerbaren Energien auszugleichen. Teilweise wird sogar angenommen, dass bereits im Jahr 2022 ca. 10 Gigawatt an kurzfristig zu- und abschaltbarer Leistung fehlen werden.[828] Da jedoch Investitionen in die erforderlichen Kraftwerke fehlen, wäre ein nationaler Kapazitätsmarkt erforderlich.[829]

Doch gilt es zum einen zu beachten, dass der EuGH den Umweltschutz von einem „unionsweiten“ Standpunkt aus betrachtet, so dass dieser Aspekt zwar grundsätzlich zur Rechtfertigung von den Mitgliedsstaaten herangezogen werden kann, er jedoch zugleich nicht auf ein lediglich nationales Umweltschutzinteresse ausgerichtet sein darf. Zum anderen muss berücksichtigt werden, dass der Umweltschutz von den Mitgliedsstaaten immer häufiger angeführt wird, um den freien Warenverkehr beeinträchtigende nationale Maßnahmen zu rechtfertigen. Als Reaktion hierauf hat der EuGH immer wieder aufgezeigt, dass er diesen Aspekt allein als Begründung für eine Beschränkung des freien Warenverkehrs nicht ausreichen lässt. Dabei scheiterten die Rechtfertigungen regelmäßig an der Verhältnismäßigkeit der Maßnahmen.[830] Die Bedeutung der Verhältnismäßigkeit folgt vorliegend aus dem Umstand, dass ohne dieses Kriterium die Mitgliedsstaaten durch politische Entscheidungen auf nationaler Ebene, solange sie einem höheren Ziel i.S.d. zwingenden Erfordernisse des EuGH zugute kommen, sämtliche Maßnahmen auf den mitgliedsstaatlichen Raum begrenzen könnten.

---

828 Rippel – Kapazitäten voll ausgeschöpft, in: bne (Hrsg.) – Welches Marktdesign braucht die Energiewende?, 2011, S. 18.

829 Siehe hierzu S. 34 ff.

830 Siehe exemplarisch EuGH, Urteil vom 20.9.2007 – Rs. C-297/05, Slg. 2007, Kommission/Niederlande, I-7467, Rn. 77 ff.; EuGH, Urteil vom 14.12.2004 – Rs. C-463/01, Slg. 2004, Kommission/Deutschland, I-11705, Rn. 78 ff.

Die Verhältnismäßigkeit dient insoweit als Instrument, einer abschottenden Politik Grenzen zu setzen, ohne diese unter Heranziehung der europäischen Grundfreiheiten zu unterbinden. Daher bedarf es einer genauen Untersuchung, ob auch bei Schaffung eines Kapazitätsmechanismus in der beabsichtigten Form das Verhältnismäßigkeitsprinzip gewahrt wäre.

An der Geeignetheit der Begrenzung des Empfängerkreises von Kapazitätszahlungen zum Erreichen der nationalen Versorgungssicherheit und der gleichzeitigen Schutzwirkung des durch die Energiewende verfolgten Ziels, die Umwelt zu schützen, wird nicht gezweifelt.

Fraglich erscheint vielmehr die Erforderlichkeit der Maßnahme. Zweifel bestehen insoweit, als dass die Versorgungssicherheit und damit die Gewährleistung des durch den Zubau erneuerbarer Energien verfolgten Umweltschutzes auch durch Maßnahmen erreicht werden können, die den Handel innerhalb der Union weniger beeinträchtigen.[831] Dann wäre eine Rechtfertigung des Eingriffs in die Warenverkehrsfreiheit durch lediglich im Geltungsbereich des EEG vorgenommene Kapazitätszahlungen ausgeschlossen; denn ein Mitgliedsstaat hat unter mehreren zur Erreichung desselben Zieles geeigneten Maßnahmen dasjenige Mittel zu wählen, das den freien Warenverkehr am wenigsten behindert.[832]

Als weitreichendste Lösung käme zunächst in Betracht, ausgehend von den Anforderungen der EltRL 2009,[833] sämtliche Erzeuger konventionellen Stroms, die in einem anderen Mitgliedsstaat produzieren und ihre Kapazitäten schnell zu- und abschalten können, bei dem Ausschreibungsverfahren zu berücksichtigen. Allerdings könnte dies zu Problemen führen, die nur mit Schwierigkeiten zu überwinden wären. So wäre einerseits die Problematik hoher Leitungsverluste beim Stromversand über längere Strecken zu berücksichtigen. Andererseits könnten bei Transitstrecken durch verschiedene Mitgliedsstaaten tatsächliche Schwierigkeiten entstehen, die letztlich die gewollte Gewährleistung der Versorgungssicherheit im Falle eines zusätzlichen Bedarfs an Kapazitäten gefährden

831 EuGH, Urteil vom 15.11.2007 – Rs. C-319/05, Slg. 2007, Kommission/Deutschland, I-9811, Rn. 87.

832 Dauses/Brigola, in: Dauses – EU-Wirtschaftsrecht, Rn. 268.

833 Nach Art. 8 Abs. 3 UAbs. 1 S. 1 EltRL, der ein detailliertes Ausschreibungsverfahren unter anderem bei der Ausschreibung von Vorhaltekapazitäten im Kontext nationaler Kapazitätsmarktes vorsieht, muss mindestens sechs Monate vor Ablauf der Ausschreibungsfrist das Verfahren im Amtsblatt der Europäischen Union veröffentlicht werden und der Zugang zu sämtlichen relevanten Informationen für die Interessenten sichergestellt sein.

könnten. Das Risiko von Engpässen, die einen Stau verursachen können, steigt, sobald mehrere Grenzkuppelstellen durchlaufen werden, und zwar mit jeder zusätzlichen Grenzkuppelstelle. Diese Risiken können vorliegend jedoch nicht abschließend beurteilt werden, da insbesondere die erforderlichen Erfahrungswerte fehlen. Vor dem Hintergrund, dass allerdings auch ausländische konventionelle Kapazitäten zum Ausgleich der Schwankungen in technischer Hinsicht herangezogen werden könnten, dürfte die Erforderlichkeit einer solchen vollumfänglichen Öffnung zu verneinen sein.

Daneben käme jedoch eine Regelung in Betracht, bei der zumindest die Anrainerstaaten Deutschlands Teil des Empfängerkreises der deutschen Kapazitätszahlungen sein könnten. Dies würde den Eingriff in die Warenverkehrsfreiheit zumindest in einem gewissen Maße entkräften. Nicht nur das Risiko einer Überlastung von Grenzkuppelstellen würde damit reduziert werden, auch die Problematik hoher Leitungsverluste würde an Bedeutung verlieren. Daher wäre eine Einbindung von Erzeugern konventionellen Stroms wenigstens in den Anrainerstaaten Deutschlands als mildere Alternative zu beurteilen.[834]

Zuletzt stellt sich auch die Frage der Angemessenheit der Regelung. Danach muss die Maßnahme in einem recht gewichteten und ausgewogenen Verhältnis zu der Bedeutung der Grundfreiheit stehen.[835] Welche Konsequenzen dies für eine Regelung zur Öffnung eines deutschen Kapazitätsmechanismus haben würde, kann vorliegend nicht abschließend beurteilt werden. Denn als Anhaltspunkte für eine ausgewogene Regelung können einerseits regionale Faktoren eine Rolle spielen, wie etwa die Frage, in welchen deutschen Regionen Unterkapazitäten bestehen, oder ob nur innerhalb eines bestimmten grenznahen Bereiches Kraftwerke in anderen Mitgliedsstaaten zum Ausgleich von Schwankungen im deutschen Stromnetz berücksichtigt werden sollen. Andererseits ist es möglich, eine Vielzahl von technischen Faktoren zu berücksichtigen, die etwa den Leitungsverlust, geeignete Stromverbindungen zwischen den Mitgliedsstaaten oder die Auslastung von Grenzkuppelstellen betreffen. Daher bedarf es einer genaueren Untersuchung, welche dieser verschiedenen Faktoren als mögliche Kriterien

834 Mit Blick auf die Problematik der Überlastung von Grenzkuppelstellen ist allerdings anzumerken, dass auch bei einer auf die Anrainerstaaten beschränkten Einbeziehung ausländischer Stromerzeuger sich diese über die Kosten des Übertragungsnetzes an der Quersubventionierung der erneuerbaren Energien beteiligen müssten, siehe Säcker – Stellungnahme zur Öffentlichen Anhörung des Bundestages zum EnWG sowie zum NABEG, 2011, S. 11.

835 EuGH, Urteil vom 15.11.2007 – Rs. C-319/05, Slg. 2007, Kommission/Deutschland, I-9811, Rn. 87.

im Rahmen eines Ausschreibungsverfahren berücksichtigt werden müssten, um ein ausgewogenes Verhältnis zwischen der Begrenzung des Empfängerkreises der Kapazitätszahlungen und der Warenverkehrsfreiheit zu erhalten. Dies wäre allerdings Gegenstand einer weitergehenden ökonomischen bzw. technischen Analyse und ist damit nicht Teil der vorliegenden Arbeit.

d) Ergebnis der warenverkehrsrechtlichen Prüfung

Im Ergebnis haben die warenverkehrsrechtliche Prüfungen der EEG-Fördermaßnahmen und der auf den deutschen Raum begrenzten Förderung im Rahmen eines deutschen Kapazitätsmarktes gemeinsam, dass bei beiden ein Verstoß gegen den freien Warenverkehr gemäß Art. 34 AEUV gegeben wäre. Ferner käme bei beiden Maßnahmen für eine Rechtfertigung dieses Verstoßes ein Rückgriff auf Art. 36 AEUV oder den Umweltschutz als zwingendes Erfordernis infrage. Insbesondere auf der Rechtfertigungsebene ergeben sich jedoch einige Unterschiede, die im Folgenden zusammengefasst werden.

aa) EEG-Fördermaßnahmen verstoßen gegen Art. 34 AEUV

Die EEG-Fördermaßnahmen dürften gegen die Warenverkehrsfreiheit gemäß Art. 34 AEUV verstoßen. Dieser Verstoß dürfte auch nicht gerechtfertigt sein.

Der Eingriff in den freien Warenverkehr folgt insbesondere daraus, dass im Ausland produzierende Erzeuger von Strom aus erneuerbaren Energien keine Möglichkeit haben, vom Einspeisevorrang und der EEG-Vergütung zu profitieren. Bei den Fördermaßnahmen des EEG handelt es sich auch nicht nur um bloße Verkaufsmodalitäten, da durch die gesetzliche Regelung sämtliche Pflichten für Käufer und Verkäufer festgelegt werden.

Ein solcher Eingriff dürfte weder durch Art. 36 AEUV noch durch den Umweltschutz als zwingendes Erfordernis zu rechtfertigen sein. Die Anwendung des Art. 36 AEUV scheitert daran, dass einerseits allgemeine Umweltschutzerwägungen von der Norm nicht erfasst sind, andererseits der Begriff „Klimaschutz" i.S.d. Vorschrift eng auszulegen ist und Gesundheits- und Lebensgefährdungen, die lediglich auf einer Beeinträchtigung der Umwelt beruhen, nicht in den Schutzbereich des Art. 36 AEUV fallen. Darüber hinaus dürfte auch eine Rechtfertigung über den Umweltschutz als zwingendes Erfordernis auszuschließen sein. Ließe man nämlich eine Rechtfertigung über zwingende Erfordernisse trotz diskriminierender Elemente der EEG-Fördermaßnahmen zu, wären die Maßnahmen als nicht erforderlich und damit als unverhältnismäßig zu beurteilen. Neben verschiedenen Optionen, deren Einstufung als mildere Maßnahme mangels diesbezüglicher Erfahrungswerte ungewiss ist, käme jedoch in Betracht, Erzeuger innerhalb eines an den Geltungsbereich des EEG angrenzenden Gebietes in anderen Mitgliedsstaaten mit in die EEG-Förderung einzubeziehen. Ein solcher Lösungsansatz würde die unionalen Interessen sowie die Interessen der deutschen Energiepolitik und der Verbraucher in Deutschland wahren.

Derzeit ist ein Vorabentscheidungsersuchen eines schwedischen Verwaltungsgerichts beim EuGH anhängig. Den Ausführungen des Verwaltungsgerichts zufolge sieht die schwedische Stromzertifizierungsregelung eine Förderregelung in Form einer Zuteilung von Stromzertifikaten vor, um die Erzeugung von Strom aus erneuerbaren Quellen zu steigern. Die Stromlieferanten und bestimmte Stromverbraucher im Mitgliedsstaat sind verpflichtet, Stromzertifikate zu kaufen, die einem bestimmten Anteil ihres Verkaufs bzw. ihres Verbrauchs entsprechen. Lediglich heimische Produzenten können Zertifikate zur Teilnahme an der Förderung erlangen, so dass nur in Schweden produzierende Stromerzeuger von der Förderregelung profitieren können. Das Verwaltungsgericht bittet den EuGH unter anderem um Klärung der Frage, ob die vom schwedischen Fördersystem vorgenommene Unterscheidung zwischen im Inland und in anderen Mitgliedsstaaten tätigen Stromproduzenten durch zwingende Erfordernisse zum Schutz der Umwelt gerechtfertigt werden könne.[836] Die Beantwortung dieser Vorlagefrage dürfte Aufschluss darüber geben, ob der EuGH seine im PreußenElektra-Urteil geführte Argumentation beibehalten wird und mithin auch von Bedeutung für die in diesem Kapitel diskutierte Problematik der Vereinbarkeit der EEG-Fördermaßnahmen mit Art. 34 AEUV sein. Mittlerweile hat der Generalanwalt Yves Bot seine Schlussanträge gestellt. Seiner Auffassung zufolge stehen nationale Regelungen, die in anderen Mitgliedstaaten produzierenden Stromerzeuger von der Förderregelung ausschließen, Art. 34 AEUV entgegen. Art. 3 Abs. 3 der EE-Richtlinie sei ungültig, soweit er den Mitgliedstaaten die Befugnis zu einer solchen Regelung verleiht.[837]

bb) Räumliche Begrenzung eines deutschen Kapazitätsmarktes verstößt gegen Art. 34 AEUV

Bei Anwendung des gegenwärtig diskutierten Modells, bei dem lediglich in Deutschland produzierende Erzeuger konventionellen Stroms

---

836 EuGH, Vorabentscheidungsersuchen des Förvaltningsrätten i Linköping (Schweden), eingereicht am 6. Dezember 2012, Ålands Vindkraft AB/Energimyndigheten, Rs. C-573/12; siehe hierzu auch den Beschluss des Förvaltningsrätten i Linköping zum Vorabentscheidungsersuchen: Beschluss vom 4. Dezember 2012 – Case No. 6399-10, Unit 1, Ålands Vindkraft AB/Energimyndigheten.

837 Schlussanträge des Generalanwalts Yves Bot vom 28. Januar 2014, Ålands Vindkraft AB/Energimyndigheten, Rs. C-573/12, Rn. 128.

Kapazitätszahlungen erhalten würden, wären sämtliche in anderen Mitgliedsstaaten produzierende Energieerzeuger davon abgehalten, ihren Strom in Knappheitszeiten zum Kapazitätsausgleich nach Deutschland zu exportieren. Dies beträfe nicht nur Kraftwerksbetreiber, die Strom aus fossilen Energieträgern erzeugen, sondern auch Erzeuger, die regenerativen Strom produzieren. Schließlich ist nicht ausgeschlossen, dass trotz in Deutschland auftretender Erzeugungsschwankungen zur gleichen Zeit in anderen Mitgliedsstaaten erfolgreich regenerativer Strom produziert wird und dieser zum Schwankungsausgleich in Deutschland genutzt werden könnte. Durch eine einseitige Verpflichtung deutscher Kraftwerke zum Stromausgleich würden demnach mögliche Stromimporte zu Schwankungszeiten ausgeschlossen werden. Damit wäre die Begrenzung der Zahlungen auf Erzeuger aus dem Geltungsbereich des EEG geeignet, den Handel innerhalb der Union potentiell zu beeinträchtigen. Die Regelungen könnten auch nicht als reine Verkaufsmodalitäten verstanden werden. Vielmehr würden die beabsichtigten Regelungen ein gesetzliches Schuldverhältnis mit sich bringen, so dass auch ein Rückgriff auf die Keck-Rechtsprechung ausgeschlossen wäre. Die Begrenzung wäre mithin als Maßnahme gleicher Wirkung i.S.d. Art. 34 AEUV einzuordnen, so dass ein Eingriff in den freien Warenverkehr vorläge.

Eine Rechtfertigung der geplanten Begrenzung eines deutschen Kapazitätsmechanismus über Art. 36 AEUV dürfte ausgeschlossen sein. Es dürfte hierfür an der Erforderlichkeit einer solchen Begrenzung mangeln. So könnte etwa durch einen achtsameren Wechsel von fossilen Energieträgern zu erneuerbaren Energien oder durch einen verlangsamten Ausstieg aus der Kernenergie auch mittelfristig auf einen solchen Mechanismus verzichtet werden, ohne die Versorgungssicherheit zu gefährden. Dieses Ergebnis ist insbesondere eine Folge des Umstands, dass der EuGH die Versorgungssicherheit im Rahmen des Art. 36 AEUV nur in solchen Fällen als Rechtfertigungsgrund anerkennt, in denen unter Heranziehung sämtlicher Kapazitäten die Versorgung nicht mehr gewährleistet werden kann. Nationale energiepolitische Entscheidungen, die bestimmte Energieträger privilegieren, müssen insoweit unberücksichtigt bleiben.

Da mittelfristig erst die Schaffung eines nationalen Kapazitätsmechanismus den geplanten weiteren Ausbau und Einsatz erneuerbarer Energien unter Beibehaltung der damit verbundenen Grundvoraussetzungen ermöglicht und damit letztlich auch als ein für den Umweltschutz notwendiges Instrument verstanden werden kann, käme ferner eine Rechtfertigung über den Umweltschutz als zwingendes Erfordernis i.S.d. Cassis-de-Dijon-Rechtsprechung des EuGH in Betracht. Insofern muss jedoch berücksichtigt werden, dass der Umweltschutz immer häufiger von den Mitgliedsstaaten angeführt wird, um den freien Warenverkehr beeinträchtigende nationale Maßnahmen zu rechtfertigen. Daher wird an die Verhältnismäßigkeit der Maßnahme ein hoher Maßstab gelegt. Während an der Geeignetheit der Maßnahme keine Zweifel bestehen, dürfte eine Rechtfertigung vielmehr an der Erforderlichkeit der räumlichen Begrenzung eines deutschen Kapazitätsmechanismus scheitern. Auch an dieser Stelle könnten verschiedene Kompromisslösungen mildere Mittel darstellen. So könnte etwa eine Regelung geschaffen werden, bei der zumindest die Anrainerstaaten Deutschlands Teil des Empfängerkreises der deutschen Kapazitätszahlungen sein könnten. Dies würde den Eingriff in die Warenverkehrsfreiheit jedenfalls in einem gewissen Maße entkräften und eine mildere Alternative begründen. Ohne eine solche (zumindest teilweise) Öffnung des nationalen Kapazitätsmechanismus, dürfte die beabsichtigte Regelung als unverhältnismäßig beurteilt werden. Eine Rechtfertigung des Verstoßes gegen Art. 34 AEUV wäre demnach ausgeschlossen.

IV. Ergebnis der primärrechtlichen Prüfung

Die vorangegangene Prüfung hat ergeben, dass die Fördermaßnahmen des EEG gegen europäisches Primärrecht verstoßen, und dass auch auf den Geltungsbereich des EEG begrenzte Kapazitätszahlungen im Rahmen eines deutschen Kapazitätsmarktes gegen europäisches Primärrecht verstoßen würden.

Die EEG-Fördermaßnahmen dürften zwar weiterhin den beihilferechtlichen Tatbestand des Art. 107 Abs. 1 AEUV nicht erfüllen, allerdings dürfte der Verstoß gegen die Warenverkehrsfreiheit gemäß Art. 34 AEUV nicht (mehr) zu rechtfertigen sein; denn nachdem der EuGH sein PreußenElektra-Urteil zu einem Zeitpunkt erließ, zu dem der Anteil der erneuerbaren Energien am gesamten deutschen Bruttoendenergieverbrauch bei nur rund 6 Prozent lag, haben sich in den letzten Jahren das Marktdesign und die Anteile der Primärenergieträger deutlich verändert. Bis 2020 soll der Anteil der Stromerzeugung aus erneuerbaren Energien am Bruttostromverbrauch bereits 35 Prozent betragen. Danach strebt die Bundesregierung eine sukzessive Erhöhung dieses Anteils an, bis dieser schließlich 80 Prozent im Jahr 2050 erreichen soll. Mit dieser Entwicklung wird gleichzeitig der Verstoß gegen die Warenverkehrsfreiheit gravierender. Je schwerwiegender der Eingriff ist, desto höher sind auch die Anforderungen an eine Rechtfertigung. Wie im Rahmen der vorliegenden Arbeit gezeigt wurde, dürften die Ausführungen des EuGH die vollumfängliche Abschottung der deutschen Fördermaßnahmen gegenüber in anderen Mitgliedsstaaten produzierenden Erzeugern nicht mehr rechtfertigen. Zur Lösung dieses Problems kommen verschiedene Varianten in Betracht, denen allen gemeinsam ist, dass der ausschließliche Bezug auf den deutschen Markt nicht mehr aufrechterhalten werden kann.

Die Beurteilung bezüglich eines deutschen Kapazitätsmarktes, der Kapazitätszahlungen nur für Ausgleichskraftwerke auf deutschem Gebiet vorsieht, ist deutlich schwieriger. Das basiert in erster Linie auf dem Umstand, dass die tatsächliche Ausgestaltung eines nationalen Kapazitätsmarktes erst seit kurzer Zeit intensiv diskutiert wird und sich daher das geplante Rechtskonstrukt zur Schaffung eines solchen Marktes nur in Grundzügen erkennen lässt. Auf Basis der bislang gegebenen Eckdaten lässt sich absehen, dass das Instrument eines deutschen Kapazitätsmarktes durchaus beihilferechtliche Relevanz haben dürfte. Bei Beachtung der entsprechenden Vorschriften wäre jedoch ein Verstoß gegen das Beihilferecht ohne größere Schwierigkeiten vermeidbar. Aus Mangel an Erfahrungswerten und aus Ungewissheit über die Entwicklung anderer relevanter Faktoren wie etwa dem des zeitlichen Fortschritts des Netz- und Grenzkuppelstellenausbaus oder der verfügbaren Kapazitäten in anderen Mitgliedsstaaten lässt sich auch zum jetzigen Zeitpunkt noch nicht mit Sicherheit sagen, ob nationale Kapazitätsmärkte, und zwar im speziellen ein deutscher, in den nächsten Jahren bei Zugrundelegung der europäischen Sichtweise zur Sicherung der Versorgung erforderlich sein werden. Daher lässt sich auch noch nicht sagen, ob ein potentieller Verstoß gegen Art. 107 Abs. 1 AEUV gerechtfertigt wäre, indem Deutschland mit einem nationalen Kapazitätsmarkt im Sinne eines gemeinsamen europäischen Interesses handeln würde.[838]

Ein eindeutiges Resultat bietet hingegen die warenverkehrsrechtliche Prüfung. Der mit einer expliziten oder verschleierten Begrenzung des Empfängerkreises von Kapazitätszahlungen einhergehende Verstoß gegen Art. 34 AEUV dürfte nicht gerechtfertigt werden können. Selbst wenn man den Umweltschutz als Rechtfertigungsgrund für diese diskriminierende Maßnahme zuließe, dürfte die Rechtfertigung an der Erforderlichkeit einer solchen Begrenzung scheitern. Vielmehr müsste eine Kompromisslösung gefunden werden, mit der das nationale Konzept eines möglichst autarken Systems möglich ist, ohne die Warenverkehrsfreiheit in unangemessener Weise zu belasten. So könnte einerseits der vorgesehene Zeitplan zum Umstieg von fossilen Energieträgern auf erneuerbare Energien oder zum Ausstieg aus der Kernenergie angepasst werden. Andererseits

838 Unter Berücksichtigung eines erst kürzlich erlassenen Konsultationspapiers der Kommission dürfte diese eine dahingehende Rechtfertigung jedoch nicht in Betracht ziehen. In ihrer Konsultation führt sie aus, dass grenzüberschreitende Mechanismen in der Regel besser mit dem Binnenmarkt zu vereinbaren sind als Mechanismen, die auf die nationalen Märkte ausgerichtet sind – siehe: Konsultationspapier der Kommission – Environmental and Energy Aid Guidelines 2014–2020, vom 11.3.2013, S. 12.

könnte eine Regelung gefunden werden, bei der zumindest auch Erzeuger in Anrainerstaaten Deutschlands bei erfolgreicher Teilnahme am Ausschreibungsverfahren von den Kapazitätszahlungen profitieren würden.

Es zeigt sich also, dass Deutschland bereits jetzt gegen europäisches Primärrecht und auch gegen seine mitgliedsstaatliche Verpflichtung zur solidarischen Zusammenarbeit auf EU-Ebene verstößt. Die gegen Art. 34 AEUV verstoßenden Maßnahmen des EEG haben eine deutlich abschottende Wirkung des nationalen Energiemarktes vom europäischen Binnenmarkt für Energie, die durch die potentielle Schaffung eines auf den deutschen Markt begrenzten Kapazitätsmarktes noch verstärkt werden würde. Es ist verwunderlich, dass die Union trotz ihrer Kenntnis, den skizzierten Zielkonflikt betreffend, nicht mehr Druck auf die deutsche Regierung ausgeübt hat, damit dieser den Binnenmarkt immer stärker beeinträchtigende Verstoß korrigiert wird. Erklärlich erscheint dies nur mit Blick auf die energiepolitische Agenda der Union, die die Energiewende derzeit mit allen Mitteln voranbringen und das deutsche EEG mit seiner Vorbildfunktion für andere Länder in Europa und Drittstaaten nicht beeinträchtigen will. Doch dies darf nicht auf Kosten des Binnenmarktes erfolgen.

C. Ergebnis Europarechtskonformität

Zu Beginn dieses Kapitels wurde gezeigt, dass kurzfristig zu- und abschaltbare Kraftwerke benötigt werden, um Erzeugungsschwankungen insbesondere bei der Windkraft und der Photovoltaik auszugleichen. Jedoch fehlen wegen der geringen Vollbenutzungsstunden und der damit einhergehenden mangelnden Wirtschaftlichkeit Anreize zur Errichtung derartiger Kraftwerke. Daher kommt der überwiegende Teil der Wissenschaft zu dem Ergebnis, dass es einer Ergänzung des derzeitigen „Energy only"-Markts in Form von Kapazitätsmechanismen zur Schaffung von Investitionsanreizen bedarf. Während die diskutierten Modelle für einen deutschen Kapazitätsmarkt vor allem ökonomisch bewertet und auf ihre Nützlichkeit für den hiesigen Energiemarkt und dessen Besonderheiten überprüft werden, wird nur vereinzelt der Frage nachgegangen, inwieweit das europäische Recht bereits einen Rechtsrahmen vorsieht, innerhalb dessen sich die Ausgestaltung nationaler Kapazitätsmärkte bewegen muss. Dabei konnte festgestellt werden, dass für die Einrichtung solcher wettbewerblicher Mechanismen das europäische Sekundärrecht, und zwar Art. 8 EltRL, bereits einen Rechtsrahmen bieten dürfte, der bei der Schaffung eines nationalen Kapazitätsmarktes in einem oder mehreren Mitgliedsstaaten der EU zu beachten ist. Die Vorgaben dieser Vorschrift gelten auch bei Ausschreibungen im Rahmen eines nationalen Kapazitätsmechanismus. Bei der weiteren Diskussion rund um einen deutschen

Kapazitätsmarkt sollten daher diese Rahmenbedingungen beachtet werden, da nur auf dieser Basis in Deutschland ein mit europäischem Sekundärrecht konformes Instrument implementiert werden kann.

Darüber hinaus hat die vorangegangene Prüfung ergeben, dass auf den Geltungsbereich des EEG begrenzte Kapazitätszahlungen Zweifel im Hinblick auf ihre Vereinbarkeit mit europäischem Beihilferecht sowie mit der Warenverkehrsfreiheit aufkommen lassen, auch wenn eine abschließende Bewertung von der konkreten Ausgestaltung eines solchen Kapazitätsmarktes abhängig ist. Obwohl die Ausgestaltung eines deutschen Kapazitätsmarktes erst seit kurzer Zeit diskutiert wird und sich daher das geplante Rechtskonstrukt zur Schaffung eines solchen Marktes nur in Grundzügen erkennen lässt, zeigt sich dennoch, dass der deutsche Gesetzgeber bei der Schaffung eines solchen nationalen Marktes nicht nur die Vorgaben der EltRL zu beachten hätte, sondern vor allem auch die Vorgaben der Art. 107 und 34 AEUV. Hinsichtlich des beihilferechtlichen Tatbestandes kann zwar ein Verstoß durch eine überlegte Ausgestaltung vermieden werden oder zumindest gerechtfertigt sein. Dies gilt jedoch nicht für die Frage der Vereinbarkeit eines Kapazitätsmarktes, der explizit oder verschleiert den Empfängerkreis von Kapazitätszahlungen auf Produzenten im Inland begrenzt, denn dieser Verstoß dürfte wegen verschiedener möglicher Maßnahmen zur Entkräftung dieses Eingriffes auch nicht durch das Argument des Schutzes der Umwelt gerechtfertigt sein. Vielmehr wäre, sollte die Bundesregierung nicht von ihrem ambitionierten Zeitplan der Energiewende abweichen wollen, zumindest eine Einbeziehung der Erzeuger in Anrainerstaaten Deutschlands im Hinblick auf Kapazitätszahlungen erforderlich.

Die Debatte um die Fördermaßnahmen des EEG war zwar bereits Gegenstand ausführlicher Diskussion; wegen der auf europäischer Ebene bestehenden Zweifel an der Zulässigkeit dieses Fördersystems und der darauf basierenden Einleitung des Beihilfeprüfverfahrens gegen Deutschland war sie dennoch erneut aufzubereiten. Doch wie die Untersuchung gezeigt hat, dürften die infrage stehenden EEG-Fördermaßnahmen mit Blick auf die derzeitige Rechtsprechung des EuGH auch weiterhin nicht den beihilferechtlichen Tatbestand des Art. 107 Abs. 1 AEUV erfüllen. Ob möglicherweise der EuGH seine Rechtsauffassung aufgrund der von der Kommission vorgebrachten Argumente ändern wird, lässt sich derzeit nicht prognostizieren. Daher hat sich die vorliegende Untersuchung auf die rechtskräftige Rechtsprechung des EuGH beschränkt.

Etwas anderes ergibt sich jedoch im Hinblick auf die warenverkehrsrechtliche Beurteilung der EEG-Maßnahmen. Eine Bewertung des EuGH könnte aufgrund einer geänderten Faktenlage anders ausfallen als zu Zeiten des

PreußenElektra-Urteils. Denn der EuGH lehnte einen Verstoß gegen Art. 34 AEUV zu einem Zeitpunkt ab, zu dem der Anteil der erneuerbaren Energien am gesamten deutschen Bruttoendenergieverbrauch bei nur rund 6 Prozent lag. Da mittlerweile der Anteil der Stromerzeugung aus erneuerbaren Energien am Bruttostromverbrauch bis zum Jahre 2020 bereits auf 35 Prozent und bis 2050 schließlich auf 80 Prozent im Jahr steigen soll, wird der Verstoß gegen die Warenverkehrsfreiheit immer schwerwiegender und dessen Rechtfertigung untersteht immer höheren Anforderungen. Daher dürften die Ausführungen des EuGH im Rahmen seines PreußenElektra-Urteils die vollumfängliche Abschottung der deutschen Fördermaßnahmen gegenüber in anderen Mitgliedsstaaten produzierenden Erzeugern nicht mehr rechtfertigen. Es bedarf vielmehr eines Ansatzes, bei dem die Fördermaßnahmen nicht mehr nur auf Erzeuger anwendbar wären, die innerhalb Deutschlands produzieren. Hierzu wurden verschiedene Lösungsmöglichkeiten vorgeschlagen und diskutiert. Welche Institution sich am besten für eine Umsetzung eignen würde, und ob ihr auch die notwendigen Kompetenzen zustünden, wird im folgenden Kapitel untersucht.

Kapitel 3. Handlungsverpflichtung der Union zur Stärkung binnenmarktlicher Strukturen

Gemäß den Ausführungen in Kapitel 2 werfen einige der im deutschen Energiekonzept niedergelegten Vorgaben erhebliche Zweifel im Hinblick auf ihre Konformität mit europäischem Primärrecht auf. Dies steht in engem Zusammenhang mit der signifikanten nationalen Förderung erneuerbarer Energien, die eine fortschreitende Abschottung des deutschen Energiemarktes mit sich bringt und wenig mit der Idee eines europäischen Binnenmarktes im Energiesektor gemein hat. Der freie Warenverkehr, so wie er einst durch die Organe der Union beabsichtigt war, und der einen Grundpfeiler europäischer Politik darstellen sollte, gelangt aufgrund verschiedener Entwicklungen zunehmend aus dem Blick der deutschen Gesetzgebung im Energiebereich. Dies ist vor allem Folge diverser politischer Entscheidungen zum Schutz des Klimas und der Umwelt. Hierdurch werden rechtliche Rahmenbedingungen geschaffen, die teilweise gegen europäisches Primärrecht verstoßen. Mangels ausgewogener Regelungen dürften diese Verstöße auch nicht aus klima- oder umweltschutzrechtlichen Gründen gerechtfertigt sein. Auch aus ökonomischer Sicht erscheint es geboten, die Begrenzung der deutschen Fördermodelle auf den nationalen Raum infrage zu stellen; denn bei Betrachtung der Zielvorgaben Deutschlands[839] ist bereits heute absehbar, dass die hiesige Aufstockung des Anteils erneuerbarer Energien am Bruttostromverbrauch die Zielvorgaben bis 2020 nicht nur treffen, sondern merklich übersteigen wird.[840] Die Implementierung ausgewogener Regelungen, die nicht nur dem Klimaschutz, sondern auch der Warenverkehrsfreiheit und im weiteren Sinn dem europäischem Binnenmarkt Rechnung tragen, ist damit einerseits rechtlich notwendig, andererseits energiepolitisch möglich.

---

839 Bis spätestens zum Jahr 2020 soll der Anteil der erneuerbaren Energien an der Stromversorgung mindestens 35 Prozent betragen.

840 BEE – Stromversorgung 2020: Wege in eine moderne Energiewirtschaft, 2009, S. 8: Dem BEE zufolge werden die Erneuerbaren Energien im Jahr 2020 mit der Produktion von ca. 278 Milliarden Kilowattstunden einen Anteil von rund 47 Prozent an der Versorgung übernehmen; diese Prognose bestätigte der Präsident des Verbandes Anfang November 2012, siehe die Pressemitteilung des Magazins Erneuerbare Energien – 50 Prozent mehr Solarstrom im Netz, abzurufen unter: http://www.erneuerbareenergien.de/50-prozent-mehr-solarstrom-im-netz/150/436/58331/.

In den folgenden Ausführungen wird zunächst dargestellt, welche Maßnahmen vorgenommen werden könnten, um die nationalen Förderregelungen für erneuerbare Energien sowie für mitgliedsstaatliche Kapazitätsmärkte europarechtskonform zu gestalten (siehe unter A.). Des Weiteren bestehen derzeit aus politischen Gründen erhebliche Zweifel, dass die nationalen Gesetzgeber, insbesondere der deutsche, die Umsetzung dieser Lösungsansätze anstreben. Daher wird im Anschluss diskutiert, ob diese Situation nach einem Einschreiten der Union verlangt (siehe unter B.). Auf Grundlage dieser Erwägungen wird sodann untersucht, welche Kompetenzen die Union hat, um geeignete Maßnahmen zu ergreifen, und ob hieraus gegebenenfalls auch eine rechtliche Handlungsverpflichtung für die europäischen Gesetzgebungsorgane erwächst (siehe unter C.).

A. Maßnahmen zur angemessenen Berücksichtigung des freien Warenverkehrs

Um das Prinzip des freien Warenverkehrs bei nationalen Fördersystemen für erneuerbare Energien sowie für mitgliedsstaatliche Kapazitätsmärkte in angemessener Weise zu berücksichtigen, werden in der Literatur verschiedene Lösungsansätze diskutiert. Wie im vorigen Kapitel dargelegt,[841] ist jedoch für beide Beeinträchtigungen der Warenverkehrsfreiheit nur jeweils ein Lösungsansatz zweckmäßig und geboten. Zunächst müssen nationale Systeme zur Förderung erneuerbarer Energien nicht auf eine Begrenzung des Empfängerkreises verzichten, um eine angemessene Berücksichtigung der Warenverkehrsfreiheit zu erreichen. Vielmehr müssen lediglich zwei Komponenten beachtet werden: Zum Schutz der Marktteilnehmer auf nationaler Ebene sollte eine Öffnung eines Marktes für in anderen Mitgliedsstaaten erzeugende Stromproduzenten erst erfolgen, wenn mindestens ein Sechstel der zur Deckung des gesamten nationalen Elektrizitätsverbrauchs notwendigen Primärenergiemenge durch Strom aus erneuerbaren Energien erzeugt wird. In diesem Fall hätten die Marktteilnehmer ausreichend Zeit, sich auf dem mitgliedsstaatlichen Markt zu etablieren, bevor sie sich, nach dem Erreichen eines bestimmten Marktanteils, im europäischen Wettbewerb behaupten müssen. Darüber hinaus wäre der freie Warenverkehr hinreichend geschützt, indem eine vollumfängliche Marktabschottung einzelner nationaler Förderprogramme ab einer gewissen Marktstärke verhindert

841 Siehe zu den von der Literatur vorgeschlagenen und im Ergebnis gebotenen Lösungsansätzen die Ausführungen zur Rechtfertigung des Eingriffes in die Warenverkehrsfreiheit auf S. 180 ff.

würde. Ebenso dürfte dem unionalen sowie dem mitgliedsstaatlichen Interesse, die Stromproduktion aus erneuerbaren Energien schnellstmöglich und bei bestmöglicher Effizienz zu fördern, Rechnung getragen sein. Sobald diese erste Schwelle überschritten wäre, könnte die Öffnung des Marktes je nach Marktstärke ausgeweitet werden, wobei unterschiedliche Faktoren zu berücksichtigen wären. So käme etwa in Betracht, mit erneuerbaren Energien produzierende Kraftwerke an den Fördersystemen anderer Mitgliedsstaaten partizipieren zu lassen, sofern keine allzu hohen Leitungsverluste entstehen. Damit könnte eine geographische Begrenzung erfolgen, die sich an der Entfernung der einzelnen, in anderen Mitgliedsstaaten erzeugenden Kraftwerke zum jeweiligen nationalen Stromnetz orientieren würde. Ein solcher Ansatz würde auch sicherstellen, dass weder die Dynamik der Technologieentwicklung zu stark ausgebremst würde, noch dass eine unzumutbare Mehrbelastung für die Verbraucher entstünde.

Auch bei nationalen Kapazitätsmärkten ist es nicht erforderlich, dass sämtliche Erzeuger konventionellen Stroms, die in einem anderen Mitgliedsstaat produzieren und ihre Kapazitäten schnell zu- und abschalten können, zu den Profiteuren der Kapazitätszahlungen gehören müssen. Es muss jedoch sichergestellt werden, dass zumindest die in den jeweiligen Anrainerstaaten des infrage stehenden Mitgliedsstaates produzierenden Stromerzeuger tatsächlich als Teil des Empfängerkreises nationaler Kapazitätszahlungen berücksichtigt werden. Nicht nur das Risiko einer Überlastung von Grenzkuppelstellen würde damit reduziert werden, auch die Problematik hoher Leitungsverluste würde an Bedeutung verlieren.[842]

842 Ein finaler Lösungsansatz mit einer abschließenden Regelung bedarf allerdings einer weitergehenden Präzisierung. Schließlich würden als Anhaltspunkte für eine ausgewogene Regelung einerseits regionale Faktoren eine Rolle spielen können, wie beispielsweise die Frage, in welchen Regionen Unterkapazitäten bestehen oder ob nur innerhalb eines bestimmten grenznahen Bereiches in anderen Mitgliedsstaaten Kraftwerke zum Ausgleich von Schwankungen im deutschen Stromnetz berücksichtigt werden sollen. Andererseits ist es möglich, eine Vielzahl von technischen Faktoren zu berücksichtigen, die etwa den Leitungsverlust, geeignete Stromverbindungen zwischen den Mitgliedsstaaten oder die Auslastung von Grenzkuppelstellen betreffen. Auch wenn eine solche detaillierte Untersuchung im Rahmen der vorliegenden Arbeit nicht vorgenommen werden kann, sondern vielmehr Gegenstand einer weitergehenden ökonomischen bzw. technischen Analyse wäre, wird jedoch deutlich, dass die Union auch mit Blick auf die Überlegungen eines deutschen Kapazitätsmarktes Mindestvorgaben für eine angemessene Berücksichtigung des freien Warenverkehrs bei nationalen Kapazitätsmärkte setzen müsste.

B. Erforderlichkeit einer Umsetzung auf EU-Ebene

Durch die Umsetzung der skizzierten Maßnahmen würde der freie Warenverkehr in angemessener Weise berücksichtigt und die weitere Integration der Energiemärkte hin zu einem starken europäischen Energiebinnenmarkt wäre sichergestellt. Fraglich ist jedoch, wer für die Umsetzung dieser Maßnahmen Sorge tragen soll.

Es dürfte unwahrscheinlich sein, dass die Bundesregierung oder der nationale Gesetzgeber in naher Zukunft in der erforderlichen Weise aktiv wird. Es ist nachvollziehbar, dass nicht nur Deutschland, sondern sämtliche Mitgliedsstaaten wegen ihrer Inanspruchnahme durch die Union zur Erreichung nationaler Ausbauziele ein intensiviertes europäisches Vorgehen zum Zwecke der Stärkung binnenmarktlicher Strukturen nicht von sich aus anstreben. Schließlich dürfte ein solches Vorgehen für die eigene Energiewirtschaft zumindest kurz- und mittelfristig erhebliche finanzielle Einbußen zur Folge haben und mit dem mitgliedsstaatlichen Interesse an nationaler Energieautarkie kollidieren. Bereits die Reaktionen in Deutschland auf die von EU-Energiekommissar Oettinger Mitte 2010 ins Leben gerufene Diskussion um ein europäisches EEG haben gezeigt, dass sich die Bundesregierung bei der Abwägung zwischen einer stärkeren europäischen Integration und einem nationalen Alleingang eindeutig für Letzteres entschieden hat.[843] Der Anreiz, die umfassende Europarechtskonformität der Systeme auf Kosten der nationalen Energiewirtschaft herbeizuführen, ist dementsprechend gering.

Daher bedarf es hierzu eines aktiven Einschreitens des europäischen Gesetzgebers. Dieser müsste mit der Schaffung eines klaren Rechtsrahmens die weitere europäische Integration im Energiesektor einleiten und durch eine angemessene und vorausschauende europarechtliche Gesetzgebung auch künftig flankieren. Insbesondere die Kommission müsste von ihrem Initiativrecht Gebrauch machen und also nicht nur Europarechtsverstöße aufdecken, sondern auch die der Union gegebenen Kompetenzen nutzen, um die notwendigen Schritte in Richtung eines funktionierenden, bezahlbaren und sicheren Energiebinnenmarkt auch tatsächlich einzuleiten. Die Kommission hat bereits darauf hingewiesen, dass ihres Erachtens nach ein funktionierender Binnenmarkt nicht nur zur europaweiten Versorgungssicherheit beiträgt, sondern dass eine stärkere Zusammenarbeit auch die Kosten senken würde.[844]

---

843 Siehe hierzu Fischer – Europäisches EEG ist unrealistisch, EurActiv-Interview, 2010.

844 Konsultationspapier der Kommission – Generation adequacy, capacity mechanisms and the internal market in electricity, vom 15.11.2012, S. 7.

C. Unionale Kompetenz und Verpflichtung zur Umsetzung der Maßnahmen

Im folgenden Abschnitt wird untersucht, ob die Union die notwendigen Kompetenzen hätte, um eine teilweise Öffnung nationaler Fördersysteme und Kapazitätsmärkte für in anderen Mitgliedsstaaten produzierende Stromerzeuger durchzusetzen, und ob sich aus einer solchen Kompetenzzuweisung auch eine unmittelbare Handlungsverpflichtung ergibt.

Es ist fraglich, auf welche Kompetenznorm zuvorderst abzustellen ist. Die Wahl richtet sich nach der objektiven Sachnähe der beabsichtigten Maßnahme zum Regelungsgehalt der in Betracht kommenden Kompetenznorm.[845] Bei den entwickelten Ansätzen zur angemessenen Berücksichtigung der Warenverkehrsfreiheit handelt es sich um Maßnahmen zur Stärkung der binnenmarktlichen Strukturen im Bereich des Energierechts. Durch diese würde die Union die Kompetenz der Mitgliedsstaaten, nach eigenem Ermessen zu entscheiden, in welchem Umfang sie die in einem anderen Mitgliedsstaat erzeugte Energie aus erneuerbaren Quellen fördern wollen,[846] beschränken und unmittelbar die nationalen Energiepolitiken beeinflussen. Damit ist, auch wenn es sich um ein Vorgehen zur Stärkung binnenmarktlicher Strukturen handelt, primär der Energiekompetenztitel des Art. 194 AEUV heranzuziehen, der unter anderem unmittelbar auf den Binnenmarkt Bezug nimmt. Gleiches gilt auch für mögliche Vorgaben im Hinblick auf nationale Kapazitätsmärkte, die auch dem Energiebereich zuzuordnen sind. Unionale Vorgaben zur Öffnung dieser Mechanismen stellen mithin energiepolitische Maßnahmen dar, so dass auch insoweit an erster Stelle auf Art. 194 AEUV abzustellen ist.

Um die Reichweite des Energiekompetenztitels richtig erfassen zu können, muss zunächst die historische Entwicklung der energierechtlichen Kompetenzen der Union berücksichtigt werden (siehe unter I.). Denn der im Zuge des Vertrags von Lissabon eingeführte Energiekompetenztitel des Art. 194 AEUV sollte der unklaren Struktur der sich überschneidenden Kompetenzen[847] im Energiebereich entgegenwirken. Auf dieser Grundlage wird sodann die

---

845 Frenz – Institutionen und Politiken, 2012, Rn. 4145; der EuGH fordert, dass sich die Wahl auf „objektiven, gerichtlich nachprüfbaren Umständen gründet" – siehe EuGH, Urteil vom 26.3.1987 – Rs. C-45/86, Slg. 1987, Kommission/Rat der EU, 1493, Rn. 11; EuGH, Urteil vom 23.2.1988 – Rs. C-68/86, Slg. 1988, Großbritannien/ Rat der EU, 0855, Rn. 24.

846 Derzeit niedergelegt in Art. 3 Abs. 3 S. 2 EE-Richtlinie.

847 Sparwasser/Engel/Voßkuhle – Umweltrecht, § 7, Rn. 13.

Reichweite des Art. 194 AEUV untersucht und erörtert, welche energiepolitischen Kompetenzen dem europäischen Gesetzgeber durch diesen Titel zukommen. Dabei wird nicht nur der Frage nachgegangen, ob dieser mit Hilfe der ihm dort zugeschriebenen Befugnisse nationale marktabschottende Fördersysteme und Kapazitätsmärkte verhindern und das Ziel verstärkter binnenmarktlicher Strukturen in diesen energiepolitischen Bereichen erreichen kann, sondern es wird auch untersucht, ob die Union nicht vielmehr zu einem Tätigwerden verpflichtet ist (siehe unter II.).

I. Unionale Kompetenzen im Energiebereich bis zum Vertrag von Lissabon

Nicht erst der Vertrag von Lissabon machte die Energiefrage zu einem treibenden Grundgedanken[848] der Europäischen Union und zum Gegenstand einer stetig zunehmenden Europäisierung. Ihre Grundlage fand diese Entwicklung bereits in politischen Leitvorstellungen der frühen fünfziger Jahre.[849] Anders als die übrigen Politikbereiche auf europäischer Ebene stützte sich die Energiepolitik als einziger auf alle drei ursprünglichen Gründungsverträge. Zur Sicherung der Energieträger Kohle und Kernenergie dienten der Vertrag zur Gründung der Europäischen Gemeinschaft für Kohle und Stahl (EGKS) von 1951[850] und der Vertrag zur Gründung der Europäischen Atomgemeinschaft (EAG) von 1957[851]. Sämtliche anderen Energieträger, insbesondere Erdöl und Erdgas, wurden vom Vorgänger des AEUV, dem 1957 in Rom geschlossenen Vertrag zur Gründung der Europäischen Wirtschaftsgemeinschaft (EWG-Vertrag),[852] erfasst.

Doch die Energiepolitik stand damals nicht im Fokus der europäischen Politik. Die Gründungsstaaten hielten eine supranationale Ordnung der Energieerzeugung und verteilung nicht für erforderlich.[853] Zudem zeigte sich bereits

---

848 Däuper, in: Danner/Theobald – Energierecht, Rn. 3; Hobe, EuR 2009, S. 219 (220); Scherb, in: Bergmann – Handlexikon, Energierecht, III. Ausblick.

849 Frenz/Kane, NuR 2010, S. 464; Nettesheim, in: Grabitz/Hilf/Nettesheim – EUV/AEUV, Art. 194, Rn. 2; Oppermann/Classen/Nettesheim, Europarecht, § 24, Rn. 1.

850 Der Vertrag trat am 23.7.1952 in Kraft, Bek. v. 14. Oktober 1952 (BGBl. 1952 II S. 978 ff.).

851 Der sog. Euratom-Vertrag trat am 1.1.1958 in Kraft, Bek. v. 27. Dezember 1957 (BGBl. 1958 II S. 1 ff.).

852 Der Vertrag trat am 1.1.1958 in Kraft, Bek. v. 25. März 1957 (BGBl. 1957 II S. 766 ff.).

853 Nettesheim, in: Grabitz/Hilf/Nettesheim – EUV/AEUV, Art. 194, Rn. 3; Nettesheim, JZ 2010, S. 19 (20).

zu dieser Zeit, dass die europäischen Institutionen mit Widerständen und mitgliedsstaatlichen Sonderinteressen rechnen müssen.[854] Denn diese führten an, dass es sich um einen Wirtschaftssektor handele, der aufgrund seiner Eigenheiten ein besonderes Vorgehen bei der weiteren Europäisierung benötige.[855] Schließlich habe die Energieversorgung eine strategische Bedeutung; einige Mitgliedsstaaten seien auf Energieeinfuhren angewiesen, andere müssten sich auf die nationalen Gegebenheiten konzentrieren, um eine sinnvolle Organisation der heimischen Energieproduktion zu ermöglichen. Insoweit erweckte zwar der Umstand, dass sich der EGKS- und der EAG-Vertrag mit Fragen der Ordnung energiewirtschaftlicher Sektoren beschäftigten, den Eindruck, dass europäische Zuständigkeiten begründet werden sollten. Doch diese sektorspezifischen Regelungskomplexe standen in deutlichem Kontrast zur Regelungsarmut des EWG-Vertrages in Energiefragen.[856] Erst am 25. Juni 1962 übermittelte die Kommission dem Ministerrat der EGKS ein Memorandum über die Energiepolitik mit dem Titel „Langfristige energiewirtschaftliche Aussichten der Europäischen Gemeinschaft". Die diesem Memorandum zugrundeliegende Untersuchung sollte im europäischen Maßstab eine objektive Analyse der energiewirtschaftlichen Grundtendenzen und Gegebenheiten des Energiemarktes darstellen. Dabei stand nicht im Mittelpunkt, konkrete Ziele vorzuschlagen, sondern vielmehr den Status quo zu ermitteln, eine Synthese von Angebot und Nachfrage aufzustellen und schließlich ein Werkzeug zu formen, um Vorteile und Kosten verschiedener wirtschaftspolitischer Maßnahmen genauestens abwägen zu können.[857] Doch die dort gemachten Ausführungen und Vorschläge trafen bei den Mitgliedsstaaten auf nur geringes Interesse. Ihr Fokus war auf nationale Gegebenheiten gerichtet, und die heterogene Interessenlage[858] verhinderte eine zielführende Zusammenarbeit der Mitgliedsstaaten auf europäischer Ebene.

Zehn Jahre später erkannten die Staats- und Regierungschefs vor dem Hintergrund der Energiekrise Anfang der siebziger Jahre[859], dass bei Engpässen in der Energieversorgung ihre Blockadehaltung die nationalen Märkte schwer treffen könnte. Sie fürchteten insbesondere die Bedrohung durch die Vermarktung der

---

854 Heller, atw 2003, S. 270.
855 Nettesheim, in: Grabitz/Hilf/Nettesheim – EUV/AEUV, Art. 194, Rn. 2.
856 Nettesheim, in: Grabitz/Hilf/Nettesheim – EUV/AEUV, Art. 194, Rn. 3.
857 Einrichtungen der EGKS/EWG/EAG – Energiewirtschaftliche Aussichten (1964), S. 5.
858 Nettesheim, in: Grabitz/Hilf/Nettesheim – EUV/AEUV, Art. 194, Rn. 3.
859 Frenz/Kane, NuR 2010, S. 464 (465).

Ölquellen in OPEC[860]-Ländern.[861] Auf der Pariser Gipfelkonferenz von 1972 forderten sie daher eine gemeinschaftliche Energiepolitik, die eine bezahlbare und dauerhaft sichere Energieversorgung gewährleisten sollte. Doch scheiterte die Initiative für eine erfolgreichere Strategie eines gemeinsamen Energiemarktes vor allem an den mangelnden energiepolitischen Instrumenten der Kommission einerseits und der sich entspannenden Energieversorgungs- und Preissituation auf dem weltweiten Markt andererseits.[862]

1991 machte die Kommission einen ersten Versuch, einen eigenen Titel zur Schaffung einer „Gemeinsamen Energiepolitik" einzuführen.[863] Doch setzten sich die sog. Konferenzen der Vertreter der mitgliedsstaatlichen Regierungen dafür ein, dass die Union ihre Tätigkeit auch im Bereich Energie „auf der Grundlage der bisherigen Bestimmungen der Verträge zur Gründung der Europäischen Gemeinschaften fortsetzen wird".[864] Diesem Wunsch der Mitgliedsstaaten kamen die europäischen Gremien nach, so dass eine eigenständige, gemeinschaftliche Kompetenz für Energiepolitik auch weiterhin ausblieb.[865]

Dennoch begannen die rechtsetzenden Organe zu diesem Zeitpunkt, grundlegende Rahmenbedingungen für ein stärkeres europäisches Energiewirtschaftsrecht zu entwickeln. Energiepolitische Maßnahmen mussten schließlich nicht auf ausdrücklichen Befugnissen der Verträge beruhen, sie konnten ihre Grundlage auch in anderen Kompetenznormen finden, mit der Begründung, zur Verwirklichung der jeweiligen Ziele der einschlägigen Vorschriften beizutragen. Hierbei kam den europäischen Institutionen ein weiter Gestaltungsspielraum zu, der von diesen auch umfassend genutzt wurde. Sie zogen eine Vielzahl von Kompetenzen heran[866] und griffen geschickt auf die je nach Situation passende

860 Organisation erdölexportierender Länder (Organization of the Petroleum Exporting Countries – OPEC).

861 Hobe, EuR 2009, S. 219 (220).

862 Hobe, EuR 2009, S. 219 (221).

863 Siehe hierzu den Vorschlag der Kommission im Bulletin der Europäischen Gemeinschaften: Regierungskonferenzen – Beiträge der Kommission, Beilage 2/91, S. 151 f.

864 Siehe die 1. Erklärung zu den Bereichen Katastrophenschutz, Energie und Fremdenverkehr (Schlussakte), ABl. Nr. C 191 vom 29. Juli 1992, S. 97.

865 Hobe, EuR 2009, S. 219 (221); Kuhlmann – Kompetenzrechtliche Neuerungen im EU-Energierecht nach Lissabon, Working Paper No. 79, 2008, S. 15.

866 Kuhlmann – Kompetenzrechtliche Neuerungen im EU-Energierecht nach Lissabon, Working Paper No. 79, 2008, S. 9; Nettesheim, in: Grabitz/Hilf/Nettesheim – EUV/AEUV, Art. 194, Rn. 4.

Kompetenznorm zurück, um sekundärrechtliche Regelungen mit Relevanz für die Energiewirtschaft zu schaffen. So bedienten sie sich etwa der Bestimmungen zur Harmonisierung des Rechtsrahmens für Unternehmer und Dienstleister oder der Flexibilitätsklausel des heutigen Art. 352 AEUV.[867] Allen voran waren jedoch die Binnenmarktkompetenz, jetzt Art. 114 AEUV, sowie die Umweltschutzkompetenzen, die nunmehr in Art. 191 u. 192 AEUV geregelt sind, für die Schaffung energiepolitischer Vorschriften von herausragender Bedeutung.[868] Die wenigen ausdrücklichen energiepolitischen Befugnisse der Union im EGV, der den EWG-Vertrag seit dem Inkrafttreten des Maastrichter Vertrags 1992 ablöste und unmittelbarer Vorgänger zum AEUV war,[869] spiegeln daher nur ansatzweise die damaligen Handlungsmöglichkeiten der Union in Bereich der Energiewirtschaft wider.[870]

Mit Hilfe dieser diversen Befugnisse schaffte die Union seit Anfang der neunziger Jahre verbindliche Maßnahmen an der Schnittstelle von Energie- und Umweltpolitik.[871] Vor diesem Hintergrund ist es verwunderlich, dass viele

---

867 Kahl, EuR 2009, S. 601 (605); Kuhlmann – Kompetenzrechtliche Neuerungen im EU-Energierecht nach Lissabon, Working Paper No. 79, 2008, S. 10; Neveling, ET 2004, S. 340 (342); Nettesheim, in: Grabitz/Hilf/ Nettesheim – EUV/AEUV, Art. 194, Rn. 4.

868 Hobe, in: EuR 2009, S. 219 (229); Kuhlmann – Kompetenzrechtliche Neuerungen im EU-Energierecht nach Lissabon, Working Paper No. 79, 2008, S. 10; Gundel – Nachhaltigkeit und Energie, in: Kahl (Hrsg.) – Nachhaltigkeit als Verbundbegriff, S. 443 (459); Nettesheim, in: Grabitz/Hilf/Nettesheim – EUV/AEUV, Art. 194, Rn. 4; Kahl, EuR 2009, S. 601 (605); Scherb, in: Bergmann – EU-Handlexikon, Energiepolitik, I. Rechtsgrundlagen und Entwicklung; Sparwasser/Engel/Voßkuhle – Umweltrecht, § 7, Rn. 6; Trüe, JZ 2004, S. 779.

869 Vgl. die Übereinstimmungstabellen der Union zu dem Vertrag von Lissabon, ABl. Nr. C 115 vom 9.5.2008.

870 Calliess, in: Calliess/Ruffert – EUV/AEUV, Art. 194, Rn. 2.

871 So beruhen die folgenden Richtlinien, wenigstens teilweise, auf Art. 192 AEUV (ex-Art. 175 EGV, ex-Art. 130s EWG-Vertrag): RiLi 93/76/EWG des Rates vom 13. September 1993 zur Begrenzung von Kohlenstoffdioxidemissionen durch eine effizientere Energienutzung (SAVE), ABl. Nr. L 237 vom 22.9.1993, S. 28 ff.; RiLi 2006/32/EG des Europäischen Parlaments und des Rates vom 5. April 2006 über Endenergieeffizienz und Energiedienstleistungen und zur Aufhebung der Richtlinie 93/76/EWG des Rates, ABl. Nr. L 114 vom 27.4.2006, S. 64 ff.; RiLi 2001/77/EG des Europäischen Parlaments und des Rates vom 27. September 2001 zur Förderung von mit erneuerbaren Energien erzeugter Elektrizität, ABl. Nr. L 283 vom 27.10.2001, S. 33 ff.; RiLi 2002/91/EG des Europäischen Parlaments und des Rates vom 16. Dezember 2002 über die Gesamtenergieeffizienz von Gebäuden, ABl.

energierelevante Rechtsakte zunächst umweltschutzoffen, also ohne einen Bezug zu gemeinschaftlichen Umweltschutzmaßnahmen getroffen wurden. Schließlich wurde bereits zu diesem Zeitpunkt deutlich, dass Umweltschutzgüter von energiewirtschaftlichen Maßnahmen betroffen sein können, und welches Gefahrenpotential damit einhergeht. Diese restriktive Berücksichtigung des Umweltschutzes war jedoch eine Folge der zentralen Rolle des Energiesektors für die Funktionsfähigkeit der Wirtschaft.[872]

Das Vorgehen der EU, je nach Fallgestaltung und beabsichtigter Maßnahme auf passende Kompetenznormen zurückzugreifen, ermöglichte letztlich einen europäischen Rechtskorpus, der zumindest als Fundament für die immer weiter wachsende „Europäische Energiepolitik" bezeichnet werden kann.[873] Doch die Zergliederung der Rechtsgrundlagen für den Erlass des sekundären Energierechts wurde weiterhin als verworren und unzureichend wahrgenommen. Nach Ansicht Vieler waren die Kompetenzbestimmungen nicht aufeinander abgestimmt, sondern unübersichtlich und lückenhaft.[874] Folglich wurde immer wieder eine Europäisierung des Energierechts gefordert. Befürworter einer solchen Supranationalisierung des Energierechts verbuchten zwar bei den Maastricht-Verhandlungen kleinere Erfolge, wie etwa die 1992 vollzogene Einbindung des Bereichs Energie in die Liste der gemeinschaftlichen Aufgabenfelder der Union.[875] Die in dieser Liste aufgeführten Ziele legten jedoch lediglich

---

Nr. L 1 vom 4.1.2003, S. 65; RiLi 2003/30/EG des Europäischen Parlaments und des Rates vom 17. Mai 2003 zur Förderung der Nutzung von Bio-Kraftstoffen im Transportwesen, ABl. Nr. L 123 vom 17.5.2003, S. 42; RiLi 2004/8/EG des Europäischen Parlaments und des Rates vom 11. Februar 2004 über die Förderung einer am Nutzwärmebedarf orientierten Kraft-Wärme-Kopplung im Binnenmarkt, ABl. Nr. L 52 vom 21.2.2004, S. 50 ff. Auch bei den außenpolitischen Aktivitäten der Union wurde die umweltrechtliche Kompetenz (Art. 192 AEUV) bei Energiefragen herangezogen: Beschluss 94/69/EG des Rates vom 15. Dezember 1993 über den Abschluss des Rahmenübereinkommens der Vereinten Nationen über Klimaveränderungen, ABl. Nr. L 33 vom 7.2.1994, S. 11 ff.; Entscheidung 2002/358/EG des Rates vom 25. April 2002 über den Beitritt zum Kyoto-Protokoll, ABl. Nr. L 130 vom 15.5.2002, S. 1 ff.

872 Calliess – Kompetenz zu einer kombinierten Umwelt-, Klima- und Energiepolitik, Berliner Beiträge Nr. 52, 2009, S. 2.

873 Nettesheim, in: Grabitz/Hilf/Nettesheim – EUV/AEUV, Art. 194, Rn. 4.

874 Trüe, JZ 2004, S. 779 (780).

875 Siehe Art. 3 Abs. 1 lit. u EGV: jedoch nur im Rahmen einer Residualkategorie zusammen mit den Sektoren Fremdenverkehr und Katastrophenschutz; vgl. auch Artikel G, ABl. Nr. C 191 vom 29. Juli 1992, S. 97.

fest, dass die Gemeinschaft auf diesen Gebieten tätig werden soll, nicht aber, auf welche Weise.[876] Eine energiepolitische Kompetenz konnte einerseits wegen des Wortlauts der Regelung,[877] andererseits wegen des Grundsatzes der begrenzten Einzelermächtigung[878] durch die bloße Einbeziehung in die Liste nicht begründet werden.[879] Da den Zielen auch keine Kompetenztitel gegenübergestellt wurden,[880] musste die Union auch weiterhin auf Kompetenzvorschriften zurückgreifen, die Handlungsermächtigungen mit anderen Zielsetzungen zum Inhalt hatten.

Auch bei den Verhandlungsrunden von Amsterdam und Nizza wurde keine Kodifizierung einer energiepolitischen Kompetenz erzielt.[881] Wie zuvor begründeten die Kritiker ihre Haltung mit der Schonung mitgliedsstaatlicher Freiräume im Energiesektor. Die diesbezüglichen Zuständigkeiten bei den nationalen Parlamenten sollten unangetastet bleiben. Erst im Juni 2003 wurden die Weichen für einen voll funktionsfähigen europäischen Markt für Strom und Gas gestellt, indem die Beschleunigungsrichtlinien Elektrizität und Gas[882] sowie die Verordnung über die Netzzugangsbedingungen für den grenzüberschreitenden

---

876 Däuper, in: Danner/Theobald – Energierecht, Rn. 15; Ehricke/Hackländer, ZEuS 2008, S. 579 (580).

877 Danach umfasst die Tätigkeit der Union den Energiebereich nur „nach Maßgabe dieses Vertrags“, also den Vorschriften des AEUV, siehe Bast/von Bogdandy, in: Grabitz/Hilf/Nettesheim – EUV/AEUV, Art. 5 EUV, Rn. 19; Kahl, EuR 2009, S. 601 (604).

878 Nach dem Prinzip der begrenzten Einzelermächtigung besitzt die Union keine Allzuständigkeit und auch keine „Kompetenz-Kompetenz“, d.h. sie kann nicht verbindlich über die eigene Zuständigkeit entscheiden, da sie lediglich ein Staatenbund ist und ihr die erforderliche Souveränität fehlt. Zum Erlass des sekundären Unionsrechts bedarf es daher immer einer ausdrücklichen Kompetenzzuweisung in den Verträgen; siehe auch BVerfG, 2 BvE 2/08, Urteil vom 20.6.2009, Rn. 233 ff.; Kahl, EuR 2009, S. 601 (604).

879 Kuhlmann – Kompetenzrechtliche Neuerungen im EU-Energierecht nach Lissabon, Working Paper No. 79, 2008, S. 8.

880 Ehricke/Hackländer, ZEuS 2008, S. 579 (580).

881 Nettesheim, in: Grabitz/Hilf/Nettesheim – EUV/AEUV, Art. 194, Rn. 5.

882 RiLi 2003/54/EG des Europäischen Parlaments und des Rates vom 26. Juni 2003 über gemeinsame Vorschriften für den Elektrizitätsbinnenmarkt und zur Aufhebung der Richtlinie 96/92/EG, ABl. Nr. L 176/37 vom 15.7.2003; RiLi 2003/55/EG des Europäischen Parlaments und des Rates vom 26. Juni 2003 über gemeinsame Vorschriften für den Erdgasbinnenmarkt und zur Aufhebung der Richtlinie 98/30/EG, ABl. Nr. L 176/57 vom 15.7.2003.

Stromhandel[883] verabschiedet wurden. Zu den Regelungen dieser beiden Richtlinien gehörten unter anderem die Öffnung aller Strom- und Gasmärkte ab dem 1. Juli 2007 für alle Haushaltskunden und bereits ab dem 1. Juli 2004 für alle anderen Kunden sowie die Errichtung nationaler Regulierungsbehörden und Entflechtungsregelungen zur Verhinderung von Quersubventionierungen. Auch sollte der gesamte Markt transparenter werden. Die Annahme dieser Vorschriften stellte einen Durchbruch für eine Rechtsgrundlage im Sinne einer tatsächlichen Vollendung eines Binnenmarktes für Energie dar,[884] auch wenn die Vorschriften weiterhin größtenteils auf den Harmonisierungskompetenzen der Grundfreiheiten und der allgemeinen Harmonisierungskompetenz des Art. 114 AEUV beruhten.

II. Die Einführung des Art. 194 AEUV durch den Vertrag von Lissabon

Parallel zur Verabschiedung der Regelungen zur Öffnung der Elektrizitätsmärkte nahm der europäische Konvent[885] im Sommer 2003 den maßgeblichen Entwurf für den „Vertrag über eine Verfassung für Europa“[886] im Konsensverfahren an. Nach Absicht des Verfassungskonvents sollte der neue Energietitel die energiepolitischen Maßnahmen ermöglichen, die bis dato ohnehin als Teil der energiepolitischen Tätigkeit der EU verstanden wurden. Die bisherigen Kompetenzen sollten somit gebündelt werden.[887] Damit war die Einführung eines eigenständigen Energiekapitels mit Normgebungskompetenz von zentraler Bedeutung.[888]

---

883 Verordnung (EG) Nr. 1228/2003 des europäischen Parlaments und des Rates vom 26. Juni 2003 über die Netzzugangsbedingungen für den grenzüberschreitenden Stromhandel, ABl. L 176 vom 15.7.2003, S. 1.

884 Hobe, EuR 2009, S. 219 (221).

885 Mit der „Erklärung von Laeken“ beschloss der Europäische Rat im Dezember 2001, einen „Konvent über die Zukunft Europas“ einzuberufen. Aufgabe des Konvents war es, einen vertraglichen Rahmen für die Europäische Union zu erarbeiten, der zu einer Europäischen Verfassung ausgebaut werden könnte. Am 18. Juli 2003 übergab der EU-Reformkonvent der italienischen Ratspräsidentschaft den Entwurf eines Vertrags über eine Verfassung für Europa (VVE).

886 Vertrag über eine Verfassung für Europa, Abl. der EU, Nr. C 310 vom 16. Dezember 2004, S. 1 ff.

887 Calliess, in: Calliess/Ruffert – EUV/AEUV, Art. 194, Rn. 1; Kahl, EuR 2009, S. 601 (608).

888 Der Energiebereich wurde unter Art. I- 13 des Verfassungsentwurfs erstmals ausdrücklich als Unionskompetenz erwähnt und dem Bereich der geteilten Zuständigkeit zugeordnet – Dok CONV 797/1/03 vom 12. Juni 2003.

Nachdem der Verfassungskonvent mit seinem Vorschlag zur Einführung eines Titels „Energie" mit Normgebungskompetenz erfolgreich die Zustimmung der Mitgliedsstaaten zur Einführung eines solchen Kompetenztitels erlangt hatte,[889] wurde nach jahrzehntelanger Diskussion schließlich am 13. Dezember 2007 mit der Unterzeichnung des Vertrages von Lissabon[890] eine gemeinsame sektorenübergreifende Energiepolitik geschaffen. Der durch den Vertrag eingefügte Titel, XXI, Art. 194 AEUV,[891] wurde dabei als die primärrechtliche Antwort auf ein immer komplexeres sekundärrechtliches Energierecht[892] und als ein deutliches Indiz für den Anspruch der Union auf die zentrale Entscheidungskompetenz in der Energiepolitik[893] verstanden.

Unklar ist jedoch, ob bei einem auf eine Verstärkung der energiebinnenmarktlichen Strukturen gerichteten Tätigwerden der Union im Bereich des Energieumweltrechts allein auf den Energiekompetenztitel des Art. 194 AEUV abzustellen ist, oder ob auch andere Kompetenzgrundlagen heranzuziehen sind. Daher wird im Folgenden zunächst die Verknüpfung von Energie- und Umweltpolitik untersucht (siehe unter 1.), bevor anschließend die Reichweite des Art. 194 AEUV erörtert wird (siehe unter 2.).

1. Art. 194 AEUV als Kompetenzgrundlage für ein Tätigwerden der Union

Aufgrund der engen Verbindung von Energiepolitik und Umweltpolitik im Bereich des Klimaschutzes[894] stellt sich die Frage, ob für das infrage stehende Tätigwerden der Union zur Stärkung energiebinnenmarktlicher Strukturen im energieumweltpolitischen Bereich der Art. 194 AEUV die einschlägige Kompetenzgrundlage ist. Denn im Bereich der erneuerbaren Energien weist der Energiesektor eine besondere Umweltrelevanz auf, wie schon an der historischen Entwicklung der diesbezüglichen europäischen Energiepolitik zu erkennen ist. Diese ergibt sich maßgeblich aus den mit energiewirtschaftlichen Maßnahmen

---

889 Nettesheim, in: Grabitz/Hilf/Nettesheim - EUV/AEUV, Art. 194, Rn. 5.

890 Vertrag von Lissabon zur Änderung des Vertrags über die Europäische Union und des Vertrags zur Gründung der Europäischen Gemeinschaft, Abl. der EU, Nr. C 306 vom 17. Dezember 2007, S. 1 ff.

891 Calliess, in: Calliess/Ruffert - EUV/AEUV, Art. 194, Rn. 1; Däuper, in: Danner/Theobald - Energierecht, Rn. 3; Nettesheim, in: Grabitz/Hilf/Nettesheim - EUV/AEUV, Art. 194, Rn. 5; Terhechte, EuR 2008, S. 143 (172).

892 Calliess, in: Calliess/Ruffert - EUV/AEUV, Art. 194, Rn. 2.

893 Frenz/Kane, NuR 2010, S. 464 (467).

894 Calliess - Kompetenz zu einer kombinierten Umwelt-, Klima- und Energiepolitik, Berliner Beiträge Nr. 52, 2009, S. 1.

verbundenen Emissionen, dem allgemeinen Gefahrenpotential für die Umwelt und dem Ressourcenverbrauch.[895] Die Verzahnung von Energie- und Umweltpolitik im Bereich der regenerativen Energien bedingt, dass diesbezügliche Maßnahmen zwar zur Erreichung mehrerer Ziele der Union beitragen, dass aber regelmäßig auch kein Ziel isoliert, also ohne Einfluss auf das jeweils andere, erreicht werden kann.[896] Dies wird als die sog. Ziel- bzw. Maßnahmenverschränktheit des europäischen Energieumweltrechts bezeichnet.[897] So wird etwa die Förderung der erneuerbaren Energien zwar hauptsächlich aus Gründen des Umweltschutzes verfolgt, zugleich verringert sie aber die Abhängigkeit von Stromimporten.[898] Anhand der Ziel- und Maßnahmenverschränktheit verdeutlicht sich also die gegenseitige Abhängigkeit der Unionsziele und der faktische Einfluss vermeintlich sektorspezifischer Maßnahmen auf andere Bereiche.

Um diese Ziel- und Maßnahmenverschränktheit im Bereich der erneuerbaren Energien besser zum Ausdruck zu bringen, haben sich die Begriffe „Energieumweltrecht" bzw. „Umweltenergierecht" herausgebildet. Mitunter lässt sich nur schwer feststellen, ob für die jeweilige Maßnahme in diesem Bereich auf energiepolitische oder auf umweltpolitische Kompetenzen abzustellen ist – schließlich kann die begriffliche Einordnung eine Bedeutung für die Wahl der Kompetenzgrundlage haben.[899] Ausgehend vom Begriff des Energieumweltrechts ist man geneigt, umweltschutzrechtliche Regelungen als Ergänzung zum allgemeinen Energierecht zu verstehen, was grundsätzlich auch dem klassischen Querschnittscharakter des Umweltrechts i.S.d. Art. 11 AEUV entspräche.[900] So vertritt auch der herrschende

895 Sparwasser/Engel/Voßkuhle – Umweltrecht, § 7, Rn. 2.

896 Calliess – Auf dem Wege zu einer einheitlichen Energiepolitik?, in: Joost/Ortker/Paschke (Hrsg.) – FS Säcker, 2012, S. 589 (590).

897 Von Sydow, in: Schulze-Fielitz/Müller – Europäisches Klimaschutzrecht, 2009, S. 213 (218); Calliess – Kompetenz zu einer kombinierten Umwelt-, Klima- und Energiepolitik, Berliner Beiträge Nr. 52, 2009, S. 6.

898 Calliess – Kompetenz zu einer kombinierten Umwelt-, Klima- und Energiepolitik, Berliner Beiträge Nr. 52, 2009, S. 6.

899 Calliess – Kompetenz zu einer kombinierten Umwelt-, Klima- und Energiepolitik, Berliner Beiträge Nr. 52, 2009, S. 5.

900 Zur XIII. Jahrestagung des Instituts für Berg- und Energierecht am 6. März 2009, die den Titel „Probleme und Perspektiven im Energieumweltrecht" trug, wurde aus Klarstellungsgründen darauf hingewiesen, dass der Begriff Energieumweltrecht die Rechtsbereiche des Energierechts bezeichnen soll, die eine besondere enge Beziehung zum Umwelt- und Klimaschutz aufweisen – siehe: Cremer/Pielow (Hrsg.) – Probleme und Perspektiven im Energieumweltrecht, 2010, Einleitung S. 1; ferner Calliess – Kompetenz zu einer kombinierten Umwelt-, Klima- und

Teil der Literatur[901] diese Auffassung. Er versteht das Energieumweltrecht als Teilgebiet des Energierechts, das die umweltrelevanten Regelungen zu Energiegewinnung, transport und verbrauch umfasst. Der Begriff des Umweltenergierechts wird von diesem Schrifttum synonym für den Begriff des Energieumweltrechts verwendet.[902] Zwar ist ein Teil der Literatur[903] um eine genauere Abgrenzung der Begriffe Energieumweltrecht und Umweltenergierecht bemüht und nimmt an, dass das Umweltenergierecht nicht nur das Energieumweltrecht umfasst, sondern sich über die „spezifisch energiewirtschaftlichen Bereiche" hinaus auch auf Regelungsnormen zum Klimaschutz und zur Ressourcenschonung erstreckt, die nicht vom Energieumweltrecht umfasst wären. Jedoch ist bereits unklar, ob die Förderung der erneuerbaren Energien unter diese Regelungsnormen fällt oder doch Teil eines „spezifisch energiewirtschaftlichen Bereiches" ist.[904] Schon alleine wegen dieser Zuordnungsschwierigkeiten, die eine grundsätzliche, aber detaillierte Differenzierung der beiden Begriffe ausschließen, ist eine stärkere Auseinandersetzung mit dieser Problematik vorliegend nicht geboten.

Im Ergebnis ist das Energierecht trotz seiner umweltrechtlichen Relevanz in seiner Gesamtheit systematisch nicht als Umweltschutzrecht einzustufen.[905]

Energiepolitik, Berliner Beiträge Nr. 52, 2009, S. 3 ff.; siehe auch Müller – Neujustierung des europäischen Umweltenergierechts im Bereich erneuerbarer Energien?, in: Cremer/Pielow (Hrsg.) – Probleme und Perspektiven im Energieumweltrecht, 2010, S. 142 ff.

901 Calliess – Kompetenz zu einer kombinierten Umwelt-, Klima- und Energiepolitik, Berliner Beiträge Nr. 52, 2009, S. 3 ff.; Hermes – Instrumentenmix im Energieumweltrecht, in: Führ/Wahl/Wilmowsky (Hrsg.) – FS Rehbinder, 2007, S. 569 (573 f.); Klöpfer – Umweltschutzrecht, § 11, Rn. 4, der auf die jeweilige Perspektive abstellt, aus der die Regelungen betrachtet werden; Pielow, in: Gesellschaft für Umweltrecht – Umweltschutz im Energierecht, 2005, S. 162 (165); Rodi, EurUP 2005, S. 165 ff., der einerseits von einer umweltverträglichen Ausgestaltung des Energierechts (S. 167), andererseits vom Energieumweltrecht als Teil des Umweltrechts spricht (S. 169).

902 Klöpfer – Umweltschutzrecht, § 11, Rn. 4; Rodi, EurUP 2005, S. 165 ff.

903 Schulze-Fielitz/Müller, in: Schulze-Fielitz/Müller – Europäisches Klimaschutzrecht, 2009, S. 9 (13): Für die Autoren ist der Begriff Umweltenergierecht weiter als der des Energieumweltrechts, da letzterer lediglich die spezifisch energiewirtschaftsrechtlichen Bereiche und nicht auch die übrigen Normen erfasst, die dem Klimaschutz in den Energiesektoren Elektrizität, Wärme und Kühlung sowie Treibstoffe dienen.

904 Siehe hierzu m.w.N. Calliess – Kompetenz zu einer kombinierten Umwelt-, Klima- und Energiepolitik, Berliner Beiträge Nr. 52, 2009, S. 3 ff.

905 Sparwasser/Engel/Voßkuhle – Umweltrecht, § 7, Rn. 13.

Daher ist bei der Frage nach der Kompetenzgrundlage für ein Tätigwerden der Union im energieumweltpolitischen Sektor an erster Stelle auf den Energiekompetenztitel des Art. 194 AEUV abzustellen.

2. *Die Reichweite des Art. 194 AEUV*

Im folgenden Abschnitt wird diskutiert, wie weit die auf Art. 194 AEUV basierenden Kompetenzen der Union reichen und welchen Grenzen ein hierauf basierendes Tätigwerden der Union unterliegt. In diesem Zusammenhang wird untersucht, ob sich die Union auf Grundlage von Art. 194 AEUV gegen nationale marktabschottende Maßnahmen wenden kann. Hierzu wird zunächst untersucht, in welchen Fällen die Unionszuständigkeit gegeben ist und welche Kompetenzen die Vorschrift für die Union vorsieht (siehe unter a). Anschließend wird erörtert, welche formellen Anforderungen bei der Ausübung der unionalen Zuständigkeit zu beachten sind und wo ihre Grenzen sind (siehe unter b).

a) Die Eröffnung der Unionszuständigkeit

Zunächst werden die gesetzgeberischen Befugnisse der Union im Energiebereich erläutert. Hierzu werden die Bedeutung der geteilten Zuständigkeit im Energiebereich sowie diesbezügliche Ausnahmen untersucht (siehe unter aa). Gemäß Art. 194 Abs. 2 UAbs. 1 AEUV wird die Zuständigkeit der Union im Rahmen des Energiekompetenztitels durch die Verfolgung eines der vier in Art. 194 Abs. 1 AEUV genannten energiepolitischen Ziele begründet.[906] Daher wird in einem zweiten Schritt erörtert, ob bei dem anvisierten Tätigwerden der Union zur Kompetenzbegründung ein energiepolitisches Ziel verfolgt wird (siehe unter bb). Ferner sind bei jeder Verfolgung der kompetenzbegründenden Ziele des Art. 194 AEUV drei Leitprinzipien zu beachten,[907] die bestimmte Pflichten der Union bei einem energiepolitischen Handeln konkretisieren. Um festzustellen, welche Grenzen diese übergeordneten Prinzipien einem auf Art. 194 Abs. 1 AEUV beruhenden Tätigwerden der Union setzen, werden diese in einem dritten Schritt inhaltlich erörtert und auf ihre Auswirkungen für das beabsichtigte Vorgehen der Union untersucht (siehe unter cc).

---

906 EuGH, Urteil vom 6.9.2012 – Rs. C-490/10, Slg. 2012, EU-Parlament/Rat der EU, S. 1, Rn. 66; Calliess, in: Calliess/Ruffert – EUV/AEUV, Art. 194, Rn. 3.

907 Ehricke/Hackländer, ZEuS 2008, S. 579 (585); Calliess, in: Calliess/Ruffert – EUV/AEUV, Art. 194, Rn. 3; Däuper, in: Danner/Theobald – Energierecht, Rn. 17.

aa) Gesetzgeberische Befugnisse im Energiesektor
Im Folgenden wird dargestellt, wann überhaupt die Union im Energiebereich gesetzgeberisch tätig werden und verbindliche Rechtsakte erlassen kann.

(1) Geteilte Zuständigkeit bei der Energiepolitik
Der Bereich Energie gehört gemäß Art. 4 Abs. 2 lit. i AEUV grundsätzlich zu den sog. Hauptbereichen der geteilten Zuständigkeiten. Bei einer geteilten Zuständigkeit dürfen die Mitgliedsstaaten ihre Zuständigkeit nur wahrnehmen, „sofern und soweit die Union ihre Zuständigkeit nicht ausgeübt hat“, vgl. Art. 2 Abs. 2 S. 2 AEUV. Hingegen sind bei ausschließlicher Zuständigkeit der Union allein die Organe der Union zum Erlass gesetzgeberischer und sonstiger rechtlich verbindlicher Maßnahmen befugt.[908] Die Regelung der geteilten Zuständigkeit ähnelt dem deutschen Prinzip der konkurrierenden Gesetzgebung in Art. 74 GG, welche es dem Bund ermöglicht, einen Sachbereich vollständig an sich zu ziehen und verbindlich zu regeln.[909]

Insofern kann die Union beim Erlass von Maßnahmen im Bereich Energie ohne besondere Hindernisse tätig werden. Sie kann bei geteilter Zuständigkeit abschließende Regelungen schaffen[910] und damit ein Handeln der Mitgliedsstaaten verhindern.[911] Deswegen wird häufig auch von einem Vorrang der Gesetzgebungskompetenz der Union gesprochen.[912] Ein Mitgliedsstaat hat demnach nur dann die Regelungsbefugnis, wenn die Union keine Regelung getroffen oder eine ehemals existierende Regelung zurückgenommen hat.[913]

Dabei ist zu beachten, dass die Zuweisung energierechtlicher Maßnahmen zur geteilten Zuständigkeit nicht kompetenzbegründend ist; Art. 194 AEUV muss vielmehr ergänzend herangezogen werden.[914] So lässt auch die Zuordnung

---

908 Calliess, in: Calliess/Ruffert – EUV/AEUV, Art. 2, Rn. 2.

909 Hobe, EuR 2009, S. 219 (226); Kahl, EuR 2009, S. 601 (607); Kuhlmann – Kompetenzrechtliche Neuerungen im EU-Energierecht nach Lissabon, Working Paper No. 79, 2008, S. 16.

910 Neveling, ET 2004, S. 340 (341); Schmidt-Preuß, ET 2003, S. 776.

911 Däuper, in: Danner/Theobald – Energierecht, Rn. 18; Ehricke/Hackländer, ZEuS 2008, S. 579 (583).

912 Heller, atw 2003, S. 270; Jasper, ZNER 2003, S. 210.

913 Jasper, ZNER 2003, S. 210; durch die Einführung der geteilten Zuständigkeit ist damit eine ausdrückliche Verstärkung der Zuständigkeiten festzustellen, da vor dem Vertrag von Lissabon noch keine explizite Kompetenzzuweisung an den europäischen Gesetzgeber im Bereich der Energiepolitik vorgesehen war – Hobe, EuR 2009, S. 219 (226).

914 Kuhlmann – Kompetenzrechtliche Neuerungen im EU-Energierecht nach Lissabon, Working Paper No. 79, 2008, S. 17.

zur geteilten Zuständigkeit allein noch nicht darauf schließen, dass die neu geschaffenen Kompetenzen des Energiekompetenztitels über diejenigen der indirekten Regelungskompetenzen hinausgehen, die vor dem Vertrag von Lissabon für den Energiebereich herangezogen worden waren.

Teilweise wird im Rahmen der geteilten Zuständigkeit im Bereich Energie zwischen den einzelnen Zielbestimmungen des Art. 194 Abs. 1 AEUV genauer differenziert; denn abgesehen von der Unionszuständigkeit nach Art. 4 Abs. 2 AEUV im Hauptbereich Energie ergeben sich der Umfang der Zuständigkeiten der Union und die Einzelheiten ihrer Ausübung aus den Bestimmungen der Verträge zu den einzelnen Bereichen, Art. 2 Abs. 6 AEUV. So sind Art. 194 Abs. 1 lit. a sowie lit. b AEUV den geteilten Zuständigkeiten zuzurechnen, wobei Art. 194 Abs. 1 lit. b AEUV dies bereits kraft Natur der Sache ist. Lit. c und lit. d hingegen gehören ihrer Wirkung nach eher zu den ergänzenden Zuständigkeiten i.S.d. Art. 6 AEUV.915 Diese ergänzenden Zuständigkeiten stellen einen Unterfall der geteilten Zuständigkeit dar.[916] Bei Vorliegen der Zuständigkeit nach Art. 6 AEUV hat die Union in dem jeweiligen Feld eine Handlungsbefugnis, die sie zur Unterstützung, Koordinierung oder Ergänzung der Maßnahmen der Mitgliedsstaaten wahrnehmen kann.[917] Für die vorliegende Frage der unionalen Zuständigkeit ist diese Differenzierung jedoch entbehrlich. Schließlich hätte die Union auch im Falle der ergänzenden Zuständigkeit eine Befugnis zum Tätigwerden. Daher stellt sich lediglich die Frage, ob der Union im Hauptbereich Energie die notwendige Kompetenz zu einem Tätigwerden im oben genannten Sinn zukommt, was anhand der energiepolitischen Ziele des Art. 194 Abs. 1 AEUV festzustellen ist.

(2) Ausnahmen von der geteilten Zuständigkeit

Im Bereich Energie gibt es jedoch zwei Ausnahmen von der geteilten Zuständigkeit zugunsten der Union, die möglicherweise einem Tätigwerden der Union in der vorliegend skizzierten Weise entgegenstehen.

(a) Ausnahmevorbehalt der Erklärung Nr. 35

Gemäß Erklärung Nr. 35 zur Schlussakte der Regierungskonferenz, die den am 13. Dezember 2007 unterzeichneten Vertrag von Lissabon angenommen hat, lässt Art. 194 AEUV das Recht der Mitgliedsstaaten unberührt, Bestimmungen zu erlassen, die für die Gewährleistung ihrer Energieversorgung

915 Calliess, in: Calliess/Ruffert – EUV/AEUV, Art. 194, Rn. 23.
916 Nettesheim, in: Grabitz/Hilf/Nettesheim – EUV/AEUV, Art. 6, Rn. 6.
917 Nettesheim, in: Grabitz/Hilf/Nettesheim – EUV/AEUV, Art. 6, Rn. 9.

unter den Bedingungen des Art. 347 AEUV erforderlich sind. Art. 347 AEUV stellt eine allgemeine Schutzklausel dar, bei der es sich um eine Ausnahme von der grundsätzlichen Sperrwirkung unionsrechtlicher Regelungen zur Versorgungssicherheit für den Fall innerstaatlicher Krisen handelt.[918] Obwohl diese Erklärung nicht unmittelbarer Teil des Vertrages ist[919] und ihre Formulierung im Rahmen der Auslegung nicht zu einer eindeutigen Interpretation verhilft,[920] hat sie für die Auslegung der Vorschrift große Bedeutung. So wird in der Literatur teilweise die Auffassung vertreten, dass die Erklärung Nr. 35 als Konkretisierung des Art. 194 Abs. 2 UAbs. 2 AEUV zu verstehen ist. Dies sei unter anderem darauf zurückzuführen, dass sie zeitgleich mit einer wesentlichen Erweiterung dieses Absatzes formuliert wurde.[921] Hiergegen ist jedoch bereits einzuwenden, dass in dem Dokument keine unmittelbare Bezugnahme auf den Unterabsatz erfolgt und im Rahmen der Verhandlungen des Verfassungskonvents das zeitliche Zusammenfallen zweier Regelungsvorschläge zur selben Sachmaterie keine Besonderheit darstellte. Überzeugender ist die Gegenansicht, nach welcher die Erklärung als weiterer, von Art. 194 Abs. 2 UAbs. 2 AEUV unabhängiger Souveranitätsvorbehalt der Mitgliedsstaaten zu verstehen ist.[922] Während Art. 194 Abs. 2 UAbs. 2 AEUV die Kompetenz der Union beschränkt, hebt die Erklärung Nr. 35 die bei der Ausübung geteilter Zuständigkeiten eintretende Sperrwirkung für mitgliedsstaatliche Rechtsakte gegenüber Bestimmungen zur Gewährleistung ihrer Energieversorgung in Notfällen auf. Eine damit einhergehende Behinderung der Solidaritätspflicht ist in diesem Falle ausnahmsweise zulässig, da die unionalen Regelungen nicht außer Kraft treten und die Erklärung nur die Krisenfälle des Art. 347 AEUV betrifft. Die Energiepolitik der Union hat durch diese Regelung keine bedeutende Einschränkung erhalten. Damit dürfte die

---

918 Kuhlmann – Kompetenzrechtliche Neuerungen im EU-Energierecht nach Lissabon, Working Paper No. 79, 2008, S. 18.

919 Dies ergibt sich aus einem Umkehrschluss zu Art. 51 EUV: nach dieser Vorschrift sind die Protokolle und Anhänge der Verträge Bestandteil dieser. Da die bei den Verhandlungen zum Vertrag von Lissabon veröffentlichten Erklärungen nicht eingebunden sind, sind sie somit auch nicht Vertragsbestandteil.

920 Siehe hierzu Calliess, in: Calliess/Ruffert – EUV/AEUV, Art. 194, Rn. 24; Calliess – Kompetenz zu einer kombinierten Umwelt-, Klima- und Energiepolitik, Berliner Beiträge Nr. 52, 2009, S. 32; Haack – Verlust der Staatlichkeit, 2007, S. 169.

921 Siehe den Vorschlag des Vorsitzenden der Regierungskonferenz, CIG 60/03 ADD 1, Anlage 31, S. 44.

922 Calliess, in: Calliess/Ruffert – EUV/AEUV, Art. 194, Rn. 24.

Erklärung Nr. 35 vorliegend kein Hindernis für ein Tätigwerden der Union darstellen.

(b) Nationale Schutzverstärkungen

Teilweise wird über die Möglichkeiten der Erklärung Nr. 35 hinaus im Rahmen des Art. 194 AEUV die Eventualität nationaler umweltpolitischer Schutzverstärkungen angenommen.[923] Nationale Schutzverstärkungsmöglichkeiten spielen gerade vor dem Hintergrund der unterschiedlichen nationalen Gegebenheiten im Energiebereich der 28 Mitgliedsstaaten eine bedeutende Rolle.[924] Die Möglichkeit solcher Maßnahmen ist nur in Art. 193 AEUV explizit erwähnt und fehlt im Bereich des Energieumweltrechts. Doch gerade wegen der gewichtigen nationalen Interessen in diesem Bereich sind zusätzliche nationale Schutzverstärkungen mit Vorsicht zu genießen. Schließlich ist weder eine planwidrige Regelungslücke angesichts der ausdrücklichen Erwähnung des Umweltschutzes zu erkennen, noch darf die ohnehin belastete europäische Energiepolitik durch nationale Alleingänge gefährdet werden,[925] diese sollen vielmehr bei Möglichkeit verhindert werden. Es gibt zwar Ausnahmen, wie das Beispiel der Erklärung Nr. 35 zeigt; doch darf die Ziel- und Maßnahmenverschränktheit des europäischen Energierechts, die eine besondere Abstimmung zwischen nationalen Maßnahmen und solchen auf EU-Ebene erfordert, nicht durch weitere Schutzverstärkungsklauseln unterlaufen werden.[926] Als Folge dessen ist einem bedeutenden Teil des Schrifttums[927] folgend anzunehmen, dass im Rahmen des Art. 194 AEUV keine Möglichkeit zur nationalen Schutzverstärkung vorgesehen ist.

---

923 Britz, in: Schulze-Fielitz/Müller – Europäisches Klimaschutzrecht, 2009, S. 71 (86): Der Autor hält im Rahmen des Art. 194 Abs. 2 UAbs. 1 i.V.m. Abs. 1 lit. c AEUV eine analoge Anwendung des Art. 193 AEUV für möglich.

924 Kahl, EuR 2009, S. 601 (617).

925 SRU – Sondergutachten, S. 208; Ludwigs, ZG 2010 (25), S. 222 (226): wegen der fehlenden Regelungslücke lehnt der Autor auch die Auffassung ab, dass Art. 193 AEUV zur Anwendung kommt, falls ein unteilbarer Rechtsakt auf Art. 192 und Art. 194 AEUV beruht – so aber Frenz/Kane, NuR 2010, S. 464 (468); krit. im Hinblick auf eine Marktabschottung durch einzelstaatliche Ansätze auch Gundel – Nachhaltigkeit und Energie, in: Kahl (Hrsg.) – Nachhaltigkeit als Verbundbegriff, 2008, S. 443 (468).

926 SRU – Sondergutachten, S. 208.

927 Calliess – Sinn, Inhalt und Reichweite einer europäischen Kompetenz zur Energieumweltpolitik, in: Cremer/Pielow (Hrsg.) – Probleme und Perspektiven im Energieumweltrecht, 2010, S. 20 (51); Ludwigs, ZG 2010 (25), S. 222 (226).

bb) Die energiepolitischen Ziele des Art. 194 AEUV

Die Energiepolitik der Union soll die im Folgenden diskutierten vier energiepolitischen Ziele des Art. 194 AEUV gewährleisten. Es handelt sich dabei um die Sicherstellung des Funktionierens des Energiemarktes (lit. a), die Gewährleistung der Versorgungssicherheit (lit. b), die Förderung der Energieeffizienz und von Energieeinsparungen, einschließlich der Entwicklung neuer und erneuerbarer Energiequellen (lit. c) sowie die Förderung der Interkonnektion der Energienetze (lit. d).

(1) Die Ziele des Art. 194 AEUV als unionale Kompetenzen

Die Ziele des Art. 194 AEUV stellen sowohl eine Aufgaben- als auch eine Kompetenzzuweisung dar, wobei jedes der Ziele unabhängig von den anderen kompetenzbegründend sein kann.[928] Obgleich die eigentliche Rechtsetzungskompetenz in Art. 194 Abs. 2 AEUV normiert ist, sind die in Abs. 1 dargelegten energiepolitischen Ziele mittelbar für die Kompetenz von Rechtsakten entscheidend, weil erst ihre Verfolgung den Anwendungsbereich des Kompetenztitels eröffnet.[929]

Fraglich ist mithin, ob die Union auf der Grundlage eines der energiepolitischen Ziele des Art. 194 AEUV die notwendige Kompetenz hat, um eine Öffnung von nationalen, marktabschottenden Fördersystemen und Kapazitätsmärkten zu erreichen. Dies wird im Folgenden untersucht. Dabei wird im Einzelnen erläutert, welches der Ziele für ein Tätigwerden der Union zur Öffnung mitgliedsstaatlicher Fördersysteme und Kapazitätsmärkte kompetenzbegründend sein könnte.

(a) Sicherstellung des Funktionierens des Energiemarktes, lit. a

Im Zentrum des ambitionierten Ziels, das Funktionieren des Energiemarktes sicherzustellen, steht die Verwirklichung des europäischen Energiebinnenmarktes und die Beseitigung vielfältiger Hindernisse für selbigen.[930] Gemäß dem

---

928 Calliess, in: Calliess/Ruffert – EUV/AEUV, Art. 194, Rn. 9; Frenz/Kane, NuR 2010, S. 464 (468).

929 Ehricke/Hackländer, ZEuS 2008, S. 579 (586); Calliess, in: Calliess/Ruffert – EUV/AEUV, Art. 194, Rn. 9.

930 Nettesheim, in: Grabitz/Hilf/Nettesheim – EUV/AEUV, Art. 194, Rn. 15; in der Literatur wird diskutiert, inwieweit die Formulierung „Energiemarkt" auf eine pauschale Ermächtigung zur Regulierung des Energiemarktes schließen lässt und damit über den Begriff des „Energiebinnenmarktes" hinausgeht (so insbesondere Schulenberg – Energiepolitik, 2009, S. 379). Da diese Auslegung jedoch mit der Entstehungsgeschichte der Vorschrift sowie dem Prinzip der begrenzten Einzelermächtigung des Art. 5 Abs. 2 EUV kollidieren würde, ist unter dem Begriff

Schrifttum umfasst der Begriff des Energiebinnenmarktes neben der Erzeugung und der Förderung auch die Verarbeitung und den Transport sowie die Lagerung und Speicherung von primären und umgewandelten Energieträgern. Auch werden die Energieerzeugnisse auf dem Erdöl-, Erdgas-, Elektrizitäts- und Biokraftstoffsektor von ihm erfasst.[931]

Der Anwendungsbereich ist dabei auf solche Fälle begrenzt, bei denen eine unionsinterne, grenzüberschreitende Problematik gegeben ist. Die Sicherstellung des Funktionierens des Energiemarktes kann nur erreicht werden, wenn auch für die notwendigen Energieeinfuhren aus Drittländern gesorgt wird.[932] In Abgrenzung zum Leitprinzip der Herstellung und Sicherung des Binnenmarktes des Art. 194 Abs. 1 AEUV ermöglicht die Vorschrift der Union einen umfassenden Zugriff auf die Regulierung und Steuerung der Energiemärkte.[933] Ebenso deckt sie auch wettbewerbliche Maßnahmen der Union ab, denn das Funktionieren des Marktes meint auch stets das Funktionieren eines wettbewerblich ausgerichteten Marktes.[934]

Die Ermächtigung ist somit weit auszulegen. Einerseits kann sie herangezogen werden, um Eingriffe zur Steuerung des Angebots und der Nachfrage zu rechtfertigen und gegen weitere distributive Störungen des Wettbewerbs vorzugehen.[935] So können Regelungen zum Schutz der Verbraucher und sozial schwacher Bürger auf dieses Ziel gestützt werden.[936] Andererseits hat sie eine rechtliche Ordnung innerhalb des Energiemarktes zum Ziel:[937] Auf ihrer Basis kann die Union gegen für den europäischen Energiemarkt relevante Störungen vorgehen,[938] so dass sie auch als marktharmonisierende Energiebinnenmarktkompetenz bezeichnet wird.[939]

„Energiemarkt" des Art. 194 Abs. 1 AEUV einzig der „Energiebinnenmarkt" zu verstehen – siehe Kahl, EuR 2009, S. 601 (617 f.); Ludwigs, ZG 2010 (25), S. 222 (227).

931 Calliess, in: Calliess/Ruffert – EUV/AEUV, Art. 194, Rn. 10.

932 Ehricke/Hackländer, ZEuS 2008, S. 579 (587).

933 Nettesheim, in: Grabitz/Hilf/Nettesheim – EUV/AEUV, Art. 194, Rn. 15.

934 Möller – Eigentumsrechtliche Entflechtung, 2007, S. 253.

935 Nettesheim, in: Grabitz/Hilf/Nettesheim – EUV/AEUV, Art. 194, Rn. 15; Calliess, in: Calliess/Ruffert – EUV/AEUV, Art. 194, Rn. 11.

936 So beispielweise Maßnahmen, die auf die Preisgünstigkeit der Energieversorgung gerichtet sind – siehe Ehricke/Hackländer, ZEuS 2008, S. 579 (587).

937 Nettesheim, in: Grabitz/Hilf/Nettesheim – EUV/AEUV, Art. 194, Rn. 15; Calliess, in: Calliess/Ruffert – EUV/AEUV, Art. 194, Rn. 11.

938 Calliess, in: Calliess/Ruffert – EUV/AEUV, Art. 194, Rn. 11.

939 Winkler, DÖV 2011, S. 804 (809).

Für ein Tätigwerden der Union zur Öffnung der nationalen Energie- und Kapazitätsmärkte dürfte dieses Ziel somit unmittelbar kompetenzbegründend sein, da gerade durch ein solches Vorgehen ein verstärkter Austausch zwischen den Mitgliedsstaaten im Energiesektor initiiert werden würde.

(b) Gewährleistung der Versorgungssicherheit, lit. b

Während die Pflicht der Versorgungssicherheit bis zum Jahr 2009 grundsätzlich in die alleinige Hoheitsgewalt der Mitgliedsstaaten fiel, ist die Versorgungssicherheit seit dem Vertrag von Lissabon nunmehr auch Angelegenheit der Union.[940] Dies ist nur konsequent, da sich in einem liberalisierten Markt die Versorgungssicherheit schon rein faktisch nicht mehr als einzelstaatliche Angelegenheit darstellt.[941] Da bei der Union eine zunehmende Importabhängigkeit zu verzeichnen ist, stuft die Kommission die Versorgungssicherheit als eines der Primärziele europäischer Energiepolitik ein.[942]

Das Ziel der Versorgungssicherheit ist erreicht, wenn die Union sie sowohl in geopolitischer als auch in technischer Hinsicht sicherstellt. Zu ersterer zählen die geografische Diversifizierung von Versorgungsquellen in der Energiebilanz oder der Auf- und Ausbau der politischen Beziehungen mit energieexportierenden Drittstaaten. Um die technische Dimension zu erreichen, muss sie mit Hilfe einer vorausschauenden Politik gewährleisten, dass keine Lieferunterbrechungen und Engpässe entstehen, wobei dies auch die Anlagensicherheit oder den Ausbau von Kraftwerkskapazitäten umfasst.[943] Dabei muss insbesondere die Planung und Realisierung von Infrastrukturmaßnahmen berücksichtigt werden, da zur Versorgungssicherheit auch die Bereitstellung und Aufrechterhaltung der den Verbraucherbedürfnissen entsprechenden technischen Rahmenbedingungen zählt.[944] Ebenso können nur auf der Grundlage einer europäischen Infrastruktur ein europäischer Gasverbund errichtet und isolierte Energiemärkte aufgelöst werden.[945]

---

940 Calliess, in: Calliess/Ruffert - EUV/AEUV, Art. 194, Rn. 13.

941 Schulenberg - Energiepolitik, 2009, S. 382.

942 Siehe hierzu: Mitteilung der Kommission - Zweite Überprüfung der Energiestrategie, KOM (2008) 781 endg.; Mitteilung der Kommission - Eine Energiepolitik für Europa, KOM (2007) 1 endg.; Mitteilung der Kommission - Energiebinnenmarkt: Abgestimmte Maßnahmen im Bereich der Energieversorgungssicherheit, KOM (2002) 488 endg.; Grünbuch der Kommission - Hin zu einer europäischen Strategie für Energieversorgungssicherheit, KOM (2000) 769 endg.

943 Schulenberg - Energiepolitik, 2009, S. 381.

944 Ehricke/Hackländer, ZEuS 2008, S. 579 (589).

945 Däuper, in: Danner/Theobald - Energierecht, Rn. 7.

Dieser Ansatz steht im Widerspruch zur Schaffung von auf den jeweiligen Mitgliedsstaat begrenzten Kapazitätsmärkten. Schließlich würden mitgliedsstaatliche Kapazitätsmärkte, die zur Sicherung der nationalen Versorgungssicherheit eingesetzt werden, marktabschottend wirken und damit die Isolation der nationalen Energiemärkte fördern. Folglich dürfte dieses energiepolitische Ziel für ein Tätigwerden zur Öffnung nationaler Kapazitätsmärkte kompetenzbegründend sein.

(c) *Förderung der Energieeffizienz und Energieeinsparungen sowie Entwicklung neuer und erneuerbarer Energiequellen, lit. c*

Systemisch muss bei Art. 194 Abs. 1 lit. c AEUV zwischen der Förderung der Energieeffizienz und Energieeinsparungen einerseits und der Entwicklung neuer und erneuerbarer Energiequellen andererseits unterschieden werden.

Die Begriffe Energieeinsparung und Energieeffizienz sind grundsätzlich nur unscharf voneinander abzugrenzen. In der Literatur werden grundsätzlich alle Akte, die den Wirkungsgrad des Einsatzes von Energie erhöhen, als Maßnahmen zur Förderung der Energieeffizienz im Sinne der Vorschrift verstanden.[946] Der zur Erzielung eines bestimmten Nutzens erforderliche Energieeinsatz soll nachhaltig gesenkt und dadurch aus dem unvermeidbaren Energieaufwand ein größerer Ertrag erzielt werden. Daneben sind alle Maßnahmen, die darauf abzielen, die eingesetzte Energiemenge zu reduzieren, solche zur Einsparung von Energie.[947]

Die Förderung der Entwicklung erneuerbarer Energiequellen zielt zunächst darauf ab, altbekannte Technologien, wie etwa die Energiegewinnung aus Wasser- und Windkraft, weiterzuentwickeln. Darüber hinaus sollen aber auch Energiequellen, die bislang keine oder keine wesentliche Bedeutung gespielt haben oder noch nicht entwickelt sind, als sog. neue Energiequellen besondere Aufmerksamkeit erhalten.[948] So soll etwa die Energiegewinnung aus Biomasse durch Forschungsprogramme gefördert werden.[949] Auch wenn der Wortlaut des Art. 194 Abs. 1 lit. c AEUV nur von „Energiequellen“ spricht, werden auf Grundlage dieser Vorschrift auch andere Technologien der nächsten

946 Ehricke/Hackländer, ZEuS 2008, S. 579 (590); Nettesheim, in: Grabitz/Hilf/Nettesheim – EUV/AEUV, Art. 194, Rn. 17; siehe auch zur Problematik: Wuppertal Institut – Definition Energieeffizienz, 2008.

947 Nettesheim, in: Grabitz/Hilf/Nettesheim – EUV/AEUV, Art. 194, Rn. 18.

948 Calliess, in: Calliess/Ruffert – EUV/AEUV, Art. 194, Rn. 15; Hobe, EuR 2009, S. 219 (228); Frenz/Kane, NuR 2010, S. 464 (466).

949 Nettesheim, in: Grabitz/Hilf/Nettesheim – EUV/AEUV, Art. 194, Rn. 19.

Generation[950], beispielsweise neue Energiespeichersysteme, als förderungswürdig verstanden.[951] Hierzu zählen neben Speichern auf chemischer Basis auch Brennstoffzellen oder Wasserstoffgewinnungssysteme. Ein zusätzlicher positiver Effekt der unterschiedlichen Fördermaßnahmen ist, dass sich die Importabhängigkeit der Union verringert und so die Versorgungssicherheit gestärkt wird.[952]

Weder die Kompetenz zur Förderung der Energieeffizienz und Energieeinsparungen noch die Kompetenz zur Entwicklung neuer und erneuerbarer Energien dürfte dem in Rede stehende Vorgehen zur Stärkung binnenmarktlicher Strukturen nützen. Denn das beabsichtigte Handeln ist nicht auf die Förderung oder Entwicklung von Maßnahmen gerichtet, sondern soll lediglich deren Anwendungsbereich definieren.

(d) Interkonnektion der Energienetze, lit. d

Bei der Interkonnektion der Energienetze geht es zum einen um die technische Seite „des Verbunds und der Interoperabilität der einzelstaatlichen Energienetze" i.S.d. Art. 170 Abs. 2 AEUV, die somit auch vom Wortlaut des Art. 194 Abs. 1 lit. d AEUV umfasst ist.[953] Zum anderen bezeichnet der Begriff auch im ökonomischen Sinne die Tatsache, dass die technisch zusammengeschalteten und logisch verknüpften Netze auch genutzt werden.[954]

Ziel der Vorschrift ist es, Verbindungsglieder zwischen den Netzen der Mitgliedsstaaten zu bauen, die Steuerung der Lasten in den verschiedenen Netzen aufeinander abzustimmen und Mechanismen zu realisieren, durch die Angebot und Nachfrage großräumig und unter Überwindung mitgliedsstaatlicher Abschottung zusammengeführt werden.[955] Damit dient der Auf- und Ausbau transeuropäischer Energienetze (TEN-E) dem Import und Export von Elektrizität[956] und trägt zur Umsetzung des Binnenmarktkonzeptes gemäß Art. 194 Abs. 1 lit. a AEUV sowie zur Energieversorgungssicherheit in der Union gemäß Art.

---

950 Däuper, in: Danner/Theobald – Energierecht, Rn. 11.

951 Hobe, EuR 2009, S. 219 (228).

952 Nettesheim, in: Grabitz/Hilf/Nettesheim – EUV/AEUV, Art. 194, Rn. 17, der sich insoweit jedoch nur auf die Förderung der Energieeffizienz bezieht.

953 Calliess – Kompetenz zu einer kombinierten Umwelt-, Klima- und Energiepolitik, Berliner Beiträge Nr. 52, 2009, S. 19.

954 SRU – Sondergutachten, S. 206; Calliess, in: Calliess/Ruffert – EUV/AEUV, Art. 194, Rn. 16.

955 Nettesheim, in: Grabitz/Hilf/Nettesheim – EUV/AEUV, Art. 194, Rn. 20.

956 Ehricke/Hackländer, ZEuS 2008, S. 579 (591).

194 Abs. 1 lit. b AEUV bei.[957] Denn die Interkonnektion bildet die physische Grundlage für die anderen Ziele und ist zugleich faktische Voraussetzung für ein solidarisches Handeln im Energiebereich.[958] Die Bedeutung einer verbesserten Interkonnektion ist von der Politik zu Recht als gewichtiger Punkt wahrgenommen worden,[959] da sie zur Erreichung eines funktionierenden, europaweiten Netzverbunds erforderlich ist.[960] Noch gibt es zu viele Staaten, die gar keine nutzbaren Verbindungen haben, wie etwa die baltischen Staaten,[961] oder die lediglich über Verbindungen verfügen, die sich nicht für einen europaweiten binnenmarktgemäßen Wettbewerb eignen.[962]

Auch wenn es nicht unmittelbar auf der Hand liegt, könnte das diskutierte Tätigwerden der Union auch auf Grundlage dieser Kompetenz erfolgen; denn nationale Fördersysteme, die als einseitige nationale Vorrangregelungen für erneuerbare Energien ausgestaltet sind, verstoßen gegen den Ausbau von Interkonnektoren und transnationalen Netzen.[963] Im Umkehrschluss kann somit die Kompetenz des Art. 194 Abs. 1 lit. c AEUV herangezogen werden, um ebenjenem Verstoß entgegenzuwirken. Dies ist insbesondere auch deswegen zwingend erforderlich, da ansonsten auf den kostenintensiven Ausbau der Interkonnektoren und der transnationalen Energienetze verzichtet werden könnte. Schließlich wären bei einem durch autarke, nationale Energiemärkte geprägten Energiebinnenmarkt Instrumente, die einen verstärkten zwischenstaatlichen Energieaustausch ermöglichen, wertlos, wenn es nicht Ziel des Ausbaus wäre,

---

957 Fischer – Der Vertrag von Lissabon, 2010, S. 352; Kahl, EuR 2009, S. 601 (608); Terhechte, in: EuR 2008, S. 143 (173).

958 Calliess, in: Calliess/Ruffert – EUV/AEUV, Art. 194, Rn. 16.

959 Siehe hierzu BT-Drs. 17/4890.

960 Das europäische Verbundsystem ist ein europaweites, engmaschiges Stromnetz aus Hoch- und Höchstspannungsleitungen zur Verteilung von Strom. Da der Stromhandel und die Verbreitung erneuerbarer Energien bis 2050 zunehmen wird, ist eine angemessene Verteilungs-, Verbindungs- und Langstreckenübertragungsinfrastruktur dringend erforderlich. Nach dem Energiefahrplan der EU muss bis 2020 die Verbindungskapazität insgesamt um 40 Prozent gesteigert und danach weiter ausgebaut werden. Für eine erfolgreiche weitere Integration nach 2020 sind Energieinseln in der EU bis 2015 vollständig zu beseitigen und die Stromnetze auszubauen – siehe: Mitteilung der Kommission – Energiefahrplan 2050, KOM (2011) 885 endg., S. 17.

961 So insbesondere in Lettland.

962 Nettesheim, in: Grabitz/Hilf/Nettesheim – EUV/AEUV, Art. 194, Rn. 20.

963 Säcker – Stellungnahme zur Öffentlichen Anhörung des Bundestages zum EnWG sowie zum NABEG, 2011, S. 9.

auch diesen Austausch zu intensivieren.[964] Darüber hinaus dürfte auch die räumliche Beschränkung von nationalen Kapazitätsmärkten auf den nationalen Raum mit dem Ziel einer verbesserten Interkonnektion der Netze kollidieren. Denn auch insoweit ist der Ausbau von Verbindungsgliedern erforderlich, um überhaupt die Teilnahme der in anderen Staaten erzeugenden Produzenten an Fördersystemen anderer Mitgliedsstaaten zu ermöglichen. Damit dürfte die Union ein hierauf zugeschnittenes Handeln auch auf Art. 194 Abs. 1 lit. d AEUV stützen dürfen.

(e) Zwischenergebnis

Es zeigt sich mithin, dass gleich drei der vier energiepolitischen Ziele kompetenzbegründend sein können. Lediglich die Förderung und Entwicklung von umweltschonenden Maßnahmen gemäß Art. 194 Abs. 1 lit. c AEUV dürfte nicht einschlägig sein.

Dass zur Kompetenzbegründung für das angestrebte Tätigwerden der Union je nach Maßnahme verschiedene Ziele in Betracht kommen, ist letztlich wieder Resultat der Ziel- und Maßnahmenverschränktheit des Energieumweltrechts. Bei Zielkonflikten der Rahmenziele des Energiekompetenztitels müssen auch diese im Wege der Herstellung einer Balance ausgeglichen werden.[965] Allerdings dürfte an dieser Stelle auch kein anderes Ergebnis zutage treten als im Rahmen der warenverkehrsrechtlichen Prüfung. So wurden dort nicht nur die sich aus einer Förderung binnenmarktlicher Strukturen ergebenden Nachteile für den Ausbau der erneuerbaren Energien und deren Entwicklung berücksichtigt, sondern auch die Auswirkungen der Sicherstellung des Binnenmarktes auf die Versorgungssicherheit.[966]

Die Ziel- und Maßnahmenverschränktheit kann auch positive Folgen haben. So können positive Dopplungseffekte auftreten, wenn etwa die Sicherstellung des Energiebinnenmarktes zugleich zu einem verstärkten Ausbau der Interkonnektoren führt. Welches Ziel letztlich für die anvisierte Maßnahme der Union ausschlaggebend ist, kann zunächst dahingestellt bleiben, da jedes einzelne energiepolitische Ziel auch unabhängig von den anderen kompetenzbegründend

---

964 Säcker – Stellungnahme zur Öffentlichen Anhörung des Bundestages zum EnWG sowie zum NABEG, 2011, S. 9 f.

965 Hobe, EuR 2009, S. 219 (227); Maichel – Das Energiekapitel in der Europäischen Verfassung – mehr Integration oder mehr Zentralismus für die leitungsgebundene Energiewirtschaft Europas?, in: Hendler/Ibler/Soria (Hrsg.) – FS Götz, 2005, S. 55 (65); Frenz/Kane, NuR 2010, S. 464 (467).

966 Siehe hierzu die Ausführungen auf S. 180 ff.

sein kann.[967] Davon abzugrenzen ist die Vorgabe des EuGH in einem neueren, den Energiekompetenztitel betreffenden Urteil, demzufolge eine Maßnahme nur auf diejenige Rechtsgrundlage zu stützen ist, die die hauptsächliche oder vorherrschende Zielsetzung stützt.[968] Denn insoweit handelte es sich um die Abgrenzung der Rechtsgrundlage des Art. 194 AEUV von Art. 337 AEUV und nicht um die Frage, welches der energiepolitischen Ziele im Rahmen des Art. 194 Abs. 1 AEUV kompetenzbegründend ist.

Es ist anzunehmen, dass ein Tätigwerden der Union zur Zielerreichung vorliegend nicht auf den Ausbau der Interkonnektoren gestützt werden würde, da dieses Ziel lediglich eine produktive Begleiterscheinung darstellt. Bei den kompetenzbegründenden Zielen gemäß Art. 194 Abs. 1 lit. a und b AEUV handelt es sich um Vorschriften, die besser auf das in Rede stehende Tätigwerden der Union passen. Denn diese zielen darauf ab, den Energieaustausch zwischen den Mitgliedsstaaten zu verstärken und somit dem freien Warenverkehr die erforderliche Beachtung zu schenken. Trotz des Umstands, dass mitgliedsstaatliche Kapazitätsmärkte ausdrücklich der Versorgungssicherheit dienen, dürfte Art. 194 Abs. 1 lit. b AEUV auch nicht die zutreffende Rechtsgrundlage für das diskutierte Vorgehen der Union darstellen. Schließlich ist das Tätigwerden der Union auch im Hinblick auf nationale Kapazitätsmärkte nicht auf eine zuverlässigere Versorgungssicherheit gerichtet, sondern ebenfalls auf die Stärkung des Energiebinnenmarktes. Damit dürfte die einschlägige Rechtsgrundlage Art. 194 Abs. 1 lit. a AEUV sein.

(2) Die Ziele des Art. 194 AEUV als rechtlich verpflichtende Handlungsanweisungen

Art. 194 AEUV stellt nicht nur eine Kompetenzzuweisung dar, sondern definiert auch die energiepolitischen Aufgaben der Union.[969] Fraglich ist, ob diese Aufgabenzuweisung auch als rechtlich verbindliche Handlungsanweisung zu

---

967 Calliess, in: Calliess/Ruffert – EUV/AEUV, Art. 194, Rn. 9.

968 EuGH, Urteil vom 6.9.2012 – Rs. C-490/10, Slg. 2012, EU-Parlament/Rat der EU, S. 1, Leitsatz Nr. 2 u. Rn. 45; Grund für die Ausführungen des EuGH war insoweit, dass sich in dem dem Urteil zugrundeliegenden Fall zwei Rechtsgrundlagen gegenüberstanden, die unterschiedliche Gesetzgebungsverfahren erfordern.

Allerdings ist die Verschiedenheit der Gesetzgebungsverfahren nicht alleiniger Grund für die Notwendigkeit einer solchen Abgrenzung. Vielmehr unterscheidet sich in bestimmten Fällen auch die Zulässigkeit nationaler Abweichungen, wie dies insbesondere im Vergleich der Umweltkompetenz des Art. 192 AEUV mit Art. 194 AEUV der Fall ist – Gundel, EnWZ 2012, S. 29 (31), Anmerkungen Nr. 4.

969 Hackländer – Die Energiekompetenz im EU-Primärrecht, 2010, S. 110.

verstehen ist. Damit wäre im vorliegenden Fall ein Tätigwerden der Union auf Grundlage von Art. 194 Abs. 1 AEUV nicht nur möglich, sondern vielmehr rechtlich erforderlich.

Der Vergleich mit den Zielen der gemeinschaftlichen Industriepolitik gemäß Art. 173 Abs. 1 AEUV und denjenigen der Umweltpolitik gemäß Art. 191 Abs. 1 AEUV legt nahe, dass die energiepolitischen Ziele ebenfalls konkrete Handlungsanweisungen darstellen;[970] denn diese sind nach allgemeiner Auffassung keine unverbindlichen politischen Leitlinien, sondern rechtliche Verpflichtungen.[971] Gleiches dürfte auch für die Ziele des Art. 194 Abs. 1 AEUV gelten: Auch sie dürften keine unverbindlichen Leitlinien, sondern rechtlich verpflichtende Handlungsanweisungen an Rat und Parlament darstellen.[972] In der Literatur wird demgegenüber ebenso die Auffassung vertreten, dass der europäische Gesetzgeber nicht unter Berufung auf eines der in Art. 194 AEUV aufgeführten Ziele gezwungen werden könnte, einen Rechtsakt zu erlassen bzw. im Falle der Nichtvornahme wegen Untätigkeit vom EuGH verurteilt werden würde. Desgleichen sei unwahrscheinlich, dass der EuGH einen Rechtsakt für nichtig erklärt, weil dieser die aufgeführten Ziele nicht zufriedenstellend verwirklicht. Dem europäischen Gesetzgeber stünde die Freiheit zu, aus politischen Gründen hinter den Normativformulierungen des AEUV zurückzubleiben.[973] Doch ist diese Argumentation aus Wertungsgesichtspunkten nicht überzeugend, wenn es sich – wie vorliegend – um einen klaren Verstoß gegen eine der im Vertrag niedergelegten Grundfreiheiten handelt. Durch einen solchen Verstoß steht nicht mehr lediglich der politische Gestaltungsspielraum des Unionsgesetzgebers[974] im Vordergrund, vielmehr handelt es sich um ein primärrechtswidriges Handeln, dem

970 Ehricke/Hackländer, ZEuS 2008, S. 579 (586).

971 Siehe zu der Rechtverbindlichkeit der Ziele des Art. 191 Abs. 1 AEUV Calliess, in: Calliess/Ruffert – EUV/AEUV, Art. 191, Rn. 44 m.w.N.: Dem Autor zufolge handelt es sich trotz der wagen Formulierung "beitragen" um staatszielähnliche Aufgabenbeschreibungen der Union; Epiney, in: Landmann/Rohmer – Umweltrecht, Art. 191, Rn. 14, m.w.N.: aus Art. 191 Abs. 1 AEUV kann eine unionale Pflicht abgeleitet werden, nach welcher diejenigen Maßnahmen zu ergreifen sind, die zur Erreichung der in Art. 191 Abs. 1 AEUV aufgeführten Ziele notwendig sind; siehe zum verbindlichen Charakter der industriepolitischen Ziele – siehe Ruffert, in: Calliess/Ruffert – EUV/AEUV, Art. 173, Rn. 14.

972 Ehricke/Hackländer, ZEuS 2008, S. 579 (586).

973 Nettesheim, JZ 2010, S. 19 (22); zustimmend Hirsbrunner, in: Schwarze – EU-Kommentar, Art. 194, Rn. 8.

974 So Nettesheim, JZ 2010, S. 19 (22), demzufolge der EuGH den politischen Gestaltungsspielraum des Unionsgesetzgebers auch funktional zu respektieren bereit ist.

auf der Grundlage des kompetenzbegründenden Zieles des Art. 194 Abs. 1 lit. a AEUV zu begegnen ist, sofern die gegen Primärrecht verstoßende Maßnahme dieses energiepolitische Ziel gleichfalls verletzt. In diesem Falle wäre die Union zu einem Tätigwerden verpflichtet.

Mit Blick auf Art. 194 Abs. 1 lit. a AEUV ist nun zu fragen, ob die Sicherstellung des Funktionierens des Energiebinnenmarktes durch die bestehenden und beabsichtigten Maßnahmen auf nationaler Ebene verletzt wird und es somit eines Tätigwerdens der Union zur Stärkung binnenmarktlicher Strukturen in dem beschriebenen Umfang bedarf. Der Schutzbereich des Art. 194 Abs. 1 lit. a AEUV wird zunächst als marktharmonisierende Energiebinnenmarktkompetenz[975] charakterisiert, auf dessen Grundlage die Union gegen für den europäischen Energiemarkt relevante Störungen vorgehen kann.[976] Relevant ist eine Störung bereits, wenn sie nicht unerheblich ist.[977] Dies folgt aus der weiten Auslegung des Begriffes der Marktstörung.[978] Das Ziel des Art. 194 Abs. 1 lit. a AEUV ist mithin die Beseitigung vielfältiger Hindernisse[979] für den Energiebinnenmarkt. Nach dem Schrifttum besteht zur Sicherstellung eines funktionierenden Energiebinnenmarktes i.S.d. Vorschrift bereits dann Handlungsbedarf, wenn eine generelle Unterentwicklung des grenzüberschreitenden Stromhandels und große Unterschiede bei der Ausgestaltung der Regulierung in den einzelnen Mitgliedsstaaten gegeben sind. Insbesondere würden aber auch die stark divergierenden Marktöffnungsgrade in den Mitgliedsstaaten ein Handeln der Union erfordern.[980] Hierzu seien neben Maßnahmen zur Harmonisierung des nationalen Rechts auch allgemeine unionsrechtliche Lösungen denkbar, wenn diese das Funktionieren des Binnenmarktes fördern.[981]

Im vorliegenden Fall dürften die Anforderungen an eine Handlungsverpflichtung der Union auf Grundlage von Art. 194 Abs. 1 lit. a AEUV anzunehmen sein. Schließlich ist der Stromaustausch zwischen den Mitgliedsstaaten, der maßgebendes Element des europäischen Energiebinnenmarktes ist, durch die

975 Winkler, in: DÖV 2011, S. 804 (809).

976 Calliess, in: Calliess/Ruffert – EUV/AEUV, Art. 194, Rn. 11.

977 Im Ergebnis eröffnet Art. 194 Abs. 1 lit. a AEUV der EU einen umfassenden Zugriff auf die Regulierung und Steuerung der Energiemärkte – siehe: Nettesheim, in: Grabitz/Hilf/Nettesheim – EUV/AEUV, Art. 194, Rn. 15.

978 Calliess, in: Calliess/Ruffert – EUV/AEUV, Art. 194, Rn. 11.

979 Nettesheim, in: Grabitz/Hilf/Nettesheim – EUV/AEUV, Art. 194, Rn. 15.

980 Breier, in: Lenz/Borchardt – EU-Verträge, Art. 194, Rn. 8.

981 Bings, in: Streinz – EUV/AEUV, Art. 194, Rn. 21; Breier, in: Lenz/Borchardt – EU-Verträge, Art. 194, Rn. 8.

dargestellten nationalen Marktabschottungen nicht nur gestört, sondern vielmehr in den spezifischen Bereichen aus praktischen Gründen unterbunden.[982] Mitgliedsstaatliche, marktabschottende Regelungen wie jene des EEG sowie die beabsichtigten Regelungen zur Begrenzung des Empfängerkreises bei einem deutschen Kapazitätsmarkt gefährden den Energiebinnenmarkt nicht nur unerheblich. Denn sie behindern den Austausch von Strom aus erneuerbaren Energiequellen zwischen den Mitgliedsstaaten evident. Zugleich wird diese Behinderung mit dem stark steigenden Anteil erneuerbarer Energien, so wie er von der Union auch ausdrücklich angestrebt wird,[983] immer gewichtiger.

Daher ist im Ergebnis eine Verletzung des Art. 194 Abs. 1 lit. a AEUV anzunehmen, die der Union nicht nur die notwendige Kompetenz gibt, um gegen abschottende Maßnahmen der Mitgliedsstaaten vorzugehen, sondern diese auch zu einem solchen Tätigwerden verpflichtet. Mit den ihr zustehenden Befugnissen müsste sie die teilweise Öffnung der EEG-Fördermaßnahmen für im Ausland produzierende Stromerzeuger sowie die Berücksichtigung dieser bei den Kapazitätszahlungen erzwingen.

cc) Die Leitprinzipien der Zielverwirklichung

Gemäß Art. 194 Abs. 1 AEUV verfolgt die Energiepolitik der Union ihre Ziele im Geiste der Solidarität zwischen den Mitgliedsstaaten, im Rahmen der Verwirklichung oder des Funktionierens des Binnenmarkts und unter Berücksichtigung der Notwendigkeit der Erhaltung und Verbesserung der Umwelt. Diese Prinzipien entsprechen im Wesentlichen den Grundsätzen, die die Unionsorgane bereits ihrer Energiepolitik auf Basis der bisherigen energierelevanten Kompetenzen zugrunde gelegt haben.[984] Auch wenn sie keine Kompetenzen der Union begründen können, so beeinflussen sie den Inhalt von auf Art. 194 Abs. 1 AEUV basierenden energiepolitischen Maßnahmen[985] und setzen einen Rahmen für die kompetenzbegründenden Ziele des Art. 194 Abs. 1 AEUV.[986] Daher wird im Folgenden untersucht, welche Auswirkungen diese Leitprinzipien auf das vorliegend diskutierte Tätigwerden der Union hätten.

---

982 Dies zeigt sich auch anhand der Erwägungen im Rahmen der warenverkehrsrechtlichen Prüfung – siehe hierzu S. 174 ff.

983 Mitteilung der Kommission – Energiefahrplan 2050, KOM (2011) 885 endg., S. 11.

984 Calliess – Kompetenz zu einer kombinierten Umwelt-, Klima- und Energiepolitik, Berliner Beiträge Nr. 52, 2009, S. 15; zustimmend Ruffert, in: Hendler/Marburger/Reiff/Schröder – Energieversorgung und Umweltschutz, 2010, S. 13 (16).

985 Frenz/Kane, NuR 2010, S. 464 (466).

986 Frenz/Kane, NuR 2010, S. 464 (473).

(1) Im Geiste der Solidarität

Mit der durch den Vertrag von Lissabon eingefügten Solidaritätsklausel wollten die Mitgliedsstaaten den Energiesektor als Bereich gemeinsamen Interesses kenntlich machen. Die Ergänzung erfolgte vor allem auf Bestreben der polnischen Delegation, die sich dadurch ein erhöhtes Maß an Energieversorgungssicherheit erhoffte.[987] Man wollte damit einerseits der Abhängigkeit einiger Ost- und mitteleuropäischer Staaten von Energieimporten aus Russland begegnen, andererseits die Auswirkungen konkreter Streitfälle – wie der vorübergehenden Unterbrechung der Erdgaszufuhren aus Russland nach Zentraleuropa wegen einer aus dem Jahr 2007 herrührenden Meinungsverschiedenheit zwischen Russland und dem Transitland Ukraine – auf die anderen Mitgliedsstaaten so gering wie möglich halten.[988]

Unter der Pflicht zur Solidarität versteht der EuGH das mit der Zugehörigkeit zur Union verbundene Gleichgewicht zwischen Vorteilen und Lasten.[989] Im Rahmen des Art. 194 Abs. 1 AEUV ergeben sich zwei konkrete Beistandspflichten. Zum einen ist es den Mitgliedsstaaten verwehrt, die Verwirklichung des energiepolitischen Gemeininteresses unter Berufung auf rein nationale Interessen zu behindern. Zum anderen können sich Hilfeleistungspflichten gegenüber unverschuldet in eine energiepolitische Notlage geratenen Mitgliedsstaaten ergeben.[990] Insbesondere im Hinblick auf die Versorgungssicherheit bedeutet die Solidaritätsbekundung, dass diese nicht mehr als nationale Aufgabe, sondern als Angelegenheit der Union zu verstehen ist.[991] Die zunehmende Bedeutung des Solidaritätsprinzips für die Union zeigt sich an mehreren Stellen dieses Vertrages, in welchen dieses Prinzip unter Berücksichtigung des spezifischen Fachbereichs Beachtung findet. Ebenso ist es bereits als grundlegendes Ziel im EUV niedergelegt.[992]

---

987 Däuper, in: Danner/Theobald – Energierecht, Rn. 17; Kahl, EuR 2009, S. 601 (607); Kuhlmann, in: Working Paper No. 79, 2008, S. 22; Pahl, in: Pernice – Der Vertrag von Lissabon, S. 205 (207), Rodi, in: Vedder/Heintschel von Heinegg, Art. 194, Rn. 4.

988 Kahl, EuR 2009, S. 601 (607); Däuper, in: Danner/Theobald – Energierecht, Rn. 17; Frenz/Kane, NuR 2010, S. 464 (465).

989 EuGH, Urteil vom 7.2.1973 – Rs. C-39/72, Slg. 1973, Kommission/Italien, 101, Leitsatz Nr. 5.

990 Calliess, in: Calliess/Ruffert – EUV/AEUV, Art. 194, Rn. 6.

991 Calliess – Auf dem Wege zu einer einheitlichen Energiepolitik?, in: Joost/Ortker/Paschke (Hrsg.) – FS Säcker, 2012, S. 589 (601).

992 Vgl. Art. 2, Art. 3 Abs. 3, Art. 21 Abs. 1, Art. 24 Abs. 2 u. 3, Art. 31 Abs. 1, Art. 32 EUV.

Auch wenn die Einfügung der Solidaritätsklausel teilweise als Novum verstanden wird,[993] hatte die Aufnahme des Prinzips in den AEUV einigen Stimmen in der Literatur zufolge lediglich deklaratorische Bedeutung.[994] Das Solidaritätsprinzip sei schließlich bereits vor dem Vertrag von Lissabon als materielles Verfassungsprinzip Teil des Gemeinschaftsrechts und als Rechtsprinzip justiziabel gewesen[995] und insofern lediglich aufgewertet worden.[996] Demgegenüber wird vorgetragen, dass die Solidarität durch die explizite Erwähnung als Grundlage der Ziel- und Maßnahmenverschränktheit des unionalen Energierechts eine wichtige Bedeutung bei der Auslegung sowie der Anwendung der Vorschrift gewonnen habe.[997] Mit Blick auf die Bedeutung der Solidarität erscheint es angemessen, die Verknüpfung von Art. 194 AEUV mit der Solidaritätsklausel als Fortschritt zu sehen, der sich bei der Rechtsanwendung und in Streitfällen bemerkbar macht. Durch die Änderung wird deutlich signalisiert, dass die Union gerade im Bereich der Versorgungssicherheit eine Wende vom Verständnis der Versorgungssicherheit als nationale Aufgabe zu einem die Union als Ganzes betreffenden Politikbereich erreichen will. Dies zeigt sich auch an Mitteilungen der Kommission, in denen sie kritisiert hat, dass keine Mechanismen bestehen, die im Falle einer Energieknappheit die Solidarität zwischen den Mitgliedsstaaten in diesem Bereich sicherstellen.[998] Bislang sei die Versorgungssicherheit prinzipiell in die eigene Verantwortung jedes Mitgliedsstaats gefallen, auch wenn die Solidarität zwischen Mitgliedsstaaten schon jeher ein grundlegender Aspekt der EU-Mitgliedschaft gewesen sei.[999] Diesem Umdenken widerspricht das nationale Streben der Bundesregierung nach rein nationalen Lösungen. Denn durch die abschottenden Regelungen des EEG bleibt zum einen der in diesem

993 Rodi, in: Vedder/Heintschel von Heinegg, Art. 194, Rn. 4.

994 Für eine rein deklaratorische Bedeutung: Fischer – Der Vertrag von Lissabon, 2010, S. 352; Kahl, EuR 2009, S. 601 (608); Däuper, in: Danner/Theobald – Energierecht, Rn. 17.

995 So ist das Solidaritätsprinzip auch vom EuGH gelegentlich herangezogen worden, insbesondere wenn ein Mitgliedsstaat unter Berufung auf innerstaatliche Hindernisse politischer oder wirtschaftlicher Art die Nichtumsetzung europäischen Rechts verteidigen wollte – siehe exemplarisch EuGH, Urteil vom 7.2.1973 – Rs. C-39/72, Kommission/Italien, 101, Rn. 25.

996 Bings, in: Streinz – EUV/AEUV, Art. 194, Rn. 34; Kahl, EuR 2009, S. 601 (608).

997 Calliess, in: Calliess/Ruffert – EUV/AEUV, Art. 194, Rn. 5.

998 Siehe exemplarisch Mitteilung der Kommission – Eine Energiepolitik für Europa, KOM (2007) 1 endg., S. 4, 12.

999 Mitteilung der Kommission – EU-Aktionsplan für Energieversorgungssicherheit und -solidarität, KOM (2008) 781 endg., S. 3.

Leitprinzip verankerten Gedanke der Solidarität sowie das unionale Interesse an einem funktionierenden Binnenmarktes im Energiesektor unberücksichtigt,[1000] zum anderen widerspricht auch der Ansatz eines deutschen Kapazitätsmarktes der mit diesem Prinzip verfolgten Idee, die Versorgungssicherheit als eine Angelegenheit der Union zu verstehen. Damit dürfte dieses Prinzip das diskutierte Tätigwerden der Union stützen.

(2) Verwirklichung oder Funktionieren des Binnenmarktes

Des Weiteren werden die Ziele der europäischen Energiepolitik „im Rahmen der Verwirklichung oder des Funktionierens des Binnenmarkts" verfolgt. Um festzustellen, ob hiermit eine Begrenzung der Energiekompetenz gemeint ist[1001] und welche Maßnahmen sich in diesem Rahmen bewegen,[1002] muss die in Art. 26 Abs. 2 AEUV niedergelegte Legaldefinition des Binnenmarkts herangezogen werden. Danach umfasst der Binnenmarkt „einen Raum ohne Binnengrenzen, in dem der freie Verkehr von Waren, Personen, Dienstleistungen und Kapital gemäß den Bestimmungen der Verträge gewährleistet ist". Gegen eine Begrenzung auf Binnenmarktregelungen spricht insbesondere die Absicht des Verfassungskonvents, die bestehenden Rechtsgrundlagen zu bündeln.[1003] Insoweit bedarf es einer extensiven Auslegung der jeweiligen Maßnahmen, da ansonsten eine Einschränkung vorläge, die bei der Einführung des Art. 194 AEUV nicht beabsichtigt war. Darüber hinaus zeigt ein Vergleich der Wortwahl „im Rahmen" mit Übersetzungen in anderen Amtssprachen, dass es sich um eine offene Formulierung handelt, die keine unmittelbare Begrenzung der Ziele der Energiepolitik zur Folge haben soll. Hinsichtlich Art. 194 Abs. 1 lit. a AEUV könnte es sich jedoch um eine räumliche Begrenzung für die Sicherstellung des Funktionierens des Energiemarkts handeln, da dieser diverse grenzüberschreitende Aspekte mit Drittstaaten aufweist.[1004]

Im Ergebnis bedeutet dies, dass das Binnenmarktziel bei jeglichem Tätigwerden der Union im Energiebereich berücksichtigt werden muss. Da vorliegend

1000 Säcker – Stellungnahme zur Öffentlichen Anhörung des Bundestages zum EnWG sowie zum NABEG, 2011, S. 9: zu recht verweist der Autor darauf, dass eine einseitige nationale Vorrangregelung für erneuerbare Energiequellen unter anderem gegen die Verpflichtung zur solidarischen Zusammenarbeit auf EU-Ebene verstößt.

1001 So Ehricke/Hackländer, ZEuS 2008, S. 579 (592).

1002 Calliess, in: Calliess/Ruffert – EUV/AEUV, Art. 194, Rn. 7.

1003 Calliess, in: Calliess/Ruffert – EUV/AEUV, Art. 194, Rn. 1, 7.

1004 Ehricke/Hackländer, ZEuS 2008, S. 579 (592 f.), die insbesondere auf die englische Version abstellen, welche „in the context of" lautet.

untersucht werden soll, ob die Union auf Grundlage des Energiekompetenztitels gegen nationale, marktabschottende Maßnahmen vorgehen kann, würde es sich somit um ein mit diesem Leitprinzip kohärentes Vorgehen handeln.

(3) Notwendigkeit der Erhaltung und Verbesserung der Umwelt

Die Beachtung des Umweltschutzes im Rahmen des Art. 194 Abs. 1 AEUV entspricht der Pflicht zur Berücksichtigung ökologischer Belange,[1005] wie es Art. 11 AEUV statuiert.[1006] Der Normgeber beabsichtigte mit dieser Klausel, ein Unterlaufen der europäischen Umweltschutzregeln durch nationale Energiepolitiken zu verhindern und ein Absinken des Umweltschutzniveaus zu vermeiden. Damit fügte er erstmalig im Energiebereich die Verpflichtung ein, den Umweltschutz zu berücksichtigen.[1007] Da es an einer konkreten Definition des Begriffs „Umwelt" mangelt, wird gefolgert, dass dieser weder sachlich noch örtlich beschränkt ist.[1008] Insbesondere umfasst er auch den Schutz des Klimas, der bestimmenden Einfluss auf das europäische und nationale Energierecht nimmt.[1009]

Wie bei der Solidaritätsklausel dient die Wiederholung der bereits in Art. 11 AEUV niedergelegten Regelung der Klarstellung, dass bei der Entwicklung der Energiepolitik eine durchgängige Orientierung an den Belangen des Umweltschutzes gefordert wird.[1010] Die Energiepolitik muss ihre Belange in besonderem Maße mit denen des Umweltschutzes in Einklang bringen.[1011] Die zur Zeit der Entwicklung des Vertrags von Lissabon vorgebrachten Zweifel, ob die Wiederholung der Umwelt-Querschnittsklausel das Bedürfnis nach einer kohärenten europäischen Energierechtsetzung befriedigen kann, sind nicht begründet.[1012] Schließlich ist das energierelevante Umweltrecht nunmehr Teil des Energieumweltrechts, welches gerade zum Ziel hat, das Absinken des Umweltschutzniveaus im energiespezifischen Bereich zu verhindern. Dies zeigt auch die systematische Stellung des Energiekompetenztitels, der unmittelbar auf den Umwelttitel folgt.[1013]

1005 Nettesheim, in: Grabitz/Hilf/Nettesheim - EUV/AEUV, Art. 11, Rn. 7.

1006 Rodi, in: Vedder/Heintschel von Heinegg, Art. 194, Rn. 4; Trüe, JZ 2004, S. 779 (787); Kahl, in: Schulze-Fielitz/Müller - Europäisches Klimaschutzrecht, 2009, S. 21 (62).

1007 Neveling, ET 2003, S. 340 (343).

1008 Breier, in: Lenz/Borchardt - EU-Verträge, Art. 191, Rn. 4; Ehricke/Hackländer, ZEuS 2008, S. 579 (593); Kahl, in: Streinz - EUV/AEUV, Art. 191, Rn. 41.

1009 Ehricke/Hackländer, ZEuS 2008, S. 579 (594).

1010 Nettesheim, in: Grabitz/Hilf/Nettesheim - EUV/AEUV, Art. 11, Rn. 21.

1011 Calliess, in: Calliess/Ruffert - EUV/AEUV, Art. 194, Rn. 8.

1012 So Trüe, JZ 2004, S. 779 (786 f.), der es nur als konsequent angesehen hätte, auch das energierelevante Umweltrecht mit in Art. 194 AEUV aufzunehmen.

1013 Ehricke/Hackländer, ZEuS 2008, S. 579 (594).

Bei einem Tätigwerden der Union, welches eine größere Beachtung binnenmarktlicher Strukturen zum Ziel hätte, müsste insbesondere die Vereinbarkeit des Eingriffs mit diesem Leitprinzip sichergestellt sein. Schließlich könnte argumentiert werden, dass der Ausbau der erneuerbaren Energien und die Einhaltung der unionalen Verpflichtung durch eine teilweise Öffnung der nationalen Förderprogramme nicht mit der benötigten Effizienz betrieben werden würde. Schließlich müssten ohne Beschränkung der Instrumente auch erneuerbare Energien in anderen Mitgliedsstaaten gefördert werden, wodurch einigen Mitgliedsstaaten erhebliche Mehrbelastungen entstehen könnten. Ein effizientes Vorgehen sei jedoch unentbehrlich für die Akzeptanz der Förderung erneuerbarer Energien und somit letztlich auch für die Sicherung eines hohen Umweltschutzniveaus.[1014] Wenn eine solche Beeinträchtigung dieses Prinzips bejaht würde, müsste erörtert werden, ob bereits aus diesem Grund ein solches energiepolitisches Tätigwerden ausgeschlossen wäre. Ein Indiz hierfür könnte die Rangordnung der Leitprinzipien sein, sofern eine solche gegeben ist. Stünde nämlich der Umweltschutz nicht nur systematisch, sondern auch seiner Bedeutung nach hinter den anderen Leitprinzipien, könnte dies für eine schwächere Gewichtung dieses Prinzips gegenüber den anderen sprechen. Dies wird im Folgenden diskutiert.

(4) Gewichtung der Leitprinzipien

Durch ein energiepolitisches Tätigwerden zum Zwecke der Öffnung marktabschottender Regelungen würde einerseits das Leitprinzip „Binnenmarkt" gestärkt werden, andererseits aber der Umweltschutz zurückstehen. Daher ist es fraglich, ob sämtliche Leitprinzipien des Art. 194 AEUV gleichbedeutend nebeneinander stehen, oder ob eine unterschiedliche Gewichtung anzunehmen ist, denn dies könnte ein Anzeichen für die Zulässigkeit des in Rede stehenden Handelns der EU-Organe sein.

Die Kommission hat in ihrem Grünbuch „Eine europäische Strategie für nachhaltige, wettbewerbsfähige und sichere Energie"[1015] aus dem Jahr 2006 keine Rangordnung erkannt, sondern diese als gleichrangig vorgestellt. Das Erfordernis einer Rangordnung könnte jedoch aus der bereits erörterten Ziel- und Maßnahmenverschränktheit resultieren. So überschneiden sich etwa der Solidaritätsgedanke und das durch den Binnenmarkt ausgedrückte

1014 Siehe hierzu Müller – Neujustierung des europäischen Umweltenergierechts im Bereich erneuerbarer Energien?, in: Cremer/Pielow (Hrsg.) – Probleme und Perspektiven im Energieumweltrecht, 2010, S. 142 (168).

1015 Grünbuch der Kommission – Eine europäische Strategie für nachhaltige, wettbewerbsfähige und sichere Energie, KOM (2006) 105 endg., S. 21 ff.

Wettbewerbsprinzip,[1016] da es in einem gemeinsamen Markt mit einem Verbund integrierter Netze zu einer Verflechtung nationaler Interessen kommt, die wiederum zu einem gemeinsamen Anliegen der Solidargemeinschaft werden.[1017] Eine Rangordnung könnte mithin hilfreich sein, um solche Konflikte zu lösen.

Doch sprechen gute Argumente gegen eine solche unterschiedliche Gewichtung der Leitprinzipien; schließlich kann auch die europäische Wettbewerbspolitik solidaritätsfördernd[1018] sein. Kollisionen zwischen den einzelnen Leitprinzipien sind möglich und können zur Einschränkung des jeweils betroffenen Prinzips führen. Trotzdem wäre es zu weit gegriffen, eine Rangordnung bzw. ein Konkurrenzverhältnis zu unterstellen. Dies war weder von der Kommission beabsichtigt, noch entspräche diese Auffassung einer geeigneten Herangehensweise an eine Ziel- und Maßnahmenverschränktheit des unionalen Energierechts.[1019] Ziel sollte vielmehr sein, die Verzahnung zu erkennen und bei der bestehenden Kollision eine einzelfallbezogene Entscheidung zu treffen. Zudem sind für eine unterschiedliche Gewichtung sämtliche Leitprinzipien von zu großer Bedeutung. Daher versteht die herrschende Meinung die Leitprinzipien als gleichrangig und löst bestehende Konflikte im Wege praktischer Konkordanz,[1020] wie dies generell auch bei einer Ziel- und Maßnahmenverschränktheit üblich ist.

(5) Zwischenergebnis

Als Zwischenergebnis bleibt festzuhalten, dass ein Tätigwerden der Union zur Öffnung der nationalen Märkte zunächst einmal mit dem Leitprinzip „Binnenmarkt“ vereinbar wäre. Auch dürfte kein bedeutender Konflikt mit dem in Art. 194 Abs. 1 AEUV kodifizierten Solidaritätsprinzip entstehen. Das diesen beiden Prinzipien gleichrangige Prinzip zum Schutz, der Erhaltung und Verbesserung der Umwelt könnte jedoch beeinträchtigt sein. Diese Beeinträchtigung schließt jedoch nicht von vornherein die Möglichkeit einer solchen eingreifenden Maßnahme durch die Unionsorgane aus. Vielmehr sind entstehende Konflikte im Wege praktischer Konkordanz in Ausgleich zu bringen, wobei auch die Intensität des Eingriffs zu berücksichtigen ist.

1016 Ehricke/Hackländer, ZEuS 2008, S. 579 (595 f.).

1017 Calliess, in: Calliess/Ruffert – EUV/AEUV, Art. 194, Rn. 5.

1018 Ehricke/Hackländer, ZEuS 2008, S. 579 (596).

1019 Calliess – Kompetenz zu einer kombinierten Umwelt-, Klima- und Energiepolitik, Berliner Beiträge Nr. 52, 2009, S. 7.

1020 Calliess, in: Calliess/Ruffert – EUV/AEUV, Art. 194, Rn. 7.

Eine solche auf einen Ausgleich gerichtete Abwägung wurde bereits im Rahmen der warenverkehrsrechtlichen Prüfung vorgenommen.[1021] Diese hatte ergeben, dass der durch die Inlandsbegrenzung der EEG-Maßnahmen bestehende Verstoß gegen die Warenverkehrsfreiheit nicht durch umweltschutzrechtliche Erwägungen gerechtfertigt sein kann und somit eine teilweise Öffnung des nationalen Förderprogrammes vorzusehen ist. Etwas anderes kann sich daher auch nicht an dieser Stelle ergeben, da es sich um eine Kollision derselben Schutzgüter handelt. Gleiches gilt für das Problem nationaler Kapazitätszahlungen, die nur an im Inland produzierende Stromerzeuger gezahlt werden sollen. Auch in diesem Kontext wurden sämtliche relevanten Faktoren, insbesondere umweltpolitische und binnenmarktliche Aspekte, einander gegenübergestellt und bewertet. Daher ist auch insoweit auf die im Rahmen der warenverkehrsrechtlichen Verhältnismäßigkeitsprüfung geführte Abwägung abzustellen.[1022]

Damit dürfte ein Tätigwerden der Union nicht mit den Leitprinzipien des Art. 194 AEUV kollidieren, solange dieses sich an den in der warenverkehrsrechtlichen Prüfung erzielten Lösungsansätzen orientiert. Eine Berücksichtigung dieser Rahmenbedingungen erlaubt die Schaffung einer ausgewogenen Regelung, die einerseits dem Umweltschutz und andererseits dem freien Warenverkehr als einem leitenden Ziel zur Erreichung eines funktionierenden Binnenmarktes Rechnung trägt.

b) Die Ausübung der auf Art. 194 Abs. 1 AEUV beruhenden Befugnisse

Wenn zur Sicherstellung des Funktionierens des Energiemarktes gemäß Art. 194 Abs. 1 lit. a AEUV ein Tätigwerden der Union erforderlich ist, ist der diesbezügliche Rechtsakt auf Art. 194 Abs. 2 AEUV zu stützen,[1023] da dieser als eigentliche Kompetenznorm die Handlungsermächtigung der Vorschrift enthält.[1024] Zugleich ist Art. 194 Abs. 2 AEUV Anknüpfungspunkt für Beschränkungen, denen die Wahrnehmung von auf Art. 194 Abs. 1 AEUV beruhenden Befugnissen unterliegt. Diese werden im Folgenden auf ihre Wirkung für das vorliegend diskutierte Tätigwerden der Union untersucht (siehe unter aa). Anschließend wird erörtert, welche Gremien der Union zuständig wären, welches Gesetzgebungsverfahren Anwendung fände und welche Rechtsform für die Umsetzung am geeignetsten wäre (siehe unter bb).

1021 Siehe hierzu S. 193 ff.

1022 Siehe Fn. 1021.

1023 EuGH, Urteil vom 6.9.2012 – Rs. C-490/10, Slg. 2012, EU-Parlament/Rat der EU, S. 1, Leitsatz Nr. 4.

1024 Calliess, in: Calliess/Ruffert – EUV/AEUV, Art. 194, Rn. 18.

aa) Die Grenzen der EU-Energiekompetenz
Die Grenzen der Unionszuständigkeit im Energiebereich ergeben sich vorwiegend aus allgemeinen Rechtsgrundsätzen sowie aus den in Art 194 Abs. 2 U Abs. 2 AEUV genannten Befugnissen der Mitgliedsstaaten, vgl. Art. 194 Abs. 2 UAbs. 1 AEUV. Darüber hinaus ist das Verhältnis zwischen Art. 194 AEUV und möglicherweise kollidierenden, primärrechtlichen Kompetenzgrundlagen zu beachten.

(1) Allgemeine Kompetenzgrenzen
Im Hinblick auf jede Kompetenzausübung der Union ist zunächst auf die Schlüsselnorm des gemeinschaftlichen Kompetenzgefüges, Art. 5 EUV, abzustellen.

Die Absätze des Art. 5 EUV geben die grundlegenden Voraussetzungen für jegliches Handeln der Union vor und sind somit als vertraglicher Ausgangspunkt bei der Bearbeitung von Kompetenzfragen heranzuziehen. In Art. 5 Abs. 1 und 2 EUV ist das Prinzip der begrenzten Einzelermächtigung, in Art. 5 Abs. 3 EUV das Subsidiaritätsprinzip im eigentlichen Sinne und in Art. 5 Abs. 4 AEUV das Verhältnismäßigkeitsprinzip als europarechtliche Schrankentrias für jede Kompetenzausübung der Union enthalten.[1025]

(a) Grundsatz der begrenzten Einzelermächtigung
Gemäß dem Grundsatz der begrenzten Einzelermächtigung benötigt zum Zeitpunkt seines Erlasses jeder Rechtsakt der Union eine Ermächtigungsnorm, die sich unmittelbar aus den Unionsverträgen ergibt oder sich auf sie zurückführen lässt.[1026] Es wird mithin geprüft, ob die Union überhaupt tätig werden kann.[1027] Dies ist bereits in der vorangegangenen, diesem Kapitel zugrundeliegenden Prüfung erörtert worden, mit dem Ergebnis, dass die Union zum Erlass der beabsichtigen Maßnahmen tätig werden kann und Art. 194 Abs. 1 AEUV die einschlägige Ermächtigungsnorm ist.

(b) Das Subsidiaritätsprinzip
Das Subsidiaritätsprinzip trägt dazu bei, dass die Befugnisse der Mitgliedsstaaten gewahrt bleiben. Den Mitgliedsstaaten soll gegenüber der Union ein bestimmtes

---

1025 Calliess – Auf dem Wege zu einer einheitlichen Energiepolitik?, in: Joost/Ortker/Paschke (Hrsg.) – FS Säcker, 2012, S. 589 (592); Vedder, in: Vedder/Heintschel von Heinegg, Art. 5, Rn. 1.

1026 Bast/von Bogdandy, in: Grabitz/Hilf/Nettesheim – EUV/AEUV, Art. 5 EUV, Rn. 13.

1027 Calliess – Kompetenz zu einer kombinierten Umwelt-, Klima- und Energiepolitik, Berliner Beiträge Nr. 52, 2009, S. 24.

Maß an Unabhängigkeit zugesichert werden. Es stellt sich daher die Frage, ob die Union im konkreten Fall von der ihr zustehenden Kompetenz Gebrauch machen darf.[1028] Nach dem Subsidiaritätsprinzip darf die Union in einem Bereich, der nicht in ihre ausschließliche Zuständigkeit fällt, nur tätig werden, wenn die jeweiligen Ziele der in Betracht gezogenen Maßnahmen durch die Mitgliedsstaaten nicht ausreichend verwirklicht werden und die Maßnahmen wegen ihres Umfangs oder wegen ihrer Wirkungen besser durch ein unionales Tätigwerden verwirklicht werden.[1029] An dieser Stelle ist der Einfluss der energiepolitischen Solidaritätsklausel zu berücksichtigen. Diese stellt als Korrektiv des Subsidiaritätsprinzips eine Vermutung dafür auf, dass die Ziele der energiepolitischen Maßnahmen auf nationaler Ebene nicht ausreichend geregelt werden können.[1030] Da diese Vermutung widerlegbar ist, wird durch sie aus der geteilten Kompetenz des Art. 194 AEUV keine ausschließliche i.S.d. Art. 3 AEUV.[1031] Folge dessen ist jedoch, dass in einigen Bereichen eine Art Beweislastumkehr zugunsten eines gemeinsamen Vorgehens auf EU-Ebene stattfindet.[1032]

Für das in Rede stehende Tätigwerden der Union dürfte das Subsidiaritätsprinzip mithin keine bedeutende Rolle spielen. Dies ergibt sich schon aus dem Umstand, dass die durch dieses Tätigwerden der Union verfolgten Ziele durch die Mitgliedsstaaten, im vorliegenden Fall Deutschland, nicht ausreichend verwirklicht werden. Wie zu Anfang dieses Kapitels erwähnt,[1033] ist davon auszugehen, dass für die Ausweitung binnenmarktlicher Strukturen im Energiebereich ein unionales Tätigwerden auch eine bessere Wirkung erzielen würde, da oftmals die einzelstaatlichen Interessen der Stärkung dieser Strukturen entgegenwirken. Die Mitgliedsstaaten haben kein originäres Interesse daran, eine möglicherweise die eigene Wirtschaft kurz- oder mittelfristig belastende Maßnahme zur Stärkung binnenmarktlicher Strukturen aktiv zu unterstützen. Dieser Annahme folgt auch die Union, die der Auffassung ist, dass die Schaffung eines voll funktionierenden Elektrizitätsbinnenmarktes auf Ebene der Mitgliedsstaaten nicht ausreichend verwirklicht werden kann und daher besser auf Unionsebene zu

---

1028 Calliess – Kompetenz zu einer kombinierten Umwelt-, Klima- und Energiepolitik, Berliner Beiträge Nr. 52, 2009, S. 24.

1029 Panizza – Das Subsidiaritätsprinzip, 2012, S. 2.

1030 Calliess – Auf dem Wege zu einer einheitlichen Energiepolitik?, in: Joost/Ortker/Paschke (Hrsg.) – FS Säcker, 2012, S. 589 (601); Schmidt-Preuß, ET 2003, S. 776.

1031 Schulenberg – Energiepolitik, 2009, S. 413.

1032 Calliess, in: Calliess/Ruffert – EUV/AEUV, Art. 194, Rn. 26.

1033 Siehe hierzu S. 216.

verwirklichen ist.[1034] Aus diesen Gründen dürfte der Subsidiaritätsgrundsatz bei einem Tätigwerden der Union nicht verletzt sein.

(c) Das Verhältnismäßigkeitsprinzip

Im Rahmen der allgemeinen Kompetenzgrenzen stellt sich zuletzt die Frage, wie die Union tätig werden kann. Um diese Frage zu beantworten, müssen im Rahmen einer Verhältnismäßigkeitsprüfung Art, Umfang und Intensität der Maßnahme beurteilt werden.[1035] Schutzgut des Art. 5 Abs. 4 EUV ist die mitgliedsstaatliche Autonomie, die auch bei einem kompetenzgemäßen Handeln der Union nur in dem Umfang verloren gehen soll, wie es zur Erreichung ihrer Regelungsanliegen erforderlich ist.[1036] Auch hier dürfte kein anderes Ergebnis als bei der warenverkehrsrechtlichen Verhältnismäßigkeitsprüfung zutage treten.[1037] Schließlich wurden auch im Rahmen dieser Prüfung die Interessen der Mitgliedsstaaten umfassend und mit dem Ziel berücksichtigt, einen für beide Seiten akzeptablen Kompromiss zu finden.

(2) Die Grenze des Art. 194 Abs. 2 UAbs. 2 AEUV

Die Handlungsermächtigung des Art. 194 Abs. 2 UAbs. 1 AEUV wird ferner durch Art. 194 Abs. 2 UAbs. 2 AEUV weit eingeschränkt.[1038] Danach berühren die Maßnahmen, die gemäß Art. 194 Abs. 2 UAbs. 1 AEUV zur Verwirklichung der energiepolitischen Ziele erforderlich sind, unbeschadet des Art. 192 Abs. 2 lit. c AEUV nicht das Recht der Mitgliedsstaaten, die Bedingungen für die Nutzung seiner Energieressourcen, seine Wahl zwischen verschiedenen Energiequellen und die allgemeine Struktur seiner Energieversorgung zu bestimmen. Gemäß Art. 192 Abs. 2 lit. c AEUV erlässt der Rat gemäß einem besonderen Gesetzgebungsverfahren nach Anhörung des Europäischen Parlaments, des Wirtschafts- und Sozialausschusses sowie des Ausschusses der Regionen einstimmig Maßnahmen, welche die Wahl eines Mitgliedsstaats zwischen verschiedenen Energiequellen und die allgemeine Struktur seiner Energieversorgung erheblich berühren. Diese in Art. 194 Abs. 2 UAbs. 2 AEUV angeführten bereichsspezifischen „Integrationsbremsen"[1039] sollen verhindern, dass durch die

---

1034 Siehe Erwägungsgrund Nr. 62 EltRL.

1035 Frenz/Kane, NuR 2010, S. 464 (475).

1036 Bast/von Bogdandy, in: Grabitz/Hilf/Nettesheim – EUV/AEUV, Art. 5 EUV, Rn. 66.

1037 Siehe hierzu S. 180 ff.

1038 Frenz/Kane, NuR 2010, S. 464 (473); Calliess, in: Calliess/Ruffert – EUV/AEUV, Art. 194, Rn. 28.

1039 Kahl, EuR 2009, S. 601 (610).

energiepolitische Kompetenz der Union sämtliche mitgliedsstaatlichen Souveränitätsrechte beschnitten werden. Zugleich ermöglichen sie den Mitgliedsstaaten, in diesen Entscheidungsbereichen autonom zu agieren.[1040]

Im Vergleich zu Art. 192 Abs. 2 lit. c AEUV, auf den sich Art. 194 Abs. 2 UAbs. 2 AEUV bezieht, ist die Regelung des Energiekompetenztitels in drei Punkten weiter gefasst. Zunächst greift die Kompetenzgrenze des Art. 194 AEUV bereits, wenn der Mitgliedsstaat nur eines seiner dort erwähnten Rechte ausübt.[1041] Bei der umweltrechtlichen Kompetenznorm hingegen müssen die in lit. c genannten Voraussetzungen kumulativ vorliegen.[1042] Darüber hinaus fordert die Energiekompetenz nicht, dass das Recht der Mitgliedsstaaten erheblich berührt ist. Gerade durch die Qualifikation „erheblich" soll regelmäßig verhindert werden, dass ein einzelner Mitgliedsstaat bei jeder Veränderung des Status quo seiner Energieversorgung ein Vetorecht geltend macht.[1043] Mangels einer ausdrücklichen Erheblichkeitsschwelle[1044] bietet daher Art. 194 Abs. 2 UAbs. 2 AEUV weiten Raum für mitgliedsstaatliche Souveranitätsvorbehalte gegenüber einer gemeinsamen Energiepolitik. Diese Rechte sind jedoch nur durch die jeweilige unionale Regelung berührt, wenn die Maßnahme deren Grundsätze betrifft.[1045] Zuletzt beinhaltet Art. 194 Abs. 2 UAbs. 2 AEUV eine materielle Kompetenzgrenze. Für rein energiepolitische Maßnahmen ohne Umweltbezug, die die energiepolitischen Vorbehalte der Mitgliedsstaaten berühren, besteht gar keine Kompetenz.[1046] Denn während Art. 192 Abs. 2 AEUV für bestimmte Rechtsakte von Art. 192 Abs. 1

1040 Nettesheim, in: Grabitz/Hilf/Nettesheim - EUV/AEUV, Art. 194, Rn. 30.

1041 So Kahl, EuR 2009, S. 601 (610); Lecheler, RdE 2008, S. 167 (168); Neveling, ET 2004, S. 340 (343).

1042 Calliess, in: Calliess/Ruffert - EUV/AEUV, Art. 192, Rn. 32; a. A. Krämer, in: von der Groeben/Schwarze - EGV, Art. 175, Rn. 39 f.

1043 Kahl, EuR 2009, S. 601 (611); Calliess - Erneuerbare Energien in der EU und das EEG, 2012, S. 223 (236).

1044 Calliess - Auf dem Wege zu einer einheitlichen Energiepolitik?, in: Joost/Ortker/Paschke (Hrsg.) - FS Säcker, 2012, S. 589 (598); Rodi, in: Vedder/Heintschel von Heinegg, Art. 194, Rn. 4.

1045 Neveling, ET 2004, S. 340 (343).

1046 Ehricke/Hackländer, ZEuS 2008, S. 579 (599); anders Maichel - Das Energiekapitel in der Europäischen Verfassung - mehr Integration oder mehr Zentralismus für die leitungsgebundene Energiewirtschaft Europas?, in: Hendler/Ibler/Soria (Hrsg.) - FS Götz, 2005, S. 55 (67); siehe auch die umfassende Begründung von Calliess - Auf dem Wege zu einer einheitlichen Energiepolitik?, in: Joost/Ortker/Paschke (Hrsg.) - FS Säcker, 2012, S. 589 (598); Calliess - Erneuerbare Energien in der EU und das EEG, 2012, S. 223 (236).

AEUV abweichende Verfahrensregelungen vorsieht,[1047] ist der Verweis des Art. 194 Abs. 2 UAbs. 2 AEUV nicht als verfahrenstechnischer Rechtsfolgenverweis auf das Einstimmigkeitserfordernis zu verstehen. Hierfür spräche zwar der garantierte Gleichlauf der umwelt- und energierechtlichen Verfahren, der verhindern würde, dass das in Art. 192 Abs. 2 lit. c AEUV vorgesehene Vetorecht unterlaufen wird.[1048] Hingegen bestimmt Art. 194 Abs. 3 AEUV, dass bei Maßnahmen überwiegend steuerlicher Art eine einstimmige Entscheidung – abweichend von Art. 194 Abs. 2 AEUV – erforderlich ist. Nicht nur der Wortlaut,[1049] sondern auch die Systematik sprechen daher dafür, dass es sich um eine ausdrückliche Ausnahme zur Anordnung des ordentlichen Gesetzgebungsverfahrens nach Art. 194 Abs. 2 AEUV handelt, der gerade den Verweis auf Art. 192 Abs. 2 lit. c AEUV umfasst.[1050] Auch die Entstehungsgeschichte der Vorschrift spricht gegen einen Rechtsfolgenverweis. Schließlich sollte nach der ersten Fassung des Art. 194 Abs. 2 UAbs. 2 AEUV[1051] unmittelbar normiert werden, dass die Maßnahmen des Art. 194 AEUV gemäß dem in Art. 192 Abs. 2 lit. c AEUV kodifizierten Verfahren angenommen werden. Durch die spätere Umformulierung durch den Konvent sollte mithin sichergestellt werden, dass der Unterabsatz nicht als Rechtsfolgenverweis zu verstehen ist.[1052]

Aus diesen Ausführungen zeichnet sich ein äußerst weiter Gestaltungsspielraum der Mitgliedsstaaten ab. Allerdings muss beachtet werden, dass diese Beschränkungen der Unionskompetenz nur Korrektive sind und mit ihnen keine absolute, freie Handlungsbefugnis der Mitgliedsstaaten einhergeht. Doch ist eine gewichtende Bewertung nicht erforderlich, wenn keiner der Fälle des Art. 194 Abs. 2 UAbs. 2 AEUV einschlägig ist. Dies wird im Folgenden erörtert.

(a) Bedingungen für die Nutzung mitgliedsstaatlicher Energieressourcen

Die Bestimmung der Bedingungen für die Nutzung mitgliedsstaatlicher Energieressourcen ist gemäß Art. 194 Abs. 2 UAbs. 2 Var. 1 AEUV den Mitgliedsstaaten

---

1047 Calliess, in: Calliess/Ruffert – EUV/AEUV, Art. 192, Rn. 68.

1048 Ehricke/Hackländer, ZEuS 2008, S. 579 (599).

1049 In Art. 194 Abs. 3 AEUV lautet es: „Abweichend von Absatz 2".

1050 Ehricke/Hackländer, ZEuS 2008, S. 579 (599).

1051 Vgl. die Formulierung des Textentwurfs, Dok CONV 727/03, Anlage VII, S. 110: „Diese Gesetze berühren nicht die Wahl eines Mitgliedsstaats zwischen verschiedenen Energiequellen und die allgemeine Struktur seiner Energieversorgung. Derartige Maßnahmen werden gemäß Artikel [ex 175 Absatz 2 Buchstabe c] angenommen".

1052 Calliess – Kompetenz zu einer kombinierten Umwelt-, Klima- und Energiepolitik, Berliner Beiträge Nr. 52, 2009, S. 18.

vorbehalten. Während diese Regelung bereits in ihrer Reichweite unbestimmt und im Hinblick auf das Solidaritätsgebot politisch höchst problematisch ist,[1053] kann die genaue Definition des Anwendungsbereichs dieser Regelung vorliegend dahinstehen. Denn bei dem Ziel der teilweisen Öffnung nationaler Fördermaßnahmen und mitgliedsstaatlicher Kapazitätsmärkte sind die Bedingungen für die Nutzung mitgliedsstaatlicher Energieressourcen nicht tangiert.

(b) Freie Wahl der Mitgliedsstaaten zwischen verschiedenen Energiequellen

Fraglich ist, ob der mitgliedsstaatliche Vorbehalt gemäß Art. 194 Abs. 2 UAbs. 2 Var. 2 AEUV Anwendung findet. Nach dieser Variante haben die Mitgliedsstaaten die freie Wahl zwischen verschiedenen Energiequellen. Die Vorschrift könnte mit der im Rahmen der warenverkehrsrechtlichen Rechtfertigung vorgebrachten Argumentation kollidieren. Nach dieser könnte durch einen achtsameren Wechsel von fossilen Energieträgern zu erneuerbaren Energien oder durch einen verlangsamten Ausstieg aus der Kernenergie auch mittelfristig auf einen Kapazitätsmechanismus verzichtet werden, ohne dass die Versorgungssicherheit gefährdet wäre.[1054] So könnte vorgebracht werden, dass gerade durch eine solche Maßnahme die freie Wahl der Mitgliedsstaaten eingeschränkt sei. Folglich stünde dies einem Tätigwerden der Union auf Grundlage des Art. 194 AEUV zur Öffnung nationaler Kapazitätsmärkte für im Ausland produzierende Stromerzeuger entgegen. Doch muss insoweit erneut berücksichtigt werden, dass die Rechte der Mitgliedsstaaten nur dann durch die jeweilige unionale Regelung berührt sind, wenn die Maßnahme deren Grundsätze betrifft.[1055] Sollte die Union also zum Schutz des Art. 34 AEUV auf eine Verzögerung des weiteren Ausbaus der erneuerbaren Energien bzw. des Atomausstiegs hinwirken, müsste geklärt werden, ob durch diese Verzögerung die Grundsätze der mitgliedsstaatlichen Wahl verschiedener Energiequellen betroffen wären. Dies erscheint mit Blick auf die Verhältnismäßigkeit, und die teilweise in Abrede gestellte Eigenschaft der Regelung, einen nationalen Souveranitätsvorbehalt darzustellen,[1056] zweifelhaft. Zudem handelt es sich bei diesem Vorschlag nur um eine von mehreren Möglichkeiten, den durch einen auf den nationalen Raum begrenzten Kapazitätsmarkt entstehenden Verstoß gegen Art. 34 AEUV zu umgehen. Schließlich würde durch eine teilweise Öffnung des Kapazitätsmarktes auch eine Rechtfertigung des Verstoßes möglich sein, ohne dass die freie Wahl der Energiequellen beeinträchtigt wird.

1053 Nettesheim, in: Grabitz/Hilf/Nettesheim – EUV/AEUV, Art. 194, Rn. 31.
1054 Siehe hierzu S. 183 f.
1055 Neveling, ET 2004, S. 340 (343).
1056 Siehe exemplarisch Neumann, in: Lenz/Borchardt – EU-Verträge, Art. 194, Rn. 16.

Ein Tätigwerden der Union zur Öffnung nationaler Fördermaßnahmen für in anderen Mitgliedsstaaten produzierende Energieerzeuger, wie dies hinsichtlich der EEG-Fördermaßnahmen geboten wäre, dürfte die freie Wahl der Mitgliedsstaaten zwischen verschiedenen Energiequellen mithin nicht beeinflussen.

(c) Allgemeine Struktur der mitgliedsstaatlichen Energieversorgung

Die vorgenannten Ausführungen dürften auch für die Auswirkungen des in Rede stehenden Tätigwerdens der Union im Hinblick auf das Recht der Mitgliedsstaaten gelten, die allgemeine Struktur ihrer Energieversorgung zu bestimmen. Mit anderen Worten: Ein energieumweltpolitisches Tätigwerden im skizzierten Umfang dürfte auch keinen folgeschweren Eingriff in die allgemeine Struktur der Energieversorgung darstellen und somit auch nicht unter Heranziehung des Art. 194 Abs. 2 UAbs. 2 Var. 3 AEUV verhindert werden können.

(d) Zwischenergebnis

Im Ergebnis dürfte wegen des durch Art. 194 Abs. 2 UAbs. 2 AEUV normierten weiten Raumes für mitgliedsstaatliche Souveranitätsvorbehalte gegenüber einer gemeinsamen Energiepolitik ein unionales, gesetzgeberisches Tätigwerden starker Kritik durch die Mitgliedsstaaten ausgesetzt sein. Diese dürfte jedoch im Ergebnis aufgrund der vorstehenden Ausführungen nicht qualifiziert sein, ein diesbezügliches Handeln der Union zu verhindern. Die Einschränkung der Handlungsermächtigung darf nicht zur Folge haben, dass Energiekunden die Möglichkeit entzogen wird, im europäischen Binnenmarkt mit eigenständig ausgewählten Vertragspartnern Versorgungsverträge abzuschließen.[1057]

(3) Das Verhältnis zwischen Art. 194 AEUV und potentiell kollidierenden Kompetenzgrundlagen

Da Art. 194 AEUV nicht lex specialis für jegliche energieumweltpolitischen Maßnahmen ist,[1058] müssen neben den allgemeinen Kompetenzgrenzen und Art. 194 Abs. 2 UAbs. 2 AEUV potentiell kollidierende Kompetenznormen des Vertrags auf ihr Verhältnis zu Art. 194 AEUV untersucht werden. Diese als unspezifische Energiekompetenzen bezeichneten Normen, die bereits vor Schaffung des Energiekompetenztitels angewandt wurden und ebenfalls der geteilten Zuständigkeit unterliegen, behalten auch nach Lissabon auf dem Gebiet der Energiepolitik

1057 Säcker – Stellungnahme zur Öffentlichen Anhörung des Bundestages zum EnWG sowie zum NABEG, 2011, S. 10.

1058 Frenz/Kane, NuR 2010, S. 464 (469).

ihre Gültigkeit.[1059] So stellt Art. 194 AEUV die Rechtsgrundlage für alle von der Union im Energiebereich erlassenen Rechtsakte dar, mit denen die in Art. 194 Abs. 1 AEUV genannten Ziele verfolgt werden, sofern nicht speziellere Bestimmungen über Energie im AEUV bestehen.[1060] Dies ergibt sich insbesondere aus dem Wortlaut des Art. 194 Abs. 2 UAbs. 1 AEUV, wonach der europäische Gesetzgeber energiepolitische Maßnahmen „unbeschadet der Anwendung anderer Bestimmungen der Verträge" erlässt. Daher kommen die folgenden indirekten Energiekompetenzgrundlagen regelmäßig neben Art. 194 AEUV zur Anwendung. Dies kann in der praktischen Anwendung unmittelbare Bedeutung für die Feststellung der Beteiligungsrechte der Organe und Hilfsorgane der Union sowie den Abstimmungsmodus im Rat haben, wobei die Verfahren einer schrittweisen, durch Lissabon verstärkten Angleichung unterliegen.[1061] Gleichwohl sieht nur ein Teil der Kompetenznormen mitgliedsstaatliche Vorbehalte vor.[1062] Ferner ist zu beachten, dass die Wahl der primärrechtlichen Kompetenzgrundlage auch für die Auslegung des Sekundärrechts von Belang ist. Daher ist das Verhältnis des Art. 194 AEUV zu denjenigen unspezifischen Energiekompetenzen zu klären, die ebenfalls als Kompetenzgrundlage für ein Tätigwerden der Union im beschriebenen Umfang infrage kommen.

Zu diesen unspezifischen Energiekompetenzen zählen unter anderem die Umweltkompetenz gemäß Art. 192 AEUV sowie die Kompetenzen, die aus der wirtschaftspolitischen[1063] und der allgemeinen Solidaritätsklausel[1064] resultieren. Die Abgrenzung dieser Vorschriften zu Art. 194 AEUV ist oft schwierig und teilweise umstritten.[1065] Doch ist eine Untersuchung des Verhältnisses zu die-

1059 Kahl, EuR 2009, S. 601 (612, 616); Ludwigs, ZG 2010 (25), S. 222 (227 f.).

1060 EuGH, Urteil vom 6.9.2012 – Rs. C-490/10, Slg. 2012, EU-Parlament/Rat der EU, 0018, Rn. 67.

1061 Kahl, EuR 2009, S. 601 (617).

1062 Frenz/Kane, NuR 2010, S. 464 (468).

1063 Art. 122 AEUV.

1064 Art. 222 AEUV.

1065 Besonders schwierig ist das Verhältnis von Art. 194 AEUV zu Art. 192 AEUV – vor allem mit Blick auf die Querschnittsmaterie der erneuerbaren Energien. Die herrschende Meinung in der Literatur kommt zu dem Ergebnis, dass aufgrund der vom Verfassungskonvent beabsichtigten Bündelung der bisherigen energiepolitischen Kompetenzen nur eine Spezialität des Art. 194 AEUV angenommen werden kann – siehe Rodi, in: Vedder/Heintschel von Heinegg – Europäisches Unionsrecht, Art. 194, Rn. 4; Britz, in: Schulze-Fielitz/ Müller – Europäisches Klimaschutzrecht, 2009, S. 71 (86); Gundel, EnWZ 2012, S. 29 (31), Anmerkungen Nr. 4 lit. b; ebenso Trüe, JZ 2004, S. 779 (786 f.); a.A. Calliess – Kompetenz zu einer kombinierten Umwelt-,

sen beiden Normen im vorliegenden Fall entbehrlich, da mit dem Tätigwerden der Union weder ein unter Art. 192 AEUV zu fassendes umweltpolitisches bzw. umweltrechtliches Handeln beabsichtigt ist, noch die Mitgliedsstaaten zur Erfüllung einer Solidaritätspflicht in Anspruch genommen werden sollen.

Vielmehr geht es um die Verstärkung und Ausweitung binnenmarktlicher Strukturen im Energiebereich. Daher ist vorliegend lediglich das Verhältnis von Art. 194 AEUV zur Binnenmarktkompetenz des Art. 114 AEUV sowie den Vorschriften zu den transeuropäischen Netzen gemäß Art. 170 ff. AEUV zu erörtern.

(a) Art. 114 AEUV – Binnenmarktkompetenz

Art. 114 AEUV ist die praktisch bedeutsamste Vorschrift über präventive Rechtsangleichung, welche vor dem Vertrag von Lissabon regelmäßig für energiepolitische Maßnahmen herangezogen wurde. Gemäß Art. 114 Abs. 1 S. 2 AEUV erlassen das europäische Parlament und der Rat die Maßnahmen zur Angleichung der Rechts- und Verwaltungsvorschriften der Mitgliedsstaaten, die die Erreichung und das Funktionieren des Binnenmarktes zum Gegenstand haben. Rechtsangleichung ist ein wesensmäßiges Minus zur vollständigen Rechtsvereinheitlichung, wobei den Staaten ein Spielraum verbleibt, innerhalb dessen ihnen verschiedene Gestaltungsmöglichkeiten zur Einpassung übernationaler Rechtssätze in das nationale Rechtssystem offenstehen.[1066] Die Vorschrift wurde bei beabsichtigten Harmonisierungen seit jeher in allen Sachbereichen zur Erreichung des Zieles eines funktionierenden Binnenmarktes, also eines Raumes ohne Binnengrenzen, angewendet.[1067] Viele Rechtsakte zum Energiebinnenmarkt, etwa das dritte Energiebinnenmarktpaket, wurden auf diese Vorschrift gestützt.[1068]

Klima- und Energiepolitik, Berliner Beiträge Nr. 52, 2009, S. 16; siehe umfassend zu der Abgrenzungsproblematik Kahl, EuR 2009, S. 601 (618) sowie Ludwigs, ZG 2010 (25), S. 222 (228 f.); im Hinblick auf die Kompetenzen, die die Solidaritätspflichten der Mitgliedsstaaten betreffen, wird eine Spezialität des Art. 194 AEUV gegenüber beiden Vorschriften, also Art. 122 AEUV (Hackländer – Die Energiekompetenz im EU-Primärrecht, 2010, S. 171) sowie Art. 222 AEUV (Kahl, EuR 2009, S. 601 (613); Calliess – Kompetenz zu einer kombinierten Umwelt-, Klima- und Energiepolitik, Berliner Beiträge Nr. 52, 2009, S. 21; Ludwigs, ZG 2010 (25), S. 222 (225) m.w.N.), angenommen.

1066 Leible/Schröder, in: Streinz – EUV/AEUV, Art. 114, Rn. 18.

1067 Kuhlmann – Kompetenzrechtliche Neuerungen im EU-Energierecht nach Lissabon, Working Paper No. 79, 2008, S. 10; Trüe, JZ 2004, S. 779 (780).

1068 Calliess, in: Calliess/Ruffert – EUV/AEUV, Art. 194, Rn. 12.

Die Union kann Art. 114 AEUV nur als Kompetenzgrundlage heranziehen, „soweit in den Verträgen nichts anderes bestimmt ist“[1069]. Als Folge ist Art. 114 AEUV gegenüber spezielleren Kompetenzvorschriften des AEUV nachrangig, so dass seit dem Vertrag von Lissabon der Energiebinnenmarkt der spezielleren Regelung des Art. 194 AEUV unterliegt.[1070] Aufgrund des eindeutigen Wortlauts in Art. 194 Abs. 1 lit. a AEUV ist auch eine präventive Rechtsangleichung im Energiemarkt möglich.[1071] Der in Art. 194 AEUV aufgeführte Begriff „Energiemarkt“ ist in diesem Falle gleichbedeutend mit dem Begriff Energiebinnenmarkt und bezeichnet einen Teil des Binnenmarktes i.S.d. Art. 26 Abs. 2 AEUV.[1072] Daher ist im Bereich des Energierechts jeder Rückgriff auf die Rechtsangleichungskompetenz nach Art. 114 AEUV obsolet.[1073]

(b) Art. 170 ff. AEUV – Energienetze

Art. 170 Abs. 1 AEUV bestimmt die Aufgabe der Union, dadurch an der Verwirklichung der Ziele des Binnenmarktziels mitzuwirken, dass sie zum Auf- und Ausbau von transeuropäischen Netzen (TEN) im Bereich der Energieinfrastruktur beiträgt. Daraus folgt, dass die Mitgliedsstaaten für die Planung, die Finanzierung, die Durchführung und den Betrieb der Netze verantwortlich bleiben.[1074] Überschneidungen des Art. 194 AEUV mit dieser Vorschrift können sich insbesondere bei Rechtsakten ergeben, die zum Zwecke der Verbesserung der Versorgungssicherheit gemäß Art. 194 Abs. 1 lit. b AEUV Regelungen zur Infrastruktur beinhalten, oder die der Förderung der Interkonnektion der Energienetze gemäß Art. 194 Abs. 1 lit. d AEUV dienen.[1075] Ob für den Bereich der Netzinfrastruktur Art. 170 ff. AEUV gegenüber Art. 194 AEUV spezieller sind, ist umstritten. Dies könnte insoweit von Bedeutung sein, als dass vorliegend

---

1069 Art. 114 Abs. 1 S. 1 AEUV.

1070 Leible/Schröder, in: Streinz – EUV/AEUV, Art. 114, Rn. 9; Neveling, ET 2004, S. 340 (343); Trüe, JZ 2004, S. 779 (786); Frenz/Kane, NuR 2010, S. 464 (470).

1071 Kahl, EuR 2009, S. 601 (608, 617); Kahl, in: Schulze-Fielitz/Müller – Europäisches Klimaschutzrecht, S. 21 (51); Calliess – Auf dem Wege zu einer einheitlichen Energiepolitik?, in: Joost/Ortker/Paschke (Hrsg.) – FS Säcker, 2012, S. 589 (599); Ludwigs, ZG 2010 (25), S. 222 (225).

1072 Siehe hierzu Fn. 930; Kahl, EuR 2009, S. 601 (618).

1073 Gundel, EnWZ 2012, S. 29 (30), Anmerkungen Nr. 2; Hobe, EuR 2009, S. 219 (226); Ludwigs, ZG 2010 (25), S. 222 (228); Neveling, ET 2004, S. 340 (343).

1074 Kahl, in: Schulze-Fielitz/Müller – Europäisches Klimaschutzrecht, S. 21 (62); Frenz/Kane, NuR 2010, S. 464 (474).

1075 Schäfer/Schröder, in: Streinz – EUV/AEUV, Art. 170, Rn. 9.

Art. 194 Abs. 1 lit. d AEUV (neben Art. 194 Abs. 1 lit. a AEUV) für ein Tätigwerden der Union kompetenzbegründend sein könnte.

Ein Teil des Schrifttums geht von einer Spezialität der Art. 170 ff. AEUV für den Bereich der Netzinfrastruktur aus.[1076] Demgegenüber gibt es überzeugende Gründe, Art. 194 AEUV als speziellere Regelung einzuordnen.[1077] Wie bereits erörtert,[1078] umfasst der sachliche Anwendungsbereich des Art. 194 Abs. 1 lit. d AEUV auch den in Art. 170 Abs. 2 AEUV genannten Sachbereich, dessen Inhalt der Verbund und die Interoperabilität[1079] der einzelstaatlichen Netze sowie der Zugang zu diesen Netzen ist. Auch verleiht Art. 194 AEUV der Union die Kompetenz zu eigenen Projekten und solchen Vorhaben, die nur die Interessen einzelner Mitgliedsstaaten berühren.[1080] Des Weiteren sind die Kompetenzen des Titels über transeuropäische Netze in mehrfacher Hinsicht begrenzt. Im Gegensatz zu Art. 194 AEUV können auf ihrer Grundlage nur verbindliche koordinierende Rahmenvorschriften in Form von Leitlinien erlassen werden,[1081] und sie umfassen gemäß Art. 171 Abs. 1 S. 1 Gedankenstrich 2 AEUV nur bereits zusammengeschaltete Netze. Ebenso darf die Union gemäß Art. 171 Abs. 1 S. 1 Gedankenstrich 3 AEUV nur bereits durch die Mitgliedsstaaten unterstützte Vorhaben fördern.[1082]

Für Art. 172 AEUV verbleiben im Bereich der Energienetze auf Grundlage von Art. 170 Abs. 1 AEUV nur noch solche grundsätzlichen Regelungen, die in allgemeinen, bereichsübergreifenden Leitlinien erlassen werden.[1083] Dies folgt aus dem Umstand, dass Art. 194 AEUV nur Energienetze und nicht auch Verkehr und Telekommunikationsnetze umfasst und daher hinsichtlich der Sachbereiche

---

1076 Neumann, in: Lenz/Borchardt – EU-Verträge, Art. 171, Rn. 16; Schäfer/Schröder, in: Streinz – EUV/AEUV, Art. 170, Rn. 9.

1077 So auch Calliess – Kompetenz zu einer kombinierten Umwelt-, Klima- und Energiepolitik, Berliner Beiträge Nr. 52, 2009, S. 19; Kahl, EuR 2009, S. 601 (618); Kahl, in: Schulze-Fielitz/Müller – Europäisches Klimaschutzrecht, 2009, S. 21 (60); Rodi, in: Vedder/Heintschel von Heinegg, Art. 194, Rn. 4; Trüe, JZ 2004, S. 779 (786).

1078 Siehe hierzu S. 237.

1079 Interoperabilität ist begrifflich ein Unterfall der Interkonnektion; siehe Schäfer/Schröder, in: Streinz – EUV/AEUV, Art. 171, Rn. 31.

1080 Calliess – Auf dem Wege zu einer einheitlichen Energiepolitik?, in: Joost/Ortker/Paschke (Hrsg.) – FS Säcker, 2012, S. 589 (598).

1081 Art. 171 Abs. 1 S. 1 Gedankenstrich 1 AEUV.

1082 Calliess – Kompetenz zu einer kombinierten Umwelt-, Klima- und Energiepolitik, Berliner Beiträge Nr. 52, 2009, S. 19; Calliess – Auf dem Wege zu einer einheitlichen Energiepolitik?, in: Joost/Ortker/Paschke (Hrsg.) – FS Säcker, 2012, S. 589 (599).

1083 Ludwigs, ZG 2010 (25), S. 222 (229).

enger formuliert ist.[1084] Alle speziell auf die Energienetze zugeschnittenen Regelungen müssen demgegenüber auf Grundlage des Art. 194 EUV erfolgen.[1085] Insoweit dürften die Regelungen der Art. 170 ff. AEUV vorliegend unberücksichtigt bleiben können.

(4) Grundrechte und Grundfreiheiten

Die Union muss zum einen bei sämtlichen energiepolitischen Maßnahmen die unionsrechtlichen Grundrechte der Eigentums- und Berufsfreiheit beachten.[1086] Zum anderen darf sie auch nicht die Grundfreiheiten unbeachtet lassen, sondern muss sie als Maßstab für ein rechtmäßiges Tätigwerden berücksichtigen. Dies wird teils Art. 4 Abs. 3 und Art. 3 Abs. 3 UAbs. 1 S. 1 EUV sowie Art. 4 Abs. 2 lit. a und Art. 26 Abs. 2 AEUV entnommen,[1087] teils schon aus dem Umstand, dass die Grundfreiheiten selbst grundlegender Bestandteil des Primärrechts sind,[1088] abgeleitet. Darüber hinaus wird argumentiert, die Union könne nicht auf der einen Seite die Mitgliedsstaaten zur Europarechtskonformität zwingen, auf der anderen Seite die Vorschriften aber gleichwohl unberücksichtigt lassen.[1089]

Im Hinblick auf die vorliegende Prüfung hätte mithin die Fragestellung auch anders formuliert werden können. Ausgehend von energieumweltpolitischen Maßnahmen zur Aufhebung der marktabschottenden Wirkung der EEG-Maßnahmen und eines potentiellen nationalen Kapazitätsmarktes hätte erörtert werden können, inwieweit diese Maßnahmen den Anforderungen des Art. 34 AEUV genügen. Da dies jedoch bereits im vorangegangenen Kapitel unter

---

1084 Schäfer/Schröder, in: Streinz – EUV/AEUV, Art. 171, Rn. 31.

1085 Die Abgrenzung von Art. 172 AEUV und Art. 194 AEUV ist vor allem im Hinblick auf räumliche Planungen problematisch. Denn gemäß Art. 172 Abs. 2 AEUV muss der jeweils betroffene Mitgliedsstaat dieser Planung zustimmen. Dieser Schutz vor einer mehrheitlich entschiedenen Überplanung im eigenen Staatsgebiet darf nicht durch eine Anwendung des Energiekompetenztitels umgangen werden – siehe Gundel, EnWZ 2012, S. 29 (31), Anmerkungen Nr. 4 lit. c.

1086 Kahl, in: Schulze-Fielitz/Müller – Europäisches Klimaschutzrecht, 2009, S. 21 (68); Frenz/Kane, NuR 2010, S. 464 (474).

1087 Kahl, in: Schulze-Fielitz/Müller – Europäisches Klimaschutzrecht, 2009, S. 21 (68): Dem Autor zufolge addressieren die EU-Grundrechte zuvorderst die Rechtsetzungsorgane der Union.

1088 Frenz/Kane, NuR 2010, S. 464 (474).

1089 EuGH, Urteil vom 29.2.1984 – Rs. C-37/83, Slg. 1984, REWE/Landwirtschaftskammer Rheinland, I-1229, Rn. 18: in diesem Urteil stellt der EuGH unmittelbar auf die Warenverkehrsfreiheit ab; siehe auch Ehlers, Jura 2001, S. 266 (274).

Einbeziehung sämtlicher betroffener Grundrechte und freiheiten geprüft worden ist, bedarf es an dieser Stelle keiner erneuten Prüfung. Das verfolgte unionale energieumweltpolitische Vorgehen ist insbesondere im Hinblick auf die Grundfreiheiten unbedenklich.

(5) Zwischenergebnis

Gleich mehrere Kompetenzgrenzen sind im Rahmen der Ausübung der auf Art. 194 Abs. 1 AEUV beruhenden Befugnisse zu beachten. Dabei sind insbesondere solche Limitierungen von Bedeutung, die zum Schutz der mitgliedsstaatlichen Souveränitätsrechte vorgesehen sind. Doch dürfte sich, wie bei den einzelnen Prüfungspunkten dargestellt, das Ergebnis nicht von demjenigen der warenverkehrsrechtlichen Prüfung unterscheiden, da es auch bei der dortigen Abwägung das Ziel war, sämtliche mitgliedsstaatlichen und unionalen Interessen zu berücksichtigen und in einen Ausgleich zu bringen. Daher sollte auch mit Blick auf die Grenzen der EU-Energiekompetenz ein Tätigwerden der Union zur teilweisen Öffnung der EEG-Fördermaßnahmen sowie nationaler Kapazitätsmärkte für im Ausland produzierende Stromerzeuger möglich sein.

bb) Formelle Bedingungen bei der Ausübung der Unionskompetenz

Bei der Ausübung der Unionskompetenz sind verschiedene formelle Bedingungen zu beachten. Hierzu zählt zunächst die Frage, welche Unionsgremien bei der Ausübung der Kompetenz zuständig wären (siehe unter (1)). Anschließend ist auf Art. 194 Abs. 2 UAbs. 1 AEUV abzustellen, der die Handlungsermächtigung des Europäischen Parlaments und des Rates mit energiepolitischem Regelungsgehalt zur Verfolgung der in Art. 194 Abs. 1 AEUV genannten Ziele normiert und die Rahmenbedingungen für das anzuwendende gesetzgeberische Verfahren vorgibt (siehe unter (2)). Zuletzt wird erörtert, welche Rechtsform für das in Rede stehende Tätigwerden der Union zu wählen wäre (siehe unter (3)).

(1) Institutionelle Zuständigkeiten

Die umfassende Bündelung der bisherigen Kompetenzen in Verbindung mit der partiellen Kompetenzerweiterung[1090] hatte auch Folgen auf institutioneller Ebene. Die europäische Energiepolitik wird nun nicht mehr von mehreren Formationen

1090 Die Aufnahme des Ziels der Interkonnektion der Energienetze gemäß Art. 194 Abs. 1 lit. d AEUV stellte die einzige Kompetenzerweiterung im Energiebereich durch den Vertrag von Lissabon dar – Calliess – Kompetenz zu einer kombinierten Umwelt-, Klima- und Energiepolitik, Berliner Beiträge Nr. 52, 2009, S. 22, 33.

des Europäischen Rates, sondern vom Rat für Verkehr, Telekommunikation und Energie bestimmt.[1091] Auch hat sich die Zuständigkeit im Europäischen Parlament insoweit verlagert, als nicht mehr verschiedene Parlamentsausschüsse bei energierechtlichen Fragestellungen federführend sein können. Die entscheidende Beratung wird vielmehr im Ausschuss für Industrie, Forschung und Energie vorgenommen.[1092] Dies ermöglicht eine kohärente Abstimmung der Ziele und Maßnahmen und eine koordinierte Energiepolitik.[1093]

(2) Das Gesetzgebungsverfahren

Rechtsakte zur Umsetzung der energiepolitischen Ziele werden gemäß Art. 194 Abs. 2 S. 1 AEUV im ordentlichen Gesetzgebungsverfahren nach Art. 289 Abs. 1, 294 AEUV erlassen. Dieses Verfahren, welches im Grundsatz dem früheren Mitentscheidungsverfahren des Art. 251 EGV entspricht,[1094] ist dadurch gekennzeichnet, dass es die gemeinsame Annahme des Rechtsakts durch das Europäische Parlament und den Rat verlangt. Gegenüber dem früheren Mitentscheidungsverfahren enthält Art. 294 AEUV einige neue Elemente, ohne dass damit – bis auf die Verwerfungskompetenz für Vorschläge des Rates nach Art. 294 Abs. 7 lit. b) AEUV – wesentliche Änderungen einhergehen.[1095] Gerade im Energiebereich, bei dem sich die Rechtsakte der Union weitestgehend auf Artikel stützten, die das Mitentscheidungsverfahren vorschreiben, waren die vorgenommenen Änderungen kaum relevant. Mangels anderweitiger Regelung bei Rechtsetzungsakten im Bereich der Energiepolitik greift das ordentliche Gesetzgebungsverfahren mit dem Grundprinzip der qualifizierten Mehrheit im Ministerrat.[1096] Weitere Verfahrensbeteiligte sind der Wirtschafts- und Sozialausschuss sowie der Ausschuss der Regionen.

Bei einem unionalen Tätigwerden, das bedeutende Auswirkungen auf mitgliedsstaatliche Regelungen hat, ist vor allem auch die Einhaltung des

---

1091 Beschluss 2004/338/EG des Rates vom 23. März 2004 zur Festlegung seiner Geschäftsordnung, ABl. Nr. L 106 vom 15.4.2004, S. 23.

1092 Art. 183 i.V.m. Anlage VII, Ausschuss IX. (ITRE), Nr. 5 der Geschäftsordnung des Europäischen Parlamentes.

1093 Kahl, in: Schulze-Fielitz/Müller – Europäisches Klimaschutzrecht, 2009, S. 21 (51): Der Autor spricht von einer „Energiepolitik aus einem Guss"; Ludwigs, ZG 2010 (25), S. 222 (229).

1094 Ehricke/Hackländer, ZEuS 2008, S. 579 (597); Kuhlmann – Kompetenzrechtliche Neuerungen im EU-Energierecht nach Lissabon, Working Paper No. 79, 2008, S. 22; Neveling, ET 2004, S. 340 (344).

1095 Hobe, EuR 2009, S. 219 (228); Gellermann, in: Streinz – EUV/AEUV, Art. 294, Rn. 3.

1096 Neveling, ET 2004, S. 340 (344).

Subsidiaritätsprinzips zu beachten. Dies wird insbesondere durch die beiden prozessualen Regelungen des „Protokolls über die Anwendung der Grundsätze der Subsidiarität und der Verhältnismäßigkeit“[1097] gewährleistet, auf die Art. 5 Abs. 3 UAbs. 2 S. 1 EUV verweist.[1098] Die erste Stufe bildet der sog. „Frühwarnmechanismus“ zu Beginn des Gesetzgebungsverfahrens. Dabei handelt es sich um einen formalisierten Dialog zwischen dem Unionsgesetzgeber und den nationalen Parlamenten, bei dem den mitgliedsstaatlichen Parlamenten Rechtsetzungsvorschläge zeitgleich mit dem Europäischen Parlament und dem Rat übermittelt werden.[1099] Die nationalen Parlamente können im Rahmen dieses präventiv-politischen Kontrollrechts[1100] ihre Bedenken hinsichtlich der Beachtung des Subsidiaritätsprinzips in Form von begründeten Stellungnahmen artikulieren.[1101] Der Subsidiaritätsbogen der Kommission muss eine Begründung des neuen Vorhabens unter Erläuterung der Einhaltung des Subsidiaritätsprinzips enthalten, damit die Mitgliedsstaaten mögliche Beschneidungen ihrer Kompetenzen erkennen können. Gemäß Art. 6 Abs. 1 S. 1 des Protokolls können die nationalen Parlamente oder die zuständigen Parlamentskammern binnen acht Wochen nach dem Zeitpunkt der Übermittlung des Entwurfs eines Europäischen Gesetzgebungsakts in einer begründeten Stellungnahme darlegen, weshalb der Entwurf ihres Erachtens nicht mit dem Subsidiaritätsprinzip vereinbar ist. Dieses Recht der Mitgliedsstaaten bleibt allerdings hinter einem Einspruchsrecht zurück,[1102] so dass es weder eine Verzögerung des Gesetzgebungsverfahrens auf europäischer Ebene noch eine zwingende, inhaltliche Anpassung des Rechtsaktes zur Folge hat.

Da gerade vor dem Vertrag von Lissabon die Rechtsentwicklungen im Energiebereich an den nationalen Parlamenten vorbeigingen,[1103] hatte die Einführung einer Kontrollfunktion eine besondere Relevanz für die Gesetzgebung in diesem Sektor. Wenn nunmehr das Gesetzgebungsverfahren abgeschlossen ist, wird die Präventivkontrolle auf der zweiten Stufe durch die Möglichkeit ergänzt, wegen eines Verstoßes gegen das Subsidiaritätsprinzip Klage beim EuGH zu erheben, vgl. Art. 8 Abs. 1 des Protokolls. Bei dieser Klage handelt es sich nicht um eine

1097 Abl. Nr. C 306 S. 150 vom 30. Dezember 2007.

1098 Art. 6 und Art. 8 des Protokolls.

1099 Ehricke/Hackländer, ZEuS 2008, S. 579 (598).

1100 Calliess, in: Calliess/Ruffert – EUV/AEUV, Art. 5 EUV, Rn. 65.

1101 Bast/von Bogdandy, in: Grabitz/Hilf/Nettesheim, Art. 5 EUV, Rn. 62; Schmidt-Preuß, ET 2003, S. 776; Trüe, JZ 2004, S. 779 (784).

1102 Neveling, ET 2004, S. 340 (342).

1103 Neveling, ET 2004, S. 340 (342).

eigene Klageart, sondern um eine Nichtigkeitsklage nach Art. 263 AEUV. Der Verstoß gegen das Subsidiaritätsprinzip wird hier als gesonderter Klagegrund genannt, wobei er unter die Regelung des Art. 263 Abs. 2 AEUV fällt. Konstitutive Bedeutung hat die Bestimmung nur insofern, als sie den Mitgliedsstaaten erlaubt, die Entscheidung über die Klageerhebung innerstaatlich an den Willen des nationalen Parlaments bzw. eine seiner Kammern zu binden und die Klage sodann in dessen Namen zu übermitteln.[1104] Diese prozessualen Maßnahmen sind beim Erlass unionaler Rechtsakte, die regelungstechnische und finanzielle Auswirkungen auf nationales Handeln haben, unbedingt zu berücksichtigen.

(3) Die Rechtsform der Maßnahmen

Die Maßnahmen in Art. 194 AEUV umfassen nicht nur den Erlass von Verordnungen und Richtlinien, wie es anfangs Art. III-256 des Verfassungsvertrages vorsah, sondern auch Beschlüsse. Diese Erweiterung schlug die Regierungskonferenz zusammen mit der Ergänzung des Art. 194 Abs. 1 AEUV um lit. d vor,[1105] um die Maßnahmen zur Förderung der Interkonnektion als Beschlüsse verabschieden zu können.[1106]

Zur beabsichtigten Öffnung der nationalen Fördersysteme für in anderen Mitgliedsstaaten produzierende Stromerzeuger bedarf es keines neu zu schaffenden Rechtsaktes, vielmehr sollte eine Änderung der EE-Richtlinie vorgenommen werden. Denn diese stellt nicht nur einen gemeinsamen Rahmen für die Förderung von Energie aus erneuerbaren Quellen, vgl. Art. 1 EE-Richtlinie, sondern überlässt gegenwärtig den Mitgliedsstaaten die Entscheidung, in welchem Umfang sie die in einem anderen Mitgliedsstaat erzeugte Energie aus erneuerbaren Energiequellen fördern wollen, vgl. Art. 3 Abs. 3 S. 2 EE-Richtlinie. Eine Anpassung dieser Regelung und hierauf bezugnehmender Vorschriften der EE-Richtlinie in Ausgestaltung des Lösungsansatzes, wie er im Rahmen der warenverkehrsrechtlichen Prüfung entwickelt wurde,[1107] sollte ausreichen, um eine Stärkung binnenmarktlicher Strukturen im Hinblick auf das Problem marktabschottender, nationaler Fördersysteme zu erreichen.

Fraglich ist allerdings, in welcher Rechtsform Öffnungsklauseln für nationale Kapazitätsmärkte kodifiziert werden sollten. Zunächst kommt hierfür die Elektrizitätsrichtlinie (EltRL) in Betracht, da in Art. 8 EltRL Rahmenbedingungen für nationale

1104 Bast/von Bogdandy, in: Grabitz/Hilf/Nettesheim, Art. 5 EUV, Rn. 64.

1105 Vorschlag des Vorsitzes der Regierungskonferenz, CIG 60/03 ADD 1, Anlage 31, S. 44.

1106 Calliess, in: Calliess/Ruffert – EUV/AEUV, Art. 194, Rn. 21.

1107 Siehe hierzu S. 163 ff.

Kapazitätsmärkte normiert sein dürften.[1108] Doch selbst, wenn man die in Art. 8 EltRL enthaltenen Vorgaben nicht als Rechtsrahmen für die Schaffung und Anwendung nationaler Kapazitätsmärkte versteht, dürfte die EltRL der geeignete Ort zur Normierung der infrage stehenden Regelungen zur Einbeziehung von in anderen Mitgliedsstaaten produzierenden Stromerzeugern sein. Hierfür spricht bereits die in Literatur und Politik geführte Diskussion um die Anwendbarkeit der Vorschriften der EltRL auf nationale Kapazitätsmärkte; denn die Diskussion knüpft daran an, dass auch nationale Kapazitätsmärkte darauf abzielen, zur Versorgungssicherheit eine Ausschreibung oder ein vergleichbares Verfahren für den Fall bereitzustellen, dass sich im Wege des Genehmigungsverfahrens keine ausreichenden Elektrizitätserzeugungskapazitäten schaffen lassen, vgl. Erwägungsgrund Nr. 43 Satz 2 EltRL. Ein weiteres Indiz für die Geeignetheit der Richtlinie zur Kodifizierung von Vorgaben für nationale Kapazitätsmärkte, einschließlich des Verbotes einer marktabschottenden Regelung, ist die in der EltRL aufgegriffene Frage nach ausreichenden Investitionen in neue Stromerzeugungsanlagen. Dabei stellt Erwägungsgrund Nr. 56 EltRL, nach welchem die Marktpreise nicht nur die richtigen Impulse für den Ausbau des Netzes, sondern auch für Investitionen in neue Stromerzeugungsanlagen setzen sollen, nur eine der diesbezüglichen Erwägungen innerhalb der Richtlinie dar. Letztlich wird aber der Sachzusammenhang zwischen den Vorgaben der Richtlinie, der Problematik der Sicherstellung der Stromversorgung und der gleichzeitigen Berücksichtigung binnenmarktlicher Strukturen in den Erwägungsgründen Nr. 60 und 62 EltRL deutlich, denen zufolge die Schaffung eines voll funktionierenden bzw. „wirklichen" Elektrizitätsbinnenmarktes Ziel der Richtlinie ist.

Damit dürfte die EltRL die richtige Rechtsmaterie sein, um Vorgaben für eine teilweise Öffnung nationaler Kapazitätsmärkte zu normieren.

c) Zwischenergebnis: Art. 194 Abs. 1 lit. a AEUV als wesentliche Grundlage für ein Tätigwerden der Union

Die Erörterungen haben gezeigt, dass Art. 194 AEUV die wesentliche Kompetenzgrundlage für ein Tätigwerden der Union im Energiebereich ist. Dies folgt dem Umstand, dass die bisher verstreuten, energierechtlichen Kompetenzen vor dem Vertrag von Lissabon in diesem Energiekompetenztitel gebündelt wurden und das Energieumweltrecht trotz seiner umweltrechtlichen Relevanz in seiner Gesamtheit systematisch nicht als Umweltschutzrecht einzustufen ist.

Die Einführung des Art. 194 AEUV ist ferner ein deutliches Indiz dafür, dass die Union den politischen Anspruch auf die zentrale Entscheidungskompetenz

1108 Siehe hierzu S. 87.

gegenüber den Mitgliedsstaaten im Energiebereich und damit auch in energieumweltpolitischen Fragen erhebt. Auf Grundlage des Art. 194 AEUV kann sie die Entwicklung und Durchsetzung eines umfassenden sekundärrechtlichen Gesamtkonzepts „aus einem Guss“ vornehmen.[1109] Die Mitgliedsstaaten können wegen der geteilten Zuständigkeit bei energierechtlichen Themen grundsätzlich nur dann tätig werden, wenn ein Tätigwerden der Union unterbleibt. Die geteilte Zuständigkeit lässt damit auch auf das Machtverhältnis zwischen der Union und den Mitgliedsstaaten schließen und definiert deutlich die nationalen Regelungsbereiche in diesem Sektor.[1110]

Doch muss zugleich berücksichtigt werden, dass der unionalen Kompetenz auch Grenzen gesetzt sind. Allgemeine sowie spezifische Kompetenzgrenzen verhindern ein allzu freies Handeln der Union, das die noch bei den Mitgliedsstaaten verbleibenden Rechte im Energiebereich gefährden könnte. Die Berücksichtigung dieser Grenzen und der damit verbundenen formellen Anforderungen ist erforderlich, damit die Union erfolgreich tätig werden kann und die notwendige Akzeptanz der Mitgliedsstaaten gewährleistet ist.

D. Ergebnis

Die vorliegende Prüfung galt der Frage, ob die EU die notwendigen Kompetenzen hat, um im Bereich des Energierechts grundlegende Weichenstellungen vorzunehmen und einer Abschottung nationaler Märkte sowie der fortschreitenden Gefährdung des Solidaritätsgedankens entgegenzutreten, und ob sich aus einer solchen Kompetenzzuweisung auch eine unmittelbare Handlungsverpflichtung ergibt.

Es wurde aufgezeigt, dass gleich drei der vier energiepolitischen Ziele des Art. 194 Abs. 1 AEUV kompetenzbegründend sein können, was letztlich Resultat der Ziel- und Maßnahmenverschränktheit des Energieumweltrechts ist. Maßgeblich ist jedoch Art. 194 Abs. 1 lit. a AEUV, der der Sicherstellung des Funktionierens des Energiemarktes dient und unter anderem als marktharmonisierende Energiebinnenmarktkompetenz bezeichnet wird. Schließlich zielt diese Kompetenzzuweisung darauf ab, den Energieaustausch zwischen den Mitgliedsstaaten zu stärken und einen echten Energiebinnenmarkt zu schaffen. Damit umfasst sie auch die Bildung binnenmarktlicher Strukturen in diesem Markt. Verstärkt wird dieser Ansatz vor allem durch das zweite Leitprinzip der Vorschrift, demzufolge das Binnenmarktziel bei jedem auf Art. 194 Abs. 1 AEUV basierenden Handeln der Union zu berücksichtigen ist.

1109 Kahl, EuR 2009, S. 601 (609).
1110 Hobe, EuR 2009, S. 219 (230).

Die Kompetenzgrenzen des Art. 194 Abs. 1 AEUV spielen für die europäische Energiepolitik eine entscheidende Rolle, da sie in vielerlei Hinsicht die Souveränitätsvorbehalte der Mitgliedsstaaten schützen und damit einem unionalen Tätigwerden entgegenstehen. Zugleich dürften sie allerdings im vorliegenden Fall keine lenkende Wirkung entfalten, da weder die allgemeinen Kompetenzgrenzen des Art. 5 EUV übergangen würden noch die Grenze des Art. 194 Abs. 2 UAbs. 2 AEUV greifen dürfte. Zuletzt sind für das infrage stehende Handeln auch nicht die Kompetenzvorschriften der Art. 114 und 170 ff. AEUV spezieller.

Im Ergebnis hat die Union somit auf Grundlage des Energiekompetenztitels gemäß Art. 194 Abs. 1 lit. a AEUV die notwendige Kompetenz, um gegen abschottende Maßnahmen der Mitgliedsstaaten vorzugehen. Mit den ihr zustehenden Befugnissen kann sie die teilweise Öffnung der EEG-Fördermaßnahmen für im Ausland produzierende Stromerzeuger sowie die Berücksichtigung dieser bei den beabsichtigten Kapazitätszahlungen erzwingen. Doch reicht die Regelungswirkung der Vorschrift noch weiter: Wenn mitgliedsstaatliche Fördersysteme erneuerbarer Energien und nationale Kapazitätsmärkte lediglich im Inland produzierenden Stromerzeugern zugute kommen und Erzeuger in anderen Mitgliedsstaaten von diesen Mechanismen ausschließen, verletzen sie das energiepolitische Ziel des Art. 194 Abs. 1 lit. a AEUV; denn dieses dient gerade der Verwirklichung des europäischen Energiebinnenmarktes und der Beseitigung vielfältiger Hindernisse für diesen. Aufgrund dieser Verletzung hat die Union nicht nur das Recht, gegen den Energiebinnenmarkt beschränkende Maßnahmen der Mitgliedsstaaten vorzugehen, sie hat vielmehr die Pflicht, das Funktionieren des Binnenmarktes durch ein Intervenieren sicherzustellen. Daher müsste sie mit den ihr zustehenden Befugnissen die teilweise Öffnung der EEG-Fördermaßnahmen für im Ausland produzierende Stromerzeuger sowie die Berücksichtigung dieser bei Zahlungen im Rahmen nationaler Kapazitätsmärkte erzwingen.

Die rechtlichen Vorgaben zur Öffnung nationaler Fördersysteme für in anderen Mitgliedsstaaten produzierende Stromerzeuger sollten über eine Änderung der EE-Richtlinie erfolgen. Um Vorgaben für nationale Maßnahmen in Form von Kapazitätsmärkten zu implementieren, dürfte die EltRL der geeignete Rechtsakt sein; denn das Ziel nationaler Kapazitätsmärkte, die Energieversorgung mittel- und langfristig sicherzustellen, ist ein zentraler Teil der EltRL.

Kapitel 4. Zusammenfassung der Ergebnisse und Fazit

Im Folgenden werden die Ergebnisse der einzelnen Untersuchungsschritte der Arbeit zusammengefasst und erläutert (siehe unter A.). Auf Grundlage dieser Erkenntnisse wird ein Ausblick gegeben, welche Konsequenzen hieraus für die angestrebte Vollendung des Energiebinnenmarktes im Jahr 2014 folgen (siehe unter B.).

A. Zusammenfassung

Zunächst werden die Ergebnisse der vorliegenden Untersuchung im Hinblick auf die mit der Schaffung eines deutschen Kapazitätsmarktes verbundenen Fragen ökonomischer als auch rechtlicher Natur dargestellt (siehe unter I.). Im Anschluss wird erläutert, welche Schlüsse aus der primärrechtlichen Prüfung der aktuellen Fördermaßnahmen des EEG zu ziehen sind (siehe unter II.). Zuletzt wird auf Grundlage dieser Erkenntnisse erläutert, welche unionalen Handlungsoptionen und verpflichtungen zur Sicherung des Zieles eines vollendeten Energiebinnenmarktes gegeben sind (siehe unter III.).

I. Notwendigkeit und europarechtskonforme Ausgestaltung eines deutschen Kapazitätsmarktes

1. Bei dem von der Bundesregierung beabsichtigten Zuwachs regenerativer Energien bis zu einem Anteil von 80 Prozent des Bruttostromverbrauchs im Jahre 2050 ist die Aufrechterhaltung der Versorgungssicherheit nach herrschender Auffassung nur möglich, wenn temporäre Schwankungen bei der Erzeugung von Energie aus erneuerbaren Quellen durch kurzfristig zuschaltbare bzw. flexibel einsetzbare Kraftwerke, wie z.B. Gas- und Kohlekraftwerke, ausgeglichen werden. Es wird daher überwiegend angenommen, dass spätestens im Jahre 2022 etwa zehn Gigawatt an kurzfristig zu- und abschaltbarer Leistung fehlen könnten.
2. Es ist zu befürchten, dass wegen bestehender Überkapazitäten und ausbleibender Knappheitspreise beim derzeitigen „Energy only“-Markt eine Deckung der Vollkosten von Mittel- und Spitzenlastkraftwerken nicht immer gewährleistet werden kann. Infolgedessen kommt der überwiegende Teil der

Wissenschaft zu dem Schluss, dass die bestehenden Marktanreize und damit die grenzkostenbasierten Marktpreise des Merit-Order-Verfahrens nicht ausreichen, um Investitionen in kurzfristig zu- und abschaltbare Kraftwerke attraktiv erscheinen zu lassen. Eine immer stärker werdende Strömung vertritt daher die Auffassung, dass es eines den derzeitigen „Energy only"-Markt ergänzenden Instruments zur Förderung von Investitionen in Stromerzeugungskapazitäten bedarf.

3. Als nationale Lösung für diese Problematik wird ein auf inländische Stromerzeuger begrenzter Kapazitätsmarkt erwogen. Dieser soll die benötigten Anreize zur Schaffung von Ausgleichskraftwerken setzen und dabei sicherstellen, dass im Voraus für genügend Erzeugungskapazität gesorgt wird, um diese bei Bedarf einspeisen zu können. Dabei sprechen gute Gründe für einen mengenbasierten, selektiven Kapazitätsmarkt.
4. Bei der Schaffung eines solchen nationalen Kapazitätsmarktes ist jedoch der im europäischen Sekundärrecht verankerte Rechtsrahmen zu beachten. Diesen stellt Art. 8 der Elektrizitätsrichtlinie, der bestimmt, dass zur Gewährleistung der Versorgungssicherheit neue Kapazitäten über ein Ausschreibungsverfahren oder ein hinsichtlich Transparenz und Nichtdiskriminierung gleichwertiges Verfahren bereitgestellt werden können. Die Vorgaben dieser Vorschrift gelten auch bei Ausschreibungen im Rahmen eines Kapazitätsmechanismus, durch dessen Einführung die Beschaffung notwendiger Investitionen in (Zusatz-)Kapazitäten sichergestellt werden soll. Nur bei Beachtung dieser Vorgaben kann in Deutschland ein mit europäischem Sekundärrecht konformes Instrument implementiert werden, das mittel- und langfristig den Kraftwerksbau durch geeignete Anreize fördert.
5. Neben dem Sekundärrecht schränkt auch das europäische Beihilferecht den Gestaltungsspielraum des deutschen Gesetzgebers bei der Schaffung eines nationalen Kapazitätsmarktes ein. Die diesbezügliche Prüfung anhand Art. 107 Abs. 1 AEUV erfolgte auf Grundlage der derzeit favorisierten Marktmodelle. Im Ergebnis wäre Kapazitätszahlungen grundsätzlich eine selektive, begünstigende Wirkung zuzusprechen, da nur eine Auswahl von Anlagenbetreibern von ihnen profitieren würden. Zudem dürften sie geeignet sein, den Wettbewerb zu verfälschen und den innergemeinschaftlichen Handel zu beeinträchtigen.
6. Aufgrund der noch offenen Ausgestaltung eines deutschen Kapazitätsmarktes kann hingegen zum jetzigen Zeitpunkt nicht abschließend festgestellt werden, ob sämtliche Tatbestandsmerkmale des Art. 107 Abs. 1 AEUV erfüllt wären. Auch wenn die Kommission eine weite Auslegung des Art. 107 Abs. 1 AEUV

begrüßen würde, dürfte unter Bezugnahme auf die bestehende Rechtsprechung des EuGH nach derzeitiger Rechtslage eine Belastung des staatlichen Haushalts vermieden werden können, so dass das Merkmal der Staatlichkeit der gewährten Begünstigung entfiele. Desgleichen käme bei Bejahung sämtlicher Tatbestandsmerkmale der Vorschrift eine Rechtfertigung über die Ausnahmetatbestände des Art. 107 Abs. 3 AEUV in Betracht. Bei dieser Variante müsste jedoch der deutsche Gesetzgeber den Ermessensspielraum der Kommission beachten.

7. Bei Anwendung der gegenwärtig favorisierten Kapazitätsmarktmodelle wäre des Weiteren ein Verstoß gegen Art. 34 AEUV anzunehmen; denn es würden lediglich in Deutschland produzierende Erzeuger konventionellen Stroms Kapazitätszahlungen erhalten, sämtliche in anderen Mitgliedsstaaten produzierende Energieerzeuger könnten jedoch nicht von den deutschen Kapazitätszahlungen profitieren. Dieser Verstoß dürfte mangels Erforderlichkeit weder über Art. 36 AEUV noch über den Umweltschutz als zwingendes Erfordernis i.S.d. Cassis-de-Dijon-Rechtsprechung gerechtfertigt sein. Denn eine Regelung, bei der zumindest die Anrainerstaaten Deutschlands Teil des Empfängerkreises der deutschen Kapazitätszahlungen wären, wäre ebenso implementierbar. Diese würden den Eingriff in die Warenverkehrsfreiheit, jedenfalls im benötigten Maße, entkräften und mithin eine mildere Alternative begründen.

II. Europarechtskonforme Ausgestaltung der EEG-Maßnahmen

1. Durch den Energiefahrplan der Union wird das vom Europäischen Rat verfolgte Ziel bestätigt, den Anteil erneuerbarer Energien am Gesamtenergieverbrauch der EU bis 2020 auf 20 Prozent zu steigern, um die Hauptvoraussetzung für eine nachhaltigere Energieversorgung zu erfüllen. Das für Deutschland geltende Ausbauziel soll, wie durch das deutsche Energiekonzept bekräftigt, unter anderem mit Hilfe der Aufrechterhaltung des im EEG geregelten unbegrenzten Einspeisevorranges erneuerbarer Energien und der gleichlaufenden Abnahme- und Vergütungspflicht erreicht werden.
2. Bereits vor mehr als einem Jahrzehnt prüfte der EuGH die Vereinbarkeit dieser Fördermaßnahmen mit höherrangigem, europäischem Recht und bestätigte die Europarechtskonformität der deutschen Regelungen. Im Hinblick auf das Beihilfeverbot des Art. 107 AEUV sah der EuGH in seinem PreußenElektra-Urteil das Tatbestandsmerkmal der Belastung des staatlichen Haushalts nicht als erfüllt an. Des Weiteren war er der Auffassung, dass zwar die Begrenzung der Fördermaßnahmen des EEG auf im Inland produzierende

Erzeuger erneuerbarer Energien nicht mit der Warenverkehrsfreiheit gemäß Art. 34 AEUV vereinbar seien, doch bewertete er diese zugleich im Hinblick auf den Klima- und Umweltschutz als gerechtfertigt.

3. Mit der Einleitung des Beihilfeprüfverfahrens gegen Deutschland hat die Kommission klargestellt, dass sie das EEG 2012 insgesamt als staatliche Beihilfe i.S.d. Art. 107 Abs. 1 AEUV beurteilt. Aufgrund der ständigen – auch aktuelleren – Rechtsprechung des EuGH zum Tatbestandsmerkmal der Haushaltsbelastung erscheint es nach der hier vertretenen Auffassung indes fraglich, ob sich die Kommission mit ihrem Anliegen, das EEG trotz fehlender Belastung des staatlichen Haushalts als Beihilfe zu qualifizieren, durchsetzen wird. Hierzu müsste der EuGH von seiner bisherigen Rechtsprechung abweichen. Anzeichen zu einem solchen Richtungswechsel sind jedoch derzeit nicht zu erkennen. Wenn jedoch ein Verstoß gegen Art. 107 Abs. 1 AEUV nicht nur von der Kommission, sondern auch vom EuGH bejaht würde, dürfte dieser auch nicht über den Ausnahmetatbestand des Art. 107 Abs. 3 lit. b Alt. 1 AEUV gerechtfertigt sein, da es sich bei der Regelungswirkung der EEG-Fördermaßnahmen um keine Maßnahme gemeinsamen europäischen Interesses handeln dürfte.
4. Durch die evidente Zunahme des Anteils erneuerbarer Energien an der gesamten Stromerzeugung in Deutschland kann jedoch die vom EuGH vor mehr als 10 Jahren erfolgte Rechtfertigung des Verstoßes gegen die Warenverkehrsfreiheit infrage gestellt werden. Gegen eine dahingehende primärrechtliche Prüfung spricht auch nicht Art. 3 Abs. 3 S. 2 EE-Richtlinie. Danach können die Mitgliedsstaaten zwar frei entscheiden, in welchem Umfang sie die in einem anderen Mitgliedsstaat erzeugte Energie aus erneuerbaren Quellen fördern wollen, und ob sie Erzeuger aus anderen Mitgliedsstaaten von der Förderung ausschließen wollen; doch besteht ein evidenter Zielkonflikt zwischen der Vollendung des Energiebinnenmarktes und dieser in der EE-Richtlinie gebilligten Abschottung nationaler Förderregelungen. Daher ist es geboten, eine Sperrwirkung dieser sekundärrechtlichen Vorschrift abzulehnen und die Vereinbarkeit dieser Regelung mit den den Binnenmarkt schützenden Vorschriften zu überprüfen.
5. Die bezeichneten EEG-Fördermaßnahmen verstoßen gegen die Warenverkehrsfreiheit gemäß Art. 34 AEUV; denn im Ausland produzierende Erzeuger von Strom aus erneuerbaren Energien haben keine Möglichkeit, vom Einspeisevorrang und der EEG-Vergütung zu profitieren.
6. Eine Rechtfertigung dieses Eingriffs dürfte weder durch Art. 36 AEUV noch durch den Umweltschutz als zwingendes Erfordernis möglich sein. Die

Anwendung des Art. 36 AEUV dürfte daran scheitern, dass einerseits allgemeine Umweltschutzerwägungen von der Norm nicht erfasst sind, andererseits der Begriff „Klimaschutz" i.S.d. Norm eng auszulegen ist und Gesundheits- und Lebensgefährdungen, die lediglich auf einer Beeinträchtigung der Umwelt beruhen, nicht in den Schutzbereich des Art. 36 AEUV fallen. Eine Rechtfertigung über zwingende Erfordernisse, ließe man sie trotz diskriminierender Elemente der EEG-Fördermaßnahmen zu, dürfte mangels Erforderlichkeit der Maßnahme nicht gegeben sein. Eine Rechtfertigung käme somit allenfalls dann in Betracht, wenn Erzeuger innerhalb eines an den Geltungsbereich des EEG angrenzenden Gebietes in anderen Mitgliedsstaaten mit in die EEG-Förderung einbezogen würden.

III. Handlungsoptionen und -verpflichtungen der Union zur Sicherung der Vollendung des Energiebinnenmarktes

1. Aus politischen Gründen bestehen derzeit erhebliche Zweifel, dass sich der deutsche Gesetzgeber ohne Weisung durch den EuGH oder die Unionsorgane zeitnah gegen die skizzierten Rechtsverstöße wenden wird. Daher bedarf es eines Tätigwerdens der Union.
2. Für ein Vorgehen zur Öffnung der nationalen Fördersysteme dürfte Art. 194 Abs. 1 AEUV die einschlägige Kompetenzgrundlage sein.

   a) Ein solches einer nationalen Marktabschottung entgegenwirkende Tätigwerden wäre mit dem in Art. 194 Abs. 1 AEUV kodifizierten Leitprinzipien, insbesondere dem Binnenmarktprinzip, vereinbar. Die Beeinträchtigung des Prinzips zum Schutz der Erhaltung und Verbesserung der Umwelt dürfte insofern nicht hinderlich sein, weil der regelmäßig mit den anderen Leitprinzipien auftretende Zielkonflikt im Wege praktischer Konkordanz in Ausgleich gebracht werden kann und somit eine in dieses Umweltprinzip eingreifende Maßnahme nicht von vornherein ausgeschlossen ist. Insoweit entspricht das Ergebnis dieser Abwägung dem Resultat der warenverkehrsrechtlichen Prüfung, nach welcher der durch die Inlandsbegrenzung der EEG-Maßnahmen bestehende Verstoß gegen Art. 34 AEUV nicht durch umweltschutzrechtliche Erwägungen gerechtfertigt sein kann.
   b) Von den drei der vier für eine Kompetenzbegründung infrage kommenden energiepolitischen Zielen des Energiekompetenztitels dürfte Art. 194 Abs. 1 lit. a AEUV, der der Verwirklichung des europäischen Energiebinnenmarktes und der Beseitigung vielfältiger Hindernisse für diesen dient, die einschlägige Rechtsgrundlage sein. Dies dürfte auch für ein Vorgehen

zur Öffnung nationaler Kapazitätsmärkte gelten. Art. 194 Abs. 1 lit. b AEUV dürfte insoweit nicht einschlägig sein, weil die Öffnung nationaler Kapazitätsmärkte gerade nicht zuvorderst auf eine zuverlässigere Versorgungssicherheit gerichtet ist, sondern die Verbesserung binnenmarktlicher Strukturen zum Ziel hat.

c) Aus der auf Art. 194 Abs. 1 lit. a AEUV basierenden Kompetenzbegründung dürfte zudem eine Handlungsverpflichtung der Union folgen. Schließlich ist der Stromaustausch zwischen den Mitgliedsstaaten durch die skizzierten nationalen Marktabschottungen nicht nur gestört, sondern vielmehr in den spezifischen Bereichen aus praktischen Gründen unterbunden. Nationale marktabschottende Regelungen, wie die Regelungen des EEG und die beabsichtigten Regelungen zur Begrenzung des Empfängerkreises bei einem deutschen Kapazitätsmarkt, gefährden den Energiebinnenmarkt nicht nur unerheblich; sie behindern den Austausch von Strom aus erneuerbaren Energiequellen zwischen den Mitgliedsstaaten evident. Zugleich wird diese Behinderung mit dem stark steigenden Anteil erneuerbarer Energien, also im Zuge einer Entwicklung, die von der Union auch ausdrücklich gewünscht ist, immer gewichtiger. Mit den ihr zustehenden Befugnissen müsste die Union die teilweise Öffnung der EEG-Fördermaßnahmen für im Ausland produzierende Stromerzeuger sowie die Berücksichtigung selbiger bei den geplanten Kapazitätszahlungen erzwingen.

3. Die rechtlichen Vorgaben zur Öffnung nationaler Fördersysteme für in anderen Mitgliedsstaaten produzierende Stromerzeuger sollten über eine Änderung der EE-Richtlinie erfolgen. Um Vorgaben für nationale Maßnahmen in Form von Kapazitätsmärkten zu implementieren, dürfte die EltRL der geeignete Rechtsakt sein; denn das Ziel nationaler Kapazitätsmärkte, die Energieversorgung mittel- und langfristig sicherzustellen, ist ein zentraler Teil der EltRL.

B. Fazit

Der Wunsch nach nationaler Energieautarkie Deutschlands ist grundsätzlich ein legitimer, vereinfacht er doch die konzeptionelle Ausgestaltung des sich immer weiter wandelnden, komplexen Energiemarktes. Insbesondere vor dem Hintergrund der ambitionierten deutschen Energiewende ist dieser Wunsch auch verständlich. Der recht kurzfristig terminierte Ausstieg aus der Kernenergie und der hierdurch intensivierte Wechsel zur Nutzung erneuerbarer Energien stellt in einem bevölkerungsreichen und stark industrialisierten Land wie Deutschland ohnehin hohe Anforderungen an den Gesetzgeber und die Verwaltung. Bislang hat die Bundesregierung, etwa zur Stärkung des eigenen Industriestandorts, Fördermaßnahmen favorisiert, von denen vorwiegend nur Stromerzeuger mit Produktion im Bundesgebiet profitieren. Dass sie nicht beabsichtigt, von dieser Haltung abzuweichen, zeigte sich zuletzt an den Überlegungen zu einem deutschen Kapazitätsmarkt, bei denen grundsätzlich nur inländische Kraftwerksbetreiber von den Investitionsanreizen profitieren sollen, sowie bei den laufenden Diskussionen zur Reform des EEG 2012.

Das Streben nach einer vollständigen deutschen Eigenversorgung kollidiert jedoch immer vehementer mit dem Ziel der Union, nicht nur einen funktionierenden europäischen Energiebinnenmarkt zu schaffen, sondern diesen auch zeitnah zu vollenden. Die Vollendung dieses Energiebinnenmarktes funktioniert jedoch nur, wenn ein gewisses Maß an Integrationswillen der nationalen Energiepolitiken gewährleistet ist. Marktabschottende nationale Maßnahmen laufen dem zwar nicht generell zuwider – es kann sie auch in einem Energiebinnenmarkt geben, solange sie erforderlich sind und den Binnenmarkt in seiner Funktion nicht unangemessen beeinträchtigen. Doch muss primär die Öffnung der Märkte zur Teilnahme am europäischen Binnenmarkt ermöglicht sein. Dies ist nur der Fall, wenn ein diskriminierungsfreier Marktzugang und die notwendigen, grenzüberschreitenden Stromflüsse gewährleistet sind.

Wie im Rahmen der vorliegenden Arbeit gezeigt, bedarf es zur Stärkung binnenmarktlicher Strukturen einerseits einer Anpassung des Anwendungsbereichs des EEG und der dort kodifizierten Fördermaßnahmen; andererseits sollte, gerade im Hinblick auf die bevorstehende Vollendung des Energiebinnenmarktes, bei der Diskussion um die Schaffung eines deutschen Kapazitätsmarktes – und letzten Endes sämtlicher künftiger Rechtsakte – die Vereinbarkeit dieser Regelungen mit europäischem Primärrecht und dem Binnenmarktprinzip frühzeitig sichergestellt werden. Entgegen verschiedener, auf nationaler Ebene kommunizierter Bedenken, eine überspitzte Berücksichtigung des Europarechts würde die Energiewende in Deutschland folgenschwer ausbremsen, kann gerade die Nichtbeachtung dieses höherrangigen Rechtsrahmens gravierende Folgen für Deutschland und den Erfolg der deutschen Energiepolitik haben. So könnten in praktischer Hinsicht bereits in wenigen Jahren teure Offshore-Anlagen und intelligente Netze trotz technischer Kapazität von 100 Prozent Stromerzeugung an guten Windtagen unterbeschäftigt sein. Noch größere Nachteile könnten Deutschland und der deutschen Industrie entstehen, wenn der EuGH nationale Regelungen des Energierechts für mit dem Europarecht unvereinbar erklärte. Dies dürfte gravierende Folgen für den deutschen Elektrizitätsmarkt haben und könnte das deutsche Energiekonzept nicht nur in Teilen, sondern in seiner Gesamtheit erschüttern – denn die nationalen Instrumente greifen ineinander und weisen eine wechselseitige Abhängigkeit auf. Im schlimmsten Fall wäre sogar ein teilweiser Rückbau des derzeitigen Kraftwerksparks die Folge.

Diese Szenarien zu vermeiden ist allerdings nicht nur Aufgabe des nationalen Gesetzgebers, sondern mindestens ebenso der Union. Denn sie ist nicht nur auf Grundlage von Art. 194 AEUV befugt, den Integrationsprozess der nationalen Energiemärkte in Richtung eines gemeinsamen, funktionierenden Energiebinnenmarkt zu stärken und dies mit eigener Rechtsetzung zu begleiten; sie ist vielmehr dazu verpflichtet, der Abschottung nationaler Märkte entgegenzutreten und bei Verstößen ab einer bestimmten Schwelle unmittelbar tätig zu werden. In einem Europa, das verschieden strukturierte und unterschiedlich starke Energiemärkte vereint, muss die Union zur Erreichung eines funktionierenden Energiebinnenmarktes klare Rahmenbedingungen setzen und die Aufhebung bzw. Änderung von integrationsfeindlichen, mitgliedsstaatlichen Regelungen erzwingen. Dabei bedarf es nicht immer der Einleitung von Vertragsverletzungsverfahren gegen die Mitgliedsstaaten, so wie es gegenwärtig von der Kommission zur Umsetzung des dritten Energiebinnenmarktpaketes betrieben wird. Vielmehr sollten die Unionsorgane auch den informellen Kontakt zu den mitgliedsstaatlichen Gremien, insbesondere den zuständigen Ministerien, pflegen, um *ex ante* europarechtskonforme Regelungen zu ermöglichen und langwierige, kostenintensive Verfahren zu vermeiden. Gerade mit Blick auf die bereits anlaufende Novellierung des EEG dürfte der rege Austausch der Kommission mit den Ministerien eine hilfreiche und sogar notwendige Hilfestellung bieten und darüber hinaus Rechtsunsicherheiten in Zukunft vermeiden.

Die auf nationaler und europäischer Ebene verfolgten Ziele einer sicheren, nachhaltigen und bezahlbaren Energieversorgung in Verbindung mit dem Ziel der Vollendung des Energiebinnenmarktes stellen lediglich einige Leitziele der heutigen Energiepolitik in Europa dar. Diese hat eine Komplexität erreicht, die sich nicht nur in verschiedensten Instrumenten und Maßnahmen, sondern auch in der teils schwierigen Abgrenzung zwischen unionalen und mitgliedsstaatlichen Kompetenzen widerspiegelt. Dabei verschiebt sich die zentrale Entscheidungskompetenz in energiepolitischen Fragen immer stärker von den Mitgliedsstaaten auf die Union. Deutliches Indiz hierfür war die Einführung des Energiekompetenztitels des Art. 194 AEUV, auf dessen Grundlage sie die Entwicklung und Durchsetzung eines umfassenden energiepolitischen Gesamtkonzepts „aus einem Guss“ vornehmen will. Die vorliegende Arbeit hat insoweit gezeigt, dass der Union hieraus nicht nur Handlungsoptionen erwachsen, sondern auch Handlungsverpflichtungen folgen. Ein auf diesen Ermächtigungen und Verpflichtungen basierendes Tätigwerden der Union ist somit auch seitens der Mitgliedsstaaten zu begrüßen. Denn sie werden immer stärker am grenzüberschreitenden Stromaustausch teilnehmen, um verschiedene Aufgaben, wie etwa die Sicherheit der Energieversorgung, zu meistern. Mit einem aktiven Einschreiten durch den unionalen Gesetzgeber kann in naher Zukunft ein gut funktionierender Energiebinnenmarkt geschaffen werden, der einen gerechten Marktzugang und ein hohes Verbraucherschutzniveau sowie ausreichende Verbund- und Erzeugungskapazitäten zu gewährleisten imstande ist.

Literaturverzeichnis

Achner, Siggi / Michels, Armin / Nailis, Dominic / Ritzau, Michael / Schuffelen, Lukas: Kapazitätsmarkt – Rahmenbedingungen, Notwendigkeit und Eckpunkte einer Ausgestaltung, Studie vom Büro für Energiewirtschaft und technische Planung (BET) im Auftrag des Bundesverband Neuer Energieanbieter e.V. (bne), 2011, Aachen, zitiert als: Achner et al. – Ausgestaltung eines Kapazitätsmarkts, 2011.

Agentur für Erneuerbare Energien: Grundlastkraftwerke und Erneuerbare Energien – ein Systemkonflikt?, Hintergrundpapier, 2009, zitiert als: Agentur für Erneuerbare Energien – Grundlastkraftwerke und Erneuerbare Energien, 2009.

Altrock, Martin: „Subventionierende" Preisregelungen: die Förderung erneuerbarer Energieträger durch das EEG, 2002, zitiert als: Altrock – Subventionierende Preisregelungen, 2002.

Apfelstedt, Gert: Ökoenergie-Pflichtbenutzung und Warenverkehrsrecht, in: Zeitschrift für Neues Energierecht, 2001, S. 2 ff., zitiert als: Apfelstedt, ZNER 2001.

Arhold, Christoph: Steuerhoheit auf regionaler oder lokaler Ebene und der europäische Beihilfenbegriff – wie weit reicht das Konzept von der regionalen Selektivität, zugleich Anmerkung zu EuGH, Urt. v. 6.9.2006 – C-88/03, Slg. 2006, 70646, Portugal/Kommission, in: Europäische Zeitschrift für Wirtschaftsrecht, 2006, S. 717 ff., zitiert als: Arhold, EuZW 2006.

Baumann, Robert: Finanzielles und betriebliches Rechnungswesen – Management-Basiskompetenz, 3. Auflage, 2011, zitiert als: Baumann – Finanzielles und betriebliches Rechnungswesen, 2011.

Baur, Jürgen / Kreße, Bernhard: Ausnahmen von der Zulässigkeit der Weitergabe von Belastungen aus dem EEG auf Letztverbraucher zum Erhalt der Aluminiumindustrie in Deutschland, 2004, zitiert als: Baur/Kreße – Ausnahmen von der Zulässigkeit der Weitergabe von EEG-Belastungen auf Letztverbraucher, 2004.

Bergmann, Jan: Handlexikon der Europäischen Union, 4. Auflage, 2012, Baden-Baden, zitiert als: Verfasser, in: Bergmann – EU-Handlexikon.

Bloch, Julia: Unentgeltliche Vergabe handelbarer Emissionszertifikate als staatliche Beihilfe – Zugleich Anmerkung zum Urteil des EuGH vom 8. September 2011, in: Netzwirtschaften & Recht 2012, S. 19 ff., zitiert als: Bloch, N&R 2012.

Böckers, Veit / Giessing, Leonie / Haucap, Justus / Heimeshoff, Ulrich / Rösch, Jürgen: Braucht Deutschland einen Kapazitätsmarkt für Kraftwerke? Eine Analyse des deutschen Marktes für Stromerzeugung, Reihe Ordnungspolitische Perpektiven Nr. 24, Düsseldorfer Institut für Wettbewerbsökonomie, 2012, zitiert als: Düsseldorfer Institut für Wettbewerbsökonomie – Braucht Deutschland einen Kapazitätsmarkt?, 2012.

Bogdandy, Armin von / Bast, Jürgen: Europäisches Verfassungsrecht – theoretische und dogmatische Grundzüge, 2. Auflage, 2009, zitiert als: Verfasser, in: von Bogdandy/Bast – Europäisches Verfassungsrecht.

Britz, Gabriele / Hellermann, Johannes / Hermes, Georg: EnWG – Energiewirtschaftsgesetz, Kommentar, 2. Auflage, 2010, München, zitiert als: Verfasser, in: Britz/Hellermann/Hermes – EnWG.

Bruckenberger, Ernst / Klaue, Siegfried / Schwintowski, Hans-Peter: Krankenhausmärkte zwischen Regulierung und Wettbewerb, 2006, zitiert als: Bruckenberger/Klaue/Schwin towski – Regulierung und Wettbewerb, 2006.

Bruckner, Thomas / Kondziella, Hendrik / Bode, Sven: Auswirkungen einer Laufzeitverlängerung der Kernkraftwerke auf die Preise und die Wettbewerbsstruktur im deutschen Strommarkt, Kurzstudie, 2010, Berlin, online erhältlich unter: http://www.8ku.de/fileadmin/media/8KU_Office/Kurzstudie_Uni_Leipzig.pdf, zitiert als: Bruckner/Kondziella/Bode – Auswirkungen einer Laufzeitverlängerung der KWKs, 2011.

Bundeskartellamt: Sektoruntersuchung Stromerzeugung Stromgroßhandel, Bericht gemäß § 32e Abs. 3 GWB, 2011, Bonn, zitiert als: Bundeskartellamt – Sektoruntersuchung Stromerzeugung Stromgroßhandel, 2011.

Bundesministerium für Umwelt, Naturschutz und Reaktorsicherheit: Bericht der Bundesrepublik Deutschland 2005 zur Erreichung des Richtziels für den Verbrauch von Strom aus Erneuerbaren Energiequellen im Jahr 2010, Bericht der Bundesrepublik Deutschland gemäß Artikel 3 Absatz 3 der RiLi 2001/77/EG, 2005, Berlin, zitiert als: BMU – Bericht zur Zielerreichung bei Erneuerbaren Energien, 2010.

—: Entwicklung der erneuerbaren Energien in Deutschland im Jahr 2011 – unter Verwendung aktueller Daten der Arbeitsgruppe Erneuerbare Energien-Statistik (AGEE-Stat), Grafiken und Tabellen, 2012, online erhältlich unter: http://www.erneuerbare-energien.de/files/pdfs/allgemein/application/pdf/ee_in_deutschland_graf_tab.pdf, zitiert als: BMU – Entwicklung der Erneuerbaren Energien im Jahr 2011.

—: Erneuerbare Energien in Zahlen – nationale und internationale Entwicklung, 2012, online erhältlich unter: http://www.erneuerbare-energien.de/files/pdfs/allgemein/application/pdf/broschuere_ee_zahlen_bf.pdf, zitiert als: BMU – Erneuerbare Energien in Zahlen, 2012.

Bundesministerium für Wirtschaft und Technologie: Monitoring-Bericht zur Versorgungssicherheit im Bereich der leitungsgebundenen Versorgung mit Elektrizität, Bericht nach § 51 EnWG, 2011, Berlin, online erhältlich unter: http://www.bmwi.de/BMWi/Redaktion/PDF/M-O/monitoringbericht-bmwi-versorgungssicherheit-bereich-leitungsgebundene-versorgung-elekrizitaet,property=pdf,bereich=bmwi,sprache=de,rwb=true.pdf, zitiert als: BMWi – Monitoring-Bericht nach § 51 EnWG, 2011.

Bundesministerium für wirtschaftliche Zusammenarbeit und Entwicklung: Entwicklung braucht nachhaltige Energie, Materialien 186, 2008, online erhältlich unter: http://www.bmz.de/de/publikationen/themen/energie/Materialie186.pdf, zitiert als: BMZ – Entwicklung braucht nachhaltige Energie, 2008.

Bundesnetzagentur: Biogas-Monitoringbericht 2012, Bericht der Bundesnetzagentur über die Auswirkungen der Sonderregelungen für die Einspeisung von Biogas in das Erdgasnetz gemäß § 37 GasNZV an die Bundesregierung zum 31.05.2012, online erhältlich unter: http://www.energie-experten.org/uploads/media/Biogas-Monitoringbericht_2012.pdf, zitiert als: Bundesnetzagentur – Biogas-Monitoringbericht 2012.

—: Hintergrundinformationen zur Ausgleichsmechanismus- Ausführungsverordnung (AusglMechAV) – Der EEG-Wälzungsmechanismus, 2010, online erhältlich unter: http://www.bundesnetzagentur.de/SharedDocs/Downloads/DE/BNetzA/Sachgebiete/Energie/ErneuerbareEnergienGesetz/AusgleichsmechanismusAusfVerordg/HintergrundWaelzungsmechanismuspdf.pdf?__blob=publicationFile, zitiert als: Bundesnetzagentur – Der EEG-Wälzungsmechanismus, 2010.

—: Evaluierungsbericht der Bundesnetzagentur für Elektrizität, Gas, Telekommunikation, Post und Eisenbahnen zur Ausgleichsmechanismusverordnung, 2012, online erhältlich unter: http://www.bundesnetzagentur.de/SharedDocs/Downloads/DE/BNetzA/Sachgebiete/Energie/Erneuerbare EnergienGesetz/EvaluierungsberichtAusglMechV/EvaluierungsberichtAusglMechV.pdf?__blob=publicationFile, zitiert als: Bundesnetzagentur – Evaluierungsbericht zur Ausgleichsmechanismusverordnung, 2012.

*Bundesregierung:*Energiekonzept für eine umweltschonende, zuverlässige und bezahlbare Energieversorgung, 2010, online erhältlich unter: http://www.bundesregierung.de/Content/DE/Anlagen/2012/02/energiekonzept-final.pdf?__

blob=publicationFile&v=5, zitiert als: Bundesregierung – Konzept für eine umweltschonende, zuverlässige und bezahlbare Energieversorgung, 2010.

Bundesverband der Energie- und Wasserwirtschaft (BDEW): Strom- und Gasverbrauch: Milder Winter überlagert positive Effekte der Konjunkturbelebung, BDEW-Pressekonferenz, 2012, online erhältlich unter: http://www.bdew.de/internet.nsf/id/91C0FC9A8D7AD3EEC12579E9002F8CBF/$file/120416%20Hannover%20Messe%20BDEW%20Zahlen%20und%20Fakten.pdf, zitiert als: BDEW – Strom- und Gasverbrauch, 2012.

—: BDEW-Hintergrundwissen – Wie funktioniert der Wälzungsmechanismus? (laut EEG und Ausgleichsmechanismus-Verordnung zum EEG), 2012, online erhältlich unter: http://www.bdew.de/internet.nsf/id/3AC6AD0FB191C91CC1257A840039EF84/$file/121001%20BDEW%20Hintergrundwissen%20EEG%20Wälzungsmechanismus.pdf, zitiert als: BDEW – Wie funktioniert der Wälzungsmechanismus?, 2012.

—: Stellungnahme zum Fragenkatalog der Fraktionen CDU/CSU, SPD, FDP, DIE LINKE und BÜNDNIS 90/DIE GRÜNEN der öffentlichen Anhörung am 5. Mai 2008 zum Gesetzentwurf der Bundesregierung bezüglich des Entwurfs „Entwurf eines Gesetzes zur Neuregelung des Rechts der Erneuerbaren Energien im Strombereich und zur Änderung damit zusammenhängender Vorschriften", BT-Drs. 16/8148, 16/8393, 2008, online erhältlich unter: http://www.clearingstelle-eeg.de/files/08-Stn_BDEW.pdf, zitiert als: BDEW – Stellungnahme zum Gesetzentwurf zur Neuregelung des Rechts der erneuerbaren Energien, 2008.

Bundesverband neuer Energieanbieter e.V. (bne): Welches Marktdesign braucht die Energiewende?, 2011, zitiert als: Verfasser – Titel, in: bne (Hrsg.) – Welches Marktdesign braucht die Energiewende?, 2011.

—: Anforderungen an ein neues Marktdesign, Kompass 01/13, 2013, zitiert als: Verfasser – Titel, in: bne (Hrsg.) – Kompass 01/13, 2013.

Calliess, Christian: Sinn, Inhalt und Reichweite einer europäischen Kompetenz zu einer kombinierten Umwelt-, Klima- und Energiepolitik, Berliner Online-Beiträge zum Europarecht, Nr. 52, 2009, zitiert als: Calliess – Kompetenz zu einer kombinierten Umwelt-, Klima- und Energiepolitik, Berliner Beiträge Nr. 52, 2009.

Calliess, Christian / Ruffert, Matthias: EUV / AEUV – das Verfassungsrecht der Europäischen Union mit Europäischer Grundrechtecharta, Kommentar, 4. Auflage, 2011, München, zitiert als: Verfasser, in: Calliess/Ruffert – EUV/AEUV.

Classen, Dieter: The Draft Treaty establishing a Constitution for Europe, in: German Yearbook of International Law 2003, S. 323 ff., zitiert als: Classen, GYIL 2003.

Consentec GmbH: Versorgungssicherheit effizient gestalten – Erforderlichkeit, mögliche Ausgestaltung und Bewertung von Kapazitätsmechanismen in Deutschland, Untersuchung im Auftrag der EnBW AG, 2012, Aachen, online erhältlich unter: http://www.consentec.de/wp-content/uploads/2012/03/Consentec_EnBW_KapMärkte_Ber_20120207.pdf, zitiert als: Consentec – Versorgungssicherheit effizient gestalten, Abschlussbericht 2012.

Crampton, Peter / Stoft, Steven: The Convergence of Market Designs for Adequate Generating Capacity with Special Attention to the CAISO's Resource Adequacy Problem, Berkeley (California), White Paper for the Electricity Oversight Board, 2006, zitiert als: Crampton/Stoft – Convergence of Market Designs for Adequate Generating Capacity, 2006.

Cremer, Wolfram: Staatlich geförderter Klimaschutz und Gemeinschaftsrecht – Sind das Erneuerbare-Energien-Gesetz (EEG) und das Kraft-Wärme-Kopplungsgesetz (KWKG) seit dem 1.7.2007 gemeinschaftsrechtswidrig?, in: Europäische Zeitschrift für Wirtschaftsrecht, 2007, S. 591 ff., zitiert als: Cremer, EuZW 2007.

Cremer, Wolfram / Pielow, Johann-Christian: Probleme und Perspektiven im Energieumweltrecht, 2009, zitiert als: Verfasser – Titel, in: Cremer/Pielow (Hrsg.) – Probleme und Perspektiven im Energieumweltrecht, 2009.

Danner, Wolfgang / Theobald, Christian: Energierecht – Energiewirtschaftsgesetz mit Verordnungen, EU-Richtlinien, Gesetzesmaterialien, Gesetze und Verordnungen zu Energieeinsparung und Umweltschutz sowie andere energiewirtschaftlich relevante Rechtsregelungen, Kommentar, 72. Ergänzungslieferung, 2011, München, zitiert als: Verfasser, in: Danner/Theobald – Energierecht.

Dauses, Manfred: EU Wirtschaftsrecht, 31. Ergänzungslieferung 2012, zitiert als: Verfasser, in: Dauses – EU-Wirtschaftsrecht.

Dederer, Hans-Georg: Anmerkung zu EuGH, Urteil vom 13.3.2001, Rs. C 379/98 – PreussenElektra, in: Bayerische Verwaltungsblätte 2001, S. 366 ff., zitiert als: Dederer, BayVBl. 2001.

Deutsche Gesellschaft für Sonnenenergie e.V.: Wetterschwankungen: Ausgleich mit Biogas, in: Sonnenenergie, September/Oktober 2008, S. 24 ff., zitiert als: Deutsche Gesellschaft für Sonnenenergie e.V. – Wetterschwankungen: Ausgleich mit Biogas, in: Sonnenenergie, 2008.

Deutsches Zentrum für Luft- und Raumfahrt e.V. (DLR) / Interdisziplinärer: Forschungsschwerpunkt Risiko und nachhaltige Technikentwicklung (ZIRN) / Thomas Kast Simulation Solutions / Institut für Zukunfts-Energie-Systeme (IZES): Analyse von Rahmenbedingungen für die Integration erneuerbarer Energien in die Strommärkte auf der Basis agentenbasierter Simulation,

Abschlussbericht, 2011, online erhältlich unter: http://www.dlr.de/Portaldata/41/Resources/dokumente/st/AMIRIS-Pilotvorhaben.pdf, zitiert als: DLR/ZIRN/IZES – Rahmenbedingungen für die Integration erneuerbarer Energien, Abschlussbericht, 2011.

—: Langfristszenarien und Strategien für den Ausbau der erneuerbaren Energien in Deutschland bei Berücksichtigung der Entwicklung in Europa und global, Schlussbericht, BMU – FKZ 03MAP146, 2012, online erhältlich unter: http://www.dlr.de/dlr/Portaldata/1/Resources/bilder/portal/portal_2012_1/leitstudie2011_bf.pdf, zitiert als: DLR/ZIRN/IZES – Langfristszenarien und Strategien für den Ausbau der erneuerbaren Energien in Deutschland, 2012.

Dreier, Horst: Grundgesetz – Kommentar, 2. Auflage, 2006, Tübingen, zitiert als: Verfasser, in: Dreier – Grundgesetz.

Ekardt, Felix/ Schmeichel, Andrea: Erneuerbare Energien, Warenverkehrsfreiheit und Beihilfenrecht – Nationale Klimaschutzmaßnahmen im EG-Recht, in: Zeitschrift für Europarechtliche Studien, 2009, Heft 2, S. 171 ff., zitiert als: Ekardt/Schmeichel, ZEuS 2009.

Ehlers, Dirk: Europäische Grundrechte und Grundfreiheiten, 3. Auflage, 2009, zitiert als: Ehlers – Grundfreiheiten, 2009.

—: Die Grundfreiheiten des europäischen Gemeinschaftsrechts (Teil I), in: Juristische Ausbildung, 2001, S. 266 ff., zitiert als: Ehlers, Jura 2001.

Ehricke, Ulrich: Staatliche Maßnahmen zur Förderung umweltfreundlicher Energien und europäisches Wettbewerbsrecht, in: Recht der Energiewirtschaft, 2003, S. 57 ff., zitiert als: Ehricke, RdE 2003.

Ehricke, Ulrich / Hackländer, Daniel: Europäische Energiepolitik auf der Grundlage der neuen Bestimmungen des Vertrags von Lissabon, in: Zeitschrift für Europarechtliche Studien, 2008, S. 579 ff., zitiert als: Ehrike/Hackländer, ZEuS 2008.

Envia Mitteldeutschen Energie AG: Bericht der envia Mitteldeutsche Energie AG nach § 52 Abs. 1 EEG, EEG-Belastungsausgleich im Jahr 2011, Bericht, online erhältlich unter: https://www.enviam.de/irj/go/km/docs/z_ep_em_unt_documents/em/unternehmensportal/Unternehmen/2_Zahlen%20&%20Fakten/2.1_Kennzahlen/20120720_BerichtEEG_paragraph%2052_envia_Mitteldeutsche_Energie_AG.pdf, zitiert als: Bericht der envia Mitteldeutsche Energie AG nach § 52 Abs. 1 EEG zum EEG-Belastungsausgleich im Jahr 2011.

Erk, Claudia: Die künftige Vereinbarkeit des EEG mit Verfassungs- und Europarecht, 1. Auflage, 2008, zitiert als: Erk – Vereinbarkeit des EEG mit Verfassungs- und Europarecht, 2008.

Europäische Komission: Arbeitsdokument der Kommissionsdienststellen: Generation Adequacy in the internal electricty market – guidance on public interventions, swd (2013) 438, 2013, zitiert als: Arbeitsdokument der Kommission – Generation Adequacy: guidance on public interventions, swd (2013) 438.

—: Arbeitsunterlage der Kommissionsdienststellen: Leitfaden zur beihilfenkonformen Finanzierung, Umstrukturierung und Privatisierung staatseigener Unternehmen, swd (2012) 15, 2012, zitiert als: Kommission – Leitfaden zur beihilfenkonformen Finanzierung, Umstrukturierung und Privatisierung staatseigener Unternehmen, swd (2012) 15.

—: Gemeinschaftsvorschriften für staatliche Beihilfen zugunsten von KMU – ein praktisches Handbuch, 2009, zitiert als: Kommission – Gemeinschaftsvorschriften für staatliche Beihilfen zugunsten von KMU, Handbuch, 2009.

—: Grünbuch – Ein Rahmen für die Klima- und Energiepolitik bis 2030, KOM (2013) 169 endgültig, zitiert als: Grünbuch der Kommission – Ein Rahmen für die Klima- und Energiepolitik bis 2030, KOM (2013) 169 endg.

—: Konsultationspapier – Environmental and Energy Aid Guidelines 2014 – 2020, 11.3.2013, zitiert als: Konsultationspapier der Kommission – Environmental and Energy Aid Guidelines 2014 – 2020, vom 11.3.2013.

—: Konsultationspapier – Generation adequacy, capacity mechanisms and the internal market in electricity, 15.11.2012, zitiert als: Konsultationspapier der Kommission – Generation adequacy, capacity mechanisms and the internal market in electricity, vom 15.11.2012.

—: Konsultationspapier – Aktionsplan Staatliche Beihilfen, Weniger und besser ausgerichtete staatliche Beihilfen – Roadmap zur Reform des Beihilferechts 2005–2009, KOM (2005) 107 endgültig, 2005, zitiert als: Konsultationspapier der Kommission – Aktionsplan Staatliche Beihilfen, KOM (2005) 107 endg.

—: Mitteilung – Ein funktionierender Energiebinnenmarkt, KOM (2012) 663 endgültig, 2012, zitiert als: Mitteilung der Kommission – Ein funktionierender Energiebinnenmarkt, KOM (2012) 663 endg.

—: Mitteilung – Energiefahrplan 2050, KOM (2011) 885 endgültig, 2011, zitiert als: Mitteilung der Kommission – Energiefahrplan 2050, KOM (2011) 885 endg.

—: Mitteilung – Energie 2020 – Eine Strategie für wettbewerbsfähige, nachhaltige und sichere Energie, KOM (2010) 639 endgültig, 2010, zitiert als: Mitteilung der Kommission – Energiestrategie 2020, KOM (2010) 639 endg.

—: Mitteilung – Erneuerbare Energien: ein wichtiger Faktor auf dem europäischen Energiemarkt, KOM (2010) 271 endgültig, 2010, zitiert als: Mitteilung der Kommission – Erneuerbare Energien als wichtiger Faktor auf dem europäischen Energiemarkt, KOM (2010) 271 endg.

—: Mitteilung – Eine Energiepolitik für Europa, KOM (2007) 1 endgültig, 2007, zitiert als: Mitteilung der Kommission – Eine Energiepolitik für Europa, KOM (2007) 1 endg.

—: Mitteilung – Aussichten für den Erdgas- und Elektrizitätsbinnenmarkt, KOM (2006) 841 endgültig., 2006, zitiert als: Mitteilung der Kommission – Aussichten für den Erdgas- und Elektrizitätsbinnenmarkt, KOM (2006) 841 endg.

—: Mitteilung – Der Anteil erneuerbarer Energien in der EU, Bericht der Kommission gemäß Artikel 3 der Richtlinie 2001/77/EG, Bewertung der Auswirkung von Rechtsinstrumenten und anderen Instrumenten der Gemeinschaftspolitik auf die Entwicklung des Beitrags erneuerbarer Energiequellen in der EU und Vorschläge für konkrete Maßnahmen, KOM (2004) 366 endgültig, 2004, zitiert als: Mitteilung der Kommission – Der Anteil erneuerbarer Energien in der EU, KOM (2004) 366 endg.

—: Mitteilung – Vollendung des Elektrizitätsbinnenmarktes und optimale Nutzung staatlicher Interventionen, C(2013)7243, 2013, zitiert als: Mitteilung der Kommission – Vollendung des Elektrizitätsbinnenmarktes und optimale Nutzung staatlicher Interventionen, C(2013)7243.

—: Leitlinien der Gemeinschaft für staatliche Umweltschutzbeihilfen, 2008/C 82/01, Abl. vom 1.4.2008, zitiert als: Kommission – Leitlinien der Gemeinschaft für staatliche Umweltschutzbeihilfen, 2008/C 82/01, Abl. vom 1.4.2008.

Europäisches Parlament: Energiepolitik – Allgemeine Grundsätze Energiebinnenmarkt, Autoren: Balázs Mellár / Stela Nenova, 2012, zitiert als: Europäisches Parlament – Energiebinnenmarkt, 2012.

—: Der freie Warenverkehr, Autoren: Mariusz Maciejewski / Jana Roginska, 2013, zitiert als: Europäisches Parlament – Freier Warenverkehr, 2013.

Europäischer Rat: Schlussfolgerungen zur Tagung des Europäischen Rates am 22. Mai 2013, Übermittlungsvermerk des Generalsekretariats an die Delegationen, EUCO 75/1/13 REV 1, zitiert als: Europäischer Rat – Schlussfolgerungen zur Tagung des Europäischen Rates am 22. Mai 2013, EUCO 75/1/13 REV 1.

—: Schlussfolgerungen zur Tagung des Europäischen Rates am 4. Februar 2011, Übermittlungsvermerk des Generalsekretariats an die Delegationen, EUCO 2/1/11 REV 1, zitiert als: Europäischer Rat – Schlussfolgerungen zur Tagung des Europäischen Rates am 4. Februar 2011, EUCO 2/1/11 REV 1.

Fischer, Klemens: Der Vertrag von Lissabon, Kommentar, 2. Auflage, 2010, Baden-Baden, zitiert als: Fischer – Der Vertrag von Lissabon, 2010.

Fischer, Severin: Europäisches EEG ist unrealistisch, Interview mit EurActiv, 2010, online erhältlich unter: http://www.euractiv.de/energie-und-klimaschutz/artikel/fischer-europaisches-eeg-ist-unrealistisch-003482, zitiert als: Fischer – Europäisches EEG ist unrealistisch, EurActiv-Interview, 2010.

ForschungsVerbund Erneuerbare Energien (FVEE): FVEE-Positionspapier – Ökonomische Aspekte eines neuen Stromsystemdesigns, 2013, online erhältlich unter: http://www.fvee.de/fileadmin/publikationen/Politische_Papiere_FVEE/13.06.Stromsystemdesign/FVEE-Positionspapier_SYSTEMDESIGN.pdf, zitiert als: FVEE – Positionspapier zu einem neuen Stromsystemdesign, 2013.

Fraunhofer Institut für System- und Innovationsforschung: Aktuelle Fakten zur Photovoltaik in Deutschland, Studie, 2012, online erhältlich unter: http://www.fraunhofer.de/content/dam/zv/de/forschungsthemen/energie/Fakten%20zur%20PV%20120202.pdf, zitiert als: Fraunhofer Institut (ISI) – Fakten zur Photovoltaik, 2012.

—: Vorbereitung und Begleitung der Erstellung des Erfahrungsberichtes 2011 gemäß § 65 EEG, Vorhaben IV Instrumentelle und rechtliche Weiterentwicklung im EEG, Endbericht, 2011, online erhältlich unter: http://www.erneuerbare-energien.de/files/pdfs/allgemein/application/pdf/eeg_eb_2011_recht_bf.pdf, zitiert als: Fraunhofer Institut (ISI) – Erfahrungsbericht 2011 gemäß § 65 EEG.

Frenz, Walter: Energieträger zwischen Klimaschutz und Kernschmelzen, in: Neue Zeitschrift für Verwaltungsrecht, 2011, S. 522 ff., zitiert als: Frenz, NVwZ 2011.

—: Handbuch Europarecht, Band 1 – Europäische Grundfreiheiten, 2. Auflage, 2012, zitiert als: Frenz – Europäische Grundfreiheiten, 2012.

—: Handbuch Europarecht, Band 6 – Institutionen und Politiken, 2. Auflage, 2012, zitiert als: Frenz – Institutionen und Politiken, 2012.

Frenz, Walter / Kane, Anna-Miriam: Die neue europäische Energiepolitik, in: Natur und Recht, 2010, Heft 32, S. 464 ff., zitiert als: Frenz/Kane, NuR 2010.

Fritz, Peter: Capacity mechanisms: Revived interest in capacity mechanisms throughout Europe in the face of high volumes of intermittent generation, in: North European Power Perspective (NEPP) Synthesis results, 2011, S. 1 ff., zitiert als: Fritz – capacity mechanisms, NEPP 2011.

Führ, Martin / Wahl, Rainer / Wilmowsky, Peter von: Festschrift für Eckard Rehbinder, 2007, Berlin, zitiert als: Verfasser – Titel, in: Führ/Wahl/Wilmowsky (Hrsg.) – FS Rehbinder, 2007.

Gebauer, Jochen / Wollenteit, Ulrich / Hack, Martin: Der EuGH und das Stromeinspeisegesetz: Ein neues Paradigma zum Verhältnis von Grundfreiheiten und Umweltschutz?, in: Zeitschrift für Neues Energierecht, 2001, S. 12 ff., zitiert als: Gebauer/Wollenteit/Hack, ZNER 2001.

Geden, Oliver: Energiesolidarität im EU-Reformvertrag – ein zentraler Baustein der europäischen Energiepolitik, Stiftung Wissenschaft und Politik, SWP-Aktuell 34, 2007, zitiert als: Geden – Energiesolidarität, 2007.

Geiger, Rudolf / Khan, Daniel-Erasmus / Kotzur, Markus: EUV/AEUV, Kommentar, 5. Auflage, 2010, München, zitiert als: Verfasser, in: Geiger/Khan/Kotzur – EUV/AEUV.

Generaldirektion Unternehmen und Industrie der Kommission: Der freie Warenverkehr – Leitfaden zur Anwendung der Vertragsbestimmungen über den freien Warenverkehr, Generaldirektion C, 2010, zitiert als: Generaldirektion Unternehmen und Industrie (KOM) – Der freie Warenverkehr, 2010

Gent, Kai: Mindestpreise und Abnahmezwang als Beitrag zum Europäischen Umweltschutz? – Deutsches Stromeinspeisungsgesetz und EG-Vertrag, 1999, zitiert als: Gent – Deutsches Stromeinspeisungsgesetz und EG-Vertrag, 1999.

Gesellschaft für Umweltrecht: Umweltschutz im Energierecht – Dokumentation zur Sondertagung der Gesellschaft für Umweltrecht e.V. und des Umweltbundesamtes, 2005, Berlin, zitiert als: Verfasser, in: Gesellschaft für Umweltrecht – Umweltschutz im Energierecht, 2005.

Gloy, Wolfgang / Loschelder, Michael / Erdmann, Willi: Handbuch des Wettbewerbsrechts, 4. Auflage, 2010, zitiert als: Verfasser, in: Gloy/Loschelder/Erdmann – Wettbewerbsrecht.

Grabitz, Eberhard / Hilf, Meinhard / Nettesheim, Martin: Das Recht der Europäischen Union, 46. Ergänzungslieferung, 2011, München, zitiert als: Verfasser, in: Grabitz/Hilf/Nettesheim – EUV/AEUV.

Groeben, Hans von der / Schwarze, Jürgen: Vertrag über die Europäische Union und Vertrags zur Gründung der Europäischen Gemeinschaft, Kommentar, 6. Auflage, 2003, Baden-Baden, zitiert als: Verfasser, in: von der Groeben/Schwarze – EGV.

Growitsch, Christian: Regulierung der deutschen Energiewirtschaft – Historie und Entwicklungen, Präsentation 2011, online erhältlich unter: http://www.aei-ecsa.de/dokumente/tagung_regulierung_Growitsch.pdf, zitiert als: Growitsch – Regulierung der deutschen Energiewirtschaft, 2011.

Gundel, Jörg: Anmerkungen zu EuGH, Urteil v. 06.09.2012 – C-490/10, in: Zeitschrift für das gesamte Recht der Energiewirtschaft, 2012, S. 29 ff., zitiert als: Gundel, EnWZ 2012.

Haack, Stefan: Verlust der Staatlichkeit, 1. Auflage, 2007, Tübingen, zitiert als: Haack - Verlust der Staatlichkeit, 2007.

Hackländer, Daniel: Die allgemeine Energiekompetenz im Primärrecht der Europäischen Union - Eine Analyse des Art. 194 des Vertrages der Arbeitsweise der europäischen Union in der Fassung des Vertrags von Lissabon unter Berücksichtigung der historischen Entwicklung der Energiekompetenz, 2010, Köln, zitiert als: Hackländer - Die Energiekompetenz im EU-Primärrecht, 2010.

Hailbronner, Kay / Jochum, Georg: Europarecht II, 2006, Stuttgart, zitiert als: Hailbronner/Jochum - Europarecht II, 2006.

Haltern, Ulrich: Europarecht, 2. Auflage, 2007, Tübingen, zitiert als: Haltern - Europarecht, 2007.

Helbig, Eike: Windfall Profits im europäischen Emissionshandel: Rechtsdogmatische und rechtspolitische Erwägungen am Beispiel der deutschen Energiewirtschaft, 2010, Berlin, zitiert als: Helbig - Windfall Profits, 2010.

Heller, Wolfgang: Der Europäische Konvent - erste Ergebnisse, in: Zeitschrift für Atomenergie, 2003, Heft 4, S. 270, zitiert als: Heller, atw 2003.

Hendler, Reinhard / Marburger, Peter / Reiff, Peter / Schröder, Meinhard: Energieversorgung und Umweltschutz, 25. Trierer Kolloquium zum Umwelt- und Technikrecht vom 30. August bis 1. September 2009, 2010, Berlin, zitiert als: Verfasser, in: Hendler/Marburger/Reiff/Schröder - Energieversorgung und Umweltschutz, 2010.

Hendler, Reinhard / Ibler, Martin / Soria, José Martínez: Für Sicherheit, für Europa, Festschrift für Volkmar Götz, 2005, Göttingen, zitiert als: Verfasser - Titel, in: Hendler/Ibler/Soria (Hrsg.) - Für Sicherheit, für Europa, FS Götz, 2005.

Herrmann, Christoph: Der gemeinschaftsrechtliche Begriff der Beihilfe, in: Zeitschrift für Europarechtliche Studien, 2004, S. 415 ff., zitiert als: Herrmann, ZEuS 2004.

Hobe, Stephan: Energiepolitik, in: Zeitschrift Europarecht, 2009, S. 219 ff., zitiert als: Hobe, EuR 2009.

Hohe Behörde der EGKS / Kommission der EWG / Kommission der EAG: Untersuchung der langfristigen energiewirtschaftlichen Aussichten der Europäischen Gemeinschaft, 1964, Luxemburg, online erhältlich unter: http://www.youscribe.com/catalogue/rapports-et-theses/savoirs/sciences-formelles/untersuchung-uber-die-langfristigen-energiewirtschaftlichen-1285375, zitiert als: EGKS/EWG/EAG - Untersuchung - energiewirtschaftliche Aussichten,1964.

Immenga, Ulrich / Mestmäcker, Ernst-Joachim: Wettbewerbsrecht, Band 1, 4. Auflage, 2007, München, zitiert als: Verfasser, in: Immenga/Mestmäcker – Wettbewerbsrecht.

Jacobson, Mark: Review of solutions to global warming, air pollution, and energy security, in: Energy & Environmental Science 2009, S. 148 ff., zitiert als: Mark Jacobson – Review of solutions to global warming, air pollution, and energy security, Energy & Environmental Science 2009.

Jasper, Maren: Der Verfassungsentwurf des europäischen Konvents und mögliche Konsequenzen für das Energie- bzw. Atomrecht, in: Zeitschrift für Neues Energierecht, 2003, S. 210 ff., zitiert als: Jasper, ZNER 2003.

Joost, Detlev / Ortker, Hartmut / Paschke, Marian: Festschrift für Franz Jürgen Säcker zum 70. Geburtstag, 2012, zitiert als: Verfasser – Titel, in: Joost/Ortker/Paschke (Hrsg.) – FS Säcker, 2012.

Joskow, Paul: Competitive Electricity Markets and Investment in New Generating Capacity, Mimeo – MIT, 2006, zitiert als: Joskow – Competitive Electricity Markets and Investment in New Generating Capacity, 2012.

Kahl, Wolfgang: Nachhaltigkeit als Verbundbegriff, 2008, zitiert als: Verfasser – Titel, in: Kahl (Hrsg.) – Nachhaltigkeit als Verbundbegriff, 2008.

—: Die Kompetenzen der EU in der Energiepolitik nach Lissabon, in: Zeitschrift Europarecht 2009, S. 601 ff., zitiert als: Kahl, EuR 2009.

—: Das öffentliche Unternehmen im Gegenwind des europäischen Beihilferegimes, in: Neue Zeitschrift für Verwaltungsrecht, 1996, S. 1082 ff., zitiert als: Kahl, NVwZ 1996.

Karpenstein, Ulrich / Johann, Christian: Rechtliche Stellungnahme zum Beschluss der Kommission vom 6. März 2013 über die Eröffnung eines Verfahrens nach Art. 108 Abs. 2 AEUV (ABl. v. 4.5.2013, C-128/43), 2013, zitiert als: Karpenstein/Johann – Rechtliche Stellungnahme zum Beschluss der Kommission vom 6. März 2013 über die Eröffnung eines Verfahrens nach Art. 108 Abs. 2 AEUV, 2013.

Karpenstein, Ulrich / Schneller, Christian: Die Stromeinspeisung im Energiebinnenmarkt, in: Recht der Energiewirtschaft, 2005, S. 6 ff., zitiert als: Karpenstein/Schneller, RdE 2005.

Klein, Eckart / Haratsch, Andreas: Mitgliedsstaatliche Regionalförderung insbesondere zugunsten kleiner und mittlerer Unternehmen (KMU) aus der Sicht des EG-Rechts, in: Europäisches Wirtschafts- und Steuerrecht, 1997, S. 410 ff., zitiert als: Klein/Haratsch, EWS 1997.

Klinski, Stefan: EEG und Binnenmarkt: Zur Vereinbarkeit des Erneuerbare-Energien-Gesetzes (EEG) mit den aktuellen Bestimmungen zum Elektrizitätsbinnenmarkt und mit der Warenverkehrsfreiheit, Gutachterliche Stellungnahme, 2005, Berlin, zitiert als: Klinski – EEG und Binnenmarkt, Stellungnahme, 2005.

Kment, Martin: Offene Fragen zu den Gesundheitskompetenzen der EG, in: Recht und Medizin, Elisabeth Dujmovits (Hrsg.), 2006, zitiert als: Kment – Offene Fragen zu den Gesundheitskompetenzen der EG, 2006.

Koch, Oliver: Europäisches und nationales Energierecht – Schnittstellen und Probleme, Vortrag im Rahmen des Energierechts-Workshops am 06. Mai 2013, Institut für Energie- und Regulierungsrecht Berlin, online erhältlich unter: http://www.enreg.de/content/material/2013/06.05.2013.Koch.pdf, zitiert als: Koch – Schnittstellen des Europäischen und nationalen Energierechts, Vortrag am 06. Mai 2013, Institut für Energie- und Regulierungsrecht Berlin.

Kohler, Stephan: Neue dena-Studie zu Kosten und Potenzialen der energetischen Gebäudesanierung, März 2012, zitiert als: Kohler – dena-Studie zur Gebäudesanierung, 2012.

Kommission der EG: Regierungskonferenzen: Beiträge der Kommission, Bulletin der Europäischen Gemeinschaften, Beilage 2/91, 1991, online erhältlich unter: http://www.youscribe.com/catalogue/rapports-et-theses/ressources-professionnelles/droit-et-juridique/regierungskonferenzen-1282852, zitiert als: Regierungskonferenzen – Beiträge der Kommission, Beilage 2/91.

Komorowski, Thomas: Quotenmodelle zur Förderung erneuerbarer Energien – Rechtsrahmen und Gestaltungsoptionen des Gesetzgebers, Schriftenreihe Umwelt-Recht-Gesellschaft, Michael Rodi (Hrsg.), 2006, zitiert als: Komorowski – Quotenmodelle zur Förderung erneuerbarer Energien, 2006.

König, Christian / Kühling, Jürgen: How to cut a long story short: Das PreußenElektra-Urteil des EuGH und die EG-Beihilfenkontrolle über das deutsche Rundfunkgebührensystem, in: Zeitschrift für Urheber und Medienrecht, 2001, S. 537 ff., zitiert als: König/ Kühling, ZUM 2001.

König, Christian / Kühling, Jürgen / Ritter, Nicolai: EG-Beihilfenrecht, 2002, Heidelberg, zitiert als: König/Kühling/Ritter – EG-Beihilfenrecht, 2002.

Konstantin, Panos: Praxisbuch Energiewirtschaft – Energieumwandlung, Energietransport und -beschaffung im liberalisierten Markt, 2. Auflage, 2009, Berlin, zitiert als: Konstantin – Praxisbuch Energiewirtschaft, 2009.

Kortlüge, Norbert / Pieprzyk, Björn / Müller, Thorsten / Sailer, Frank / Behlau, Volker: Elektromobilität und Erneuerbare Energien – eine Betrachtung aus ökonomischer und rechtlicher Sicht, Studie, 2011, Energie Impuls OWL e.V. (Hrsg.), zitiert als: Kortlüge/Pieprzyk/Müller/Sailer/Behlau – Elektromobilität und Erneuerbare Energien, 2011.

Kühling, Jürgen: Von der Vergütungspflicht des Stromeinspeisungsgesetzes bis zur Deckungsvorsorge des Atomgesetzes – die deutsche Energierechtsordnung im Koordinatensystem des EG-Beihilfenrechts, in:Recht der Energiewirtschaft, 2001, S. 93 ff., zitiert als: Kühling, RdE 2001.

Kuhlmann, Josefine: Kompetenzrechtliche Neuerungen im europäischen Energierecht nach dem Vertrag von Lissabon, Working Paper No. 79, 2008, Wien, zitiert als: Kuhlmann – Kompetenzrechtliche Neuerungen im EU-Energierecht nach Lissabon, Working Paper No. 79, 2008.

Landmann, Robert von / Rohmer, Gustav: Umweltrecht, Kommentar, 66. Ergänzungslieferung, 2012, zitiert als: Verfasser, in: Landmann/Rohmer – Umweltrecht.

Leiner, Miriam: Staatsbürgschaften und EG-vertragliches Beihilfeverbot: die Rückforderung nationaler Beihilfen am Beispiel staatlich verbürgter Kredite, 2002, zitiert als: Leiner – Staatsbürgschaften und EG-vertragliches Beihilfeverbot, 2002.

Lenz, Carl-Otto / Borchardt, Klaus-Dieter: EU-Verträge: Kommentar nach dem Vertrag von Lissabon, 5. Auflage, 2010, Köln, zitiert als: Verfasser, in: Lenz/ Borchardt – EU-Verträge.

Lieb, Julia / Maurer, Andreas: Der Vertrag von Lissabon, Kurzkommentar, 3. Auflage, 2009, Berlin, zitiert als: Verfasser, in: Lieb/Maurer – Der Vertrag von Lissabon.

Loske, Annette: Stromwettbewerb über die Grenzen hinaus? Rechtlicher Rahmen und das Nicht-Funktionieren der Märkte, Präsentation des VIK Verband der Industriellen Energie- und Kraftwirtschaft, 2004, online erhältlich unter: http://www.zukunftsenergien.de/hp2/downloads/vortraege/loske.pdf, zitiert als: Loske – Stromwettbewerb über die Grenzen hinaus?, 2004.

Ludwigs, Markus: Die Energierechtsgesetzgebung der EU zwischen Binnenmarkt und Klimaschutz, in: Zeitschrift für Gesetzgebung, Heft 25, 2010, S. 222 ff., zitiert als: Ludwigs, ZG 2010 (25).

Matthes, Felix Christian / Ziesing, Hans-Joachim: Beschleunigter Verzicht auf die Kernenergie in Deutschland: Elemente eines flankierenden Einstiegsprogramms, Kurzanalyse für die Ethik-Kommission „Sichere Energieversorgung", 2011, Berlin, zitiert als: Matthes/Ziesing – Verzicht auf Kernenergie, 2011.

Mayer, Franz C.: Die Warenverkehrsfreiheit im Europarecht – eine Rekonstruktion, in: Europarecht, 2003, S. 793 ff.; zitiert als: Mayer, EuR 2003.

Mengewein, Julia / Lochner, Andreas: Kapazitätsmärkte in Europa und den USA im Überblick, in: Dow Jones Energy Weekly 2011, Nr. 46, S. 8 f., zitiert als: Mengewein/Lochner – Kapazitätsmärkte in Europa und den USA im Überblick, DJEW 2011.

Mestmäcker, Ernst-Joachim / Schweitzer, Heike: Europäisches Wettbewerbsrecht, 2. Auflage, 2004, zitiert als: Mestmäcker/Schweitzer – Europäisches Wettbewerbsrecht.

Meßerschmidt, Klaus: Europäisches Umweltrecht, 1. Auflage, München, 2011, zitiert als: Meßerschmidt – Europäisches Umweltrecht, 2011.

Metaxas, Antonis: Grundfragen des europäischen Beihilferechts – Aufsichtsverfahren-Rechtsschutzmöglichkeiten für Konkurrenten des Beihilfeempfängers, 2003, zitiert als: Metaxas – Grundfragen des europäischen Beihilferechts, 2003.

Möller, Claus: Eigentumsrechtliche Entflechtung der Übertragungsnetze unter besonderer Berücksichtigung des 3. Binnenmarktpaketes für Energie, 2009, Frankfurt am Main, zitiert als: Möller – Eigentumsrechtliche Entflechtung, 2009.

Müller, Thomas: 20 Jahre Recht der Erneuerbaren Energien, 2012, zitiert als: Verfasser – Titel, in: Thomas Müller (Hrsg.) – 20 Jahre Recht der Erneuerbaren Energien, 2012.

Müsgens, Felix / Peek, Markus: Sind Kapazitätsmärkte in Deutschland erforderlich? – Eine kritische Analyse vor dem Hintergrund der Ökonomischen Theorie, in: Zeitschrift für Neues Energierecht, 2011, S. 576 ff., zitiert als: Müsgens/Peek, ZNER 2011.

—: Sind Kapazitätsmärkte in Deutschland erforderlich? – Eine kritische Analyse vor dem Hintergrund der aktuellen Diskussion, 2011, online erhältlich unter: http://www.r2b-energy.com/pdf/20111021_Slides_Capacity_Markets_Ver%F6ffentlichung.pdf, zitiert als: Müsgens/Peek – Kritische Analyse zu Kapazitätsmärkten, 2011.

Nagel, Bernhard: EU-Gemeinschaftsrecht und nationales Gestaltungsrecht – Entspricht das EEG den Vorgaben des Gemeinschaftsrechts?, in: Zeitschrift für Neues Energierecht, 2000, S. 3 ff., zitiert als: Nagel, ZNER 2000.

—: Die Vereinbarkeit des Gesetzes für den Vorrang Erneuerbarer Energien (EEG) mit dem Beihilferecht der EG, in: Zeitschrift für Neues Energierecht, 2000, S. 100 ff., zitiert als: Nagel, ZNER 2000.

—: Die Vereinbarkeit des Gesetzes für den Vorrang Erneuerbarer Energien (EEG) mit dem Gemeinschaftsrecht – Verfahrensrechtliche Analyse, in: Zeitschrift für Neues Energierecht, 2000, S. 161 ff., zitiert als: Nagel, ZNER 2000.

Nailis, Dominic / Bastian, Baumgart / Hinüber, Gerd: Der Kapazitätsmarkt – Schlagwort oder Zukunftsprojekt?, Energiewirtschaftliche Tagesfragen, 2011, Heft 1/2, S. 2 ff., zitiert als: Nailis/Baumgart/Hinüber, ET 2011.

Nailis, Dominic / Schuffelen, Lukas: Kapazitätsmarkt für Deutschland: Eckpunkte einer Ausgestaltung, in: Energiewirtschaftliche Tagesfragen, 2011, Heft 1/2, S. 31 ff., zitiert als: Nailis/Schuffelen, ET 2011.

Nettesheim, Martin: Das Energiekapitel im Vertrag von Lissabon, in: Juristenzeitung, 2010, S. 19 ff., zitiert als: Nettesheim, JZ 2010.

Neveling, Stefanie: Der Europäische Verfassungsentwurf – Grundlage für eine erweiterte Energiepolitik der Europäischen Union?, in: Energiewirtschaftliche Tagesfragen, 2004, Heft 5, S. 340 ff., zitiert als: Neveling, ET 2004.

Nowak, Carsten: Die Entwicklung des EG-Beihilfenkontrollrechts in den Jahren 2001 und 2002, in: Europäische Zeitschrift für Wirtschaftsrecht, 2003, S. 389 ff., zitiert als: Nowak, EuZW 2003.

Ockenfels, Axel: Strombörse und Marktmacht, in: Energiewirtschaftliche Tagesfragen, 2007, Heft 5, S. 44 ff., zitiert als: Ockenfels, ET 2007.

Oertel, Dagmar: Energiespeicher – Stand und Perspektiven, Sachstandsbericht zum Monitoring „Nachhaltige Energieversorgung“, Büro für Technikfolgen-Abschätzung beim Bundestag, 2008, zitiert als: Oertel – Energiespeicher, Sachstandsbericht 2008.

Oppermann, Thomas / Classen, Claus Dieter / Nettesheim, Martin: Europarecht, 5. Auflage, 2011, München, zitiert als: Oppermann/Classen/Nettesheim – Europarecht.

Oschmann, Volker: Das neue EEG – Ein Überblick, Gutachten, Berlin 2009, zitiert als: Oschmann – Das neue EEG, Gutachten, 2009.

Oschmann, Volker: Die Novelle des Erneuerbare-Energien-Gesetzes, in: Neue Zeitschrift für Verwaltungsrecht, 2004, zitiert als: Oschmann, NVwZ 2004.

—: Das neue EEG – Ein Überblick, Gutachten 2009, zitiert als: Oschmann – EEG 2009.

Panizza, Roberta: Das Subsidiaritätsprinzip, Mitteilung des Europäischen Parlaments durch das Policy Department C – Citizens' Rights and Constitutional Affairs, 2012, online erhältlich unter: http://www.europarl.europa.eu/ftu/pdf/de/FTU_ 1.2.2.pdf, zitiert als: Panizza – Das Subsidiaritätsprinzip, 2012.

Pielow, Johann-Christian: Effektives Recht der Energieeffizienz?, in: Zeitschrift für Umweltrecht, 2010, Heft 3, S. 115 ff., zitiert als: Pielow, ZUR 2010.

Pindyck, Robert / Rubinfeld, Daniel: Mikroökonomie, 6. Auflage, 2005, zitiert als: Pindyck/ Rubinfeld – Mikroökonomie, 2005.

Prognos AG: Szenariorahmen für den Netzentwicklungsplan Gas 2012 der Fernleitungsnetzbetreiber, Konsultationspapier, 2011, Berlin, zitiert als: Prognos – Szenariorahmen für den Netzentwicklungsplan 2012 für Gas, 2011.

Rodi, Michael: Grundstrukturen des Energieumweltrechts, in: Zeitschrift für europäisches Umwelt- und Planungsrecht, 2005, Heft 4, S. 165 ff., zitiert als: Rodi, EurUP 2005.

Rosin, Peter / Pohlmann, Mario / Gentzsch, Andrees / Metzenthin, Andreas / Böwing, Andreas: Praxiskommentar zum EnWG – Gesetz und Verordnungen, 1. Auflage, 2011, Frankfurt a.M., Berlin, Essen, zitiert als: Verfasser, in: Rosin/ Pohlmann/Gentzsch/ Metzenthin/Böwing – Praxiskommentar EnWG.

Sachverständigenrat für Umweltfragen: Wege zur 100% erneuerbaren Stromversorgung, Sondergutachten, 2011, Berlin, zitiert als: SRU – Sondergutachten 2011: Wege zur 100% erneuerbaren Stromversorgung.

Sachverständigenrat zur Begutachtung der gesamtwirtschaftlichen Entwicklung: Jahresgutachten 2012/2013, 2012, Wiesbaden, zitiert als: Sachverständigenrat – Jahresgutachten 2012/2013.

Säcker, Franz Jürgen: Investitionen in Kraftwerke zur Sicherung einer zuverlässigen Elektrizitätsversorgung nach der Energiewende, Band 30 der Veröffentlichungen des Instituts für deutsches und europäisches Wirtschafts-, Wettbewerbs- und Regulierungsrecht der Freien Universität Berlin, 1. Auflage, 2012, Berlin, zitiert als: Verfasser – Titel, in: Säcker (Hrsg.) – Investitionen in Kraftwerke zur Versorgungssicherheit, 2012.

—: Die Europäisierung des Energie-Umweltschutzrechts als nicht länger aufschiebbare Aufgabe, Sonderausgabe des Instituts für Energie- und WettbewerbsRecht in der Kommunalen Wirtschaft e. V. (EWeRK), 2011, Berlin, S. 27 ff., zitiert als: Säcker – Europäisierung des Energie-Umweltschutzrechts, EWeRK 2011.

—: Netzausbau- und Kooperationsverpflichtungen der Übertragungsnetzbetreiber nach Inkrafttreten des EnLAG und der Dritten StromRL 2009/72 EG vom 13.7.2009, in: Recht der Energiewirtschaft, 2009, Heft 10–11, S. 305 ff., zitiert als: Säcker, RdE 2009.

—: Stellungnahme zur Öffentlichen Anhörung des deutschen Bundestages am Montag, den 27.06.2011, zum Energiewirtschaftsgesetz (EnWG) sowie zum

Netzausbaubeschleunigungsgesetz (NABEG), BT-Drs. 17/6072 und 17/6073, Ausschuss für Wirtschaft und Technologie, Ausschussdrucksache 17(9)528, zitiert als: Säcker – Stellungnahme zur Öffentlichen Anhörung des Bundestages zum EnWG sowie zum NABEG, 2011.

Salje, Peter: Energiewirtschaftsgesetz, Kommentar, 1. Auflage, 2006, Köln, Berlin, München, zitiert als: Salje – Energiewirtschaftsgesetz.

Sauer, Andreas: Bestimmung der Regelenergie zum Ausgleich der Windenergie, 1. Auflage, 2008, zitiert als: Sauer – Bestimmung der Regelenergie zum Ausgleich der Windenergie, 2008.

Saurer, Johannes: Die Funktionen der Rechtsverordnung: Der gesetzgeberische Zuschnitt des Aufgaben- und Leistungsprofils exekutiver Rechtsetzung als Problem des Verfassungsrechts ausgehend vom Referenzgebiet des Umweltrechts, 1. Auflage, 2005, Berlin, zitiert als: Saurer – Funktionen der Rechtsverordnung, 2005.

Scherzer, Falk: Der monetäre Ansatz zur Wechselkursbestimmung – Das Modell von Dornbusch, 2002, zitiert als: Scherzer – Der monetäre Ansatz zur Wechselkursbestimmung, 2002.

Scheuing, Dieter Helmut: Umweltschutz auf der Grundlage der Einheitlichen Europäischen Akte, in: Zeitschrift Europarecht, 1989, S. 152 ff., zitiert als: Scheuing, EuR 1989.

Schlandt, Jakob: Germany's energy transition disrupts neighbouring markets, Europolitics, 2013, online erhältlich unter: http://www.europolitics.info/sectorial-policies/germany-s-energy-transition-disrupts-neigbouring-markets-art353912-14.html, zitiert als: Schlandt – Germany's energy transition disrupts neighbouring markets, Europolitics, 2013.

Schmidt-Preuß, Matthias: Energiepolitik – jetzt in Brüsseler Hand?, in: Energiewirtschaftliche Tagesfragen, 2003, Heft 12, S. 776 ff., zitiert als: Schmidt-Preuß, ET 2003.

Schön, Wolfgang: Gedächtnisschrift für Brigitte Knobbe-Keuk, 1997, zitiert als: Verfasser – Titel, in: Schön – Gedächtnisschrift für Knobbe-Keuk, 1997.

Schröder, Meinhard: Subventionen als staatliche Handlungsmittel, in: Zeitschrift für das gesamte Handelsrecht und Wirtschaftsrecht, 1988, Band 152, S. 391 ff., zitiert als: Schröder, ZHR 152 (1988).

Schulenberg, Sebastian: Die Energiepolitik der Europäischen Union – eine kompetenzrechtliche Untersuchung unter besonderer Berücksichtigung finaler Kompetenznormen, 1. Auflage, 2009, zitiert als: Schulenberg – Energiepolitik, 2009.

Schulze-Fielitz, Helmuth / Müller, Thorsten: Europäisches Klimaschutzrecht, 2009, Baden-Baden, zitiert als: Verfasser, in: Schulze-Fielitz/Müller (Hrsg.) – Europäisches Klimaschutzrecht, 2009.

Schwarze, Jürgen: EU-Kommentar, 3. Auflage, 2012, zitiert als: Verfasser, in: Schwarze – EU-Kommentar.

Siegmeier, Jan: Kapazitätsinstrumente in einem von erneuerbaren Energien geprägten Stromsystem, Electricity Markets Working Papers, WP-EM-45, 2011, zitiert als: Siegmeier – Kapazitätsinstrumente, Electricity Markets Working Papers, 2011.

Slotboom, Marco: State Aid in Community Law: A Broad or Narrow Definition?, in: Environmental Law Review, 1995, Vol. 20, S. 289 ff., zitiert als: Slotboom – State Aid in Community Law: A Broad or Narrow Definition?, ELR 1995.

Sodan, Helge: Grundgesetz – Kompakt-Kommentar, 2. Auflage, 2011, München, zitiert als: Verfasser, in: Sodan – Grundgesetz.

Soltesz, Ulrich: Die „Belastung des Staatshaushalts" als Tatbestandsmerkmal einer Beihilfe i.S. des Art. 92 I EGV, in: Europäische Zeitschrift für Wirtschaftsrecht, 1998, S. 747 ff., zitiert als: Soltesz, EuZW 1998.

Sparwasser, Reinhard / Engel, Rüdiger / Voßkuhle, Andreas: Umweltrecht – Grundzüge des öffentlichen Umweltrechts, 5. Auflage, 2003, zitiert als: Sparwasser/Engel/Voßkuhle – Umweltrecht.

Streinz, Rudolf: Europarecht, 9. Auflage, 2012, zitiert als: Streinz – Europarecht, 2012.

—: EUV/AEUV – Vertrag über die Europäische Union und Vertrag über die Arbeitsweise der Europäischen Union, 2. Auflage, 2012, München, zitiert als: Verfasser, in: Streinz – EUV/AEUV.

—: Deutsches Stromeinspeisungsgesetz keine Beihilferegelung, in: Juristische Schulung, 2001, S. 596 f., zitiert als: Streinz, JuS 2001.

Süßenbacher, Wilhelm / Schwaiger, Michael / Stigler, Heinz: Kapazitätsmärkte und -mechanismen im internationalen Kontext, Beitrag zur 7. Internationale Energiewirtschaftstagung an der TU Wien, 2011, zitiert als: Süßenbacher/Schwaiger/Stigler – Kapazitätsmärkte und mechanismen, 2011.

Swider, Derk Jan / Ellersdorfer, Ingo: Kosteneffizienz am deutschen Regelenergiemarkt, in: Energiewirtschaftliche Tagesfragen, 2005, Heft 11, S. 802 ff., zitiert als: Swider/Ellersdorfer, ET 2005.

Terhechte, Jörg Philipp: Der Vertrag von Lissabon: Grundlegende Verfassungsurkunde der europäischen Rechtsgemeinschaft oder technischer

Änderungsvertrag?, in: Zeitschrift Europarecht, 2008, S. 143 ff., zitiert als: Terhechte, EuR 2008.

Tietjen, Oliver: Kapazitätsmärkte: Hintergründe und Varianten mit Fokus auf einen emissionsarmen deutschen Strommarkt, Studie, Germanwatch e.V., 2012, online erhältlich unter: www.germanwatch.org/de/4080, zitiert als: Tietjen – Kapazitätsmärkte: Hintergründe und Varianten, 2012.

Trittin, Jürgen / Untersteller, Franz / Kirscher, Oliver: Die Energiewende braucht einen neuen Energiemarkt, Positionspapier, 2012, online erhältlich unter: http://www.um.baden-wuerttemberg.de/servlet/is/95929/ Anlage.pdf?command=downloadContent&filename= Anlage.pdf, zitiert als: Trittin/Untersteller/Krischer – Die Energiewende braucht einen neuen Energiemarkt, Positionspapier, 2012.

Trüe, Christiane: EU-Kompetenzen für Energierecht, Gesundheitsschutz und Umweltschutz nach dem Verfassungsentwurf, in: JuristenZeitung, 2004, S. 779 ff., zitiert als: Trüe, JZ 2004.

Umweltministerium des Landes Baden-Württemberg: Energiewirtschaftliche Erfordernisse zur Ausgestaltung des Marktdesigns für einen Kapazitätsmarkt Strom, Abschlussbericht, 2011, zitiert als: Umweltministerium Baden-Württemberg – Ausgestaltung des Marktdesigns für einen Kapazitätsmarkt, Abschlussbericht 2011.

Vedder, Christoph / Heintschel v. Heinegg, Wolff: Europäisches Unionsrecht, Handkommentar, 1. Auflage, 2012, Baden-Baden, zitiert als: Verfasser, in: Vedder/ Heintschel von Heinegg – Europäisches Unionsrecht.

Weihrauch, Sebastian: Pauschale Verordnungsermächtigung zur Umsetzung von EG-Recht, in: Neue Zeitschrift für Verwaltungsrecht, 2001, S. 265 ff., zitiert als: Weihrauch, NVwZ 2001.

Wieberneit, Bernd: Europarechtlicher Ordnungsrahmen für Umweltsubventionen – Grundlagen, Bestand und Perspektiven, 1997, zitiert als: Wieberneit – Europarechtlicher Ordnungsrahmen für Umweltsubventionen, 1997.

Wiese, Claudia: EU-Länder haben Richtlinien zum Binnenmarkt immer noch nicht umgesetzt, in: Dow Jones Energy Weekly, 2012, Nr. 38, S. 9, zitiert als: Wiese, DJEW 2012.

Winkler, Daniela: Atomausstieg via Europa?, in: Die Öffentliche Verwaltung, 2011, S. 804 ff., zitiert als: Winkler, DÖV 2011.

Wilke, Friedrich: Grundlagen Wirtschaft, Cologne University of Applied Sciences, 2011, zitiert als: Wilke – Grundlagen Wirtschaft, 2011.

Willemsen, David: Auswirkungen des Ausbaus erneuerbarer Energien auf konventionelle Kraftwerksportfolios, 1. Auflage, 2011, Aachen, zitiert als: Willemsen – Auswirkungen des EE-Ausbaus auf konventionelle Kraftwerksportfolios, 2011.

Wuppertal Institut: Definition Energieeffizienz, Autoren: Wolfgang Irrek / Stefan Thomas, 2008, Wuppertal, online erhältlich unter: http://www.wupperinst.org/uploads/tx_wibeitrag/energieeffizienz_definition.pdf, zitiert als: Wuppertal Institut – Definition Energieeffizienz, 2008.

Ziesing, Hans-Joachim: Stand der Liberalisierung der Energiewirtschaft in Deutschland – Auswirkungen auf den Strom aus erneuerbaren Energiequellen, Forschungsverbund Sonnenenergie (FVS) Themen 2001, Deutsches Institut für Wirtschaftsforschung (DIW), S. 144 ff., zitiert als: Ziesing – Liberalisierung der Energiewirtschaft, 2001.

Zuleeg, Manfred: Umweltschutz in der Rechtsprechung des Europäischen Gerichtshofs, in: Neue Juristische Wochenschrift, 1993, S. 31 ff., zitiert als: Zuleeg, NJW 1993.

Veröffentlichungen des Instituts für deutsches und europäisches Wirtschafts-, Wettbewerbs- und Regulierungsrecht der Freien Universität Berlin

Herausgegeben von Franz Jürgen Säcker

Band 1 Franz Jürgen Säcker (Hrsg.): Deutsch-russisches Energie- und Bergrecht im Vergleich. Ergebnisse einer Arbeitstagung vom 31. März / 1. April 2006. 2007.

Band 2 Franz Jürgen Säcker / Walther Busse von Colbe (Hrsg.): Wettbewerbsfördernde Anreizregulierung. Zum Anreizregulierungsbericht der Bundesnetzagentur vom 30. Juni 2006. 2007.

Band 3 Dirk Zschenderlein: Die Gleichbehandlung der Aktionäre bei der Auskunftserteilung in der Aktiengesellschaft. Zum Problem der Zulässigkeit der Weitergabe von Informationen an einzelne Aktionäre und Dritte. 2007.

Band 4 Simone Kirchhain: Die Anwendung der Vertikal-GVO auf innerstaatliche Wettbewerbsbeschränkungen nach der 7. GWB-Novelle. 2007.

Band 5 Franz Jürgen Säcker: Der Independent System Operator. Ein neues institutionelles Design für Netzbetreiber? 2007.

Band 6 Stefanie Otto: Allgemeininteressen im neuen UWG. § 1 S. 2 UWG und die wettbewerbsfunktionale Auslegung. 2007.

Band 7 Jochen Eichler: Vertragliche Dritthaftung. Eine Auseinandersetzung mit der Frage der Dritthaftung von sogenannten Experten und anderen Auskunftspersonen im Rahmen des § 311 Abs. 3 BGB. 2007.

Band 8 Markela Stamati: Die Anforderungen der operationellen Entflechtung nach den Beschleunigungsrichtlinien der Europäischen Kommission. Umsetzung in Deutschland und Griechenland. 2008.

Band 9 Franz Jürgen Säcker: The Concept of the Relevant Product Market. Between Demand-Side Substitutability and Supply-Side -Substitutability in Competition Law. 2008.

Band 10 Renate Rabensdorf: Die Durchgriffshaftung im deutschen und russischen Recht der Kapitalgesellschaften. Eine rechtsvergleichende Untersuchung. 2009.

Band 11 Franz Jürgen Säcker: Der beschleunigte Ausbau der Höchstspannungsnetze als Rechtsproblem. Erläutert am Beispiel der 380-kV-Höchstspannungsleitung Lauchstädt – Redwitz – Grafenrheinfeld mit Querung des Rennsteigs im Naturpark Thüringer Wald. 2009.

Band 12 Helen Mahne: Eigentum an Versorgungsleitungen. 2009.

Band 13 Franz Jürgen Säcker (Hrsg.): Russisches Energierecht - Gesetzessammlung. 2009.

Band 14 Franz Jürgen Säcker / Maik Wolf: Integrierte Energieversorgung in geschlossenen Verteilernetzen. Zum Gestaltungsspielraum des Gesetzgebers zur Neuregelung des § 110 EnWG im Lichte des Dritten EG-Energiepakets. 2009.

Band 15 Franz Jürgen Säcker (Hrsg.): Das Dritte Energiepaket für den Gasbereich. Deutsch-Englische Textausgabe mit einer Einführung. 2009.

Band 16 Franz Jürgen Säcker (Hrsg.): Das Dritte Energiepaket für den Elektrizitätsbereich. Deutsch-Englische Textausgabe mit einer Einführung. 2009.

Band 17 Thomas Dörmer: Die Unternehmenspacht. Rechtsstellung der Vertragsparteien unter besonderer Berücksichtigung der Pflicht des Unternehmenspächters zur ordnungsgemäßen Unternehmensführung sowie der Rechtslage bei Vertragsbeendigung. 2010.

Band 18 Klaas Bosch: Die Kontrolldichte der gerichtlichen Überprüfung von Marktregulierungsentscheidungen der Bundesnetzagentur nach dem Telekommunikationsgesetz. 2010.

Band 19 Geng-Sook Leem: Einheitliche Corporate Governance-Grundsätze für die Europäische Aktiengesellschaft (SE). Eine rechtsvergleichende Untersuchung anhand der Ausgestaltung der SE im deutschen und britischen Recht. 2010.

Band 20 Wiebke Gebhardt: Gentechnik und Koexistenz nach der Gesetzesnovelle von 2008: Zivilrechtliche Haftung im Vergleich Deutschland und USA. 2010.

Band 21 Cathrin Isenberg: Die Geruchsmarke als Gemeinschaftsmarke. Schutzfähigkeit und Einsatzmöglichkeiten. 2010.

Band 22 Franz Jürgen Säcker / Jochen Mohr / Maik Wolf: Konzessionsverträge im System des europäischen und deutschen Wettbewerbsrechts. 2011.

Band 23 Judith Antonia Loeck: Die unzumutbare Belästigung nach der UWG Novelle 2008 und dem Gesetz zur Bekämpfung unerlaubter Telefonwerbung und zur Verbesserung des Verbraucherschutzes bei besonderen Betriebsformen. 2011.

Band 24 Jörg Jaecks: Konzernverrechnungsklauseln und verwandte einseitige Verrechnungsbefugnisse im Mehrpersonenverhältnis. 2011.

Band 25 Franz Jürgen Säcker: Marktabgrenzung, Marktbeherrschung, Markttransparenz und Machtmissbrauch auf den Großhandelsmärkten für Elektrizität. 2011.

Band 26 Susanne Wende: Die einheitliche Auslegung von Beihilfen- und Vergaberecht als Teilgebiete des europäischen Wettbewerbsrechts. 2011.

Band 27 Leonie Kempel: Die Anwendung von Art. 102 AEUV auf geistiges Eigentum und Sacheigentum. Die Voraussetzungen des Kontrahierungszwangs nach Art. 102 AEUV und der Essential-Facility-Doktrin unter besonderer Berücksichtigung der Unterschiede zwischen geistigem Eigentum und Sacheigentum. 2011.

Band 28 Christoph Schuldt: Werbejingles – schützenswerte Kompositionen!? Die urheberrechtliche und markenrechtliche Schutzfähigkeit von Werbejingles vor unbefugter Nachahmung. 2012.

Band 29 Lydia Scholz: Die Rechtfertigung von diskriminierenden umweltpolitischen Steuerungsinstrumenten. Eine Untersuchung der Reichweite der Warenverkehrsfreiheit und ihrer Begrenzung durch den Umweltschutz als Vertragsziel am Beispiel der deutschen Energiefördergesetze EEG und KWKModG. 2012.

Band 30 Franz Jürgen Säcker: Investitionen in Kraftwerke zur Sicherung einer zuverlässigen Elektrizitätsversorgung nach der Energiewende. Rechtliche und ökonomische Rahmenbedingungen. 2012.

Band 31 Florian Leib: Kartellrechtliche Durchsetzungsstrategien in der Europäischen Union, den USA und Deutschland. Eine rechtsvergleichende Darstellung. 2012.

Band 32 Holger Hoch: Marktverschlusseffekte und Effizienzen vertikaler Zusammenschlüsse. Kartellrechtliche Beurteilung nach europäischem und deutschem Recht. 2012.

Band 33 Sebastian Kemper: Gasnetzzugang in Deutschland und in Spanien. 2012.

Band 34 Elena Timofeeva: Unbundling in der russischen Elektrizitätswirtschaft im Vergleich zum deutschen und europäischen Energierecht. 2012.

Band 35 Gisela Drozella / Harald Krebs: Marktbeherrschung im Bereich Stromerzeugung / Stromgroßhandel. Eine kritische Analyse der neueren Sicht des Bundeskartellamts. 2013.

Band 36 Christian Rehm: Die Einzel- und Gesamtverantwortung der Vorstandsmitglieder der Aktiengesellschaft. Die Verantwortung für die Leitung und Geschäftsführung im mehrköpfigen Vorstand in der unabhängigen und der herrschenden AG. 2013.

Band 37 Ann-Christin Richter: Mengen- und umsatzbezogene Rabatte marktbeherrschender Unternehmen in den Grenzen des Art. 102 AEUV. 2013.

Band 38 Nikolaos Pitsos: Die erhebliche Behinderung des wirksamen Wettbewerbs (SIEC-Test) im Fusionskontrollrecht. Zugleich ein Beitrag zur Problematik der oligopolistischen Marktbeherrschung unter Vergleich mit dem amerikanischen SLC-Test. 2013.

Band 39 Mirko Heinemann: Das Markenzeichen als Anknüpfungspunkt des Markenimages. 2013.

Band 40 Sylvia Lorenz: Der Immaterialgüterschutz virtueller Ladengeschäfte. Ein Vorschlag für die rechtliche Erfassung virtueller Güter. 2014.

Band 41 Anke Reimers: Wettbewerbsrechtliche und regulatorische Analyse der Kapazitätenvergabe an Grenzkuppelstellen im Elektrizitätsbinnenmarkt. 2014.

Band 42 Franz Jürgen Säcker / Carsten König / Lydia Scholz: Der regulierungsrechtliche Rahmen für ein Offshore-Stromnetz in der Nordsee. 2014.

Band 43 David Preisendanz: Der Humor in der vergleichenden Werbung. 2014.

Band 44 Martin Gerig: Vollendung des EU-Energiebinnenmarktes vs. nationale Marktabschottungen. Europarechtskonformität mitgliedstaatlicher Fördermaßnahmen und Kapazitätsmärkte am Beispiel Deutschlands. 2014.

www.peterlang.com